グレゴリー・ポール

海竜事典

The Princeton Field Guide to
Mesozoic Sea Reptiles

著／　Gregory S. Paul
監訳／　東　洋一・服部創紀
訳／　東　洋一・今井拓哉
　　　河部壮一郎・柴田正輝
　　　服部創紀

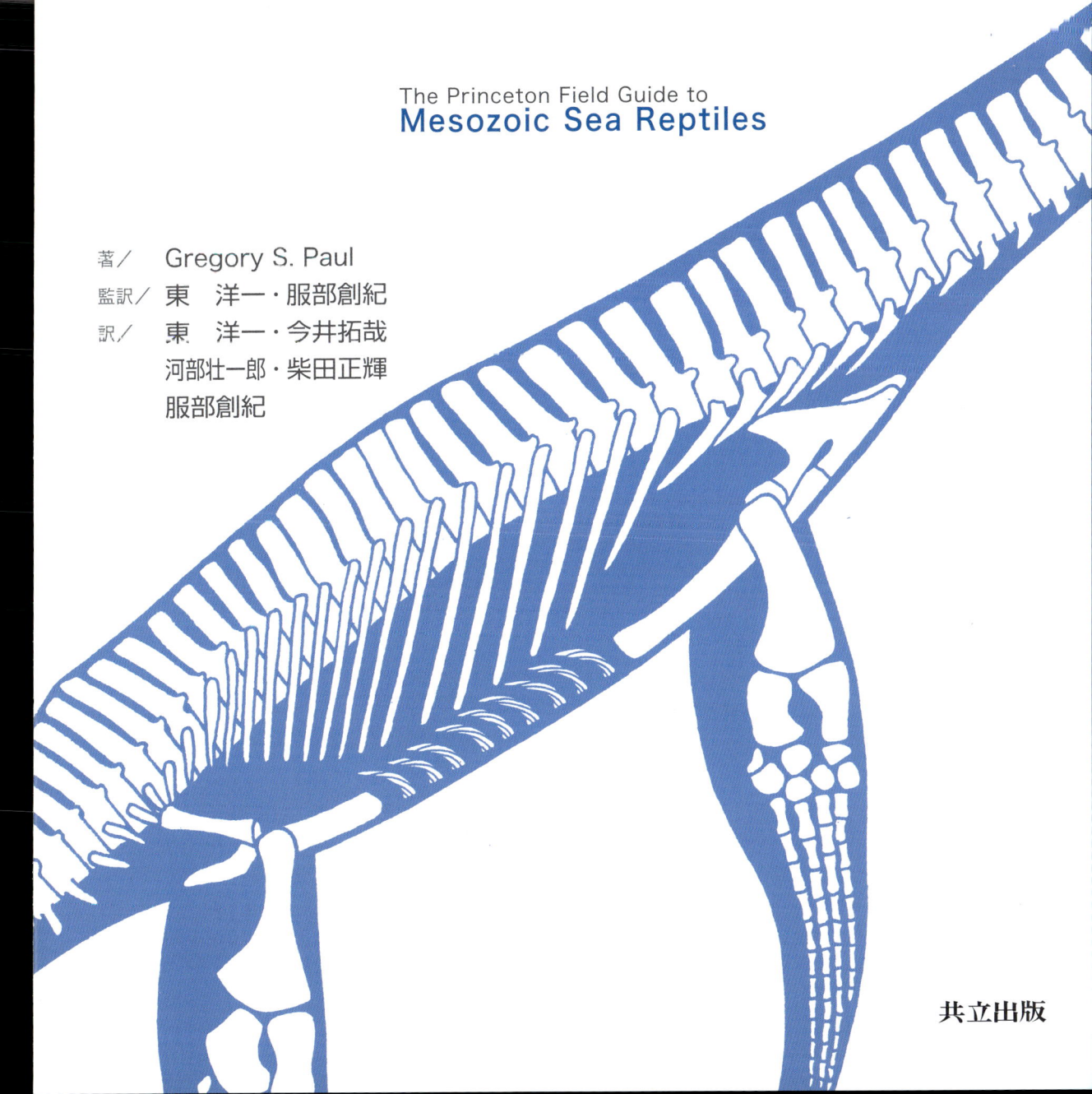

共立出版

監訳者まえがき

恐竜時代の海には首長竜, モササウルス, 魚竜など実に多種多様な海生爬虫類が生息していたことがわかっている. 海生爬虫類とは, まさに海に棲む爬虫類のことで "海竜" とも呼ばれている. 彼らは海洋での生活に適した一群で, 鰭状の四肢をもっており, 遊泳に適した体の造りをしていた. また一生を水中で生活するため, 一部のものを除いて胎生だったと考えられている. その体の大きさも多様で, 1m 未満のものから 20m を超えるものまで存在したようだ.

本書「グレゴリー・ポール海竜事典」(Gregory S Paul (2022) "The Princeton Field Guide to Mesozoic Sea Reptiles") では, 主に中生代の海生爬虫類である双弓類のタラットサウルス類, ヘルベティコサウルス類, 鰭竜類, 魚竜型類, 有鱗目, カメ目, 主竜型類について取り上げている. 特に, その多くについて骨格図や復元図が描かれているのが圧巻であると言える. さらにこれらの化石記録, 解剖学的特徴, 年代, 生息環境, 生態などが説明されている.

著者のグレゴリー・スコット・ポール (Gregory Scott Paul) (1954 年生まれ) 氏は, アメリカの古生物学の研究者であり古生物画家でもある. ポール氏は著名な恐竜研究者であるロバート・バッカー氏の協力を受け, 多数の恐竜などの絵画を制作してきた. 彼は 30 編以上の科学論文や 40 以上の著書を筆頭あるいは共著執筆している. 科学論文にはアクロカントサウルス (獣脚類), アヴィサウルス (鳥類), マンテリサウルス (鳥脚類) などに関するものがある

我が国からは学名が付けられた海生爬虫類はあまり多くはないが, 本書では福島県いわき市から発見されたフタバサウルス・スズキイ (エラスモサウルス科), 宮城県歌津町からのウタツサウルス・ハタイイ (魚鰭類),

北海道むかわ町からのフォスフォロサウルス・ポンペテレガンス (モササウルス類) とメソダーモケリス・ウンドゥラトゥス (ウミガメ上科) などが記述されている.

なお, 本書の「概説」では海生爬虫類の発見と研究史, 進化, 行動, 成長, 巨大化, などが解説文と図と共に約 60 頁以上記述されており, 最新の日本語による海生爬虫類の学術書と言え, 海生爬虫類を学ぶ学生や若手研究者の "教科書" と言えるのではないだろうか.

海生爬虫類の分類や学名・地層名について

海生爬虫類の分類や学名の有効性の解釈は, 研究者によって異なることが多々ある. 本書における海生爬虫類のグループ分けや, 同種・別種の扱いに関しても, 著者独自の解釈が反映されている部分が見られ, 一般的に学説として広く知られているものとは異なる場合がある. 他の海生爬虫類関連書籍で得た知識と違うと混乱する読者もいるかもしれないが, 訳者として著者の分類や学名に関する見解に対して訳注を入れることはしなかった. 本書が正しい・間違っているというものではなく, そういった見解もある, とご理解いただければ幸いである.

また, 海生爬虫類の学名や地層名のカタカナ表記については, 公的に定められたルールが存在しない. そのため本書では, 元になった言語の発音になるべく倣って表記するようにした. 他の和書とは表記が異なる部分も出てしまっているが, それらが間違っていると主張するつもりはないことにご留意いただきたい.

2024 年 12 月
東 洋一・服部創紀

目　次

海竜事典

序　文

　もし私が20歳くらいの新進気鋭の古生物学者兼アーティストだった頃，この本をミステリアスなタイムトラベラーから手渡されたら，ショックを受けると共に大いに喜んだだろう．ページをめくるごとに，私がかけらほどのアイディアかそれすらももたなかった新たな爬虫類の世界や学説が明かされるのだ．それまでの長い間，現生のカメ類やトカゲ類，ワニ類のように低い代謝をもっていたと見なされていた海生爬虫類たちが，海鳥や哺乳類のように活動的だったという新たな証拠に，私はめまいを起こしただろう．また，"海のトカゲ"と言われる多くのモササウルスが，一時考えられていたような尾で推進力を得るワニ型の遊泳者ではなく，よりしっかりした胴体をもつ高速の遊泳者だという発見は目の肥やしとなったことだろう．また，カモノハシのような頭部をもつエレトモルヒピスや，シュモクザメのようなアトポデンタトゥスはどうだろうか？　さらに，当時の私が目や耳にしたこともない，スティッキー・キープ層，ルーン・リバー層，自流井（ズーリュージン）層，ヒックルズ・コウヴ層，下沙渓廟（シアシャーシーミャオ）層，バジャ層，関嶺（グアンリン）層，玉山（タマヤマ）層，スノーヒル島層，カティキ層，パソ・デル・サポ層，ロペス・デ・ベルトダーノ層，アクラボウ層，法郎（ファラング）層，デュカマジェ層，アルカディア・パーク層，ムワカル石灰岩層，ハケル層，ベトメール層，セロ・デル・プエブロ層，ロムアルド層，ブー・クラドゥン層，スノーシュー層，ロッソ・アンモニティコ層も，むある．エンデンナサウルス，ミオデントサウルス，シンプサウルス，ヘルベティコサウルス，シノサウロスファルギス，マジアシャノサウルス，ボレアロネクテス，ステノリンコサウルス，サチカサウルス，ワプスカネクテス，アッテンボロサウルス，カワネクテス，フタバサウルス，ベガサウルス，アルバートネクテス，カイフェケア，アリストネクテス，モーターネリア，ティリルア，スクレロコルムス，ファントモサウルス，バラクーダサウロイデス，キヒティスカ，チェンイクチオサウルス，グアンリンサウルス，カイルハウイア，ウンドロサウルス，シンビルスキアサウルス，テチサウルス，ラッセロサウルス，タニファサウルス，カイカイフィル，テネラサウルス，アファニゾクネムス，ハーシオフィス，メキシケリス，サンタナケリス，インドシノスクス，ゾーンエイト，ネプトゥニドラコといった，特徴的

な学名をもつ新種の海生爬虫類たちの数に注目すれば，20世紀末～21世紀にかけて，多くの場合は高度な新技術によって，海生爬虫類の発見と研究の数が以前よりも爆発的に増加したことがわかるだろう．

　本書の制作中，偶然にも，新たな研究の波が大きな後押しとなってくれた．それは，保存状態の悪い化石や，誤同定された標本に基づいた，難解かつ誤解を生みがちな古い学名が整理されたことだ．その結果，数多くのウミワニ類に与えられたステネオサウルスという学名は不要になり，マクロスポンディルス，ウブリディオスクス，プロエクソコケファロス，プラギオフタルモスクス，そしてバティスクスのような名前に代わった．

　残る問題は，一部の海生爬虫類の起源であり，これは腹立たしくも未解決だ．カメ類全体の起源は未だに特定されていない．イクチオサウルスやタラットサウルス，ヘルベティコサウルスの起源も謎に包まれている．

　本書の執筆は，「骨格が十分に知られている中生代の海生爬虫類ほぼすべての骨格図を描く」というきっかけを与えてくれたという点で，非常に満足が行くものだった．これらの骨格図は，これまで出版された中で最も広範な，これら海の動物の側面図に基づく生物学的な研究の目録を成すものである．大きなひとまとまりの精密な骨格事典を作ることのひとつの利点は，そういった復元でなければ得られない情報を明らかにすることにある．その結果，本書は，海を1億8600万年以上の間支配した四肢動物のグループに関する，2世紀にも達しようとしている研究・調査を網羅することになった．過去への旅を楽しんでほしい．

謝辞

Kenneth Carpenter, Michela Johnson, Judy Massare, Hilary Ketchum, Mark Young, Sven Sachs, Asier Larramendi, Marcela Gomez Perez, Leslie Noe, Michael Taylor, Michael Everhart, Nicholas Gardner, Ben Creisler, Wafa Alhalabi, Sarah Chapman, Jane Davidson, John Schneiderman, Cornelis Hazevoet, Vanessa Rhue, Mallory Theurer, Patrick Druckemiller, Stephen Poropat, Serjoscha Evers, David Cerny, そしてRobert Telleriaに感謝を申し上げる．また，本書を制作したプリン

ストン大学出版の Robert Kirk, Megan Mendonça, Kathleen Cioffi, Wanda España, Steven Sears, Matthew Taylor, Caitlyn Robson，そして Laurel Anderton に御礼申し上げる.

海 竜 概 説

ペロネウステス・フィラルクス

発見と研究史

海生爬虫類（Sea Reptiles）の化石は，人類によって何千年も前から発見されてきており，ドラゴン（Dragons）やシーサーペント（Sea serpents）などの神話的な獣を信じる根拠となっていたかもしれない．近代科学以前の西洋では創世記に基づき，地球とすべての生命が形成されたのはエジプトの巨大ピラミッド建造のわずか2，3千年前であると主張され，化石の科学的な研究が妨げられていた．不完全ながら目を引く首長竜類（Plesiosaurs）の化石が大衆の知るところとなったのは1600年代で，当時はそれがどんな動物なのかは知られていなかった．続く1700年代には魚類（Fish）のような姿をした魚竜類（Ichthyosaurs）の化石が，魚類のものであると信じられたまま一般の目にさらされた．1700年代後半にはモササウルス類（Mosasaurans）の化石が見つかり，1800年代前半には，多くの化石がもはや地球上に存在しない生物の名残であるという考えが芽吹いた．首長竜類，魚竜類，そしてモササウルス類についても，その多くがすでに絶滅した，巨大で特異な海生爬虫類のグループであることが認識され始めた．特にモササウルス類については，古動物学の確立に貢献した偉大な解剖学者であるジョルジュ・キュビエによって，海での生活に適応した真の爬虫類（Reptiles）であるとされた一方，他のグループの分類学的な位置は，それらが爬虫類であり，魚類，両生類（Amphibians），ワニ類，海生哺乳類（Marine mammals）などではなく，過去の「聖書に記された"洪水"以前の人間」という見解も誤りである，ということ以上はわかっていなかった．

科学がますます発展していく中，海生爬虫類の発見と研究の第一段階は，水生動植物の化石が産出する，ジュラ紀や白亜紀といった太古の海成層を多く擁する西ヨーロッパが中心となった．1700年代後半，飛行する翼竜類（Pterosaurs）の化石と同時期に発見されたモササウルス（Mosasaurus）やプレシオサウルス（Plesiosaurus），イクチオサウルス（Ichthyosaurus）などの新たな海生爬虫類の化石は，太古の生命は大きな変化や絶滅を経験しなかったという，信仰に根ざした初期の地球に関する見方の逆転に重要な役割を果たした．それは，恐竜類（Dinosaurs）の存在が初めて認識された1820年代よりも前に起きた．近代の海生爬虫類の発見において，最初期に特に重要な存在だったのが，ジュラ紀の主要な首長竜類や魚竜類の骨格をイングランドの南西の海岸で1810〜1840年代に収集したメアリー・アニングである．時には危険な冬の時期に，足もとの不安定な海岸の崖の下で，アニングは化石を探した．労働階級に対する厳しい社会的な制限と，彼女の性別による研究の妨げがあったにもかかわらずだ．女性の化石コレクターが珍しいという状況も多少影響したかもしれないが，その多大なる貢献によってアニングは（今日でもそうであるように）大衆に対して，そして男性支配的な当時の研究組織においても有名な存在になった．初期の著名な古動物学者たちも同時期に登場し，その中でも特に有名なのがリチャード・オーウェンである．彼は数百もの種を記載しており，そのほとんどが断片的な化石に基づくために無効と見られるものの，板歯類（Placodonts）や偽竜類（Nothosaurs），そしてワニ類の親戚であるテレオサウルス（Teleosaurus）などの海生爬虫類の存在を明らかにした．科学と技術の急速な発展の中で海生爬虫類は，巨大で奇妙な中生代の生き物に魅了される人々の間で良く知られる存在になっていった．

アメリカ南北戦争後，グレートプレーンズに見られる白亜紀の海の地層から，保存状態の良いモササウルス類や首長竜類の化石が多数発見されたことで，太古の海生爬虫類の研究にアメリカ合衆国が参入した．その中で最初に発見された化石が，オスニエル・マーシュと神経質なエドワード・コープによるいわゆる「化石戦争」の火付け役となったようだ．有名な首長竜類であるエラスモサウルス（Elasmosaurus）の非常に長い首を尻尾と，そして短い尻尾を首と勘違いするという，恥ずかしいほど明白なコープの解剖学的ミスを，マーシュが指摘したのである．その結果，コープとマーシュは，発見したほとんどが無効な種とはなったものの，今でも有効なティロサウルス（Tylosaurus）とプラテカルプス（Platecarpus）を含む多くの種を命名し，さらに巨大なアーケロン（Archelon）を含む中生代後期のウミガメ類（Marine Turtles）も発見した．

1800年代後半〜1900年代初頭にかけて，中生代の海生爬虫類の発見は順調に続き，サミュエル・ウィリストンがアメリカにおける研究の第一人者となった．そしてオーストラリアでは，当時クロノサウルス（Kronosaurus）（現在のエイエクトゥス（Eiectus））として知られていた白亜紀の首長竜類が，新たな大きさの基準を打ち立てた．陸の恐竜類や空の翼竜類に取って代わられたと

は言え，海生爬虫類に対する人々の関心は依然として高かった．世界大戦と世界恐慌が海生爬虫類の研究に水を差したため，海生爬虫類は恐竜類や翼竜類と並んで，博物館のホールに観客を集めるには良いが，深い知的関心を向けるには値しない，進化の行き止まりにいた重要性の乏しい存在と見なされるようになった．それでも，1920年代には部分的に知られていたクジラ（Whales）サイズの三畳紀の魚竜ショニサウルス（Shonisaurus）の骨格が，1950〜1970年代にかけてネバダ州で発掘され，1960年代には，デール・ラッセルがモササウルス類に関する大規模な研究を行った．

1960年代後半に入ると，恐竜類や翼竜類に対する科学的・一般的関心は大いに復興し転換期を迎え，1970年代にさらに活発化し，1980年代以降も続いたが，一方で海生爬虫類は保守的な爬虫類と見なされ，その頃は見向きもされなかった．この状況は1990年代から変わり始め，今世紀に入っても続いている．ブリティッシュコロンビア州では，初期の巨大な魚竜類の化石が発掘された．今世紀に入ると，最後期のモササウルス類がコンパクトな体をもち，垂直に伸びた対称形の尾を進化させていたことがわかり，外洋を高速で泳ぐ動物であったこ

とが示された．また，恐竜類が通常の爬虫類よりも高い代謝率をもっていたのと同様に，魚竜類，首長竜類，モササウルス類も高い代謝と体温をもっていたことが示されつつある．さらに近年では，ハンマーや，カモノハシ（Platypus）のような頭部をもつ海生爬虫類も見つかっている．

数世紀にわたる研究のうち，多くはここ数十年で発達した高度な技術を駆使したものであるが，中生代の海生爬虫類に関する古生物学的知見の基礎は，今後あまり大きく変化することはないだろう．とは言え，研究と発見が終わりを迎えたわけではない．海生爬虫類は現在までに，300以上の属，400以上の種が有効なものとして発見・命名されている．これらはおそらく，発掘可能な堆積物に保存されている種のせいぜい1/4，あるいはそれ以下だろう．そして，これまでに発見された中生代の海生爬虫類の多くは驚くほど奇妙で，それらと同じくらい不可思議な種が将来，発掘されるのを待っている．彼らの生態と棲んでいた世界の両方をさらに詳しく知るためには，まだ開発されていない技術・技法に基づく膨大な作業が必要になるだろう．

中生代の海生爬虫類とは？

中生代の海生爬虫類とは，古生代の終わった2億5200万年前〜現在まで続く新生代が始まる6600万年前までの時代に水中で生息していた爬虫類であり，その中でも主に，あるいは完全に海で暮らしていた爬虫類，あるいはその子孫を指す．太古の海に生息していた爬虫類は，多種多様かつ遠縁同士のグループであり，その起源は不明瞭である．

海生爬虫類が実際にどういった存在であるかを理解するには，動物の分類体系のより高次段階から話を始めなければならない．まず脊椎動物亜門（Vertebrata）は，背骨をもつ動物で，その中には魚類も含まれる．ほとんどの魚類は水中でしか酸素を得られないが，中には空気呼吸ができるものもいる．そして四肢動物類（Tetrapoda）は，陸上生活に大なり小なり適応した脊椎動物（Vertebrates），あるいはその子孫である両生類，爬虫類，哺乳類（Mammals），鳥類（Birds）などである．そのほとんどは空気呼吸を行うが，そうでないものもいる．たとえば両生類の中には，ライフサイクルの一部で鰓をもち，成体でも薄い皮膚から酸素を吸収できるものもい

る．しかしながら，両生類で海生適応したものは知られていない．さらに有羊膜類（Amniota）は，殻付きの卵を産むことによって繁殖する四足動物類の一群だが，その一部は胎生へと進化した．ほとんどの有羊膜類は肺から酸素を得るが，ウミヘビ類（Marine Snakes）は皮膚からも酸素を吸収する．有羊膜類は3つの大きなグループに分かれる．ひとつは無弓類（Anapsids）で，頭蓋に鼻孔と眼窩以外の開口部をもたない，基本的な形態である．もうひとつの主要な脊椎動物グループである単弓類（Synapsids）には，太古の盤竜類（Pelycosaurs），より進化した獣弓類（Therapsids），そして哺乳類が含まれるが，本書には出番がない．3つ目のグループである双弓類（Diapsids）は，眼窩の後ろに2つの開口部をもち，トカゲによく似たムカシトカゲ類（Tuataras），トカゲ類およびヘビ類，ワニ類，鳥類を含む．鳥類は恐竜たちの直系の子孫であり，ワニ類や翼竜類と共に，中生代に陸と空を支配した主竜類（Archosaurs）を構成し，現在も鳥類として昼の空を支配している．海生爬虫類は，おそらくすべて双弓類に含まれる．

4

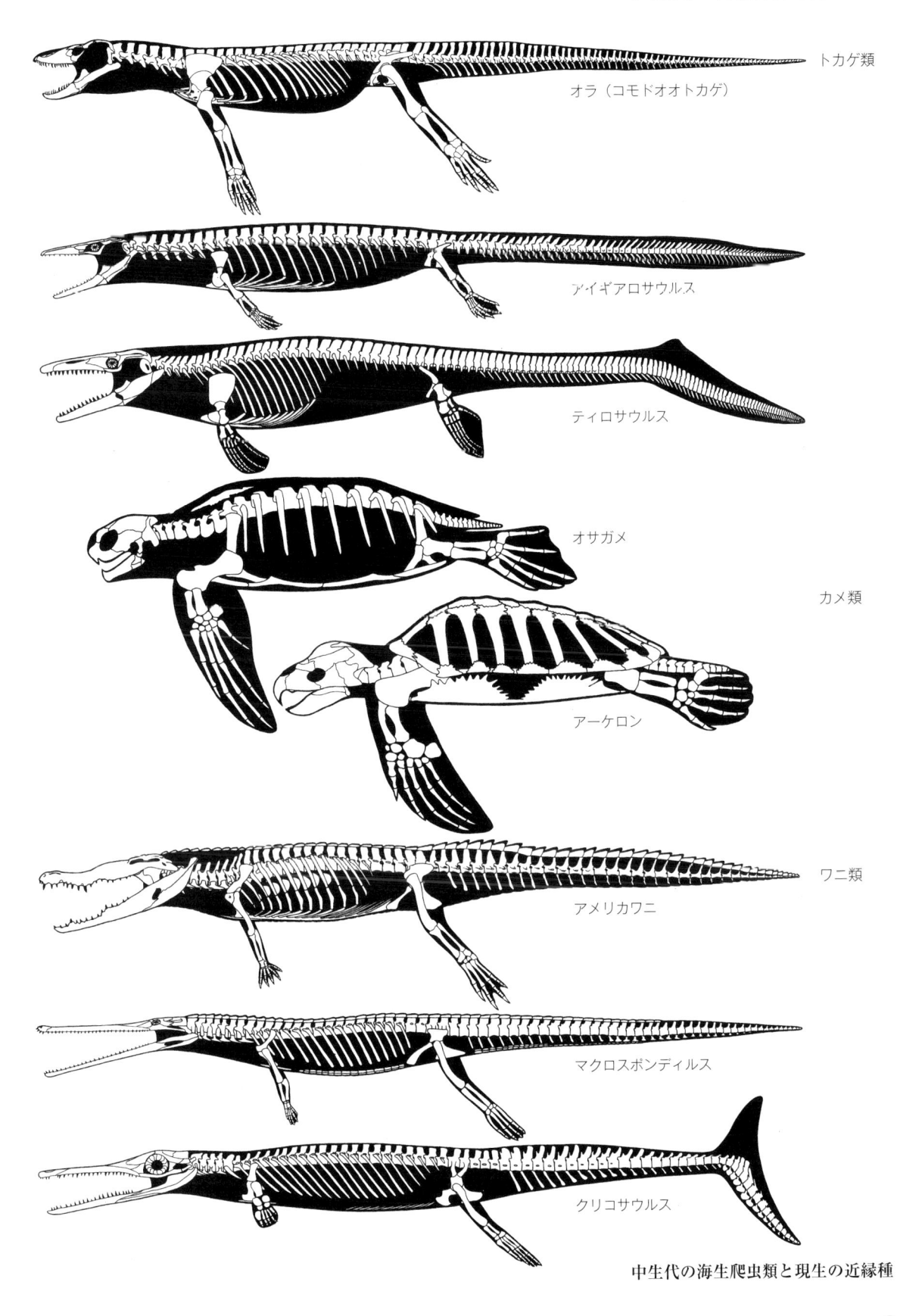

トカゲ類

オラ（コモドオオトカゲ）

ア・イギアロサウルス

ティロサウルス

オサガメ

カメ類

アーケロン

ワニ類

アメリカワニ

マクロスポンディルス

クリコサウルス

中生代の海生爬虫類と現生の近縁種

中生代の海生爬虫類とは？

陸上に進出した脊椎動物から四肢動物（Tetrapods）が出現し、さらに有羊膜類が出現したが、その中には何度か水に浸かる生活に戻るものが出てきた。今回取り上げる海生爬虫類には、タラットサウルス類（Thalattosaurs）、ヘルベティコサウルス類（Helveticosaurs）、鰭竜類（Sauropterygians；アトポデンタトゥス類（Atopodentatians）、板歯形類（Placodontiformes）、サウロスファルギス類（Saurosphargians）、パキプレウロサウルス類（Pachypleurosaurs）、偽竜類、ピストサウルス類（Pistosaurs）、首長竜類を含む）、魚竜型類（Ichthyosauromorphs；フーペイスクス類（Hupehsuchians）と魚竜類を含む）、アイギアロサウルス類（Aigialosaurs）やモササウルス類に属する海生トカゲ類（Sea Lizards）、ドリコサウルス類（Dolichosaurs）、オフィディア類（Ophidians）に属するウミヘビ類、オサガメ上科（Dermochelyoid）に属するウミガメ類、タニストロフェウス科（Tanystropheids）、そしてタラットスクス亜目（Thalattosuchians）（先のタラットサウルス類と混同しないように））に属するウミワニ類（Marine Crocs）が含まれる。これらのグループのほとんどで、化石に残るものはすでに中核となる形態をかなり進化させたものばかりで、他のグループとの関連を示す過渡的な特徴はほとんど残っていない。しかし幸いなことに、系統学的に重要な過渡期の化石も発見され始め、この状況は徐々に変わりつつある。

ウミガメ科（Chelonids）を含むカメ類（Turtles）の頭蓋には開口部がないため、現存する唯一の無弓類だと長い間考えられてきた。しかし最近では、頭蓋に開口部をもつ初期のカメ類の近縁種など、様々な証拠が発見され、カメ類が双弓類であることが有力視されつつある。その場合、彼らが双弓類のどの系統に属するかということが次の疑問となる。ある研究によれば、彼らは主竜類に近い、あるいは主竜類そのものである、ということが示唆されているが、主竜類にとりわけ近縁ではないとする説も存在する。最初期のカメ類は、化石記録上は後期三畳紀に出現するが、その起源は前期三畳紀まで遡ると考える根拠もある。完全海生であるウミガメ上科（Cheloniodeans）は前期白亜紀に出現し、現在も私たちと共に生きている。現時点では、このグループを特定の系統に分類するのは難しい。

中生代の海生爬虫類の中で最大のグループである鰭竜類は、化石記録上は中生代の最初期である前期三畳紀に登場する。彼らはすぐに高度な多様化を果たしたが、三畳紀の終わり頃には首長竜類を除きすべて絶滅した。鰭竜類は双弓類に含まれるが、カメ類と近縁であるかどうか、また主竜類の近縁であるかどうかについては不明である。鰭竜類は新生代には進出していない。

魚竜類、あるいはより包括的な魚竜型類は、前期三畳紀の出現時にはそこまで流線型ではなかったが、高速遊泳が可能な魚類、サメ類（Sharks）、イルカ（Dolphins）に似た形態を獲得し、白亜紀の中頃まで世界の海洋動物相の主要な構成要素となっていた。彼らは双弓類であり、鰭竜類と近縁だったかもしれず、海生爬虫類における一大グループを形成していた可能性がある。

タラットサウルス類とヘルベティコサウルス類は、初期に出現した海生爬虫類の小規模な2グループであり、他の双弓類との関係は依然として不明である。

一方、中期ジュラ紀〜前期白亜紀まで生息していたタラットスクス亜目に属するウミワニ類は、現存するワニ類に近縁であることが確実視されている。

また、モササウルス類がトカゲ類の仲間であることも判明しており、頭蓋において眼窩の後ろにある開口部の下縁に骨がない点が共通している。他のトカゲ類との正確な関係性はまだ解明されていないが、これはトカゲ類全体の系統関係がまだはっきりしていないためである。モササウルス類はオオトカゲ（Monitor lizards）に近縁だとする説もあれば、ヘビ類に近いとする説もある。ヘビ類はトカゲ類の一部が水生適応する形で出現したとする説があり、ドリコサウルス類がその代表的な化石記録であるとされる一方で、初期のヘビ類は地下で暮らす生物だったとする説もある。モササウルス類の生息時期は後期白亜紀に限られ、中生代の最後に絶滅した。一方、ウミヘビ類はいまだ健在である。

海生爬虫類は、双弓類であることを除けば互いに関連性のないグループの集合体であり、流体力学的な流線型は、陸上での移動にはほぼ役に立たず、関節が固められ櫂や鰭として改良された付属肢を除けば、体型に共通点はない。かなり小型のものもいるが、ほとんどはかなり大型で、超巨大なものもいた。中生代の海生爬虫類のほとんどは、その大きさにかかわらず、無脊椎動物や脊椎動物を捕食していた。草食性のものは非常に少なかったようで、特に大型のものは知られていない。

一部の海生爬虫類の体型はそこまで奇妙ではなかった。モササウルス類はトカゲ類の遊泳適応型として合理的な進化を遂げている。メトリオリンクス科（Metriorhynchids）は現生ワニと同じ体型であり、魚竜類は、高速遊泳する海生有羊膜類の特徴として、イルカのような体型をしていた。他の海生爬虫類、特に非常に長い首をもつ首長竜類は、現生種に相当するものがいない

ため奇妙に思える．しかし，それは我々が哺乳類であり，現代の動物相は馴染み深く普通であり，過去の動物は異質で奇妙であると思い込んでいるからに他ならない．ゾウ（Elephants）は，大きな脳，重厚な四肢，特大の耳，牙になった一対の歯，ホースのように伸びた鼻をもつ奇妙な生物である．そして，もし動物が考えるこ

とができたなら，人間に対しても奇妙に感じるだろう．また，太古の海生爬虫類は，人類に至るまでの哺乳類の進化史にも登場しない．中生代の泳ぐ爬虫類たちが見せてくれるのは，おなじみの海生哺乳類が存在しないパラレルワールドなのだ．

海生爬虫類が生きていた時代

　海生爬虫類は2億5000万年以上前の前期三畳紀に初めて現れ，中生代を生き，白亜紀の終わる約6600万年前に姿を消したとされるが，どうしてそんなことがわかるのだろうか？

　礫や砂，泥は，水あるいは風によって運ばれていくにつれ先にできた層の上へと順に積み重なっていくため，堆積物の上部で見つかる海生爬虫類は下部で見つかるものよりも新しいと言える．時間が経つにつれて，堆積物は徐々に地層と呼ばれる堆積学上のユニットを形成する．たとえば，モササウルス類のティロサウルスとウミガメ類のトクソケリス（Toxochelys）は，連続するニオブララ層とより若いピエール頁岩層でそれぞれ発見されている．

　地質年代は階層的に区分されている（年代表参照）．中生代は古生代の後に続く時代で，古い順に三畳紀，ジュラ紀，白亜紀と3つの紀に分けられ，その後は新生代へと続く．三畳紀とジュラ紀はさらにそれぞれ前期，中期，後期と3つの世に分けられる．白亜紀は，前期と後期とにしか分けられていないが，実は三畳紀やジュラ紀よりも長い期間だった（これは区分が作られた1800年代には知られていなかったことで，前期三畳紀が500万年間なのに対し，前期白亜紀はおよそ9倍の4500万年間となってしまっている）．これらの紀はさらに細かな期に分けることができる．先述のニオブララ層はコニアシアン期の終わり頃～サントニアン期を通じて堆積し，カンパニアン期に入る頃に終わって，代わりにピエール頁岩層が堆積し始めた．

　比較的新しい化石の絶対年代は，放射性炭素年代測定によって決定できる．この手法は炭素同位体を用いるため，5万年前までの骨やその他の標本にしか適用できず，中生代には程遠い．太古の海生爬虫類化石からは直接年代を測ることができないので，代わりに特定の種が産出する地層の年代を測ることになる．海生爬虫類の種は数十万～数百万年くらいしか存続しないので，この方

法は有用である．

　海生爬虫類化石が産出する地層の絶対年代の決定には，放射年代測定が用いられる．原子力学者らによって開発されたこの手法は，放射性元素が時間と共に一定量崩壊する事実をうまく利用したものである．この方法で用いられる主要な核変換は，ウラン-鉛，カリウム-アルゴン，アルゴン-アルゴン（別の同位体への変換）である．この手法では，原子核時計を最初にセットする火山性堆積物が必要となる．一般的にこういった堆積物は，セントヘレンズ山の噴火によってその近隣諸地域に堆積し明瞭な層構造を残したものと似た，降下火山灰の地層中に見られる．ある火山性堆積物が1億4400万年前に堆積し，さらにその上位の火山性堆積物は1億4100万年前にできたものと仮定する．もしある種の海生爬虫類がこれら2つの地層の間から見つかったとすると，この種は1億4400万～1億4100万年前に生きていたことがわかるのである．技術が発展し，地質学的記録がより知られるに従い，放射年代測定はますます正確になってきている．しかし，年代が古ければ古いほど誤差は大きくなり，測定の精度は落ちてしまう．

　火山性堆積物が利用できないことも多く，他の年代測定手法に頼らねばならないこともある．これには生層序学と呼ばれる分野が重要で，それには示準化石の存在が必須だ．示準化石とは，最大でも数百万年程度の地質学的に短い期間だけ存在した生物の化石で，通常は海生無脊椎動物が該当する．ある種の海生爬虫類が，年代測定可能な火山灰が存在しない地層から発見されたとしよう，その地層には生息期間が数百万年間以下という，特徴的な無脊椎動物の種が含まれている．どこか世界の別の場所で，同じ海洋動物の種が海成層で堆積し，その層に含まれる火山灰が8400万～8100万年前のものだと放射年代測定で判明する．すると，前者の地層の海生爬虫類化石も8400万～8100万年前のものだと推定できる．海生爬虫類はもともと沿岸や外洋に住んでいたため，こ

の手法はかなり有効である．しかし，化石が発見された正確な場所がきちんと記録されていない場合は，そうはいかない．化石ハンターたちが正確な層序の重要性を十分に理解していなかった古生物学の黎明期（れいめいき）には，こうしたことがしばしば起こった．また，化石が発見される前に高い崖から落ちてしまうこともあるが，化石を含む，あるいは化石に含まれている堆積物を詳しく調べることで，化石が元あった堆積物の層をたどれることもある．

海生爬虫類とそれらを取り巻く世界の進化

海がどこから来たのかはまだ定かではない．水の供給源としては，太陽系星雲と小惑星が候補に挙がっている．すべての生命が微生物であった30億年前，すでに15億歳だったこの惑星は，大部分が水の世界であり，大陸はオーストラリアほどの大きさのウル大陸だけであった．当時の大気には酸素がなく，空が青かったかどうかさえ定かではない．先カンブリア時代から私たちが生きる顕生代へと時代が進むにつれて，プレートテクトニクスによって大陸の数と大きさが徐々に拡大し，同時に酸素濃度が上昇した．この両方の進展が，大型の海洋生物の進化に不可欠だったのである．陸から流れ出る大小の河川は，膨大な量の栄養分を海の上層部へと運び，それを海の生物が利用できるようにする．同時に，陸地を取り囲む海は，陸上生物の成長を促進する雨を降らす水分を提供し，その水分のほとんどが川，時には氷河を下って海に流れ込む．大陸からの流出水によって育まれた海面の多様な生物には，光合成を行うプランクトンが含まれ，複雑な多細胞動物が生存し機能するために必要な酸素の大部分を生産する．また，長く，時に入り組んだ海岸線は，多くの海生脊椎動物の餌となる資源や，繁殖の場となる植物相や動物相をもたらしている．この陸−水−陸−水の循環によって，海は大型かつ洗練された生物で満たされるのである．陸地がほとんど，あるいはまったくない水だけの世界は，不毛な海洋砂漠となり，生物はほとんど見られない．

太陽が水素をより密度の高いヘリウムに融合させるにつれ，核の極圧と熱はさらに上昇し，核反応を加速させる．その結果，太陽は常に熱くなっており，10億年ごとに約10％ずつ温度が上昇している．はるか昔には，太陽の温度が低いにもかかわらず，高濃度の温室効果ガスが地球を適度に暖かく保っていたが，時折，太陽放射と温室効果ガスのバランスが崩れ，地球全体が氷河に覆われ，海面が凍結するスノーボール・アースが発生した．最後の大規模な凍結は約6億5000万年前に起こった．それ以降は太陽が熱くなりすぎて，小さな惑星である地球が完全に凍りつくようなことはなくなった．

5億年以上前の古生代の始まりに起こったカンブリア爆発では，三葉虫に代表されるような，複雑で，場合によっては硬い殻をもつような生物たちが登場した．また，非常に単純な最初期の脊椎動物も出現し，古生代を通じて次第に洗練され，魚類やサメ類が出現した．魚類は2億年前頃から徐々に大きくなり，装甲（そうこう）をもち，全長9m，体重4tに達するダンクルオステウス（*Dunkleosteus*）を始めとする，顎（あご）のある魚類が短期間で出現した．海藻類は，緑色，赤色，褐色など多様に進化し，褐色のものにはコンブ型の巨大なものもいた一方で，維管束植物が海洋に進出することはなかった．海洋に比べて未開拓だった陸地は多細胞生物の開拓場となり，まず植物が，次いで動物が陸地に進出し始め，まったく新しい世界へと変貌していった．時期は定かではないが，動物の中では無脊椎動物が最初に陸上に進出した．その後，4億年前に肺をもつ魚類から進化したデボン紀の両生類が続いた．両生類は一般的に半水生で，殻のない卵によって繁殖するため，少なくとも水辺からは離れられない．その割に海水には適応したことがないのだが，これは両生類の薄い皮膚と殻のない卵が，海水の高いナトリウム含有量に対応できないからだ．両生類の時代が爬虫類の時代へと移行したのは約3億5千万年前の石炭紀のことで，その頃に最初の有羊膜類が両生類から進化した．彼らは殻のある卵を産む，あるいは直接子どもを産むことが可能だったため，爬虫類は成体が生存可能であれば，砂漠を含む陸地のどこにでも生息できる可能性をもっていた．

その後，奇妙なことが起こった．程度の差こそあれ，陸上での生活スタイルを確立した爬虫類の一部が，再び水中に戻り始めたのだ．しかし実は，さほど驚くべきことではない．進化とは，決まった道筋や目標をもつ，意図的に制御されたシステムではない．進化とは高度に無作為化されたものであり，心をもたないDNA配列は，単に繁殖がうまくいって生き残るから存在するのである．他の種との競争の中で繁殖を成功させ続けるために必要なこと，すなわち自然淘汰はいつでも機能しており，もしそれが大きな方向転換を必要とすれば実際に起

こるのである．四肢動物は，魚類や両生類にはない陸上での新しいライフスタイルに適応したDNAをもつ種を生みだした．そして，自然淘汰は何度も繰り返し，高度に水生的なライフスタイルに戻る有羊膜類を選択した．高度に，あるいは完全に水生である四肢動物には，本書で取り上げる爬虫類以外にも，様々な鳥類や多くの哺乳類が含まれ，いまだに魚類と勘違いされることもあるクジラも含まれる．興味深く，そして奇妙なことに，鳥類以外の恐竜類では，1億7000万年の生存期間中，本格的に海に進出したものはいない．これは，恐竜類の胴体と尾の曲がり方が他の爬虫類や哺乳類と異なるからかもしれない．遊泳中は，一般的な爬虫類では左右に，哺乳類では上下に体幹と尾を曲げることで運動に寄与している．ところが，恐竜類の体幹と尾の曲がる方向は，互いに一致していなかった．爬虫類的な横方向に曲がる尾は継承されたが，恐竜類は哺乳類と同じように脚が直立していたため，体幹は垂直方向に曲がりやすく，水中での推進力を生み出すには不恰好な組み合わせだった．また，恐竜類の多くが石灰化した硬い殻の卵を産むため，子どもを直接産むことができなかったことも，海洋進出の妨げとなっていたのかもしれない．これは，産卵のために陸に上がることができないほど海洋生活に特化した場合に問題となっただろう．一方，一部の恐竜類は殻の柔らかい卵を産んでおり，この問題は恐竜類全体には当てはまらないといえる．

また，初期の水生生活への回帰を後押しする要因として，初期の爬虫類はそもそも高度な陸生適応をしていなかったという点が挙げられる．水生動物への進化的・選択的誘惑が特に強かったのは，淡水域であろうと海水域であろうと，沿岸部で生活することに多少なりとも適応していた有羊膜類であった．そのような生物の祖先は，もっと陸生的であったり，あるいは半水生であり続け，頻繁に海岸線を行き来したりしていたのかもしれない．

完全な陸生動物であっても，通常，水を掻いたり泳いだりすることはできる．カバ（Hippos）は興味深い例外的存在で，胴体の密度が高く，水面を泳ぐことは困難であり，浅瀬に固執して水底を歩くのが好きな動物である．このような沿岸部の動物は，水際やその付近の水生生物も食べている可能性がある．植物か動物かにかかわらず，水生生物の消費量を増やすには，水中生活への解剖学的適応が必要である．その中には，より短く，より硬い関節をもち，指とつま先が広がったオール状の四肢や，柔らかい水中の泥や砂にも対応し，流体力学的な推進力をもたらす，指の間の水かきなどが挙げられる．そ

れに加えて，あるいはその代わりに，尾は長く扁平で筋肉質の鰭のような器官になることもある．爬虫類は体を横方向に曲げる傾向があるため，上下方向に柔軟な胴体をもつ哺乳類とは異なり，尾は横方向から潰されたような形状になる．鼻孔は，吻部が水に浸かった時に呼吸できるようにするために後方へと移動する場合がある．進化は自動的に進行するわけではないので，解剖学的な水生適応は上記の程度にしか進まないかもしれない．逆に選択圧によって完全に水生化し，四肢が流体力学的性質に特化した鰭となり，もはや陸に上がることができなくなるまで進むこともある．海に生息する現代の哺乳類が，ごく普通の水かきのある足をもつラッコ（Sea otters）のような，最小限の適応しかもたないものから，流体力学的性質に特化した鰭をもちながら砂浜でかなりの時間を過ごすアザラシ（Seals），さらには座礁すると死んでしまう超海洋型のクジラまで，様々な種類に分かれているのは，このような無意識的進化の不規則性によるものである．

有羊膜類が海洋に進出する過程には，淡水域〜汽水域に進出し，その後海洋に進出するパターンと，汽水域や海水域の海岸線に生息する有羊膜類が次第に水生化するパターンがある．海に永続的に生息できるようになるには，高い塩分への対抗手段を発達させる必要があるため，進化的に容易なことではない．陸上動物が海洋動物になる際のもうひとつのハードルは，どんなに特殊化しても，水から直接大量の酸素を取り出す手段を再び進化させることはできないということだ．したがって，呼吸のために定期的に水面に戻ることは避けられず，爬虫類が呼吸をせずにいられる時間は最長でも数時間である．つまり，水生有羊膜類は魚類や鰓のある両生類とは異なり，一生水中に留まることができないため，深海に長期滞在することはできない．その一方で，酸素の豊富な空気から直接酸素を取り込めるということは，酸素の少ない水から酸素を取り込むよりも有利である．

淡水域以外の生息環境に特化した特徴を示し，海の堆積物から発見される最初期の爬虫類として知られているのは，前期ペルム紀の小型のメソサウルス類（Mesosaurs）である．その出現は，現代の海に生息するウミガメ類やヘビに至るまで，2億9000万年にわたり海水域で生活する，多様な海生爬虫類の歴史の礎となった．彼らの祖先である初期の有羊膜類は高度に陸生適応していなかった可能性があり，発達した手足をもちつつ，沿岸で水陸両用の生活をしていたのかもしれない．しかし，ある種の小さな甲殻類（Crustaceans）を食べるた

めに細長い歯をもつという，高度な特殊化を果たしたメソサウルス類は長く生き延びることはできなかったようだ．後期ペルム紀のクラウディオサウルス類（Claudiosaurs）もまた，海水での生活には中程度しか適応していなかった．ペルム紀の陸上では単弓類が支配的で，まず爬虫類のような見た目の盤竜類，続いて哺乳類のような見た目の獣弓類が登場した．体高が低く，足幅の広い形態になりがちな単弓類は，水生適応もしやすかったようで，中には淡水に生息していたものもいたようだ．しかし，理由は不明だが，高度な水生適応はせず，ましてや海生にはならなかった．水生適応した爬虫類と競合する硬骨魚類（Bony fishes）やサメ類は一通り存在していたが，以降の時代における彼らの繁栄を妨げるような問題ではなかっただろう．

古生代の終わりは，多くの点で中生代の終わりを凌ぐ驚異的な絶滅によって特徴付けられる．この大量絶滅は長期的な超巨大火山活動によって引き起こされたようで，これにより巨大なシベリアン・トラップが形成され，長期間にわたって大気や海洋が著しく汚染された．しかし，最後の三葉虫やサンゴ礁を形成する生物が絶滅するなど海洋無脊椎動物が大きな打撃を受けた一方で，硬骨魚類やサメ類はあまり影響を受けなかった．陸上生物の絶滅は非常に深刻であったが，四肢動物の主要グループは，多様性が減少したものの生き延びることができた．

中生代の始め頃，地球は古く，そして驚くほど新しかった．これは視点の問題である．恐竜時代とほぼ重なる中生代の海生爬虫類の時代が遠いものであったという人間の見方は，私たちの寿命の短さと，私たちの属や種がそれぞれこの数百万年，数十万年の間に出現した最近のものであることに起因する錯覚である．私たちの太陽系が銀河系の中心を1周するのにかかる時間を示す1銀河年は2億年である．そしてわずか1.5銀河年前，地球には海生爬虫類が出現し始めていた．海生爬虫類が出現した時，太陽系はすでに40億歳を超えており，地球の歴史の95%はすでに過ぎ去っていた．偉大な爬虫類が海を泳いでいた時代に地球に到着したタイムトラベラーは，慣れ親しんだ光景と，我々の時代とは大きく異なる光景に気が付くだろう．

月が地球を公転しながらしだいに離れていくうちに，潮汐力によって1日の長さは増していく．爬虫類が最初

に海に進出した時代には，1日は22時間45分で，1年は385日だった．彼らが絶滅した頃，1日は23時間30分に延び，1年は371日に減少していた．月は今よりも少し大きく見え，日食の際には太陽を大きく覆った．すなわち，月が楕円軌道の十分に遠い位置にある時，日食の最大時に太陽が月の周りに輪を作る「金環日食」のような現象は起こらなかっただろう．"月の男"[1]は海生爬虫類の惑星を横目で眺めていたが，現在ではよく目立つティコ・クレーター[2]は前期白亜紀の終わり頃まで形成されていなかった．太陽の核が水素からヘリウムに変わっていくにつれて，太陽は10億年ごとに10%熱くなるため，海生爬虫類が最初に現れたころには太陽は2%，絶滅時には0.5%ほど，現代よりも冷たかった．

中生代の初頭，前期三畳紀に，多くの爬虫類が海に進出し始めた．このような大規模な現象がなぜその時期に起こったのかは不明である．おそらく，大量絶滅によって生物圏，および世界の動物相が崩壊したことと関係があるのだろう．淡水域における両生類との競争が減少したことが関係しているかもしれないが，定かではない．ペルム紀-三畳紀境界の大量絶滅後に双弓類が放散したことも，有力な要因のひとつである．ひとつまたは複数の理由により，双弓類の多くの種が半水生になり，その後ますます水を好むようになったことは確かである．

古生代の終わりには，大陸はひとつに繋がり大きなC字型の超大陸パンゲアを形成し，赤道を横切って南北の極域に達するほどの大きさとなった．そのため，大西洋は存在しなかった．三畳紀の初めには，世界の70%がパンサラッサ海と呼ばれる巨大な超大洋で構成されていた．この超大洋は，現在の太平洋よりも約5,000 km幅広く，東西に合計約25,000 kmあった．現在，パンサラッサ海の海底は，ほとんど残っていない．盆地を形成しはじめたプレートテクトニクスによって，沈み込んでしまったのだ．そのため，超大洋に点在していたはずの島々は失われてしまった．当時はもうひとつ，テチス海と呼ばれる大海洋があり，超大陸に東側に矢尻のように入り込んだ大きな三角形状のくさび型の海を形成していた．その西の頂点はヨーロッパとアフリカを隔て，北アメリカの北東端に達していた．最大時には超大陸の2/3ほどの大きさであったが，現在では地中海が唯一残されたテチス海である．この広大な海岸線と入江を伴った比較的浅い海の堆積物は，中生代の海生爬虫類化石の主要

---

[1]（訳注）　満月の明るい部分と暗い部分を人の顔になぞらえた表現．日本でいう月のウサギ．
[2]（訳注）　月の南部に位置する非常に大きなクレーター．

な供給源となっている．その間，ヨーロッパの大部分，特に西部は北アメリカのすぐ北東に位置し，インドネシアを彷彿とさせる大小様々な群島を形成していた．ヨーロッパ諸島を取り囲む浅い海は，テチス海西部とパンサラッサ海，あるいは太平洋の北東部を時折繋げていた．他の浅い海域は，三畳紀には広がらなかった．インドは，南極大陸やオーストラリアと同様に，アフリカに接していた．

現代をもはるかに上回るレベルの二酸化炭素濃度により，太陽がやや冷涼だったにもかかわらず，当時の地球の気候は全体的に熱帯・亜熱帯気候だった．当時は極地であっても温帯で，海抜0mでも冷涼なのは冬の間だけで，標高の低い地域には氷河が存在しなかった．赤道付近の海水温は，前期三畳紀の一部では最高40℃と極端に温かく，多くの海洋生物にとって厳しい環境であり，低緯度域には微生物が形成したサンゴ礁だけが存在した．遊泳性の無脊椎動物は，典型的な螺旋状の殻が共通しているにもかかわらず，特に近縁というわけではないアンモノイド類（Ammonoids）とオウムガイ類（Nautiloids）が中心で，タコ類（Octopi）も存在していた．古生代にはすでにフジツボ（Barnacles）も出現していたが，かなり後になるまで化石記録には見られず，クジラの皮膚の代わりに太古の海生爬虫類に定着していたという証拠もない．硬骨魚類は数多く存在し，その多くはかなり現代的な形をしていたが，あまり大きくはならなかった．サメ類は太古からほとんど変わっていない生きた化石だとよく言われるが，ホホジロザメ（Great whites），トラザメ（Tigers），ネムリブカ（Whitetips）などのように洗練された，典型的なサメ類はまだ出現していなかった．中生代初期のサメ類はより原始的な姿をしているが，今でもその姿を保っているものもいる．

大絶滅からわずか300万年ほどしか経っていない，前期三畳紀の後半の堆積物には，半海生または完全海生の爬虫類が多数出現したことが記録されている．このような水に適応した形態を生み出した波打ち際での進化は，古生代と中生代の境界期以前から進行していたと見て間違いない．どことなくトカゲに似た，待ち伏せ漁をするパキプレウロサウルス類とコロサウルス類（Corosaurs）が，最初期の鰭竜類として登場する．また，同時期に最初の魚竜型類も出現し，鎧を身につけたフーペイスクス類も登場した．その一部は，カモノハシのような印象的な頭部をもち，電場を使って濁った水中や夜間に獲物を探し出し掘り起こしていた．また，ナソロストラ類（Nasorostrans）は獲物を吸い込んで食べていたようだ．上記はすべて，流体力学的には平凡な体型をもつ浅瀬の生物で，指と爪を使って，繁殖などに際して砂浜に上がっていたと考えられる．一方で，流線型かつ紡錘形状の体とフリッパーを発達させ，水流に適した尾をもつ魚竜類も進化史を紡ぎ始めた．魚竜類は，魚類体型を獲得したものとしては先駆的な有羊膜類であり，陸に上がる能力はほとんどなかった．このことは，彼らが産卵ではなく出産を行ったことを示している．さらに，ごく初期のメンバーにはすでに全長15m，体重10tに迫る大型のものがおり，海洋で空気呼吸をする大型捕食者と

中期三畳紀のセルピアノサウルス，アスケプトサウルス，キアモドゥス，ミクソサウルス，パラプラコドゥス

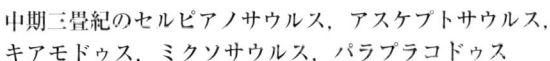

しても先駆的な存在であったことを物語っている。近年，こうした一部の爬虫類が，この時期に50 t近くにも達したという説もあるが，サイズ自体もさることながら，そうした急速かつ独自の巨大化を引き起こすような進化速度も，現実的な範囲ではない。そこまでではないにしても，やはり中生代初期の海生爬虫類は急速に巨大化していた。これは，後の新生代初期のクジラにも匹敵するほど急速な進化速度であった。つまり，海水を好む爬虫類が，海において多様性を増し，様々な進化的実験を行い，サイズ幅を広げ，流体力学的性質を向上させるという驚異的な進化を遂げるのに，わずか500万年しかかからなかったのである。こうして，1億8500万年間続く中生代の海生爬虫類時代が始まったのである。

　中期三畳紀になると，超高温の気候が少し和らぎ，小型の恐竜類の祖先や，恐竜類，翼竜類が現れたが，陸上動物相はこれら以外の主竜類と，海洋に進出せず陸上に固執した獣弓類たちによって支配されていた。海では，海綿動物やサンゴが大部分を占める礁が弱々しくも発達し，硬骨魚類やサメ類の多様性が増していった。海生爬虫類では，なぜかフーペイスクス類の間で化石作りが流行ったらしく，電場を用いる種は存続せず，再び現れもしなかったようである。コロサウルス類も同様に絶滅したが，トカゲのような姿のパキプレウロサウルス類は中期三畳紀を生き延び，一部は知られている中で最小の海生爬虫類となったようだ。さらに，トカゲ類に似た双弓類で，パドル状の手足をもつ待ち伏せ捕食者，タラットサウルス類が沿岸部に出現した。これらの中には，上顎を前方に突き出た頑丈な突起へと発達させることで，トカゲらしくなくなったものもいる。また，吻部を強く下方に湾曲させるという，奇妙な適応をしたものもいた。主竜類とその仲間からなるグループの原始的なメンバーであるタニストロフェウス科も，海生爬虫類の舞台にごく短期間だけ登場し，その多くは非常に長い首をもっていた。彼らの場合，海水域の近海に足を踏み入れる前に，すでに淡水域での生活様式を身につけていたが，我々が知る限り，彼らは中期三畳紀の初期にしか生息していなかった。また，あまりよく知られていないヘルベティコサウルス類も長くは生息していなかった。同様に化石記録は残っているものの，生息期間が短かったのが鰭竜類のアトポデンタトゥス類である。彼らはハンマー状の頭部を発達させ，それで藻類を削り取ることで，おそらく最初の水生植物食四肢動物となった。この時期の化石記録に現れる他の鰭竜類は，がっしりとした体型の板歯形類で，貝殻をもつ生物を粉砕するために，あるい

はマナティー（Manatees）のように藻類を削りとるために，扁平な歯で舗装された顎をもっていた。一般に，体は多少の装甲に覆われ，一部は体幹が典型的な樽型になっていた。一方，キアモドゥス上科（Cyamodontoids）は体を横に大きく広げ，（キアモドゥス上科を含む）板歯類より後に現れたカメ類のように，平たい甲羅をもつようになった。また，カメ類のような形態を発達させたサウロスファルギス類も進化の途中段階にあった。パキプレウロサウルス類は，前期三畳紀よりも中期三畳紀に繁栄した。上記はいずれも，あまり遊泳に長けた動物ではなかった。これに対し，ユーラシア大陸に多く生息した，首長竜類に似た偽竜類とピストサウルス類は，体の流線型については優れていた。魚竜類の中には，奥歯が貝殻を砕くのに適したコブ状に発達したものもいた。

　海生爬虫類の大きさは後期三畳紀の初期〜中期にかけて急成長し，ショニサウルスやメガマリナサウルス類（Megamarinasaurs）に属する魚竜類は17 m，最大20 tに達した。この海生爬虫類の大きさの初期のピークは，セイクジラ（Sei whales）のそれに似ていた。しかし，一部の研究者の主張に反して，それはマッコウクジラ（Sperm whales），ナガスクジラ（Fin whales），シロナガスクジラ（Blue whales），そしてのちの中生代と新生代に最大化する魚類の大きさにははるかに及ばなかった。水を好む爬虫類の全長がこれらの時代の爬虫類ほど大きくなることは二度とないだろう。大型魚竜類の別の系統は，短くて幅が広く，歯のない吻部を進化させ，獲物を吸い込むために使われたとも言われている。後期三畳紀の魚竜類の中には，最初のパルビペルビア類（Parvipelvians）のように，流体力学的に高度に進化したものもいた。このグループはまだコンパクトなマグロ状の体形を進化させてはいなかったが，強力な推進力と高速度を生み出す左右対称で月状の尾鰭をもつ，最初の本格的な追跡ハンターの登場であった。高速の魚竜類の登場は，海生爬虫類が沿岸に縛られない外洋性の形態を獲得したことを示している。カメ型の板歯類とサウロスファルギス類は後期三畳紀のおそらく終わりまで生息し，板歯類の一部は明らかに濾過摂食に適したヒゲ状の構造をもっていた。トカゲのような泳ぎ方をするものは生き残らなかった。後期三畳紀の堆積物からはパキプレウロサウルス類が見つかっており，小さな海生爬虫類の時代はすぐに終わりを告げた。これは偽竜類にも当てはまる。ピストサウルス類もほとんど姿を消していた。魚類では，後期三畳紀に，硬骨魚類の主流となる真骨類（Teleosts）が初めて出現した。

前期ジュラ紀のステノプテリギウス・クアドリキッスス，ステノプテリギウス・ウニター，
マクロスポンディルス，スエボレビアタン，エウリノサウルス，シーリーオサウルス

化石記録を見れば明らかなように，三畳紀は海生爬虫類の急激な進化実験の時代だった．巨体や泳ぎが速い個体の進化はもちろんのこと，あらゆる種類の多様な体型，特に摂餌のタイプが進化した．中には驚くべきものもあった．板歯類は，食物をすり潰したり粉砕したりするための石畳のような歯をもち，カメ型の甲羅を備えていた．タニストロフェウス科の首はどこまでも続くかのように長かった．アトポデンタトゥス類は，海底で餌を捕まえたり，藻類を食んだりするために，漫画のようなハンマーヘッド型のスコップ状の口を備えていた．哺乳類のカモノハシに驚くほど近い形の頭部をもつ，エレトモルヒピス（*Eretmorhipis*）はさらに驚異的と言えろかもしれない．まだ現れていない海生爬虫類として，巨大な頭をもつ捕食者が挙げられる．進化学的に不可解なのは，ワニ類と同じくらい水中生活に適応しているにもかかわらず，非常にワニに似た形態と，体を完全に水没させた状態で呼吸するための高い位置にある鼻孔を進化させた槽歯類（Thecodonts）である主竜類のフィトサウルス類（Phytosaurs）が，海生適応しなかったことだ．生物進化は必ずしも論理的なものではないのである．

パンゲア超大陸では，他の主竜類や獣弓類が衰退するにつれ，恐竜類が多様化し，時には大型化した．部分的に甲羅のある，最初のカメ類の近縁種が現れ，半水生ではあったが，まだ海生とは言えなかった．陸生のトカゲ類はおそらくこの時期に誕生した．一部の小型翼竜類は，おそらく沿岸やその近くの上空で羽ばたきや滑空を行い，捕食を行っていたと思われるが，真の海洋動物とは言えず，外洋にはまだ空中を飛ぶ動物はいなかった．

約2億年前の三畳紀の終わりには，もうひとつの絶滅が起こったが，その原因ははっきりしない．カナダ南東部で巨大隕石が衝突したが，それは絶滅の数百万年前のことだった．今回もまた，最初の大西洋地域の造山運動に関連した超巨大火山が原因であった可能性もある．海生無脊椎動物のうち，アンモノイド類はその多様性に大きく低下させたが，完全に絶滅したわけではなかった．後期三畳紀に広がった礁は，急激に減少した．陸上では，槽歯類と獣弓類が最も被害を受けた．槽歯類はワニ類を除き，フィトサウルス類を含めて全滅し，獣弓類は新しく進化した哺乳類の親戚と共にわずかに残っただけだった．これに対して恐竜類は，竜脚類（Sauropods）が巨大化するなど，ほとんど混乱することなく危機を乗り越えて前期ジュラ紀に進出した．三畳紀末の海生爬虫類は，すでに以前のような多様性を失っていた．いずれにせよ特に数が多いわけではなかったが，板歯類，サウロスファルギス類，そしてピストサウルス類は理由不明の災害により一掃され，急進的な海生爬虫類の実験時代はかなり短い期間で幕を閉じた．原始的な非対称の尾をもつ魚竜（破砕歯をもつものも含む）もまた，危機を乗り切ることができなかった．最大の魚竜類はジュラ紀に進出した．一方，その原因は完全には解明されていないが，首長竜類や月状の尾をもつ魚竜類などの，衰退した爬虫類の海洋動物群もジュラ紀に進出した．これらの魚

海生爬虫類とそれらを取り巻く世界の進化

竜類では，優れた流体力学的な推進力が，新しい時代まで生き残るのに役立ったのだろう．さらに，産卵のために陸に上がる必要のない海生爬虫類だけが，恐竜類の支配するジュラ紀に進出したことも見逃せない．

前期ジュラ紀の海では，外殻をもつアンモノイド類に，円錐形状の内骨格をもつイカ類（Squids）のようなベレムナイト類（Belemnites）が加わった．一部のベレムナイト類は大型化したが，イカ類のように巨大化したものは知られていない．前期ジュラ紀までは，しばしば大型の浮木が二枚貝や少し花に似たウミユリでびっしりと覆われ，長い間漂流する生物の筏（いかだ）となり，これが沈むか陸に打ち上げられるまで，小魚や頭足類（Cephalopods）の表層生息地となるのが一般的であった．後期ジュラ紀には，木材を穿孔するフナクイムシ（Shipworms）であるテレドス（Teredos）が出現し，流木を短時間で処理するようになったため，このような現象は終わりを告げた．また，真骨類はますます数が増え，多様化した．前期ジュラ紀の首長竜類は，小型で首が長く，浅瀬を好む待ち伏せ型，大型で首が短く，深海を好む追い込み型，そしてその中間に位置するその他の型に分岐した．この2つの型は，かつては2つの異なる系統群に過ぎないと考えられていたが，より詳細な分析によると，首の長さが異なる複雑で多様なグループが進化し，一部は巨大化に向かっていたことが判明した．これらの初期の首長竜類の一部は淡水域で発見されており，そのような水域をある程度利用していたことを示唆している．鯨類（げいるい）（Cetaceans）に見られるように，塩分の少ない水域に定住していたのか，それとも一時的に生息していたのか，化石から判断するのは難しい．非海生の魚竜類の証拠は見つかっていないが，川や湖に生息するイルカがいることや，淡水域に侵入するサメ類がいることを考えると興味深い．ジュラ紀の魚竜類は数が多いものの，三畳紀の魚竜類に比べれば多様性が少なく，そのすべてが流線型のメカジキ型，マグロ型，イルカ型に進化し，捕まえにくい獲物を追って高速で巡航したり，加速したりすることに適応した．理由は不明だが，ほとんどの三畳紀の種がそうであったように，沿岸の浅瀬に適応したものはこのグループにはいなかった．ジュラ紀の魚竜類はかなり大きかったが，後期三畳紀のショニサウルス科（Shonisaurids）に匹敵するものはなぜかいなかった．前期ジュラ紀には，大型で滑らかなレプトクレイドゥス科（Leptocleidids）の魚竜類が，獲物を切り刻むた

後期ジュラ紀のクリオプテリギウスとオフタルモトゥレ

めに，カジキ（Billfish）に似た細長い剣のようなクチバシを発達させた．奇妙なのは，極めて健全な進化的適応と思われるこの特別な実験が，はっきりしない理由でごく短期間に終わったことである．剣状のクチバシをもつ爬虫類の姿は二度と見られなくなった．また，長期的には成功しなかったが，時には巨大と言えるほど大きく，頭も歯も大型化したテムノドントサウルス科（Temnodontosaurids）の魚竜類は，今までに知られた中で最も強大な海の捕食者であった．この魚竜類もまた，不可解なことに前期ジュラ紀にしかいなかった．より成功したのは，一部の最速のサメ類，マグロ（Tunas），イルカのようなコンパクトな形態をもつ高速遊泳できる魚竜類であった．これは流体力学的に非常に優れた体型で，ジュラ紀末まで続くことになる．ここで海洋動物相の仲間に入ったのは，ワニに近いタラットスクス亜目である．これもまた，最初は淡水域の動物であったグループが海水域に移行したケースである．これらのうち，最初に海に進出したワニ類であるテレオサウルス類（Teleosaurs）とペラゴサウルス類（Pelagosaurs）は，すでに腕が奇妙なほど小さくなっていたことを除けば，陸生の近縁種と根本的な違いはなく，淡水域のワニ類よりは劣るものの，装甲を備えていた．彼らは中型〜大型の待ち伏せ型捕食者で，おそらく陸上で硬い殻の卵を産んだのだろう．前期ジュラ紀の終わり頃，トアルシアン期の海洋無酸素事変によって，アンモノイド類を含む無脊椎動物を中心に海洋動物の絶滅が起こった．一方，海生爬虫類は比較的被害が少なかったようである．

　前期〜中期ジュラ紀にかけて，大きな地殻変動が地質学的，地理学的規模で起こっていた．まず，北米大陸がアフリカ大陸から分断され，狭い北大西洋が形成され，初期のメキシコ湾まで達した．この分裂によってアメリカ大陸が分断されると同時に，テチス海西部が太平洋に繋がった．初期の太平洋は，前身であるパンサラッサ海よりもほんの少し小さいだけだった．中生代の残りの期間，マントルによって発達した大陸の運搬ベルトにおける地殻活動が活発化したため，海洋の底が隆起し，ゆっくりと，しかし絶え間なく，浅い内陸海路という形で海が大陸に広がり，大きな海同士の繋がりが強まり，より世界的な海洋動物相が形成されるようになった．温度調節機能をもつ海が超大陸にまで広がったことで，陸地は少し冷え込んだ．しかし温室効果は高まりつつあり，海水温はピークに達していた．

　化石記録が比較的乏しいため，中期ジュラ紀の海洋動物相は十分に評価できていない．前期ジュラ紀に出現し

た濾過食性魚類の一群，パキコルムス科（Pachycormids）が急激に大型化し，中期ジュラ紀には史上最大の硬骨魚類リーズイクチス（*Leedsichthys*）が誕生したことが知られている．全長 15 m，体重 30 t（サイズのばらつきを考慮するともっと大きいかもしれない）のザトウクジラ（Humpback whale）ほどの大きさであるリーズイクチスは，プランクトンを食べる現生最大の魚類，最大 17 m，体重 40 t 以上のジンベエザメ（Whale shark）に迫り，史上最大のサメ類，メガロドン（*Megalodon*）と競合するほどだったかもしれない．リーズイクチスがどのようにして，そしてなぜこれほど大きくなったのかは謎ではない．莫大な量の小さな海洋生物を濾過摂食することが，そのための最良の手段なのだ．さらに大型化したのは，大きな頭と大きな歯をもつプリオサウルス類（Pliosaurs）である．後期ジュラ紀には，全長 9 m，体重 8 t の大型のものが知られている．力強く大物狩りに特化したこれらの首長竜類の長きにわたる進化的成功が，テムノドントサウルス科の魚竜類の敗因を示唆しているのかもしれない．中期〜後期ジュラ紀にかけてのもうひとつの興味深いサイズ変化現象は，1 G（標準重力加速度）の力の下で生きることに対処していた竜脚類恐竜が，既知のどの海生爬虫類よりもはるかに大きい，おそらく 100 t に近い，あるいはそれを超える陸の巨人となったことである．対照的に，哺乳類はイエネコ以下の小さなサイズにとどまり，カモノハシやビーバー（Beavers），カワウソ（Otters）に似た水生動物もいるほど多様であった．しかし，そのどれもが海に進出するという進化を何故か行わなかった．わずかにそうし始めていたのは，沿岸に生息する小型のカメ類であった．ジュラ紀が終わりに近づいても，大洋の上空には空を飛ぶ生物はいなかった．この頃の魚竜類にとっ ぎもうひとつの進化的絶頂期であり，外洋性のステノプテリギウス科（Stenopterygids）とオフタルモサウルス亜科（Ophthalmosaurines）が様々な種を生み出し，プラティプテリギウス亜科（Platypterygiines）も初めて姿を現した．ウミワニ類のなかでもメトリオリンクス上科（Metriorhynchoids）は装甲を失い，真の鰭を進化させ，外洋での追跡戦術に適した骨のない上葉をもつサメ類のような尾を発達させた．

　浅い内陸海路はジュラ紀の終わりにかけてやや後退した．同時に，北大西洋−メキシコ湾−カリブ海の複合体は，毎年数 cm ずつ広がり，後期ジュラ紀には，現在の地中海とほぼ同じ大きさの実質的な海洋となり，テチス海と太平洋に繋がっていた．この時期の地層からは，扁

海生爬虫類とそれらを取り巻く世界の進化

平な破砕歯をもつエイ（Rays）が初めて化石として発見されている．また，魚類はその後も放散を続けた．しかし，謎めいた理由から，パキコルムス類はかつてのように，濾過摂食が可能とするはずの巨大化はしなかったようだ．海水温はジュラ紀の最高気温から6℃ほど下がっていた．しかし，一部は高緯度の海に生息していた高代謝の魚竜類や首長竜類に害はなかったようだ．爬虫類らしい低活動性であった装甲をもつワニ類は激減した一方，高代謝のメトリオリンクス科はそれほど衰退しなかった．極地の海は少し寒く，独特の動物相を形成していた．サンゴ礁はジュラ紀に拡大し，ジュラ紀末期に大きなピークを迎えた．

ジュラ紀とそれに続く白亜紀で特筆すべきことは，三畳紀の沿岸の浅海に生息した広範な爬虫類の分類群が，同じように適応した形態をもつ，同じような分類群によって再現されなかったことである．ジュラ紀〜白亜紀にかけて，海生爬虫類ですり潰すための敷石状の歯をもっているものは見られなかったし，シャベル型の口をもつものも，カモノハシの頭をもつものもいなかった．なぜそうなったのかは明らかではない．敷石状の歯をもつエイの出現は，同じ形態をもつ爬虫類が存在できなかったことを説明できる．それでも，シャベル型の口をもつ魚類は現れなかったし，カモノハシの頭をもつ魚類や海生哺乳類も現れなかった．ジュラ紀と前期白亜紀には，破砕用のコブ状の歯をもつ遊泳型の爬虫類はいなかった．魚竜類は，広くて短い，歯のない吻部を再び進化させることはしなかったし，三畳紀のショニサウルス科のような巨大化もしなかった．同様に奇妙なのは，ジュラ紀にはカメ類に似た海生爬虫類がいなかったことだ．また，特筆するような小型の爬虫類が海に現れなかったことも不思議である．

ジュラ紀の終わりに世界の動物相に何が起こったのかは，その時代を記録する堆積物が不足しているためよくわかっていない．白亜紀は約1億4500万年前に始まった．この長い期間，大陸が分裂を続け，南大西洋が開き始め，浅い内陸水路が大陸を横断したため，海生爬虫類の進化が爆発的に増加した．テクトニクスと海進によって陸地が分断されたことで，海洋生物の多様性を高める海岸線が最大限に発達したのだ．温室効果は，二酸化炭素レベルが徐々に下降するにつれて極端ではなくなっていったが，現代の産業革命前のレベルまで下がることはなかった．白亜紀初期，暖かい北極海は冬でも温暖な気候を保っていた．もう一方の極では，南極大陸とオーストラリアの組み合わせによって，永久凍土や氷河が形成

されることもあるほど寒冷な地域気候が形成されていた．しかし，周囲の海は極端に寒冷化することはなく，海水温は上昇していたとはいえ，全般的には後期ジュラ紀の海水温と同様であった．白亜紀が始まるとサンゴ礁は打撃を受け，サンゴ礁は厚歯二枚貝（Rudists）と呼ばれる貝類に支配されるようになった．これは，厚歯二枚貝がサンゴ礁よりも当時の暖かい海に適応していたからである．この点現在の温暖化する世界では，厚歯二枚貝たちが後を継いでくれるわけではないので，なおさら問題である．アンモノイド類，オウムガイ類，ベレムナイト類は，引き続き主要な遊泳する無脊椎動物たちであった．真骨魚類はさらに現代的になり，より紡錘形状の体つきとなった．これは，サメ類でも同様で，現在の海でも違和感のない見た目をしていたが，最も遊泳に適応した体つきをもつネズミザメ科（Lamnids）はこの時代には現れなかったようだ．この時代の魚類は，硬骨魚類であろうとなかろうと，巨大なものはいなかったようだ．前期白亜紀になると，一連の海洋無酸素事変が始まり，繰り返し悪影響を及ぼした．しかしそのほとんどは，海洋爬虫類相に目立った影響を与えなかった．

首の長いもの，短いものを含む首長竜類，魚竜類，そしてウミワニ類は，白亜紀を順調に生き続けた．無脊椎動物や魚類と同様，前期白亜紀の初期の海では，極端な巨大化は起こらなかったが，これはそびえ立つ竜脚類が巨大化し続けた陸上とは異なっていた．前期白亜紀には，水辺の生活に足を伸ばした恐竜類がいる．どちらかと言えばワニに近い頭部をもつ肉食恐竜スピノサウルス類（Spinosaurs）は，ジュラ紀の終わり以前〜白亜紀まで生きていた．非常に大型になったものもいるが，歩行に最適化された水辺の二足歩行動物のままであった．400万〜500万年もの間，大西洋がその全長にわたって広がり続けていたため，前期白亜紀になると，海生爬虫類の間でかなりの進化が起こった．そのすべてが中程度の大きさであったタラットスクス亜目は，前期白亜紀にはそれほど長く生き残らず，絶滅したようである．これらウミワニ類の鼻孔は，吻部のかなり後方に移動するのではなく，理由は不明だが鼻の先端付近に残っていた．そのため，巨大化できずに進化を続けてきたのだろう．前期白亜紀にはオフタルモサウルス類（Ophthalmosaurs）も生息していたが，この時代の魚竜のほとんどは，驚くほど複雑に入り組んだ，敷石状の骨による前鰭をもつプラティプテリギウス亜科であった．このような高度な生体水中翼は，進化史において二度と見られることはないだろう．興味深いことに，後期ジュラ紀に見られたよう

な，非常にコンパクトで遊泳に適した体をもつ魚竜はまだ記録されていない．非常に幅広く，平らな甲羅をもつ爬虫類は，ついに海洋に戻り，はじめての真のウミガメ類が出現した．今日のウミガメ類くらいに，急速に大型化したカメ類もいたかもしれない．

小型で水生だったペロメデューサ類（Pelomedusids）は，前期白亜紀には近海に生息していたか，現生種のように淡水域や汽水域のみで生きていた．一方，大きな前肢の鰭をもち，一般的に大型化するウミガメ類は，明らかに外洋性だった．また，海水域には櫂で泳ぐアイギアロサウルス科（Aigialosaurids）が生息していた．アイギアロサウルス科は真のトカゲ類であり，三畳紀以来初めて，トカゲ型の待ち伏せ漁をする爬虫類が沿岸性へと戻ったことになる．しかし，真の鰭ではなく，水かきのある四肢をもっていたことから，カメ類と同様，繁殖のために海岸に上陸していたようだ．また，首の短いポリコティルス科（Polycotylids）の首長竜類も登場した．なおポリコティルス科は，プリオサウルス類に似たプロポーションではあったが，近縁ではなかった．プリオサウルス類の中には，海生爬虫類としては最大級の全長12 m，体重20 tという，より古い時代に生息したショニサウルス科に匹敵する巨体をもち，3 mに迫る特大の頭をもつものも現れた．これは，海生爬虫類としては最も強靱な頭であり，その噛む力は最大級の肉食恐竜類のそれを凌ぐものだった．この時代の首長竜類の一部は淡水域の堆積物からも見つかっているが，そういった環境にずっと暮らしていたのか否かは定かではない．

また，前期白亜紀の中頃には，競合する海の捕食者として，爬虫類の一群である大型のオルニトケイルス科（Ornithocheirids）翼指竜類（Pterodactyloids）が海洋上空に現れ，それらの翼の長さは9 mにも及んだ．これらのダイナミックソアリングや羽ばたき飛行を行う翼竜たちが，水面の異常を探して海上をパトロールしていたことは間違いない．海生爬虫類やサメ類などの大型魚類が小魚の群れやベレムナイト類を水面近くまで追い込むことで形成されたエサの塊は，海洋性の飛行者たちにとって格好の狩場だっただろう．オルニトケイルス科の翼竜は，水面に着水したところを捕食されるか，あるいは死んだ後に漁られるなどして，海生爬虫類の胃袋に収まったはずである．

後期ジュラ紀に原始的な鳥類型恐竜類として始まり，前期白亜紀には空中飛行能力を急速に向上させる形で，鳥類は加速度的に進化し，初期の歯のある鳥類は淡水域や海水域の岸辺で生活する渉禽類（Shorebirds）になっ

た．その後，半水生の飛行できる鳥類が現れ，さらには完全な水生の飛べない鳥類，つまりウミウ（Loon）のような潜水性で，産卵のために陸に上がる程度しかできなかったヘスペロルニス形類（Hesperornithiforms）となった．

約1億年前に始まった後期白亜紀には，海水温が上昇し，その初期には新たなピークに達した．このピークは，もしかしたらジュラ紀の高温を凌ぐものだったかもしれない．しかしその後，二酸化炭素と海水温のレベルは下降した．その結果，暗い北極の冬は，今日の北半球高緯度における森林地帯に匹敵するほどの低温となり，極域の海域は特に冬の間，氷河が高山から下りてくるに従ってより冷たくなった．地質学的な基準からすると，大陸は急速に分離し，中生代の終わりにはかなり現代的な分布になるほどだった．インドは分離し，孤立した亜大陸となり，新生代におけるアジア大陸との衝突に向けて，巨大な地殻の塊としては驚くべき速さで北上した．またその過程で，テチス海はインド洋と地中海に分裂した．地殻変動による大陸の分離と内陸海路の連続により，大陸の分裂は加速していた．ヨーロッパは，北アメリカから離れつつあったとは言え，大小の島々の複合体であることに変わりはなかった．後期白亜紀の大部分は，大きな内陸海路が北アメリカ大陸の西部と東部を分断し，多くの保存の良い海生爬虫類の化石を産みだした．陸上では，哺乳類はますます近代的になっていった．しかし，彼らは依然として小さく，不可解なことに海に進出することはなかった．恐竜類は進化の到達点に達し，巨大なティタノサウルス類（Titanosaurs）竜脚類や，大型角竜類（Horned giants）（Horned giants），ハドロサウルス類（Duckbills），そして偉大なティラノサウルス類（Tyrannosaurs）などが現れた．一方で，スピノサウルス類は少しの間，沿岸域の肉食・魚食恐竜類として存在していた．トサカのあるプテラノドン類（Pteranodonts）のオルニトケイルス科は，一部が大型化し，翼指竜類におけるアホウドリ（Albatrosses）の如く，波の上を舞いながら魚を捕えていた．小さなイクチオルニス科（Ichthyosaurids）の鳥類は，歯の生えたカモメ（Gulls）やミズナギドリ（Petrels）に似ていたが，カツオドリ（Gannets），ウミガラス（Boobies），ペリカン（Pelicans）のように海生爬虫類の泳ぐ中に飛び込んで魚をかすめとったのかどうかは不明である．

4500万年もの間続いた長い後期白亜紀の海では，ヘスペロルニス形類が栄え，その一部はかなり大型化し，さらに一部の遊泳適応した鳥類は高緯度の冷たい海水に

前期白亜紀のノトケロネ，？クロノサウルス，ロンギロストラ

も適応していたようである．ほとんどの海は温かく，その頃も礁を形成する動物の大部分が圧歯二枚貝だった．一部のアンモノイド類は巨大化し，その渦巻き状の殻は直径 2.0〜2.5 m にも達した．一方，興味深いことに，渦巻き状の殻をもつ超大型アンモノイド類は，北アメリカ大陸の内陸回路には存在しなかった．また，オウムガイ類については，従来的な大きさのままだった．これは初期のイカ類についても同様で，その一部は非常に大型化した．他方，イカ類に似たベレムナイト類（Belemnites）はより数が多いままだった．硬骨魚類では，濾過食を行うパキコルムス科が引き続き優勢で大型ではあったが，不思議なことに巨大というほどにはならなかった．これらのプランクトン食の魚類と拮抗していたのが後期白亜紀の初期における濾過食のサメ類だったが，彼らも特段大きかったわけでもなく，その後の時代には姿を消したようだ．初めて外洋を泳ぐエイも現われた．一部のネズミザメ科は特に大型化し，ホホジロザメを超える体格を得た．しかし，濾過食を行う獲物がさほど大型にならなかったせいか，どの肉食サメ類も超大型化することはなかった．

後期白亜紀の始まりと共に，大きな変化が訪れた．海に生息する爬虫類のうちで，最も海での生活に適応した

ものたち，つまり魚竜類が急激にその数を減らし，絶滅したのである．このグループの多様性は，そもそも後期白亜紀が始まった時点で高くはなく，すべてが高速で泳ぎ，長く低い吻部と小さい歯，もしくは歯をもたない種だった．これは，古くから存在する，過去には多様だったこのグループが，進化の袋小路に追い込まれたということである．同じように流線型であり，水面に上がって呼吸する必要がなかった硬骨魚類やサメ類との競争が，魚竜類の衰退に繋がった可能性はある．おそらく，約9000万年前に起きた，セノマニアン-チューロニアン無酸素事変と呼ばれる，とどめの大絶滅要因さえなければ，プラティプテリギウス類（Platypterygians）は生き延びていただろう．ジュラ紀〜白亜紀にかけておそらく最悪の災害であるこの海洋無酸素事変は，カリブ海における大規模な海底火山活動に原因があるようである．この噴火により，大量の二酸化炭素の放出が起こり，それに続く海水温上昇や海水酸性化が海水中の酸素量を不足させたと見られる．この事変により，海洋動物相が乱され，皮肉にも，その頃に極端な魚類型へと進化していた最後の魚竜類たちの絶滅に繋がることになった．もし彼らがより多様で，三畳紀に見られたような浅海に適応

した種が残っていたなら，絶滅を免れたかもしれない．

首長竜類に関しては，より状況が複雑だった．短い首をもつ深海性のプリオサウルス類は，7500万年の間栄えたのち，セノマニアン-チューロニアン無酸素事変でやはり絶滅した．同じように短い首をもつポリコティルス科が生き残り，プリオサウルス類のみが絶滅した理由はわかっていないが，ポリコティルス科がプリオサウルス類ほど大型化しなかったことが関係しているかもしれない．一方で，長い首をもつ首長竜類は待ち伏せ漁を極めることで繁栄し，特にエラスモサウルス類（Elasmosaurs）は，その首の長さをさらに極端な領域へと発展させた．首長竜類のあるグループは，濾過食に適した非常に細かい歯列を発達させたが，小さな首長竜類の頭部では，ヒゲクジラ類（Baleen whales）に見られるような巨大な"ふるい構造"を進化させることはできなかった．ウミガメ類に属するカメ類は生き延び，一部は巨大化した．

後期白亜紀の海生爬虫類における顕著な進化イベントとして，完全に海生適応したトカゲ類であるモササウルス類の出現があげられる．後期白亜紀の初期に出現したモササウルス類は急速に多様化し，海生爬虫類のメジャーな一群となった．最も初期のモササウルス類は，尾で推進力を得る待ち伏せ捕食者であり，その後の一部のモササウルス類は，大型のコブ状の歯を発達させることで大型のアンモノイド類やその他の硬い殻をもつ動物を嚙み砕くことができた．一方，その他の多くのモササウル

ス類は，遊泳力の高い紡錘形状の体を進化させ，より深い海での生活に適応した．また一部のモササウルス類が一定期間を淡水で過ごした証拠も見つかっている．白亜紀の後半の一時期に限られるが，ここでは彼らは，時に体重が7〜8 tにも達した陸生もしくは沿岸性のワニ類と競合しなければならなかった．最も大型のモササウルス類は全長13 mに達したが，かなりほっそりした体型だったため，体重は最大でも7 t程度だった．

白亜紀の終わりにワニ類は，手足をもち，半海生であったディロサウルス科（Dyrosaurids）の出現によって，海水域や，少なくとも汽水域での生活に再挑戦した．また，ヘビのようなドリコサウルス類やその近縁であるウミヘビ類も登場した．彼らは小さな獲物を求めて，後期白亜紀に新たな最盛期を迎えた礁やマングローブの隅々までくねくねと入り込んだ．小型爬虫類の高塩分海域への回帰を告げる中生代のヘビ類だったが，彼らに毒はなかった．

約1億8000万年もの間，多様な爬虫類が，中生代のあらゆる大洋や海で，空気呼吸をする海洋四肢動物として支配的な地位を占めていた．その過程で，彼らはしばしば鰓のある無脊椎動物や魚類の一群と競合し，勝利した．三畳紀に起こった初期の進化的実験では様々な，時には奇妙な形のものが現れ，驚くべき多様性に発展したが，そのほとんどはすぐに姿を消した．その一方で海生爬虫類時代のほぼ始まり〜終わりまで存続した首長竜類の存在は，DNAによってもたらされる生存戦略の幅広

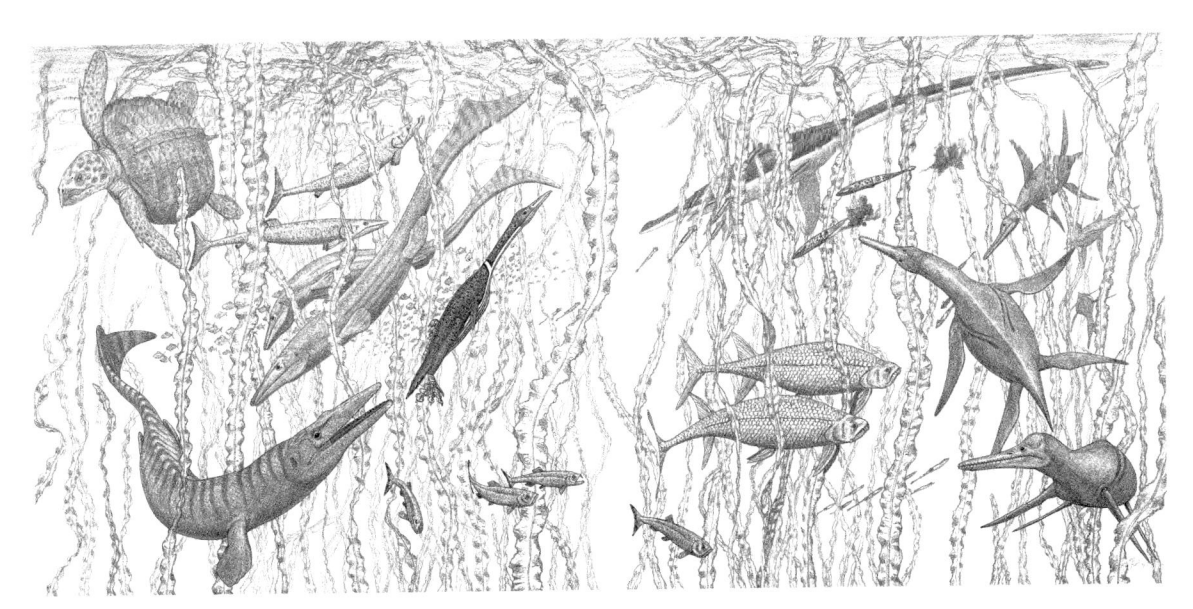

後期白亜紀のプロトステガ，ティロサウルス，クリダステス，スティクソサウルス，ドリコリンコプス

さを物語っている．他の種は多くの場合，登場から短期間で退場していった．ワニ類の近縁種や，トカゲ類，カメ類が海洋域に大きく進出した．多くの魚竜類は流線型となり，硬骨魚類，ネズミサメ科，そしてイルカと同じくらい速い，海のクルーザーになった．多くの首長竜類は，他の水生生物には見られない長さの首を進化させ，その首の長さを超えた種は，草食性の陸上動物である竜脚類だけだった．首長竜類や魚竜類は，時に非常に巨大化した．多くの海生爬虫類は，低代謝の外温動物から進化し，高代謝の内温性を発達させ，場合によっては極寒の海に生息した．これは，半無作為の機構による，驚くべき進化の結果である．

しかし，彼らが成し遂げなかったこともある．海生爬虫類はもちろん，中生代のサメ類でさえも，現代のヒゲクジラ類をはじめとする浮遊性プランクトンの濾過食者になるような淘汰の道を歩むことはなかった．それを行ったのは，当時の魚類だけだった．私たちの知る限り，中生代や新生代の最大の硬骨魚類，サメ類，クジラほど巨大な海生爬虫類はいなかった．したがって，海生爬虫類における最小〜最大の大きさの範囲は，現代を含む新第三紀の海で見られるほどではなかった．また，メガロドンのような強靭な咬合力をもつような種も現れなかった．海生爬虫類は，特別に大きく洗練された脳をもつことはなく，エコーロケーションを発達させたものもいなかった．セイウチ（Walrus）に相当するものも現れず，浜辺で快適に過ごすアザラシのような種も出現しなかった．

白亜紀末期には，隆起と造山運動が活発化し，長い間北アメリカ大陸を二分していたものを含む，多くの内陸海路が排水された．一方で，ヨーロッパは依然として海に囲まれた群島であった．

そして，すべてが破滅に向かった．

絶　　滅

中生代の終わりに起こった大量絶滅は，古生代を終わらせた絶滅に次いで，地球史上2番目に大規模なものだと一般には考えられている．しかし，古生代末期の絶滅では，中生代末期の絶滅のように大型陸上動物の主要グループが完全に絶滅したわけではなく，主要な海洋四肢動物も生き残った．白亜紀末期の陸上では，ごく一部の進化的な鳥類を除くすべての恐竜類が絶滅した．哺乳類は，ほとんどの爬虫類と同じように生き残った．翼竜類は，海生かどうかによらず，すべて消え去った．

事態は波の下でも同じように深刻だった．圧歯二枚貝による礁は大きな打撃を受け，この種の貝類は完全に絶滅した．アンモノイド類やベレムナイト類も同様だった一方，サンゴ類（Corals），オウムガイ類，イカ類，そしてタコ類は，多様性を大きく減少させながらも生き残った．多くの硬骨魚類の系統は絶滅し，その中には大型の濾過食種が含まれており，しかもそういった魚類が再び現れることはなかった．サメ類は多くが生き延びたが，エイは比較的影響が大きかった．

海生爬虫類たちは壊滅的な打撃を受けたが，完全に死に絶えたというわけでもなかった．首長竜類は，首が長いものも短いものも絶滅した．これはモササウルス類でも同様だった．一部のウミガメ類も姿を消した．しかし，海生爬虫類の偉大な時代が終わったにしても，すべての海生爬虫類が天に召されたというわけでもなかった．一部のウミガメ類は新生代まで生き残った．これはディロサウルス科のワニ類や，パレオフィス科（Palaeophids）のヘビ類も同様である．

海生爬虫類やその他の生物が絶滅した原因として，気候変動が挙げられることが多い．しかし，白亜紀末期の気候変動は，中生代のそれ以前の時期に見られているものと比べ，特段大きくはなかった．地球のほとんどは熱帯か亜熱帯であり，特に海水温はジュラ紀末期よりも少し高いほどで，ほとんどの海生爬虫類たちは特段問題なく生きていた．また，当時の内陸海路は衰退を続けていた．そうなると，海洋生物の多様性と個体数の多さを最も支える海岸線と浅海域が削られることになる．これによって，浅い内陸海路に特化した爬虫類が特に打撃を受け，海洋の多様性が低下することが予想されるが，この回帰は中生代の基準からすると例外的なものではなかった．太平洋，大西洋，テチス海の周囲には，爬虫類を含む健全な海洋動物相を維持するのに十分な何千kmもの海岸線が残っていたのである．白亜紀の早い時期における魚竜類の絶滅に，進化した真骨魚類やサメ類との競争が一役買っていた可能性はある．しかし，魚類が海生爬虫類を捕食するような劇的な進化的革命は，白亜紀末期になっても起きなかった．海生のプテラノドン類や鳥類との魚類の奪い合いは，問題としてはあまりに軽微であり，いずれにせよこれらの主竜類は同時期に絶滅してい

る．新生代に入ってすぐ，海を支配するようになる哺乳類も，中生代にはまだそのような進化をしていなかった．

太陽系は，大規模な破壊をもたらすはぐれ小惑星や彗星で満ちた射撃練習場である．白亜紀-古第三紀境界（K/Pg）絶滅は大部分，もしくはすべからく，メキシコのユカタン半島に落下し，直径180 kmのクレーターを作った山ほどの大きさの物体が，少なくともひとつの隕石として衝突したためだと広く同意されている．これが彗星ではなく小惑星である強力な証拠が見つかったため，太陽系が銀河とその暗黒物質の中を移動するうちにオールトの雲を乱したとする仮説には問題が生じる．この衝突が，晩春から初夏に起きたとする証拠も見つかっている．100 Ttの衝撃は，最大の水素爆弾の威力の2,000万倍以上で，冷戦真っただ中の核兵器の火力をすべてあわせたものをはるかに凌駕した．爆発による衝撃波と熱により，周囲の動物は一掃され，巨大な津波により多くの海岸線が消え去った．さらに大きなスケールでは，高速で飛散する物質による雲が宇宙に放出され，それが隕石落下の何時間も後に高温に白熱しながら大気圏に再突入し，それが全地球規模の火災を発生させた．ただ，これは海中の動物には影響を与えなかった．そのような動物にとってより深刻だったことは，最初の災害を追う形で，全地球に暗く，寒い冬を長年にわたってもたらし，空気汚染と酸性雨を引き起こした粉塵だった．日照時間の極端な減少，赤道から極点までの海洋の急激な冷え込み，炭酸カルシウムからの無脊椎動物の殻の形成を妨げる海洋酸性化により，沿岸の礁や深海のプランクトンが壊滅し，食物ピラミッドの崩壊が連鎖的に起きたと考えられる．また一方で，多くの海の生物は，突然冷たくなった海水により機能不全に陥った．その結果，個体群の減少によって海は短期間（ある推定では1年未満），ほとんど不毛の地と化しただろう．大気中の粒子が落ち着くと，熱帯の海洋性炭酸塩岩でできた大陸棚に隕石が衝突した際に放出された大量の二酸化炭素により，数千年に及ぶ極度の温室状態が発生したため，気候が一転し，最初の衝突を生き延びた生命をさらに脅かした．皮肉なことに，もし地球外隕石の軌道が衝突日の少し前か後に地球の軌道と一致し，深海に衝突していたら，深さ数kmに及ぶ水のクッション効果によって影響は大幅に軽減され，おそらく地球規模の絶滅は防げただろう．

もし，この衝突が絶滅に関連した唯一の例外的に大き

な出来事であったなら，衝突が絶滅の明らかな原因と結論できただろう．しかし地球史を単純に理解しようとする試みとは裏腹に，中生代〜新生代に移行する過程でより長期にわたる別の出来事もあり，これが状況を複雑にしていた可能性がある．大規模な火山噴火が白亜紀末期に起こり，インド亜大陸の1/3に匹敵する150万km^{2}を大量の溶岩流が覆ったのだ．一説によれば，繰り返される巨大火山噴火による強い大気汚染により，地球全土の生態環境が激しく，様々な形でダメージを受けすぎたため，海洋生物の総数が，おそらく数万〜数十万年にわたって壊滅的だったという説がある．この仮説は興味深い．なぜなら，ペルム紀-三畳紀境界（P/T）の大絶滅の際にも極端な火山活動が起こっており，同様の火山活動が三畳紀末期の絶滅の背景にあった可能性があるからだ．太陽系が銀河系内を周回する際，暗黒物質の薄い平面と定期的に遭遇することで地球内部が加熱され，このような大規模火山活動が発生していたのかもしれない．K/Pg絶滅におけるデカン・トラップの活動はユカタン半島での隕石衝突より前に起きたが，後者がマグニチュード9を超える地震を地球全体で引き起こし（衝突地ではマグニチュード11），噴火の頻度と規模を飛躍的に上昇させたとされる．もし本当であれば，隕石衝突は，その直後の短期的な影響だけにとどまらず，恐竜類の個体群の回復を妨げた長期的な大規模火山活動を引き起こしたという点でも，恐竜類絶滅の引き金だったと言える．また，ユカタン隕石は，地球に複数回にわたって衝突し，さらに生物相にダメージを与えた小惑星群のひとつだったとも考えられる．

ほとんどの海生爬虫類がなぜ絶滅したのかという謎がある一方で，ウミガメ類，ワニ類，ヘビ類はなぜ致命的な危機を乗り越えて新生代まで生き延びたのかという謎もある．おそらく，カメ類やワニ類の代謝率が，首長竜類やモサウルス類の代謝率に比べて低かったために，食糧不足の海でも生き延びることができたのだろう．その一方で，一部の海生爬虫類の内温性は，衝突直後の海が大きく冷え込んだ時に有利にはたらいたと思われ，ウミヘビ類の生存を説明するのに役立つかもしれない．ディロサウルス科が陸上と水中の両方で食料資源を得ることができる半水生の沿岸生動物であったことは，有利にはたらいたようだ．どのような背景であれ，海生爬虫類はK/Pgの大絶滅によって完全に犠牲になったわけではなかった．

海生爬虫類時代の後

　陸上では，最初の「爬虫類の時代」が後期古生代に始まり，海ではそれが中生代のほぼ全期間にわたって続いた．皮肉なことに，恐竜類がいなくなって間もなく，第二の短い「爬虫類の時代」が到来した．この時代の大型四肢動物は，大陸では現生ヘビ類よりもはるかに大きなスーパーボア（Superboa）と，大きな淡水生ワニ類だけであり，海ではウミガメ類，ディロサウルス科，ヘビ類（新生代初期のパレオフィス科の一部は全長9mに達した）だけであった．海生爬虫類はキャノンボール海のような，サメ類が支配する海で暮らしていた．キャノンボール海は，北極からダコタに至る白亜紀の内陸海路を短期間，部分的に再現したが，南側の湾入部とは再接続しなかった．上記の海生爬虫類は新しい時代に基本的にうまく適応したが，これはおそらく首長竜類やモササウルス類との競合がなかったためと思われる．最後のウミワニ類はそれほど長く存続しなかったが，理由は不明である．おそらく海生哺乳類の出現が関係していると考えられるが，ウミガメ類はそれにも順応した．今でも海に生息し，雌は卵を産むために低緯度の砂浜に身を寄せている．また，一部のイグアナ類（Iguanas）は半海生である．

　新生代の恐竜類は，飛べない鳥という形ではあったが，海でかなりうまく生活していた．その中でも，南半球のペンギン（Penguins）が最も有名である．絶滅したペンギンの中には，現在生きている最大のペンギンの2倍以上の体重をもつものもいた．北半球には飛べない海鳥（Seabirds）として，1800年代に絶滅に追い込まれたオオウミガラス（Auks）がいた．他の水鳥のグループ，たとえばカモ（Ducks）やカワウ（Cormorants）などの仲間からも，新たに飛べなくなった鳥が誕生している．

　鳥類を除く典型的な恐竜類が完全にいなくなり，海生爬虫類が激減したことで，哺乳類が同様に新生代の大陸，そしてそこから海洋をも支配する大型動物へと進化するためのスペースが空いたが，獣類（Therians）が完全に進化を始めるまでに約2400万年かかった．モササウルス類が海のトカゲであったのと同じように，鰭脚類（Pinnipeds）は海の食肉類（Carnivora）である．動きの鈍い海牛類（Sirenians）は，系統的には長鼻類（Proboscideans）と関係が深いようだ．鯨類は偶蹄類（Artiodactyls）であり，おそらく半水生のカバに関係している．初期の鯨類，特にヘビ型のバシロサウルス類（Basilosaurs）

は，どちらかと言うと海生爬虫類のような外見をしていた（そのため，誤って爬虫類的な名前が付けられてしまったのだ）．古第三紀のバシロサウルス類の一部は，真のフリッパーを獲得することで完全に海生となり，三畳紀の魚竜類と同じくらいのスピードで急激に巨大化した．小型の鯨類の中には，流体力学的に最適化された体を進化させる中で，高度なアジ型体型を獲得した硬骨魚類，サメ類，魚竜類によく似たものが誕生しており，中でもシャチ（Orca）は現代の海では最大級のアジ型捕食者である．マッコウクジラのようなごく一部の鯨類は，深海に潜ってイカ類や魚を獲る巨大なハンターになった．マッコウクジラの近縁種であるリビアタン（Livyatans）は，他の巨大な鯨類やサメ類を攻撃するための大きな歯をもっていた．この力強いソナー展開型の海生哺乳類は，最大の頭部をもつ海生爬虫類を容易に凌ぐほどの殺傷能力をもっていた．他の巨大鯨類は，歯とヒゲを交換して濾過食動物になった．しかし，これらの巨大鯨類が本当に巨大になったのは，最近の氷河期に海が著しく冷え込んでからである．その結果生まれた強力な海流が，プランクトンをはじめとする餌の生産量を異常に増やし，ホッキョククジラ（Bowhead whales），ナガスクジラ類（Rorquals），シロナガスクジラの進化を可能にしたのだ．シロナガスクジラは全長30m，体重200tに迫る，地球史上最大の生物である．この時代に見られるような生物の最小～最大サイズの幅は，かつての海では見られなかった．もし氷河期の続く状況が超大型鯨類の存在に重要だとすると，現在の氷河期が完全に終わった時，この最大級のクジラは海から姿を消すかもしれない．その場合，更新世の巨大鯨類は壮大な進化の到達点ではなく，自然淘汰の一時的な産物ということになる．

　ほとんどの海生爬虫類がいなくなって恩恵を受けたのは，海生哺乳類だけではなかった．サメ類も同様に，3つの恩恵を受けた．ひとつは，多くのサメ類が外洋性の濾過食者へと進化したことで，現生ジンベエザメはその代表例である．その一方で，刃物のような巨大な歯をもつメガロドンも新生代後期に出現した．おそらく全長15m，体重30tで，標準的な大きさのバリエーションを考慮するともっと大きかったと思われる．この魚は，ジンベエザメとジュラ紀のリーズイクチスを含む三大巨魚のひとつであった．メガロドンはしばしば，コンパクトなマグロ型のプロポーションと，上下対称の三日月型

の尾をもつ，巨大なネズミザメ科（Lamnids）のような姿に復元される．しかし，どうやらメガロドンはその仲間ではなかったようである（マグロ型のサメ類はネズミザメ科だけである）．おそらく，より古典的なスレンダーな体型で，尾の上側が長く，あまり高速遊泳には適応していなかったのだろう．骨格が軟骨でできているために化石の保存状態が悪く，直接的な証拠が得られないため断定することはできないが，このような極端な流線型の体をもつ大型動物は他にはおらず，マグロ型でも最大となるのは，全長9mのシャチである．メガロドンは，クジラを対象とする殺傷能力では少なくともリビアタンに匹敵する．新生代後期の大半の海を支配していた，動きが鈍く，捕食のしやすい中型のヒゲクジラ類の大群の存在が，メガロドンの生存を可能にしたのだろう．メガロドンが絶滅したのは氷河期の直前で，おそらく海が冷たくなりすぎたためか，あるいは氷河期の新し

い超大型のナガスクジラが大きく，かつ速くなりすぎたため，それほど速く泳げないメガロドンが狩りをするのが難しくなったためだろう．新生代初期に初めて姿を現したマグロ型のネズミザメ科は，それほど大きくはなかったが，はるかに素早かった．

ウミガメ上科のカメは，海洋動物相の主役とは言わないまでも，依然として重要な構成要素である．そのほとんどは，温暖な海域に生息する甲羅の硬いウミガメ科のカメである．一方，硬い甲羅をもたない大型のオサガメ（Leatherback）は，白亜紀に生息していた軽量な甲羅をもつウミガメ上科を彷彿とさせる．寒冷な高緯度の海水域に生息し，1tの2/3を超える体重で，現存する最大の海生爬虫類である．ウミヘビ類については，新生代初期にかなり大型のパレオフィス科が絶滅し，小型だが猛毒をもつウミヘビ亜科（Hydrophiine）が熱帯海域に多く生息している．

生　物　学

基礎的な解剖学

中生代の海生爬虫類の化石はほとんど骨しか見つかっていないが，少ないながらも急速に増えつつある化石標本から，軟組織についても驚くほど多くのことがわかってきている．

恐竜類や哺乳類のような近縁種のみからなるグループは，細かい解剖学的特徴を数多く共有しているが，中生代の海生爬虫類は遠縁のものを含む多種多様なグループの寄せ集めであるため，そのような特徴は限られていた．その数少ない特徴のひとつが，程度の差こそあれ，体が流体力学的に適した流線型であるという点である．骨格が関節したままの化石では，横方向に押し潰されているか，上下方向に押し潰されているかにかかわらず，肋骨は基本的に後傾して斜め下方に伸びている．稀に例外もあるが，遺骸の膨張によるものと考えられる．このような肋骨の向きには，体の幅を狭め，正面の面積を小さくする効果があったが，復元によって肋骨の向きを垂直にされてしまい，胸まわりの幅が流体力学的にはありえないほど広くなっている例もある．多くのカメ類や，同じように横幅の広い甲羅をもつ爬虫類では例外的に，体幹の後部を除いて肋骨は横方向に伸びている．胴体の

尻尾は，曲がったとしても哺乳類のように垂直方向ではなく，魚類のように横方向であり，尾鰭はあったとしても鯨類のように水平方向ではなく垂直方向に広がっていた（ただし首長竜類の尾は例外かもしれない）．1Gの下で体重を支えることがなかったため，肩と胸郭，骨盤と脊柱の接合部は，程度の差こそあれ，縮小あるいは欠失していた．四肢は部分ごとに頑丈さが異なっていた．手足あるいはフリッパーは，指の間の水かきが発達したり，ゴム状の軟組織が後縁あるいは先端に付加したりすることで，面積を大幅に広げていた．肘あるいは膝よりも先の部分がフリッパーになるものでは，先端付近で骨の数が多くなり，形も均一になる．また，先端部は後方に湾曲する傾向があるため，フリッパーは後方に傾いた翼のような形状になった．骨格は重厚で，骨の内部は密に詰まっていた．こうした骨の緻密性により，肺が完全に膨らんでいない状態では，海生爬虫類の比重は水と同じかそれ以上であった．爬虫類なので，保温性のある毛皮や羽毛などはもたなかった．歯には大抵，球状の歯根があった．脳は小さく，あまり利口ではなかったようだ．五感の中では視覚に重きを置いていたようで，眼球は内側から骨質の強膜輪によって補強されており，水流の影響で変形することもなく，水中でものを見るのに適した平たい形状を保っていた．エコーロケーションを行っていた証拠は今の所見つかっていないが，一部で

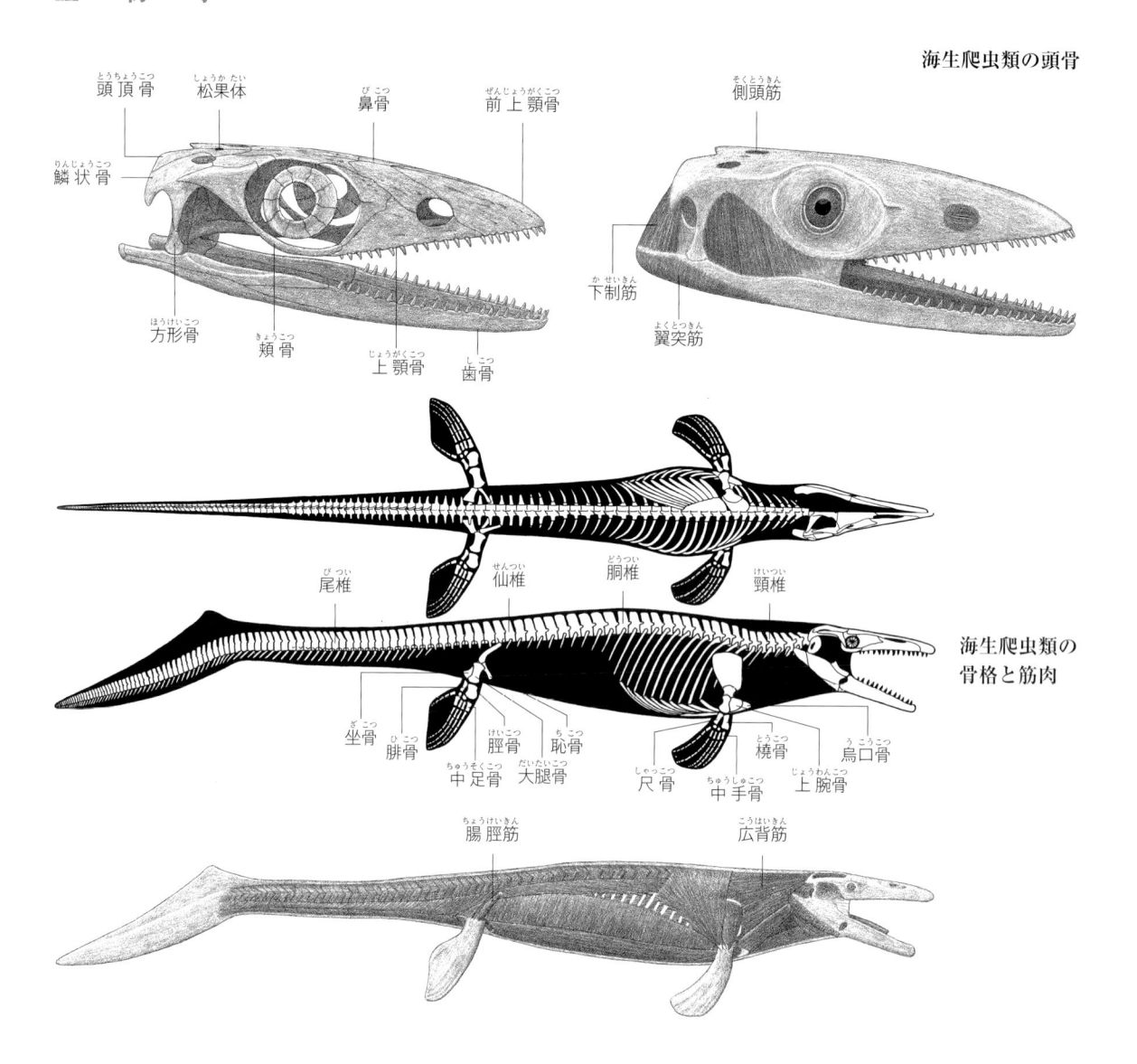

海生爬虫類の頭骨

頭頂骨　松果体　鼻骨　前上顎骨
鱗状骨
側頭筋
下制筋
翼突筋
方形骨　頬骨　上顎骨　歯骨

尾椎　仙椎　胴椎　頸椎

海生爬虫類の
骨格と筋肉

坐骨　腓骨　脛骨　恥骨　橈骨　烏口骨
中足骨　大腿骨　尺骨　中手骨　上腕骨

腸脛筋　広背筋

は微弱な電流センサーや圧力感知機構が備わっていた可能性も指摘されている．クジラのように鼻孔が頭頂部に備わっているものは，今のところ見つかっていない．

タラットサウルス類，ヘルベティコサウルス類，アトポデンタトゥス類，基盤的板歯形類およびフーペイスクス類，パキプレウロサウルス類，アイギアロサウルス類，ドリコサウルス類

　沿岸性の海生爬虫類は多数存在し，互いに系統的には遠い関係であったが，一般的にトカゲ類のような体型をしており，実際に水生適応したトカゲ類もそこに含まれていた．こうした原始的な，手足に水かきを備えただけ

のタイプの爬虫類は，海生適応の初期段階に位置付けられる．体に装甲をもつものもいたが，そこまで発達はしていなかった．首は特に長いわけでもなく，むしろ極端に短い例もあった．胴体は横方向に柔軟であり，腹肋骨をもつ場合もシンプルな形状で後傾しており，数が多く，太さはまちまちであった．尾は基本的に長く，中には非常に長いものもいたが，いずれも先端部分は真っ直ぐな形状をしていた．四肢は頑丈で水かきが発達するが，完全なフリッパーにはなっていなかった．頭部はそこまで大きくはならず，おおよそ中程度の大きさであったが，非常に小さくなるものもいた．基本的に頭部形状はトカゲ型で，顎には鋭い歯が生えていたが，口を閉じれば唇に隠れるようになっていた．基盤的板歯形類では頭部が太くなり，歯は平らで物を砕くのに適した形状となって

いた．アトポデンタトゥス類の頭部はいわゆるハンマーヘッド状で，繊細な歯をもっていた．フーペイスクス類は，平たい剣のようなものやハドロサウルス類のようなものなど，様々な形状の頭部をもっており，歯は退化し，一部ではなくなっていた．頭部はキネシスのない堅固な造りで，顎以外に可動関節をもたなかったが，アイギアロサウルス類とドリコサウルス類では例外的に，トカゲ類に特有の柔軟な頭骨をもち，後述するモササウルス類との関係の深さを示唆する．

モササウルス類

モササウルス類は装甲をもたず，体はある種オオトカゲにも似た流線型で，四肢の代わりにフリッパーをもち，鞭（むち）のような尾の代わりに流体力学に適した平たい尾をもっていた．頭は中程度の大きさで細長く，三角形に近い形状をしており，幅と高さは同じくらいであった．その大きな吻部の上側，先端から離れた位置に非常に大きな鼻孔があった．眼窩は中程度の大きさで，強膜輪があり，横方向に開口していた．鼓膜は多様な水圧に耐えられるよう骨化しており，その縁を支えるため，方形骨（ほうけいこつ）（下顎と関節する骨）は半円形状になっていた．頭骨上部に開口する大きな側頭窓から，顎の筋肉を収める大きなスペースがあったことがわかる．モササウルス類は，口蓋（こうがい）の前方に一対の鋤鼻（じょび）構造をもっていたが，これは一部のトカゲ類やヘビ類に見られるフォーク状の舌に関連している．舌はおそらく太く，フォーク部が短く幅の広いものであり，オオトカゲなどに見られるような細長く，口先から見え隠れするような器官ではなかった．下顎は中央〜後方にかけて適度な上下幅があり，大きな筋突起（きんとっき）によって閉顎筋の力を増大させていた．歯は垂直に生え，多くは球根状の歯根の上に円錐形状の尖った歯冠（しかん）をもつが，尖らないものもあった．歯は顎のほぼ全体にわたって規則正しく並んでいた．歯は他の一部のトカゲ類（オオトカゲを除く）と同様に，口蓋にも生えていた．現生の肉食性トカゲ類と同様に，口を開けた時であっても歯は唇に隠れていたかもしれない．しかし，このような歯の生え方だと滑りやすい獲物への引っかかりが悪くなるため，歯はもっと露出していた可能性もある．

トカゲ類の頭骨と同様に，モササウルス類の頭骨もキネシスをもっていた．眼窩の後端付近の骨が曲がることで，吻部を頭蓋上部と同じ高さまでもち上げることができたが，この動きは外側側頭窓の下縁の骨がなくなるこ

とで容易になっていた．この特徴はトカゲ類において，方形骨の下端が前後左右に揺れ，下顎が頭蓋に対して同様の動きをすることも可能にしていた．下顎は中央部が蝶番（ちょうつがい）になっており，弓なりに広がるようになっていた．これらの特徴により，モササウルス類は食物を飲み込みやすくするために口を大きく広げることができたが，程度の差こそあれ，こうしたキネシスを失う種もいた．

モササウルス類の首は太く短いため可動性が乏しいが，胴体と滑らかに繋がることで流線型に最大限近づけている．胴体は常に流線型で幅が狭く，長さは中程度〜長いものまで様々で，上下に狭い．また，横方向に柔軟で，腹肋骨はなく，腰部では肋骨を欠いていた．尾は長く，多数の脊椎で構成されていたため，特に横方向には柔軟性があった．尾の後端部は下方に湾曲しており，中には折れ曲がるようなきついカーブも見られ，ごく一部ではその上部に尾鰭が認められる．骨盤は脊椎にかろうじてくっ付いている程度で，骨盤と肩帯は往々にして小さい．これは，フリッパーが操舵用であり，ささやかな筋肉だけで動いていたことを示している．こうした操舵用のフリッパーは短く丸みを帯び，前肢に比べ後肢が縮小する例も多いが，逆に肩帯や骨盤が大型化し，フリッパーが推進力源となっている例も少数ながら知られる．爪は失われているものの，指の骨の独立性は保たれており，一番外側の指は他の指とは離れる向きに伸び，フリッパーの面積拡大に貢献していた．

一部のモササウルス類の皮膚（ひふ）は，規則正しく並んだ小さな菱型の鱗（うろこ）に覆われており，胴体上部の鱗は前後方向にのびるキールが発達していて，下部の鱗はより滑らかな形状をしていた．これらにより，体を流線型にするための脂肪層が覆われている．

ウミヘビ類

胴体は短い肋骨の付いた多数の脊椎で構成されており，非常に細長く柔軟であった．尾は極端に長いわけではなく，先端は真っ直ぐである．肢帯および四肢はあったとしても極度に退化していた．頭は小さく，頭骨は繊細でキネシスが発達していた．歯は一部が口蓋に生えており，強くカーブした刃物のような形状で，唇に隠れていた．舌は細長く，二股に分かれていた．

首長竜類とその他

　首長竜類，ならびに初期の偽竜類およびピストサウルス類では，頭部が上下方向に薄く，亜三角形状で，堅牢でキネシスを欠いていた．首長竜類の頭部は偽竜類の頭部に比べて幅広くなる傾向にあった．首長竜類の鼻孔は小さく，眼窩のすぐ前にあったが，偽竜類の鼻孔はより眼窩に近い位置にあった．これらのグループにおける眼窩は頭骨の中ほどにあり，中程度の大きさのものが多か

った．眼は多少上に向いており，眼球は強膜輪で補強されていた．顎の筋肉が起始する側頭領域の上の開口部，およびその筋肉が収まる空間は共に大きかった．中には偽竜類のように，側頭領域自体が長くなる傾向にあり，こうした空間がさらに大きくなる例もあった．下顎は上下方向に薄く，閉顎筋の効率を高める梃子として鉤状突起を発達させるものもいた．歯は口蓋には生えず，長い歯が上下で互い違いになりつつ，外側に広がるように生えており，顎全体の半分あるいはそれ以上の領域を占めていた．このように突出した歪な歯は唇に隠れることはなく，ワニの歯のように常にむき出しのままだったはずだ．一部の偽竜類・首長竜類の歯は短いものもあり，唇に隠れていたかどうかは不明である．頭の大きさは，非常に小さい〜巨大なものまで様々であった．頭の大きな首長竜類は，推進システムがまったく異なるにもかかわらず，同様に大きな頭部をもつテムノドントサウルス科魚竜類によく似ていた．これはおそらく，どちらも大きな獲物を捕食対象としていたからだと思われる．

　胴体は短く，縦に薄く横に広く，全体的に堅牢な造りをしていた．肩帯においては，肩甲骨が短く，胸部の肋骨にあまり被らなかった．大きな板状の胸骨は，強力な推進力を生み出す腕の筋肉の付着部として役立っていた．骨盤下部の骨や，肢帯の間に並んだ腹肋骨も同様で，特に後者は数こそ少ないものの，とても複雑で重厚な造りをしていた．腹肋骨は大部分が横に真っ直ぐ伸びているが，外側の端に近い部分は後

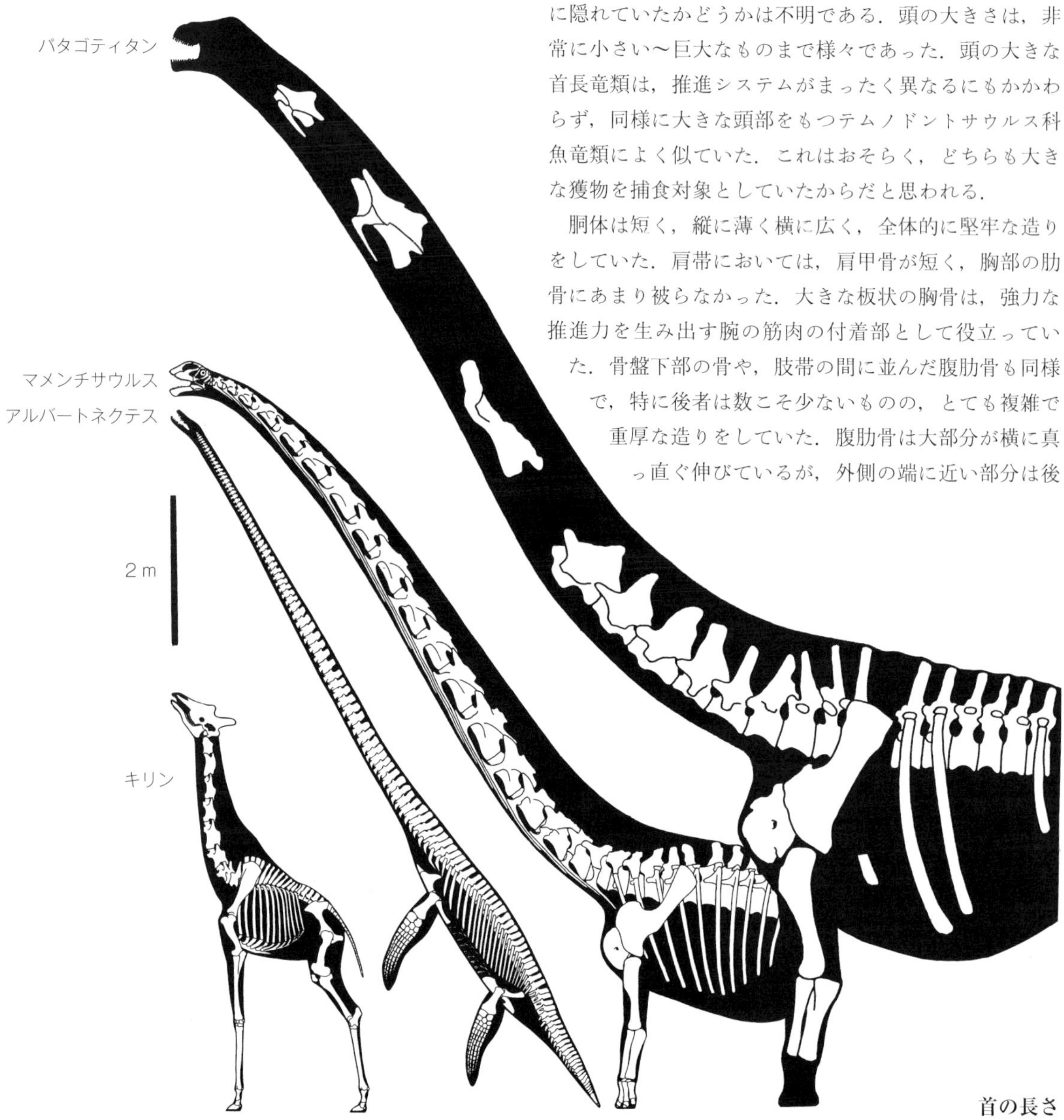

パタゴティタン

マメンチサウルス
アルバートネクテス

2 m

キリン

首の長さ

方に強くカーブしていた．骨盤はかなり弱いながらも仙椎（せんつい）に付着していた．偽竜類のフリッパーは不完全なものだった．首長竜類は上腕骨と大腿骨（だいたいこつ）が非常に長く，フリッパーも細長くなっていた．基本的に前後のフリッパーは同じくらいの大きさで，どちらかが大きくなるのは稀であった．首長竜類の指骨は非常に多く，列を成して敷石状に並んでいた．これらの骨には，前縁や後縁に奇妙な深い窪みがあった．

　尾は太く，短かった．ある平板状の標本から，一部の首長竜類では尾の先端に小さな鰭があったことが示唆されている．これまでは，尾が横方向に柔軟であったと推定されると共に，この構造は垂直舵として復元されるのが通例であった．しかし，尾椎（びつい）の関節が示すように，尾は双弓類には珍しい垂直方向に柔軟なタイプであるため，これを利用して補助的な推進力を生み出すために水平の鰭が尾の先端にあったとする説もある．フリッパーよりはるかに小さい面が推進力源として本当に役立つかは疑問だが，この点は手持ちの限られたデータでは解明できない．

　偽竜類およびピストサウルス類の首は中程度の長さであり，首長竜類の首は少々〜極端に長いものまでいた．個々の頸椎（けいつい）はそこまで長くないが，最大で75個にも増えることで首が長くなっている．他の脊椎動物では，鳥で最大25個，既知の竜脚類恐竜では最大19個，キリン（Giraffes）では7個と，首長竜類に並ぶ種はいない．頸椎の間の軟骨が失われていることもあって，首を曲げるのは得意ではなかったと考えられる．しかし最近ではヘビの体まではいかないまでもそれなりに柔軟なものとして復元され，頭を体の中心線から大きく外すことができるようになっていた．分類群によって，縦よりも横の方が柔軟，あるいはその逆，もしくは同程度，といった違いはあったと見られる．また，一部の首長竜類ではゆるやかなS字カーブを描くのが自然な姿勢だった可能性もある．

　首長竜類の体表は滑らかで，体を流線型に近づけるのに役立つ薄めの脂肪層を覆っていたことが，化石記録からわかっている．

タニストロフェウス科

　首長竜類の長い首が数十個の短い頸椎からなるのに対し，同じく長い首をもつタニストロフェウス科では，非常に長い頸椎で構成されている．たとえば，ある海生の

タニストロフェウス科の頸椎は24個余りしかない．そのため，タニストロフェウス科の首はエラスモサウルス類ほど柔軟ではなく，非常に長い頸肋骨が互いに重なっていたため，なおさらであった．海生のタニストロフェウス科の頭部は小さく，鋭い歯を備え，一部は口蓋部にも歯をもっており，その長い胴体や尾，水かきを備えた四肢は，オーソドックスな形状をしている．

魚竜類

　魚竜類は，最も魚およびイルカによく似た海生爬虫類である．頭部は長く大きく，細い吻部をもち，後半部は大きく膨らんだ形状をしていた．頭骨はキネシスをもたず，外鼻孔は驚くほど小さく，頭部のだいぶ後方にある眼窩の少し前にあった．眼窩は非常に大きく，真横から少しだけ前に傾いた方向に開口しており，ダイオウイカ（Giant squid）にも並ぶ最大級の眼球を支持する強膜輪によって占められていた．顎の筋肉の収まるスペースを伴う側頭窓は，少し大きめであった．歯は顎の縁に生えているのみで口蓋にはなく，真っ直ぐで短い円錐形状をしていた．基本的に歯列は長く，顎の全体に及んでいたが，初期のメンバーの一部では後方の歯が鈍いコブ状になっており，甲殻類を嚙み砕けるようになっていた．クジラと同様に，体をより流線型に近づけるため，歯はおそらくトカゲと同じように唇で覆われていた．哺乳類は顔の筋肉のはたらきにより，開口時に唇を後ろに引きつらせて歯を露出させることができるが，爬虫類である魚竜類では唇に可動性がなく，そうした動きはできなかった．一部の顎の長い魚竜類では歯の退化が進み，機能しないレベルに達しているものもいた．また，一部の魚竜類では歯根が球状であった．初期の魚竜類の一部では，頭部が小さく，短く，三角形状であり，歯は少数あるいはまったくなく，おそらくサクションフィーディング（吸引食）に適応していたと見られる．

　魚竜類の後頭部は魚やサメ類，鯨類と同様に肩帯に近く，首は水の抵抗を最大限に減らすために短く頑丈で，胴体に埋まってあまり動かなくなっていた．胴体は常に流線型を保ち，横よりも上下に幅広く，長さは中程度〜とても短いものまで，上下幅は狭め〜とても広いものまで，バラエティに富んでいた．多くの種が，可能な範囲で流線型に近い体型を実現していた．脊椎の数が非常に多く，胴体は横方向に柔軟であった．腹肋骨はシンプルな形状で，細長く，後方に傾いており，派生的な種では

鰭またはフリッパーとなった海洋脊椎動物の前肢

a　パラブラコドゥス
b　エレトモルヒピス
c　マクロスポンディルス
d　クリコサウルス
e　アシカ
f　イルカ

g　アイギアロサウルス
h　ブラテカルプス
i　プロトサウルス
j　ピストサウルス
k　アーケオネクトルス
l　ドリコリンコプス
m　ペンギン

n　リノケリス
o　スクノロコルムス
p　バラクーダサウロイデス
q　エウリノサウルス
r　ステノプテリギウス
s　プラティプテリギウス

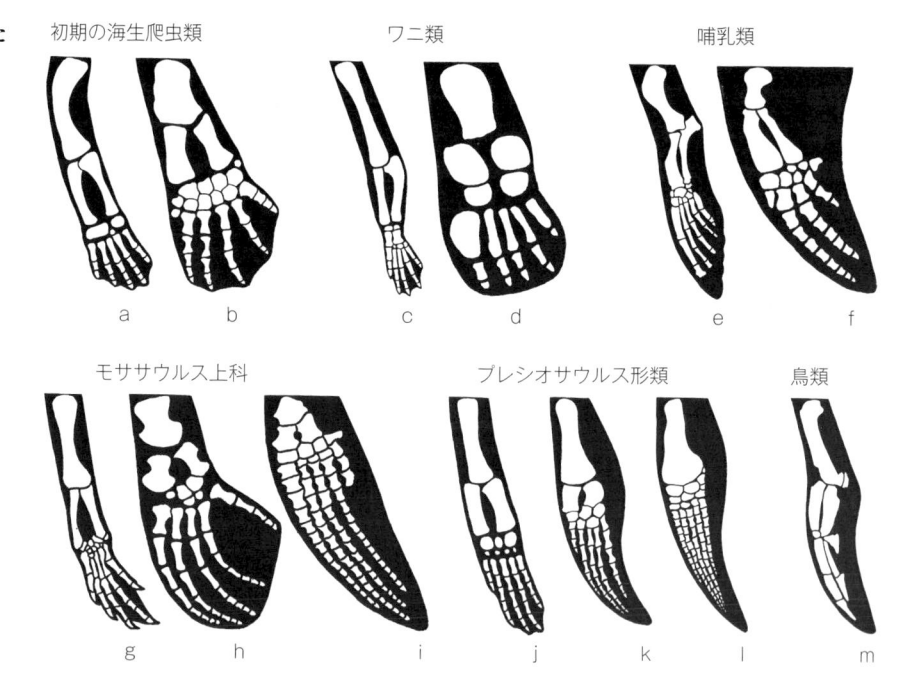

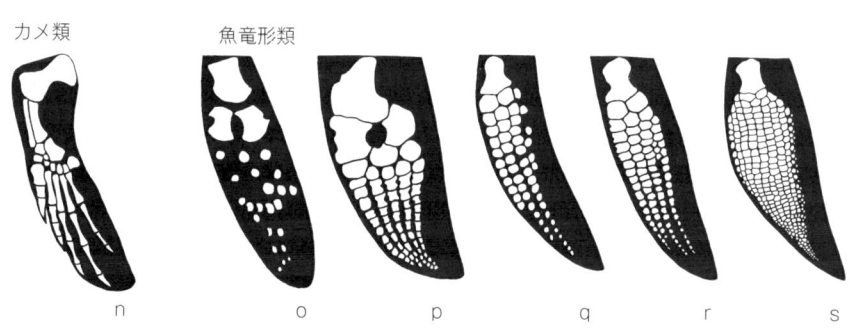

胸部にしか存在しなくなっていた．尾は紡錘形状で，長さは中程度．多数の脊椎で構成されているため柔軟で，特に爬虫類の典型である横方向の動きが卓越していた．尾の末端部は下に曲がっており，曲がり方が緩いものでは，脊椎が上に伸びて尾鰭の支えとなっていた．曲がりが鋭いものでは，脊椎は細く，大きな尾鰭の下半分の支えとなるのみであった．肩帯と腰帯は小さく，後者は脊椎に接していない場合が多かった．これは後肢のフリッパーが安定性の維持や舵取りのためのもので，動かす筋肉が小さかったことを意味する．フリッパーは短く丸い場合が多く，後肢のものは特に退化していた．鯨類と異なり，サメ類のように後方に一対のフリッパーを残している点は興味深いが，その理由はよくわかっていない．基本的に胸鰭はとても大きく，これは動作性の向上に関係していると考えられる．鯨類の巨大な胸鰭は旋回性能の大幅な向上に貢献しており，これは食事やディスプレイの際に役立っている．派生的な魚竜類ではフリッパーが極端に小さくなるが，その理由はわかっていない．肘から先の骨は次第に数が増え，均一な六角形状になる傾向があり，橈骨と尺骨をも巻き込んで，緊密に組み合った敷石状の骨格を形成した．その結果，すべての海洋四肢動物の中で最も高度に発達したフリッパーとなった．逆に，一部の魚竜類，特に初期のものでは，フリッパーの外側の骨があまり骨化しない．その理由ははっきりしないが，その部分の柔軟性を高めるためだったと思われる．肘から先の骨には，多くの首長竜類にも見られたように，前縁や後縁に機能のわからない深い窪みがあった．

ある化石に残された皮膚の痕跡から，魚竜類の体表は非常に細かい鱗で構成され，ぬめりのある質感を生み出していたことがわかっている．また，化石に保存された軟組織の輪郭から，体は滑らかな流線型をしていたことがわかる．いくつかの標本から，尾の先端の曲がりが緩

いものでは尾鰭の上部が低く，非対称形の尾鰭を形成していたことがわかっている．尾の曲がりが鋭いものでは，鰭の上部が下部と同じように突出し，上下対称の半月状の尾鰭を形成していた．半月状の尾をもつもののうち，少なくともひとつの標本では，サメ類やイルカのように三角形状の背鰭が存在していた．近年，初期の基盤的な種にも同じものが保存されているとの報告があるが，保存状態が悪いため，まだ確実視はできない．

ウミワニ類

初期の装甲をもつウミワニ類では，水中でも陸上でもほぼ役に立たないほど腕が退化し，後肢がいくぶん鰭状になっていたが，頭部，体幹，尾の形態は，淡水生のワニ類とあまり変わらなかった．より海洋に適応したものでは装甲が失われ，腕と手は著しく縮小し，後肢よりもはるかに小さくなった．後肢はむしろ大きくなり，それぞれの指は独立したままだったが，爪がなくなり，操舵用パドルのように平たくなった．尾の先端は下方に折れ曲がっており，背側に大きな尾鰭があったことを示している．頭部は大きく，吻部は非常に細長かった．ワニ類によく見られる円錐形状の歯は，球根状の歯根で固定され，歯冠は細いものもあれば太いものもあった．眼は中程度の大きさで，中には強膜輪をもつものもいた．腹肋骨は腹部に限られており，細長く，後方に傾いていた．骨盤は仙骨と接しており，恥骨は動かすことができた．

カメのような板歯類とサウロスファルギス科

板歯類の中でもキアモドゥス上科や，近縁ではないものの見た目がよく似たサウロスファルギス科（Saurosphargids）は，極端に幅広く短い体をもち，真横に伸びた非常に長い肋骨に支えられた，浅いカメ型の甲羅を形成していた．キアモドゥス類（Cyamodonts）では通常，甲羅は骨盤のところで体幹側の主要部と，より小型のものとに分かれていた．尾は通常の長さ・太さで，装甲があり，先端は曲がらず真っ直ぐであった．四肢は水かきが発達するもののフリッパーにはなっておらず，かなり小さい場合もあった．キアモドゥス上科の多くは，樽状の体をもつ基盤的板歯類と同じように，破砕や粉砕に適した敷石状に並ぶ歯を備えた，頑丈な頭部をもっていたが，中にはヒゲ状のフィルターを備えた小さな頭部をもつものもいた．

ウミガメ類

中生代の完全海生のカメ類は，現代の海を彩るカメ類とほとんど変わらなかった．頭部は中程度の大きさで短く，上下・左右とも幅が広い．亜三角形状で，造りはしっかりとしており，柔軟性はほぼない．歯はなく，オウ

サンタナケリスとクラゲ

ム（Parrot）のようなクチバシをもつ．鼻孔はかなり大きく，吻部前方の非常に高い位置にある．眼窩はとても大きく，頭部の前方にあり，主に横向きで少し前方に傾く．顎の筋肉のためのスペースは大きいが，側頭領域に開口部はない．後頭部の大きな窪みは，顕著に発達した正中のプレートによって区切られている．下顎の上下幅は，狭い〜中程度のものまで様々である．白亜紀のウミガメ上科の一部は，明らかに食物を吸引するのに適した，高度に特殊化した頭骨をもっていた．

ウミガメ類の首はとても短く，柔軟性に乏しいため，頭を甲羅の中に引き込むことができない．体幹は非常に低く幅広で，横から見ると涙型の流線型をしている．平らな下面に比べ，上面は弧を描くことで，甲羅に翼のような形状を与え揚力を生み出している可能性がある．白亜紀のウミガメ上科の多くは硬い殻の甲羅をもっておらず，支柱と部分的な板からなる骨構造を，革状の組織で覆っていた．肩甲帯は胸郭の中に入り込んでおり，肋骨は後方のものだけが後傾する．尾は短い．後肢骨格は発達しているが，外側の骨があまり骨化しないものもいる．非常に大きな前肢は，前方に膨らむ弧を描きながら，斜め後方に伸びている．小さくて幅広い後肢は，より後方に伸びている．前肢の前縁には数本の爪がある．

遊泳

海面において，水の密度は空気の 800 倍であり，水深が深くなるにつれさらに増える．水温が 4℃ よりも温かく，あるいは冷たくなると密度は減るが，それもわずかである．塩は水の 3 倍の密度があり（塩の結晶を水に入れると沈む），海水は 3.5% が塩であるため，淡水に比べて 2% ほど密度が高い．水中での移動は，淡水か海水かにかかわらず，地上での歩行や空中での飛行に比べて利点が多い．まず，水中の生物は水とほぼ同じ密度をもつため，地上や空中の生物と違って重力に抗う必要がない．また，水は滑りやすく，密度も高いので，適切な器官があれば強大な推進力を生み出すことができる（陸上四肢動物は流線型の体や，適切な器官をもたない）．水中を移動する動物の体が流線型に近づければ，同サイズの動物が陸上を同距離移動するのに比べ，コストをおよそ 1/3〜1/12 まで下げることができる．ワニに比べればメカジキ（Swordfish），マグロ，イルカなどの方がコストは下がる．流線型の体は高速遊泳だけでなく，低〜中速度での遊泳にも利点がある．地上では一定の距離を移

動するのに必要なエネルギー量は速度によらず一定であり，1 マイルを歩こうが走ろうが消費カロリーは同じである．一方，水中では移動が速いほど流体力学的抗力が上昇するため，遅いほど必要となるエネルギー量が下がり，効率的になる．たとえば，アイオワ級戦艦の航続距離は，時速 45 km ではわずか 5,300 海里だが，時速 18 km だと 18,000 海里にも及ぶ．また，遊泳は同じ距離の飛行に比べて 4 倍も効率的である．ただし帆翔（ソアリング）は例外で，海を飛ぶ大型鳥類が行うウェイブソアリングやダイナミックソアリングでは，条件さえ整えばほぼエネルギーを使うことなく移動することができる．かたや遊泳動物では，行き先や所要時間に見合う海流さえ見つけることができれば，コストをかけることなく海中を移動することができる．陸生動物の長距離移動は大変な苦労を伴う危険なものであるが，海洋動物の長距離移動は遊泳や漂流によるエネルギー効率の良さのおかげで格段に容易であり，数週間〜数ヶ月をかけて超長距離を移動する飛行動物と同等であるといえる．

水面での遊泳に比べると，水中を遊泳した方が効率的である．水面を移動すると，船首波を始めとする大きな波を引き起こしてしまう．波は重力に逆らって盛り上がるため，発生には大きなエネルギーが必要になる．また，大きな船首波があることで物体は常に斜め上を向き，重力に逆らってそれを乗り越えようとすることになる．水中に留まれば，こうした課題は解消される．そのため，理想的な流線型の潜水艦では，水中を一定の速度で移動するのに要する動力が，水上を移動する時，あるいは同サイズの水上艦に比べて約半分になる．

こうした理由により，呼吸のために頻繁に水面に浮上する必要がある水生の四肢動物は，鰓呼吸をする魚に比べてコストがかかり，特にゆっくり泳ぐものはその負担が大きい．速度がおよそ時速 15 km 以上の場合，イルカのように，ポーポイジング（周期的に浅い角度で空中に飛び出すこと）によって，移動の効率を高めることができる．水中よりも空気中の方が，移動に際して生じる抵抗が小さいため，重力に反して跳躍するコストを上回る利益が得られるからだ．ポーポイジングは，遊泳コストを約 1/3 に減らすことができるため，とにかく空気を吸わなければならない海洋四肢動物にとって非常に有用である．さらに，捕食者を混乱させる効果も期待できるため，ポーポイジングができる四肢動物は通常の移動の際もこれを行っている．ポーポイジングとはネズミイルカ（Porpoises）の英名にちなんでいるが，イルカやネズミイルカの体は上下に曲がりやすく，こうした行動に

適している．ポーポイジングができるのは小型〜中型の高速で遊泳する動物のみで，ウミガメ類や大型の鯨類などには不可能である．

水中を高速で動く物体は，水深が深いほどエネルギーを節約できる．プロペラが高速で回る，あるいはフリッパーや鰭が高速で動くと，キャビテーションが発生するという深刻なリスクがある．この現象は，物体が水中を高速で移動した際，質量慣性によって高密度の水がすぐに元の状態に戻らない時に起こり，ほぼ真空の泡が発生する．先端が平らな超高速水中ミサイル魚雷は，この現象によってほぼ摩擦のない泡の中をロケット弾のようなスピードで飛び回ることができる．しかし，真空の泡は推進力を生み出すブレードの流体力学的性質を悪化させるため，最高速度を低下させるだけでなく，余分なエネルギーを大量に消費させることになる．さらに，キャビテーション泡は高密度の水に囲まれ，強烈なエネルギーで素早く崩壊するため，金属製のネジや高速遊泳動物の鰭を傷付けかねない．水深が深いほど水圧は高まり，水圧が高いほどキャビテーション泡ができにくいため，深く潜っていれば最小限に抑える，あるいは完全になくすことができる．これが，潜水艦や，高速で遊泳する動物が深いところを移動する理由である．

体が完全に水中にある場合，推進と受動的な滑走を交互に行うことで，エネルギー消費を抑えることができる．もうひとつのエネルギー効率を高める方法は，波に乗るサーファーのように，もっと大きな物体の船首波に乗ることだ．最も有名なのはイルカのポーポイジングにおける船の前波の利用だが，常に水中にいるような大型の遊泳動物でも応用が可能である．

動物の泳ぎ力は主に2種類ある．ひとつは多くの魚類やトカゲ，ワニ，鯨類に見られる，体軸をうねらせ，胴体や尾を使って水を波立たせる方法である．もうひとつは，一部の魚類，特にゆっくり泳ぐ魚類や，ウミガメ類，ペンギンなどに見られる，付属肢の動きによるもので，鰭を主な推進力として用いる方法である．この2種類のうち，体軸を用いる方はよりエネルギー効率が高い．この動きは水の抵抗も発生させるが，それにより生み出される推進力は前者を打ち消して余りある効果を発揮する．一方，鰭やフリッパーだけで泳ぐ場合，体の他の部分は抵抗を生み出すだけの代物になる．また，真に理想的なフリッパーとは，骨や軟組織がすべて扁平になり，肩関節あるいは股関節のみ高い可動性をもち，残りの部分が一体化し完全な流線型の鰭を形成するような四肢であるが，なかなかそうはいかない．

抵抗の主な原因は皮膚表面の摩擦である．そのため，流体はスムーズな層流になることが理想的で，乱流になると抵抗が増えてしまう．摩擦抵抗を下げるには，単純に表面を滑らかし，できるだけ層流となるようにするのが最善だと思うだろう．体や鰭の前縁部では，この方法が有効だが，流れが高速になると，体の後縁部で常に乱流が発生してしまう．その場合，皮膚表面に触れてゆっくりと穏やかに動いている，流体の境界層が皮膚から離れないようにすることで，抵抗を最小限に抑えるのが得策である．サメ類は，非常に小さな歯状突起を，尖った先端を後方に向けて配置することで，これを実現している．サメ類の皮は，前から後ろへ撫でると滑らかに感じるが，反対方向へ撫でるとざらざらするため，目の細かい紙やすりのように使われる．一方，イルカは皮膚を滑らかで滑りやすくすることで，抵抗を最小化している．

流体力学的に物体の形状が変わらず，出力と質量の比も変わらない場合，スピードとエネルギー効率の観点では体が大きい方が有利だ．アイオワ級戦艦は21万馬力の蒸気タービンで駆動し，長さ 265 m，重さ 57,000 t で，速力は時速 48 km だった．一方，長さ 1 m，重さ 3 kg のアイオワ級の模型を，1/10 馬力のモーターで海岸線を帆走させると，人間の足で簡単に追い付くことができる．また，実際の戦艦の航続距離が数千マイルなのに対し，模型の航続距離はわずか数マイルである．駆逐艦の巡航速度は，はるかに大きな巡洋艦，戦艦，空母に匹敵するが，そのためにより高度な流線型をもち，サイズに比して過剰に高出力でなければならないため，航続距離は短く，しばしば護衛対象の大型艦から燃料を補給するほどである．そのため，様々な大きさの舟が競走する場合，大きい舟には速度／長さの計算式に基づくハンディキャップを付けることで，小さい舟にも公平にチャンスを与える必要がある．ともあれ，こうした体サイズによる利点を生かすことで，巨大海洋生物はかなりのスピードで移動することができる．巨大なナガスクジラ類の鯨類の遊泳速度は時速 45 km にも達し，動力船が登場するまで狩猟や銛打ちができなかったほどである．しかし，最大筋力は総体重に比例しないため，素早い遊泳には中程度の体格が最適であり，その速度はナガスクジラ類の 1.5 倍以上になる．また，現生最大のサメ類やクジラが，想定しうる最高速度の達成に最適な形状をしていないことから，過去の巨大遊泳生物はそれらよりも速く泳げた可能性もある．

多くの魚は，泳ぐための筋肉が体重の 70% にも達するが，これがよく食べられる理由のひとつである．対し

ウナギ型

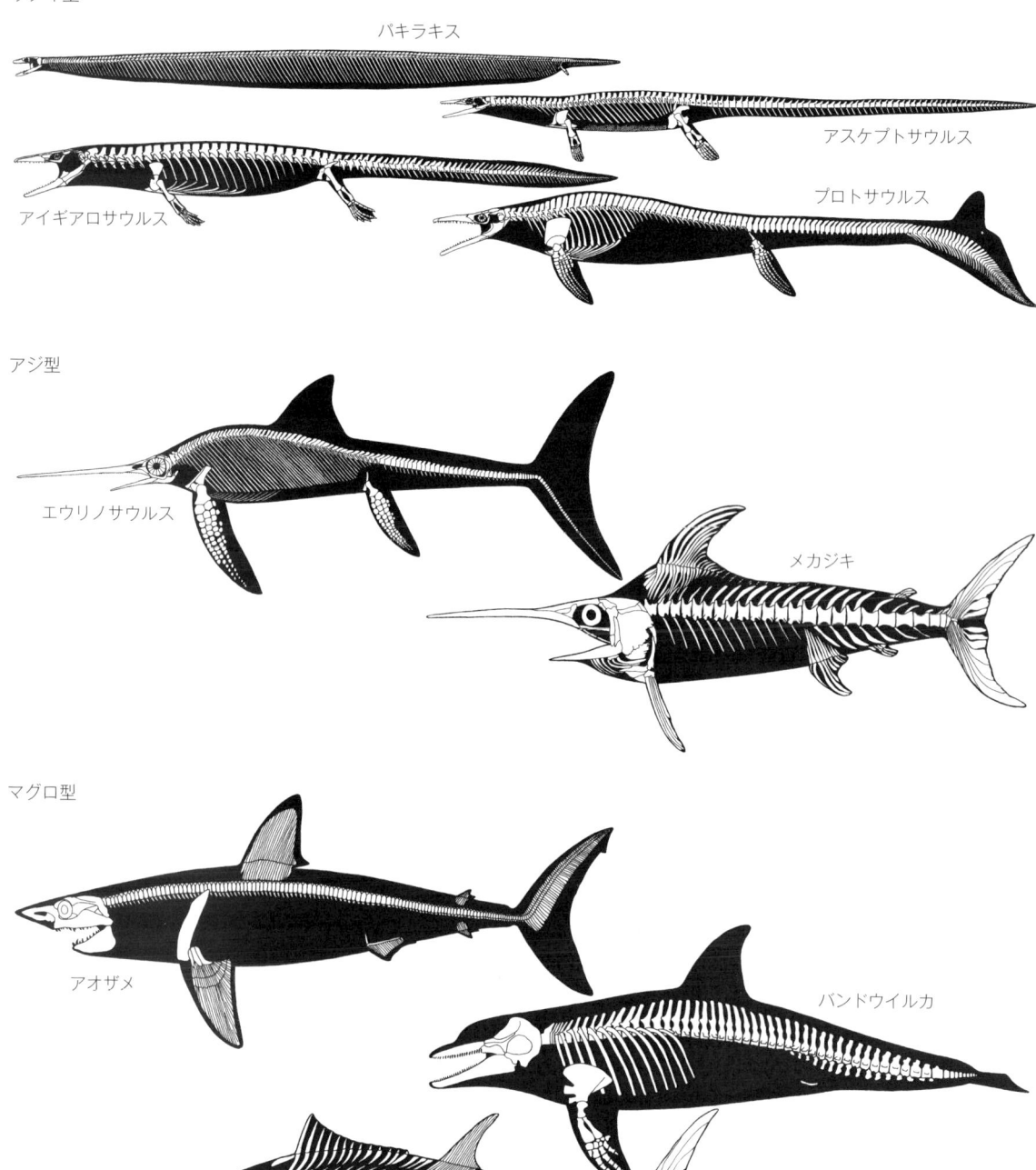

アジ型

マグロ型

流体力学に基づく体型分類

て，イルカは60%が上限である．筋肉は大きく2タイプに分けられる．白筋は，短時間で非常に強い無酸素性のパワーを生み出すことに特化しているため，スプリントには最適だが，長時間にわたって高レベルの活動を維持することはできない．特に淡水魚など，あまり長い時間をかけて遊泳することはないが，捕食者から突然逃げたり，獲物に向かってダッシュしたりする必要がある魚に多く見られる筋肉である．ミオグロビンにより彩られ，有酸素性のものが大半を占める赤筋は，白筋には及ばないものの，高レベルの出力を長期間持続できる．特に高速での持続的な巡航には，体重の40%に及ぶ赤筋が必要で，マグロなどの市場に出回る魚の一部が赤い身をもつのはこのためである．筋肉は白筋と赤筋の二者択一というわけではなく，両者の中間をとることもできる．スピードを維持する必要がない魚では，白筋しかもたないものもいるが，赤筋しかもたないような水生脊椎動物は知られていない．これは，白筋の無酸素性の瞬発力が必要になる場面が必ずあるためだと考えられる．

　遊泳動物の最高速度は，「速い」としか言いようがない．というのも，長距離を高速移動する大型水生生物の動きを正確に観測し，時間を計るのは不可能だからだ．とはいえ，カジキやマグロなどの硬骨魚類や，ネズミザメ科のサメ類や一部のイルカでは，時速80 km前後のスピードが出せるようだ．これ以上のスピードとなると，なかなか予測が難しい．というのは，流線型と一時の筋力が共に最大限度に達していたとしても，水の抵抗がある中でその力をどの程度利用できているのかがわからないからである．ただし，ポーポイジングをする魚についてはある程度予測することができる．遊泳速度が最速なのは，体軸を蛇行させて泳ぐタイプの動物であることは言うまでもなく，これは体の大部分をうねりの中に置くことができるためである．遊泳動物の最高速度は，おおよそ陸上動物の走行速度に匹敵し，ハト（Pigeon），ハヤブサ（Falcon）型，ツバメ（Swallow）型の体型をもつ鳥の飛行速度は最高でその約2倍に達する．

　流体力学に基づく最高速度とエネルギー効率は，体型によるところが大きい．マグロはオナガザメ（Thresher sharks）よりも，オナガザメはワニよりも素早く，効率的に泳ぐことができる．正面で受ける抵抗を可能な限り抑えるには，ウナギ（Eels）やヘビのような，より細い体型が適している．しかし，それだと体の表面積が大きくなってしまう．体表で受ける抵抗を可能な限り抑えるために，表面積を抑える必要があり，できる限り球形に近い方が理想的だが，膨らみすぎると今度は正面抵抗が増えてしまう．こうした相反する要求に応えるには，カジキやマグロ，ネズミザメ科のサメ類，イルカなどに見られる，適度な細長さの水滴型あるいは紡錘形状のような体型が求められる．

　蛇行型の遊泳動物は，流体力学的観点から以下のように大別される．

　「ウナギ型」は，身体全体を使って推進力を生み出すために，細長く柔軟性の高い体と緩やかに先細りした尾をもち，泳ぐための筋肉は主に白筋繊維で構成される．こうした体型は，ウナギやサメ類を含む多くの魚，ウミヘビ類やワニ，そして初期のクジラなどに見られる．遊泳のエネルギー効率は中程度で，巡航および最高速度は控えめだが，全身の白筋が短時間ながらも激しく運動することで急激な推力を発生させるため，加速力は高い．また，機動性も高い．四肢が完全なフリッパーではないものでは，巡航中のワニのように，抵抗を最小限に抑えるために折り畳まれ体にぴったりとくっ付いていることもある．ヘビ類では，手足はほぼ失われている．こうしたウナギ型の体型は，浅瀬やサンゴ礁，昆布状の海藻が生い茂る海域などに棲む生物でしばしば見られる．

　「アジ型」は，より流線型かつコンパクトな体型をしており，紡錘形状で硬めの体と短く上下幅のある尾をもち，背側の半分と尾によって推進力を生みだしている．アジ型のサメ類では尾鰭は非対称形で，下部よりも上部が長くなる．カジキなどの高速性のアジ型動物では鰭が半月状になることもあり，泳ぐのに使う筋繊維は赤色である．アジ型動物には，ニシン（Herring），サケ（Salmon），カマス（Barracuda），カジキなど多くの魚類や，ツノザメ（Dogfish shark）やメジロザメ（Reef shark）などの多くのサメ類，淡水生のイルカやクジラなどが含まれる．この一般的な遊泳形態は，実用性の面で非常に柔軟であり，沿岸から深海に至るまで，多くの海生脊椎動物に用いられている．

　「マグロ型」は紡錘形状の硬い体と短い尾からなる，流線型かつ非常にコンパクトな体型である．尾鰭は半月状で，体の最後尾部分だけで推進力を発生させる．遊泳に用いる筋肉は赤い筋繊維を多く含む．これにはマグロ，ネズミサメ科，イルカなどが含まれる．エネルギー効率は非常に高く，巡航速度，特に最高速度は速く，短時間のダッシュも非常に速い．この特殊な遊泳形態は，深海生の脊椎動物にしか見られない．

　マグロ型は総じて泳ぐのが速いが，アジ型の中で最も優れた流線型のものに比べ，抗力が小さいというわけではない．前者は表面抗力が小さく，後者は前面抗力が小

さいからである．海の中で一番速く泳げるのがアジ型の
カジキなのは，そのためである．アジ型もマグロ型も，最
も泳ぐのが速い魚は，背鰭や尻鰭などを畳み，より体を
流線型に近づけることで短時間の高速遊泳を可能にして
いる．サメ類やイルカはこれができないため，最高速度
が時速数 km ほど落ち，エネルギー効率も低下している．

　多数の脊椎で構成される細長い胴体と尾をもち，その
どちらか，あるいは両方が横方向に柔軟に動き，控えめ
な筋肉量・大きさの足鰭をもつ点を鑑みれば，タラット
サウルス類，ヘルベティコサウルス類，アトポデンタトゥ
ス類，基盤的板歯形類，フーペイスクス類，パキプレウ
ロサウルス類，アイギアロサウルス類，モササウルス類，
ドリコサウルス類，ウミヘビ類，ウミワニ類，魚竜類，
は，いずれも蛇行運動で泳ぐタイプだったと考えられる．

　この中で，タラットサウルス類，ヘルベティコサウル
ス類，アトポデンタトゥス類，基盤的板歯形類，フーペ
イスクス類，パキプレウロサウルス類，アイギアロサウ
ルス類，基盤的モササウルス類，ドリコサウルス類，お
よびウミヘビ類は，白筋を多くもつ機動性の高いウナギ
型遊泳動物であり，浅海域や海藻類の繁茂する海域での
生活に適応している．また，特に細い体つきのドリコサ
ウルス類とウミヘビ類は四肢を退化させ，サンゴ礁やマ
ングローブの根元などの狭い隙間や割れ目に入り込むの
に適している．

　モササウルス類はすべてウナギ型と長らく考えられて
きたが，現在では，より開けた深海域に適応したアジ型
もいたことがわかっている．しかし，カジキほど洗練さ
れた流線型ではなく，鰭も折り畳めないため，あまり速
くはなかったと考えられる．また，より膨らんだ体型の
マグロ型とも異なる．体型が紡錘形状のモササウルス類
の多くは，ポーポイジングができた可能性がある．モサ
サウルス類は主に蛇行遊泳を行ったが，肩帯が大きく発
達していたため，そこに付着する前肢の筋肉が大きく発
達していた可能性がある．そのため，可動関節をもつフ
リッパーだけを用いて，あるいは胴体と尾の蛇行運動を
補助する形で，能動的に推進力を得ることができた．フ
リッパーによる推進力と，胴体と尾による推進力を組み
合わせる形は，硬骨魚類ではよく見られるが，海生爬虫
類としては珍しいものだった．モササウルス類の少なく
とも一部は，稜の発達した鱗をもつが，これはおそらく
体表抗力の乱れを抑える役割があった．

　ウミワニ類は二叉に分かれた尾をもたず，不揃いの重
厚な装甲板でできた鎧をまとったウナギ型の体型をして
おり，その泳ぎは淡水生ワニ類よりも少しだけ優れてい

たと思われる．メトリオリンクス科はより流体力学的に
優れたアジ型の体型で，同様の体型をしたモササウルス
類とおおよそ似たような遊泳能力をもっていたと考えら
れる．

　魚竜類は，最初期のものはウナギ型で早い内にアジ型
へと適応し，そのうち有酸素性の遊泳運動に優れたマグ
ロ型が多数派となった．鰭やフリッパーを折り畳むこと
ができないため，最高速度は時速数 km 程度しか出ず，
ネズミザメ科やイルカと肩を並べる程度であった．派生
的な魚竜類に見られる非常に小さなフリッパーは，その
抵抗を最小限に抑えることでスピードの向上に貢献して
いたのかもしれない．しかし，このような退化した付属
肢をもつ種の一部は，特に高速遊泳に適した体型ではな
かったようで，このように小さな安定板および操縦翼面
は，安定性に悪影響を及ぼした可能性がある．最大の魚
竜はウナギ型～アジ型の中間的な体型をもち，あまり高
速遊泳には適していなかった．サメ類は鰾をもたない
ため水よりも密度が高いが，尾鰭の下部よりも上部が長
いことで下向きの水流を生み出し，体が沈まないように
もち上げている．魚竜類は肺をもつため，気管などを含
め空気で満たされた場合，水よりも密度が低く，尾鰭は
上部よりも下部の方が長い．胸鰭の迎角を負にして前
半身が浮き上がるのを防ぐ際，尾は上向きの水流を生み
出すことで，体全体の浮上を抑える．呼吸のために浮上
する時は，胸鰭の迎角を正にして揚力を発生させ，尾は
下方に押し続けることで，体を起こして真っ直ぐ水面に
向ける．魚竜類，特にマグロ型のものは，外洋性爬虫類
の中で最も遊泳に適した体型をしていた．化石記録から
わかる範囲では，魚竜類の皮膚は摩擦抵抗を最小化する
ための滑らかなものだったと思われる．

　フリッパーの使い方は，その薄い縁で水を切るように
前に振り出し，そこから面を起こして水を後ろに掻くよ
うな，非水生あるいは半水生動物が泳ぐ際の典型的な四
肢の使い方とは異なる．フリッパーを前に振る際には抵
抗が生じ，推進力が発生しない上，後ろに振る時も乱流
が多く発生するため，期待したほどの推進力は得られな
い．流体力学的に優れたフリッパーとは，鳥の翼のよう
に上下に羽ばたかせるもので，一方向に回転し続けるわ
けではないという点を除けば，船のスクリューあるいは
プロペラのように常に動いているものである．フリッパ
ーを振り下ろす際，その前縁は後縁よりもだいぶ下にあ
り，振り上げる際はその逆になる．鳥の翼や回転するプ
ロペラは，気体や液体を後方へ流すのに適した渦を発生
させるため，常に適切な迎角でそれらと接する．フリッ

34

フリッパーで泳ぐ
ヒドロテロサウルス

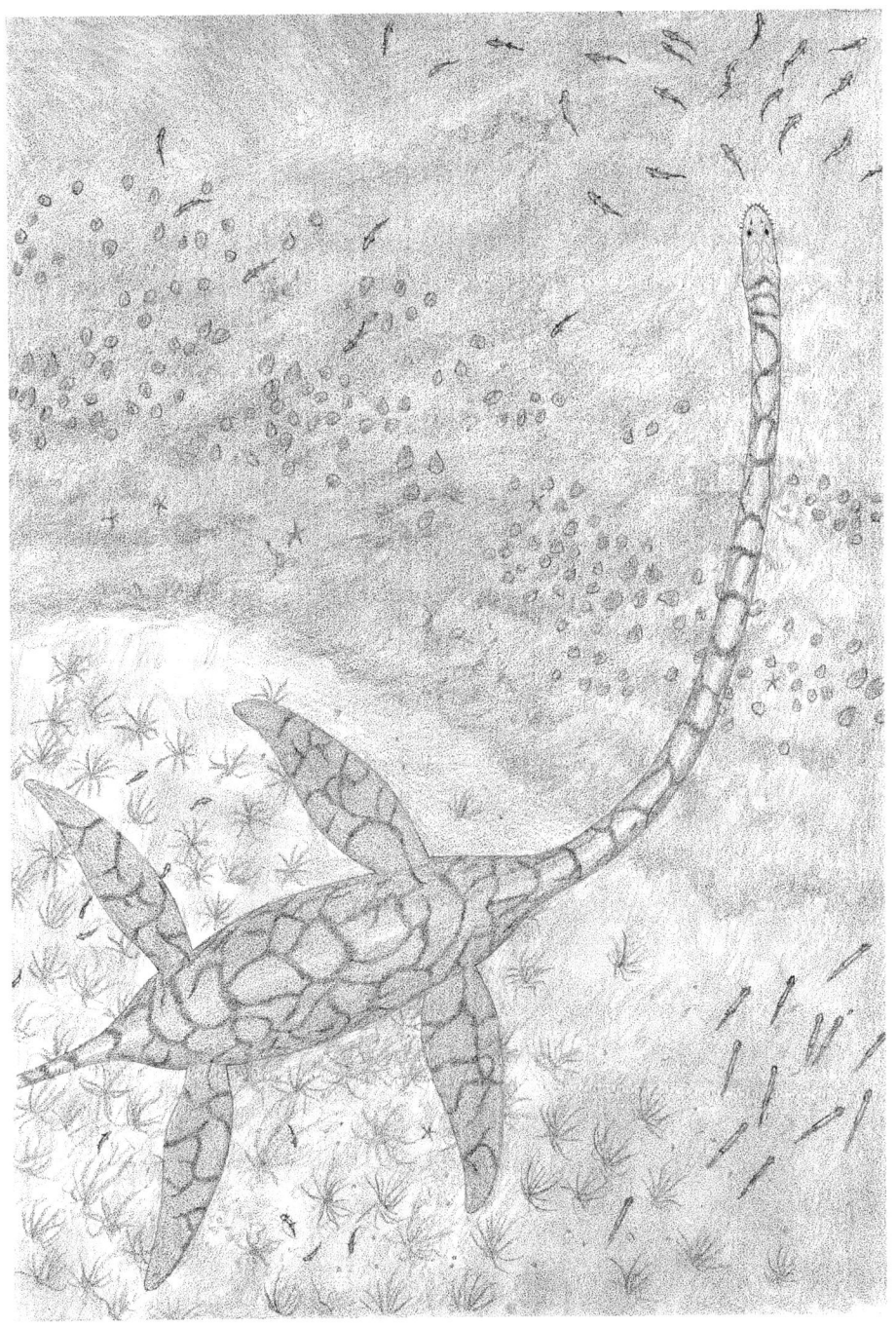

パーも上下に振る際に角度を変えることで，同様の条件で水と接する．また，フリッパーの断面は基本的に対称形であるため，振り上げでも振り下ろしでも，利用可能な筋力に対して一定量の推進力が得られる（ただし，骨を覆うフリッパーの軟組織によって，いずれかの面がわずかに凹んでいた可能性がある）．ウミガメ類の場合，振り下ろしは振り上げよりも大きなパワーを生み出し，振り下ろしの終わり頃に推進力は最大となる．フリッパーは複数の骨からできており，弾力のある軟組織に覆われ，前縁付近が最も厚く補強されているため，水圧によって長軸方向に沿ってねじれ，先端部の迎角は小さくなる．これは，映像などで泳ぐウミガメ類の前肢にも見ることができる．これは，プロペラのブレードがねじれているのと同様で，先端に近いほど高まる回転速度に対し，迎角を最適に保つことができる．ブレードやフリッパーの傾きが一定だと，根本付近は水流に対して平坦になりすぎ，先端付近は角度が急すぎで失速につながる恐れが生じる．

フリッパーを使って泳ぐ動物は，水を掻くのではなく，水中翼を羽ばたかせて進むため，よく「水中を飛ぶ」と表現されるが，この例えはあまり正確ではない．実際に空を飛ぶ動物は，密度が自身の1/数百しかない気体の中で高度を維持するため，多くの揚力を発生させなければならず，さらに推進力も発生させなければならないため，その翼は非常に大きい．一方，水中の脊椎動物には浮力が生じるため，フリッパーは推進力を生み出すだけでよく，翼よりもずいぶん小さい．そのため，飛行する鳥類とフリッパーをもつペンギンとでは，前肢の表面積の差は歴然である．こうしたフリッパーは，翼というよりプロペラのような振る舞いをしている．要するに，フリッパーを推進力とする生物は，空気よりも重い飛行機というよりは，ポッドの側面にスラスターが取り付けられた状態で浮遊している飛行船のようなものなのだ．フリッパーをもつ現生水生動物の最高速度は，時速約30 kmである．その中で，海で暮らす脊椎動物にはペンギンやウミガメ類などがいるが，後者は白亜紀に初めて出現して以来，あまり大きく変化していない．前肢のみで推進力を生みだし，尾をほぼもたないウミガメ類の小さな後肢は，主に舵として用いられる．

首長竜類はある種カメのような体型をしている．胴体の横幅は広く，柔軟ではない．また，四肢は大きなフリッパーとなっており，骨格においてはその筋肉の付着面が広く設けられている．尾は短く，鰭も付いていないため，推進力は主にフリッパー頼みであった．フリッパー

の下側の筋肉は，肩帯・腰帯の下部にある大きな板状の骨や，頑丈な腹肋骨から起始しており，上側の筋肉よりも強力であった．そのため，主にフリッパーの振り下ろしによって推進力を生みだしていたことになる．ただし，前肢をもち上げる肩上部の筋肉はよく発達しており，広背筋にいたっては背中の大部分に広がっていた可能性があるため，振り上げと振り下ろしのパワー差は，後肢に比べて小さかったと思われる．特に，一部の首長竜類に見られる異常に発達した脊椎の棘（きょく）突起は，肩上部の大きな筋肉の付着部として役立ったと考えられる．腰上部の筋肉はあまり大きくなかったため，後肢の振り上げは振り下ろしよりもはるかに弱いものだった．たとえ尾に水平の鰭があったとしても，表面積が小さいために生じる推進力もわずかであり，ゆっくりと泳ぐ時くらいしか役に立たなかっただろう．その非常に長い首は，摩擦抵抗を抑えるのに最適な姿勢を保っていたとしても，大きな抵抗を発生させていたことが複数の研究で示されている．だとすれば，首はむしろ獲物を捕らえるために素早く動かし，その代わりにゆっくり泳いでいたと推測される．一方で，長い首による摩擦抵抗の増大は驚くほど少なかったとする研究もある．いずれにせよ首の長い首長竜類は，その首を振ることで体の向きを素早く変えることができ，待ち伏せから攻撃に移る際の機動性を高めることができた．対照的に，首の短い首長竜類は泳ぎが速かったと考えられ，より直接的に攻撃を仕掛けたと思われる．頭が大きく首の短い首長竜類が，首の長い首長竜類に攻撃を仕掛ける様子は，1940年のバトル・オブ・ブリテンにおいて，ドイツ空軍のMe-109Eが，速度は遅いが旋回の速いホーカー・ハリケーンMk1と交戦する様子に例えられる．後者は前者の内側に回り込むことで，前者が適切な攻撃態勢に入れないようにするのである．小型かつ首の短い首長竜類はポーポイジングができた可能性があるが，実際にやったかどうかは不明である．

首長竜類が前後のフリッパーをどのように使い分けていたのかは，大きな謎である．前後のフリッパーは同じくらいの大きさがあり，どちらも推進力源となっていたことは間違いないだろう．前後のプロペラが連動することで，同じ軸状で反対方向に回転する二重反転プロペラのように，動作領域を通過する水の正面面積に対する利用効率を高めることができる．また，首長竜類は柔軟な肋骨を使って運動エネルギーを弾性的に蓄え，入力に対する出力の比率を高めていた可能性もある．甲羅をもたず，2対のフリッパーをもつ首長竜類は，ウミガメ類の2倍のプロペラをもつことに加え，前後のフリッパー連動

による優れた推力効率や，より多くの筋力，そして弾性的なエネルギー貯蔵を利用することができたため，ウミガメ類よりも泳ぐのが速かったと考えられる．一部の研究者の計算によると，最も流体力学的に優れた体型の首長竜類の遊泳速度は，マグロ型魚竜類の約80%にあたる，時速45kmに達していた可能性がある．

　前後のフリッパーを蝶（Butterfly）の羽のように同調させるのか，トンボ（Dragonfly）の羽のように交互に羽ばたかせるのか，あるいはそれらを組み合わせるのかについては，活発な議論が交わされている．首長竜類のフリッパーは現生動物のものと異なるため，その動きを正確に捉えるのは困難である．ゆっくり泳ぐ際，前後のフリッパーを交互に振ると，両者を反対方向に動かすたびに，体幹が激しく上下してしまう．しかし高速では，体幹の周囲を高速で流れる水の平滑化力によって，そのような動きは抑えられ，より安定する．後肢の動きを流体力学的に最大限効率化するには，前肢の乱流後流の中で動く時間をできるだけ短くする必要がある．そのため，前後のフリッパーを振るべきタイミングは，振る速度，前進速度，生物が旋回しているかどうか，旋回している場合はどの程度きつく旋回しているか，によって変わってくる．首長竜類にとってのベストタイミングも状況によって異なり，時には交互に，時には同調して，時には後肢が前肢より少しだけ遅れて動くようなこともあった，と考えるのが妥当だろう．

　板歯類のキアモドゥス上科は，中程度の筋肉を備えた四肢と，あまり水を掻くのに適さない小さな水かきを手足に備えていた．そのカメのような甲羅は流線型とは言い難く，淡水生カメ類のような平凡な遊泳能力のもち主だったと考えられる．またその一部の水かきは特に小さく，水かきとは言えないレベルだった可能性もある．

　首長竜類の中でもエラスモサウルス類についてはこれまで，長い首とその先の頭を水面よりも高くもち上げる様子が描かれてきたが，これにはいくつかの問題点がある．水面よりも上に首の長い部分があると，水によって支えられていない前方の質量がかなり大きくなるため，体全体が傾いてしまう．この現象は胴体に対して首が長いほど顕著になり，フリッパーを犬かきのように頻繁に動かしたとしても，頭を数秒以上もち上げるのは物理的に不可能だったと思われる．もうひとつの問題は循環器系にある．重力に逆らって心臓よりも高い位置に血液を送るには，非常に高い圧力が必要だ．たとえばキリンの血圧は，一般的な哺乳類の2倍以上である．そのためには，非常に強力な心臓が必要になってくる．水生動物は

通常，血液を重力に逆らって押し上げる必要がないため，基本的に血圧はかなり低く，水面から数mの高さにある脳まで酸素を届けることはできない．そのため，頭を高く掲げた場合，しばらくすると気を失ったことだろう．また，首を空中に高くもち上げられるほどの筋肉が発達していたかどうかも疑問である．

　海生爬虫類の鼻孔は，理由はよくわかっていないが，たとえ骨格上では頭骨の後半部にあったとしても，生息時には鯨類のように頭頂部にあるわけではなかった．そのため，海生爬虫類は呼吸のために頭部をより高く水面上にもち上げる必要があった．その点で海生爬虫類の行動は，同様に鼻孔の位置が低いペンギンや鰭脚類とよく似ていた．鼻孔の位置の低さは，首の長い首長竜類にとっては大した問題ではなく，小さな頭を水面から容易にもち上げることができた．他の鼻孔の位置が低い爬虫類のうち，ポーポイジングができるものはそれで解決したと考えられる．しかし，鼻孔のサイズについて考えると，一部の海生爬虫類，たとえば頭の小さな首長竜類や多くの魚竜類などでは，特に運動時などに必要な呼吸にはどう見ても足りず，口で呼吸していたと見る方が自然である．中生代の爬虫類は，白亜紀の冬の極域を除けば，氷の存在を気にする必要がなかった．逆にアザラシが氷とうまく付き合う必要があり，必要な時に呼吸に上がれる位置に穴を開けておき，そこが凍り付いてしまわないよう気に掛けておかねばならない．また，当時の海生爬虫類は，たとえそのような穴で浮上することになったとしても，ホッキョクグマ（Marine bears）のような捕食者に待ち伏せされる心配もなかった．

　潜水は，空気を必要とする動物にとって必須である水面での呼吸とは対照的な行動である．水上で酸素を得る必要のある動物は，魚ほど深くまでは潜れないと思われがちである．また，代謝率の高い動物ほど多くの酸素を必要とするため，数分以内に浮上可能な水面付近に留まると考える人も多いだろう．加えて，30m以上の水深から急激に浮上すると，血液中あるいは体組織中の窒素ガスの膨張により，重傷あるいは死に至る潜水病にかかる恐れがある．また，強大な水圧と氷点ギリギリの低温にも耐えなければならない．しかし，アザラシやクジラは3km近くの水深で2時間以上潜水することが可能である．こうした潜水能力は，呼吸器系と循環器系の特殊化によってもたらされる．潜水病の原因となる体内の窒素量を最小限に抑えるため，潜水開始時には肺から空気が抜かれ，圧力が高まるにつれてさらに潰れていく．肺が潰れると浮力も減るため，潜水しやすくなる．彼らは血中や筋肉

暗い水中にいるステノプテリギウス

中のヘモグロビン量が異常に多く，酸素はそちらに蓄えることができ，心拍数は劇的に低下し，組織も異常とも言えるほど嫌気環境に強くなっている．マグロ型体型の四肢動物でこうした潜水能力をもつものは知られていないが，おそらく単位時間当たりのエネルギー消費量が多すぎるため，長く潜っていられないのだと思われる．

　ウミガメ類は基本的にあまり深く潜水することができないが，これは甲羅があるために肺が圧縮されにくいのに加え，寒さに弱いためである．一方，甲羅が柔らかいオサガメ科のカメは寒さにも強く，水深 1.3 km まで潜ることができることから，同様に柔らかい甲羅をもつ白亜紀のウミガメ類も潜水が得意だった可能性があり，実際の化石骨においても潜水病によるものと見られる損傷が確認されている．こうした損傷が首長竜類や魚竜類，モササウルス類でも見られることから，彼らも相当な深さまで潜水していたと見るのが自然である．首の長いエラスモサウルス類の化石は沿岸域で堆積した地層からよく

見つかるため，彼らはそうした環境を好んだと見られる．一方，頭が大きく首の短い首長竜類の化石は外洋の堆積物から発見されることが多く，体型も深海に潜るアザラシやクジラに似ているため，かなり深いところまで潜るのに適していたようだ．モササウルス類のなかでもアジ型体型のものは潜水に適しており，その骨には潜水病の痕跡が残っていることがある．魚竜類でも同様の状況で，マグロ型の種はあまり深く潜る傾向がなかったと見られる．小さな魚竜類に見られる非常に大きな眼球は，彼らが暗い環境で餌を探していたことを示唆するが，それが水の深いところを意味するのか，夜を意味するのかは不明である．夜間の採餌能力は特に極域の生物にとって特に重要である．というのも，もし移動ができない場合は長い冬の夜（極夜）を過ごさなければならないからである．

　泳ぐものも飛ぶものも，前後，左右，上下の軸まわりの回転に気を配り筋肉をはたらかせ，常に流体の中を 3 次元的に動き続けなければならない．しかし，空気より

も重いものが飛ぶよりは，泳ぐ方が容易い．特に上陸が必要な生態でもなければ，離着陸に伴う問題・危険への対策も必要なく，また失速して地面に落下するようなこともない．木の幹や枝は，水面に浮いていることはあっても，水中でぶつかるようなことはない．動物の飛行は，複雑かつダイナミックなプロセスで構成されており，特に旋回時には揚力の大幅なロスに対処しなければならないが，水中ではその必要がない．しかしながら，遊泳にもそれなりの課題はある．まず，群れで泳いでいる時や，他の捕食者と高速で交差するような混雑状態での採餌などの場面では，衝突のリスクがある．海底付近では岩の先端やサンゴ礁などにぶつかる可能性があり，かといって海岸付近にも岩が多く，大波に襲われた際に重傷を負うリスクがある．フリッパーで泳ぐ動物が急旋回する時，特に高速で泳いでいる時には，体の向きを変えるためにフリッパー（と，おそらく尾も）複雑かつダイナミックに動かす必要があった．

　泳ぐ生物は大抵，水上を跳ねることがある．水面を割って体を完全に，あるいは大きく浮かすために，高速でほぼ垂直に泳ぐ．そして大きく横方向にずれることもなく，水中に戻っていく．これは，小型生物が捕食者からの逃れるための常套戦術となっている．また，求愛に伴う争いやディスプレイとして行われることもある．また，衝撃で発生する大きな水中音は，コミュニケーション手段のひとつにもなりうる．さらには，寄生虫の繁殖を阻止するという役割も考えられる．あるいは，上記のような特別な理由ではなく，単なる遊びの一環として，自身を自力で空中に投げ飛ばし，一瞬だけ密度の低い空気に触れ，即座に密度の高い水中に落ちてくるというのを楽しんでいる，ということも考えられる．

浜辺にて

　鯨類は地上で生活できないため，ストランディング（座礁）は命に関わる．ウミガメ類の雌は平らな甲羅をもち，地面に引っかかりやすいように爪を備えたフリッパーを前肢に備えているため，砂浜でもがきながらも巣を掘って卵を産むことができ，子ガメはその後，砂の壁をよじ登って海に向かうことができる．鰭脚類は，体とフリッパーの柔軟性をうまく生かして，繁殖地である砂浜や氷の上をバタつきながら移動する．

　小型〜中型のウナギ型海生爬虫類は，比較的よく発達した肩と腰，および四肢をもち，陸に上がる能力をもち

うる．これには，タラットサウルス類，ヘルベティコサウルス類，アトポデンタトゥス類，基盤的板歯形類，フーペイスクス類，パキプレウロサウルス類，アイギアロサウルス類，ドリコサウルス類，そしてウミワニ類が含まれる．ただしウミワニ類では前肢が退化しすぎてしまい，陸上では後肢のみが機能したと考えられる．ウミヘビ類は砂や岩の上をスルスルと移動することができるように思えるが，どうやら彼らは通常のヘビ類が地表を移動するために用いる，特別な体の同調システムをもたないようで，上陸するにしても岩場での活動に限定されているようだ．そのため，中生代にいたその仲間も同様であったと考えられる．板歯類のキアモドゥス上科の体は硬く，幅の広い甲羅で覆われていた．淡水生のカメ類のように陸上に這い上がることはできたと考えられるが，それにしても四肢が小さかった．

　初期の魚竜類の中でも特にウナギ型に近いものは，砂浜に這い上がることくらいはできたかもしれない．しかし，こうした魚型の爬虫類のほとんどは，鯨類に比べても明らかに陸上に適さなかった．モササウルス類は，魚竜類や鯨類よりも波打ち際での泳ぎには長けていたはずだが，フリッパーが推進力を生み出すタイプの筋肉質かつ大きなものではなかったため，陸に上がるには不向きだったようだ．首長竜類は，上陸の際により大きな問題を抱えていた．腹側の平たい体と筋肉質なフリッパーは，彼らがウミガメ類のように砂浜を移動して繁殖できたように思わせるが，彼らのフリッパーは非常に硬く，多くはそもそも体が大きすぎて安全に上陸することができなかったようだ．そのため，首長竜類でも小型のものは上陸でき，大型のものはできなかったと見ることもできるが，確実とは言えない．

塩問題

　多くの人は，我々陸上動物の血液や細胞中の塩分が海水とほぼ同じだと考えている．そうだとすれば海水を飲んでも特に問題ないことになるが，実際はそうではない．海水中の塩化ナトリウムの量は約3.5％なのに対し，血液には約0.9％しかないため，血液はそれほど塩辛くは感じない．塩水を大量に飲むと，血液中の塩分が細胞内の塩分よりもはるかに高くなる．すると，前者を化学的に薄める方向に浸透圧が作用して，細胞内の水分が血液中に漏れ出すため，細胞が脱水して死んでしまう．そのため，海水を飲みながら生存するには，血液中

淡水域を泳ぐブランカサウルス

の塩分を除去する手段をもたなければならない．そのためにあるのが塩類腺で，海生爬虫類では眼窩と鼻孔の間にあることが多いが，詳細な位置はグループごとに異なる．これは，塩類腺がそれぞれのグループで独自に獲得されたためである．たとえば魚竜類の骨格上の鼻孔には，塩類腺を収容する独特かつ複雑な構造が存在する．一方，海水域〜淡水域へと移り棲むのは比較的に簡単だったようで，かつての海生爬虫類の一部は川や湖にも生息域を広げていたようだ．興味深いことに，ウミヘビ類は雨上がりの海面の水など，塩分の少ない水を好んで飲むようである．歯の同位体分析から，ヘビ類の仲間であるモササウルス類は，体内の化学物質の調整のために頻繁に淡水域を訪れていたことがわかった．だとすれば，少なくとも一部のモササウルス類は，水深の深い外洋には棲めなかったかもしれない．

呼吸と循環

　カメ，トカゲ，ヘビの心臓は3つの心室でできており，高血圧を引き起こすことができない．ワニの心室は不完全ながら4つだが，これでも血圧は低いままだ．また，

爬虫類の肺は，地上生のものでは大きいことが多いが，中身は単純な構造で，酸素を吸収し二酸化炭素を排出する能力は限られている．トカゲやワニの肺の内部は行き止まりになっているが，一部の種は気流が一定方向になる部分をもっている．トカゲやヘビの肺の換気は，単純な肋骨の動きによって行われる．カメやワニの肺は，肝臓が前後に引っ張られることで換気される．肝臓を動かす筋肉は，腹部や腰部にある大きな骨から伸びている．ワニの恥骨が動くのは，この肝臓ポンプシステムの一環であり，この特殊な恥骨は海生の仲間にも備わっていた．鳥類と哺乳類は，4室構造で2つのポンプをもつ完璧な心臓を発達させており，高圧で大量の血液を送り出すことができる．哺乳類の肺はかなり大きく，基本的に行き止まりの構造だが，内部は非常に入り組んでおり，ガス交換のできる表面積を大きく広げている．肺は肋骨の動きと，筋肉でできた横隔膜の動きの組み合わせで換気される．横隔膜の存在は，腰付近の肋骨のない領域の発達によって示唆され，その前で胸郭の境界が急激に落ち込んでいる部分に横隔膜を張っていたことがわかる．鳥類の肺は大きな気囊（きのう）のはたらきにより一方通行で換気されるが，これは鳥類に至る前の恐竜類で初めて登場したシステムである．

太古の海生爬虫類は血液を高圧で送り出す必要がなかったため，完全に4心室となった心臓をもつものはほとんどいなかったと考えられる．また，水と同じくらいの密度をもつ海生爬虫類は，鳥類のような気嚢をもっていなかったが，一部のグループでは，空気の流れがある程度一定となるものがいた可能性がある．海生爬虫類は，過膨張を避けるために肺がかなり小さかったと見られる．モササウルス類は陸生のトカゲと同じように肋骨で換気するタイプの肺をもっていたと推測されるが，後者とは異なり，前者の腰部にはある種の横隔膜の存在を示唆する興味深い特徴があった．一方，首長竜類の胸郭と骨盤はカメのものに形が似ていることから，肝臓の動きによって肺の換気を行っていたと推測される．魚竜類には横隔膜のための大きな腰部も，肝臓を引っ張る筋肉が付着するための大きな骨も腹部や腰部にはなかった．そのため，肋骨を使って肺を膨らませていたようだ．現生のウミヘビ類は，必要な酸素の1/3を皮膚から吸収し，同時に余分な二酸化炭素のほとんどを排出することができる．中生代のウミヘビ類も同様だったと考えられ，ひいてはドリコサウルス類もその可能性がある．

哺乳類の赤血球は核をもたないが，核はガスの運搬能力が高い．爬虫類の赤血球は核を保持もしているため，古代の海生爬虫類ももっていたと考えられる．中生代の高い二酸化炭素濃度は，呼吸器系に難題をもたらした．致死量に達するほどの濃度ではないものの，過剰な二酸化炭素量に対処できるよう動物が生理的に適応していなければ，二酸化炭素は毒性を発揮しただろう．

摂食器官と消化管

ほとんどの海生爬虫類は，厚みのある円錐形状の歯，あるいはクチバシをもっていた．それらはエサを丸呑み，あるいは大まかに切り分けて食べる前にくわえておくのに適していた．海生爬虫類の歯根は丸いものが多い．これにより，柔軟な結合組織を介して歯を顎にぴったりとくっ付けることができ，なおかつ柔軟性があるため，グネグネして滑りやすい獲物をつかむ能力は高かったのだろう．海生爬虫類による攻撃の直接的な証拠は，モササウルス類の歯の跡が残る有名なアンモノイド類の殻の化石に見られる．頭部の大きな首長竜類の胃の内容物らしきものにはアンモノイド類のクチバシが含まれており，マッコウクジラの腹の中によく見られるダイオウイカのクチバシを想起させる．板歯類，基盤的魚竜類，

モササウルス類の中には，一般的なタイプの歯と異なり，大きくて平らな歯を敷き詰めて広い面を形成することで，植物・動物を問わず，食べたものを小さく消化しやすい断片に粉砕することに適応したものがいた．その他には，小さく消化しやすい食物を濾過したり，すくい上げたり，吸い込んだりするような口が，自然選択の結果としてごく一部の板歯類やフーペイスクス類，魚竜類やカメ類に存在していた．

中生代の海で最も大きく，最も筋力のある口をもっていた爬虫類は，首の短い首長竜類であるプリオサウルス類であった．大きな歯の生えた広口を備えた頭部は，知られている限りでは約2.8 mの長さに達していた．それに比べて，現生のワニ類の中ではイリエワニ（Saltwater crocodile）の頭部が最大だが，それでも長さは1 m以下で，絶滅種を含めてもせいぜい2 mほどである．魚竜類の頭部も最大で2.8 mに達するが，吻部は細く，歯は小さく，顎の筋肉も大型のプリオサウルス類に比べれば小さかった．プリオサウルス類の口は，ティラノサウルス類を含む最大級の肉食恐竜類をはるかに凌駕して

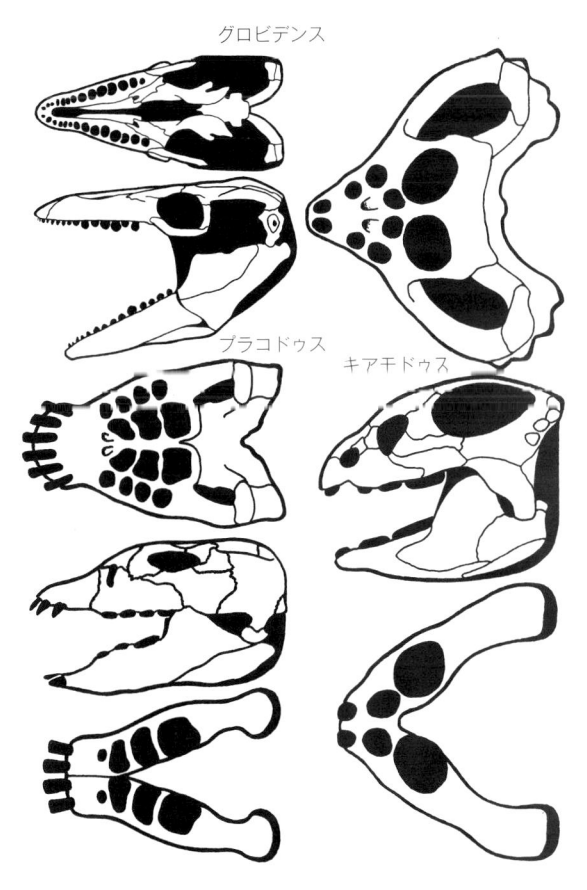

モササウルス類および板歯類に見られる破砕歯

いた．しかし，白亜紀の海に生息した最大級のプリオサウルス類の噛む力は，新生代後期に出現した巨大な歯をもつマッコウクジラの仲間であるリビアタンに追い越され，そしておそらくは超巨大ザメのメガロドンによってさらに凌駕されることになる．絶滅した大型肉食動物の具体的な咬合力の計算は試みられてはいるものの，一貫性のない結果に陥っている．

　陸地の大部分を覆い，淡水域の一部にも生息する維管束植物の組織は大変丈夫である．そのため，多くの地上生草食動物は非常に長く，大きく，緻密な消化管をもち，その中で発酵させることで組織を分解する．海水中にはそのような維管束植物ではなく，藻類を中心とした

海草類だけが存在し，それらは柔らかく水分に富んでおり，弾力性に乏しい材質でできている．そのため，海生の草食動物は大仰な消化器官をもたずに済んでいる．動物の肉は，同じ材質でできている生物にとって消化は容易なので，陸生水生にかかわらず，肉食動物の消化器官は一様にシンプルで短い．

　胃石は海生爬虫類の化石でも胸郭まわりでよく見つかるため，それらは消化管に備わっていたと考えられる．それらが食物の消化を助けるためなのか，はたまた浮力の調整のための重りなのかはよくわかっていない．確実なのは，彼らが胃石に適した石を探すのにある程度の労力をかけていたであろうということだけである．

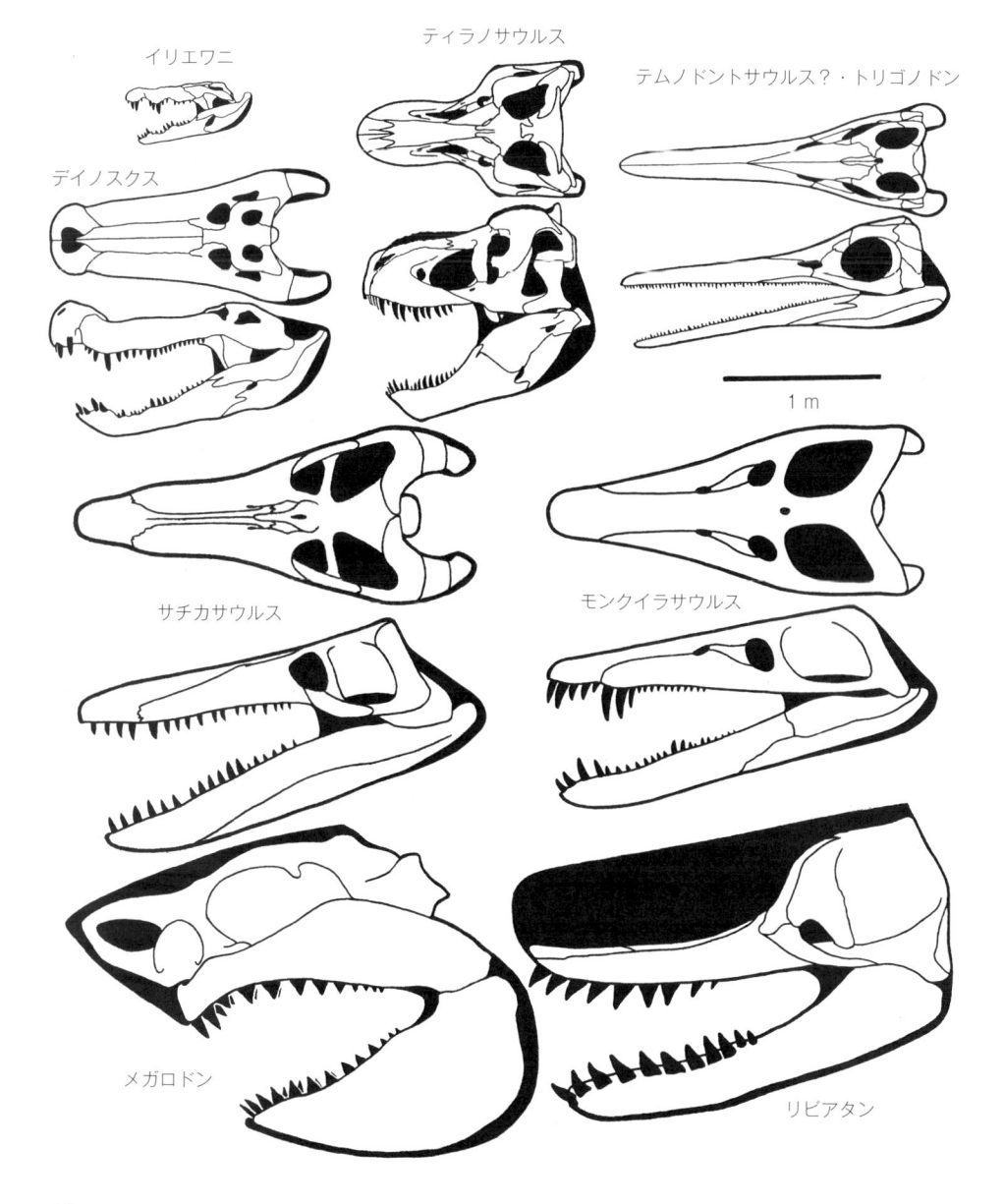

イリエワニ

ティラノサウルス

テムノドントサウルス？・トリゴノドン

大きな顎の比較

デイノスクス

1 m

サチカサウルス

モンクイラサウルス

メガロドン

リビアタン

食物としての海生爬虫類

　海生爬虫類の発達した筋肉や内臓は，中生代の海にいた肉食動物にとって魅力的な食物であったと考えられ，その骨格の多くには，大型の魚やサメ類，さらには同じ海生爬虫類にも噛まれた形跡がある．治癒の痕跡でもない限り，捕食者と腐肉食者のどちらによるものかは判別できないが，おそらくその両方が含まれている．また，大型で肉食性の海生爬虫類が，小型種や同種を含む大型種の幼体を襲った可能性もある．チャンスさえあれば他の海生爬虫類から（もちろん同種からも）餌を盗んでいた可能性も高い．中生代の陸生捕食者には，恐竜類（鳥類を含む）や翼竜類，その他の爬虫類や哺乳類などが含まれるが，彼らにとっては陸上に巣を作る海生爬虫類の卵や幼体も魅力的な食物であり，それゆえ海生爬虫類の多くは孤立した環境を好んで繁殖をするのである．沿岸で座礁してしまった海生爬虫類は，死んでいるかどうかにかかわらず，地上の肉食動物にとっての食物の供給源となっただろう．

感覚

　海洋四肢動物は様々な感覚を利用する．視覚はごく一般的なものであるが，その能力はピンからキリまで様々であった．古代の海生爬虫類の視覚は水中で物を見るのに最適化されており，水上での視界は空中に適した光学系のものとはまったく異なり，ぼやけていただろう．世覚は爬虫類でも鳥類でもよく発達しているが，海生哺乳類ではあまり発達していない．厄介なことに，水中では深度が深まるにつれて，赤色が失われ青色に強く偏っていくため，海生爬虫類の視覚はそれに対処できるよう適応していたと考えられる．ちなみに，人類の目は緑色に最適化されているが，これは霊長類（Primates）の食物として植物が重要なものであったからと考えられている．中生代の海生爬虫類は視覚に頼る傾向が強く，眼窩の大きさや骨性の強膜輪の存在から，目が大きかったことがわかる．魚竜類の目の大きさはずば抜けており，直径がディナープレートよりも大きい 30 cm 近くに達するものもいた．これは脊椎動物で他に及ぶものがなく，ダイオウイカの目に比肩するほどのものである．ここまで大きな目をもつ爬虫類は，イカ類が通常棲息する 300 〜600 m の深海で，太陽光がほとんど届かないような中でも活動できたことを示唆する．しかし，彼らのようなエネルギーを多く使う高速遊泳動物が，そこまで息を長く続けられるかどうかはわからない．あるいは，魚竜類の大きな目は薄明かりや月明かりの下で餌を食べるための適応だったのかもしれない．他の中生代の海生爬虫類にこのような巨大な目はなく，極端な水深に適応した視力ではなかったことを示唆している．魚竜類はさらに，ウミガメ類やごく一部のモササウルス類と同様に，両眼の視野が重なる領域をある程度もっていたことがわかっている．目は横を向いているのがトカゲ類では一般的であり，これは魚竜型のモササウルス類やドリコサウルス類，ウミヘビ類などでも同様であった．タラットサウルス類や，鰭竜類のうち主要なグループに含まれないものでは，目がある程度上向きについており，上方向を見やすくなっていた．これは浅瀬を泳ぐ動物にとっては最も便利な形で，彼らがすでに水底あるいはその付近にいる場合，目よりも上にあるものを把握することの方が重要だったのである．

　ウミガメ類やウミワニ類を除く，海生爬虫類の大部分

巨大な目

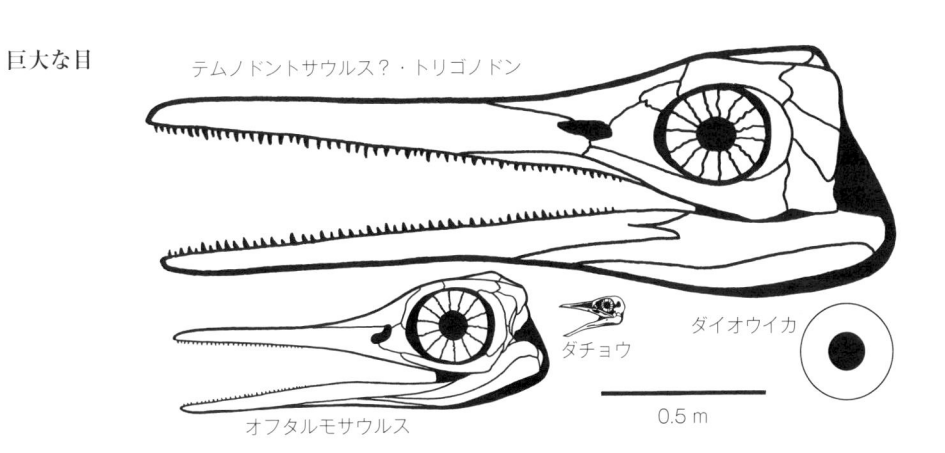

テムノドントサウルス？・トリゴノドン

ダチョウ

ダイオウイカ

オフタルモサウルス

0.5 m

は，頭蓋の目よりも後ろの部分（側頭領域）の天井部に小さな孔が空いており，そこには「第3の眼」あるいは「頭頂眼」とでも呼ぶべきものがあった．といっても，実際に眼球があってクリアな視界を得ていたというわけではなく，単純な光センサーとも言うべき，松果体に接続した光受容体があって，メラトニンなどのホルモンを介した体温調節や概日リズムなどの制御を助けていたのである．頭頂眼は半透明の皮膚に覆われていることが多いため，外見的には目立たない傾向がある．

　古代の海生爬虫類の多くが視覚を重宝していた理由のひとつは，他の海洋脊椎動物に見られるような代替感覚を必ずしももち合わせていなかったからである．たとえば，鯨類で一般的なエコーロケーション（反響定位）の能力はなかった．また，魚類が水中の振動を感知するために使う側線も，爬虫類にはなかった．しかしワニは，圧力，温度，そして化学物質に対して非常に敏感な，ドーム型圧力受容体を鱗に備えており，おそらくこれがウミワニ類にも備わっていたと考えられる．同様のセンサーが，おそらくほとんどの海生爬虫類の頭部にも存在していたことが，吻部の骨格に空いた多数の小さな穴によって示唆される．これらの穴のいくつかには，電気機械受容センサーが備わっていた可能性があり，カモノハシのような頭部をもつフーペイスクス類ではこれが特に発達していたと見られる．

　一部の海生爬虫類は基本的な聴覚能力をもつが，哺乳類ほど発達してはいない．というのも，他の四肢動物の中耳（鼓膜と内耳の間）にはアブミ骨が1本あるだけなのに対し，哺乳類は複数の要素からなる非常に複雑な中耳をもっているからだ．空気中での聴覚に適応した耳は

水中ではほとんど役立たないため，海生爬虫類の聴覚系は水中に適するよう変化する必要があり，さもなければ失われてしまうこともある．現生ウミガメ類では周波数の範囲が200〜500 Hzの音を聞くのができるのに対し，人間では100 Hz〜20 kHz，海生哺乳類では1〜160 kHzの音を聞くことができる．骨化した大きな鼓膜をもつという，他に類を見ない特徴をもつモササウルス類は，海生爬虫類のなかでも最も優れた聴覚系をもっていたと見られる．一方，魚竜類や首長竜類では聴覚系が退化しており，エラスモサウルス類では完全に失われていた．そのため，ある種の聴覚障害に陥っていたことになるが，それをカバーする他の手段をもっていた可能性がある．

　嗅覚はモササウルス類に比べて首長竜類と魚竜類の方が優れていたようである．ただし，この感覚が水中で暮らしながら空気呼吸をする生物にとってどのような役割を果たしたのかはよくわかっておらず，鼻孔が小さいのが嗅覚には不都合なように思われる．その役割は，ウミガメ類と同じように，遠く風上にある食料源や，水上にあるものを探知することだったのかもしれない．

　一部の海生爬虫類は，おそらく他の海洋脊椎動物にはないセンサーをもっていた．カメ類は，顎の下にある触覚瘤を通じて匂いを感じることができる．モササウルス類の二叉の舌先は，水中で捉えた化学物質を一対の鋤鼻器官に吸着させることで，ステレオ嗅覚とでも言うべきものを得ていたと考えられる．

発声

　ウミガメ類は爬虫類の中で最も声が小さく，呼吸器官から発する音でコミュニケーションをとるようなことはまずない．太古の海生爬虫類も同様だったと思われ，水中で音を発生させるようなエコーロケーションのシステムをもたなかったと見られる．

病気，病理，怪我

　中生代の海生爬虫類は，健康や安寧を脅かす危険の多い世界に暮らしていた．一方で，海水が微生物の伝播を妨げる上，病気が伝染しやすい浜辺で長期間の繁殖コロニーを形成することもあまりないことから，感染症のリスクは陸上動物ほど深刻ではなかった．

　海生爬虫類の病理は通常，骨の物理的損傷からわか

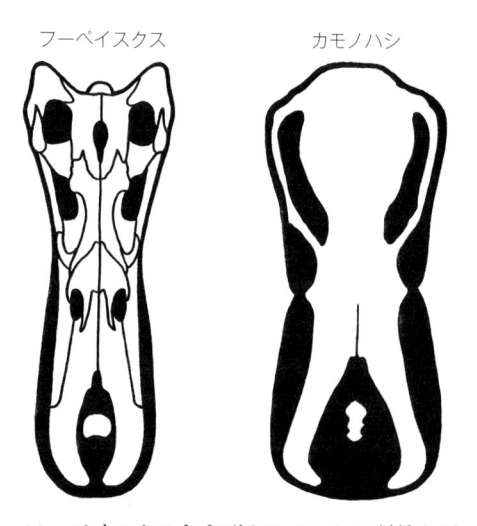

フーペイスクス　　　　カモノハシ

フーペイスクスおよびカモノハシの頭骨上面

る．これには，潜水病による軽度の損傷，加齢に伴う関節炎や骨の癒合，闘争時の噛み跡などが含まれる．闘争の痕跡としては，フリッパーが丸ごと失われていた例もある．またある魚竜は尾を丸ごと食いちぎられ，うまく泳ぐことができずに溺死したと見られる．完全海洋性の四肢動物における直接の死因はたいてい窒息であり，その多くは溺死である．原因は様々で，たとえば生後すぐに海面に到達できなかったり，老齢や病気で弱り，鼻孔を空気中に出すことができなくなったりすることもあ

る．深く潜水した直後に海面に戻るのが間に合わないというケースもある．捕食などに伴う闘争で傷を負った場合，出血などの外傷が原因で死ぬよりも先に，浮上できなくなって窒息してしまう．実際にシャチも，クジラの浮上を妨げて殺そうとすることがある．溺死とは対極にあるケースが，水の外でうまく呼吸ができない大型海洋生物が，稀に座礁することで呼吸不全に陥る例である．また座礁した海洋生物は，捕食者によって直接的に命を奪われる可能性もある．

行　　動

脳，神経，知能

脳は何をすべきかを計算する場所であり，神経ネットワーク上でアナログ／デジタルの大量並列処理を行うバイオコンピューターとも言える．一般的に脳が大きく，特に体格に比して大きいほど，そして複雑であればあるほど，その能力は高くなりやすい．海生爬虫類の脳は一貫して爬虫類的であり，小型で，特に複雑ということもない．しかし，小さくて単純な脳の性能が絶望的に低いと言うわけではない．魚類やトカゲ類は新しい情報を記憶し，新しい仕事を学ぶことができる．多くの魚類は群れを成して生きている．ワニ類は巣を手入れし，子の世話を焼く．タコ類は策士で，脱走名人としても悪名高い．小さな神経系をもつ社会性昆虫は，子を育てたり，他の昆虫を奴隷にしたり，さらには大規模で複雑な建築物を構築したりする組織的な集団で生活している．

一部の海生爬虫類は，その巨体や長い首のために，刺激が神経を伝わっていくのに時間がかかるという，潜在的な問題を抱えている．最も体の長い海生爬虫類では，尾の先端から脳へと入力する電気刺激と，それに反応して尾に指令を送る刺激をあわせると，15 m 以上移動していたはずだ．化学物質を介して情報が伝達されるシナプスの隙間は遅れの原因となるため，個々の神経索を可能な限り長く伸ばすことでこの問題を最小限に抑えていた．

社会的行動

ウミガメ類やウミヘビ類を含む現代の爬虫類には，組織化された社会的集団の形成は見られない．鳥類や哺乳類ではしばしば見られるが，作らないものもいる．海生哺乳類だけで見ても，単独行動をとるものもいれば，高度に社会化しているものもいる．魚類も同様で，集団で泳ぐものもいればそうでないものもいる．

白亜紀のウミガメ類やウミヘビ類については，現生種からの類推で非社会的であったと推定されるが，その他の中生代の海生爬虫類について，社会性の有無に関する直接的な証拠はほぼない．また，彼らが群れや集団で活動したと解釈できるような痕跡も今のところ存在しない．いくつか存在する海生爬虫類の化石密集地には，社会的集団の記録が含まれている可能性もあるが，それは繁殖のために短期間だけ形成された集団かもしれないし，長い時間をかけた遺体の蓄積によって形成されている場合もあるため，何とも言えない．ただ，古代の海生爬虫類が群れや集団を形成していた可能性は十分にあり，なかでも高速遊泳性の魚竜類ではその可能性が高い．そしてその集団は，複数の種で構成されていた可能性もある．一部，社会性のある現生の海生捕食者にも見られるように，群れをなす爬虫類同士が協力して，餌となる魚をベイトボールと呼ばれる形に一極集中させることで，狩りの成功率を上げていた可能性は高い．

繁殖

すべての爬虫類は体内受精を介して繁殖する．その結果生じる卵は，一対の卵巣にそれぞれ形成され，基本的に小さくて殻が柔らかい．硬い殻をもつ卵を形成するのは，ワニ類，恐竜類および鳥類などの一部の主竜類のみである．そして，大半は地中の熱で卵を温める．爬虫類

ではその他，産卵せず直接出産するものもいて，近縁種間においても卵生と胎生が入り交じっていることがある．繁殖戦略は基本的に2種類あり，それぞれK戦略とr戦略と呼ばれている．K戦略は少数の子どもをゆっくりと育てるやり方で，r戦略はとにかく大量の子どもを孵化させるやり方である．後者の利点のひとつは，遺伝的欠陥や事故，独立初期の生存能力不足，病気，特に捕食される子孫の数を，単純に補えることである．この戦略は，生存に適した環境に当たった場合に一気に生息数を増やせる点で優れている．そのためr戦略をとる生物は，新しいテリトリーを急速に開拓したり，何らかの理由で個体数が激減した後に速やかに回復したりすることができる「雑草種」なのである．魚類のほとんどがこうした急速な繁殖をするタイプで，その他にも両生類や多くの有羊膜類がそうである．急速な繁殖の欠点は，すべての子孫を残すのに多大なエネルギーを要することである．そのため，子どもが捕食される危険性の低い動物は，ゆっくりとした繁殖であるK戦略をとることが多い．海生哺乳類はすべてK戦略をとっており，通常1頭の子どもに惜しみなく注意を払い，栄養価の高いミルクで育てあげる．サメ類とエイには，r戦略派とK戦略派の両方がいるが，いずれも親は子どものケアをせず，時には子ども同士で共食いが起こることもある．

　中生代のウミガメ類の繁殖方法は，現在とほとんど変わらなかったと推測される．雄は雌よりも小さく，前者は後者に手の込んだ求愛を行い，交尾は水中で行われる．雌は爪の生えた力強い前肢で砂浜に穴を掘り，多数の卵を産んで砂で覆い隠す．理由は不明だが，ウミガメ類を含む多くの爬虫類の性別は孵化時の温度によって決まり，卵が暖かいほど雌が多くなる．温度の変動によって性比が偏るという，不便そうにも思えるこの仕組みは，中生代にも有効だったと思われる．ウミガメ類はr戦略派であり，子どもの面倒は見ない．卵は6～8週間ほどで孵化し，子どもは生まれた時から独立して行動する．

　三畳紀の海生爬虫類は多数見つかっているが，卵生か胎生かがわかる直接的な証拠はほとんどない．四肢が完全なフリッパーになっていないものは，陸に上がって巣を作ることができたかもしれない．このことは，彼らが胎生であったという説と整合的である．実は，海生のタニストロフェウス科については胎生であったという明確な証拠がある．しかし，それが海で暮らすための適応だったのかどうかは，より陸生傾向の強い近縁種がどのように繁殖していたかを知らない限り，判断できない．

　首長竜類では，中程度の個体の体内に胎児の残る化石

が見つかっている．胎児は単独で，全長は母親の1/3ほどであった．したがって，一部の首長竜類は，1頭の大きな子を産むK戦略派であったことがわかる．ただ，首長竜類の繁殖方法が多様であった可能性は否定できず，原始的な種や小型種では，沿岸部で卵を産んでいたかもしれない．また，首長竜（Plesiosaur）の母親が，海生哺乳類の母親のように何年も子どもの世話を焼いたかどうかも疑問の余地がある．ただ，首長竜の子どもが単独で体が大きいという点は子育ての手厚さを示唆しており，もし親が捕食者からある程度守ってくれる場合，こうした特徴は有利にはたらくだろう．しかし，海生哺乳類の子どもが母親にべったりなのは栄養価の高いミルクを惜しみなく提供してくれるためで，これは爬虫類にはできないことである．また，首長竜の新生児が，はるかに大きな成体の泳ぐスピードに付いていけたのかうかも疑問である．イルカの母親が食事をする際，子を親類に預けていくことがあるが，脳の小さな海生爬虫類はこれを真似できるほど賢くはなかったと思われる．首長竜の赤ん坊にとっては，捕食者からある程度身を守ることができる沿岸の浅瀬で，自力で餌を探す方が理にかなっていただろう．偽竜類については，胎生であったことを示す間接的な証拠が見つかっている．鰭竜類における胎生の起源がどこまで遡るのかは不明であり，上陸できるものに限ってみても，卵生と胎生が不規則に入り交じっていた可能性もある．

　魚竜類の繁殖に関する記録はかなり豊富で，胎児を含む成体の化石が多数発見されており，中には出産途中と思われるものもある．初期の魚竜類が胎生であったことから，陸上にいた祖先も胎生であった可能性がある．出産時の新生児の向きは，初期の種では頭から，後期の種は尾から出てくるようになったことが知られており，後者は鯨類と同じパターンである．胎児は小さく，場合によっては1頭の雌の体内に12頭近くの胎児が見つかった例もあるため，一部の種はr戦略派で，生まれた子にはほとんど見向きもしなかったであろうことがわかる．それに，子どもにとってはるかに体が大きく素早い母親についていくのは困難だっただろう．それどころか，生まれたらすぐに逃げないと，母親に食べられてしまっていたかもしれない．出産は，新生児がすぐに母親や他の捕食者から身を隠せる浅瀬で行われたと思われる．他の選択肢として，アカモクのような漂流性の海藻類の近くを好んだ可能性もある．

　モササウルス類の繁殖に関する証拠は断片的である．雌の成体の化石からは，卵も胎児も発見されていない．

成体の1/5ほどの大きさの幼体の化石が, 西部内陸海路の海岸線から大きく離れた場所で発見されている. 全長60 cmの幼体は, 深海で生まれた可能性もあるが, ウミガメ類の子どものように自力で泳ぎ出てきた可能性もある. おそらく漂流する海藻に巻き込まれて出てきたか, 海岸線で死亡した後に流されてきたのだろう. 一般的にモササウルス類は, 一部の現生トカゲ類と同じように胎生で, r戦略派であると考えられていた. しかし, 浅瀬の堆積物からサッカーボール大の殻の軟らかい卵（知られている中で最大級の卵のひとつ）が発見されたことで, 一部のモササウルス類が卵を産み, そこから赤ん坊がすぐに孵化して, 最初の呼吸をするために急いで水面に向かった, という可能性が出てきた. ただし, この卵が首長竜類の, あるいは沖合に漂流した恐竜類のものである可能性も否定できない. 現代のウミヘビ類は海岸線に卵を産むものもいるが, 海水中で出産をするものも多い. したがって, 白亜紀の同類がどの方法をとっていたのかはわからない.

ウミワニ類の繁殖についても同様に, 直接的な証拠がない. 少なくとも上陸に適した後肢は残っていることから, 砂浜に営巣していたと考えられるが, 外洋性のメトリオリンクス科が水中で出産した可能性も否定はできない.

成長と老化

爬虫類は基本的に成長が遅い. これは, 比較的に大型で活発なオオトカゲや, 巨大なリクガメ類（Tortoises）にも当てはまる. ウミガメ類の多くも成長は遅いが, オサガメは例外的に速く成長する. 一部の有袋類（Marsupials）や, ヒトを含む大型霊長類は, 陸生爬虫類の中で最も成長の速いものと同じか, それより少し速く成長する. 他の哺乳類, たとえば他の有袋類や, イルカなどの海生哺乳類を含む多くの有胎盤類（Placentals）は, 緩やかなペースで成長する. その他の動物は, 急速に成長する. たとえば, 現生最大の鳥類であるダチョウ（Ostriches）や, ペンギン, そして化石種であるヘスペロルニス形類に至るまで, わずか1年足らずで成長が完了する. ウマ（Horses）は2年足らずで成長が完了し, シロナガスクジラの子は1日に体重が数百kg増え, 数十年で100 t以上に達する. 大型の鯨類に見られる急激な成長は, 母親から高カロリーのミルクを大量に供給されるところから始まる. 魚類の多くはゆっくりと成長するが, 大型のサメ類の体重増加はかなり速く, 中生代最大の魚も同様だったようだ. 巨大化するためには, 合理的な時間で大きな寸法と質量に至るための素早い成長が必要である. 泳ぎながら大量の餌を得るのは, 子ども自身が探すのか親が探してやるのかにかかわらず, 地上を移動しながら探すのに比べてコストがかからないため, 陸上よりも水中の方が急成長しやすい. ただし, 成長が完了しないうちに生殖を行うと, 成長が遅くなる. そのため, 幼体の代謝率の高い動物であっても, 爬虫類のような成長率を示すことがある. また, 顕微鏡レベルの話だが, 骨の基質は成長速度の影響を受けることが知られており, 特に年輪のような線が形成されている場合, それを使って成長速度を推定することができる. ただし, 成長期やそれ以降に骨内部の形状補正や再吸収などが起こると, 年輪を単純に数えられなくなる場合がある. カメ類や多くの魚類, 鯨類などの動物は, 成長に伴う骨内部の形状変化はわずかである. 海生生物には流体力学的な性能を維持する必要性があるため, 形態が変化しにくいのだと解釈できる. 一方, 人間や, 走行性の有蹄類（Ungulates）, 鳥類, 魚類, そして成長過程で生活様式が劇的に変化する両生類は, 骨の内部形状に急激な変化が起こる.

硬い甲羅をもつカメ類は, 白亜紀においても現生種と同様にゆっくり成長したようだ. 一方, 甲羅の柔らかいカメ類は, 現生のアカウミガメ（Loggerhead sea turtles）のように成長が早かったようで, アーケロンのような大型種の出現に寄与したと見られる. 現生のウミガメ上科の子どもは, 危険な砂浜に孵化した後, 卵黄嚢に蓄えられたエネルギーを使って, すぐに遠くまで泳いでいく. そして, 海面を漂う海藻の中に避難して食料を得るのである. 白亜紀にも同様の戦略をとった仲間がいたと思われる. ウミガメ類が繁殖可能になるのは生後20年以上経ってからと, かなり遅く, 寿命もヒトとほぼ同じくらいである. モササウルス類の多くは, 特に速いペースではなかったとはいえ, オサガメよりは成長が早かったようだ. 原始的なモササウルス類は, より典型的な爬虫類らしい成長様式をしていたようで, 海洋適応が進むにつれ徐々に鯨類のようになっていったと見られる. 首長竜類では, 最も原始的なメンバーを除き, その巨体

海生爬虫類の成体と幼体

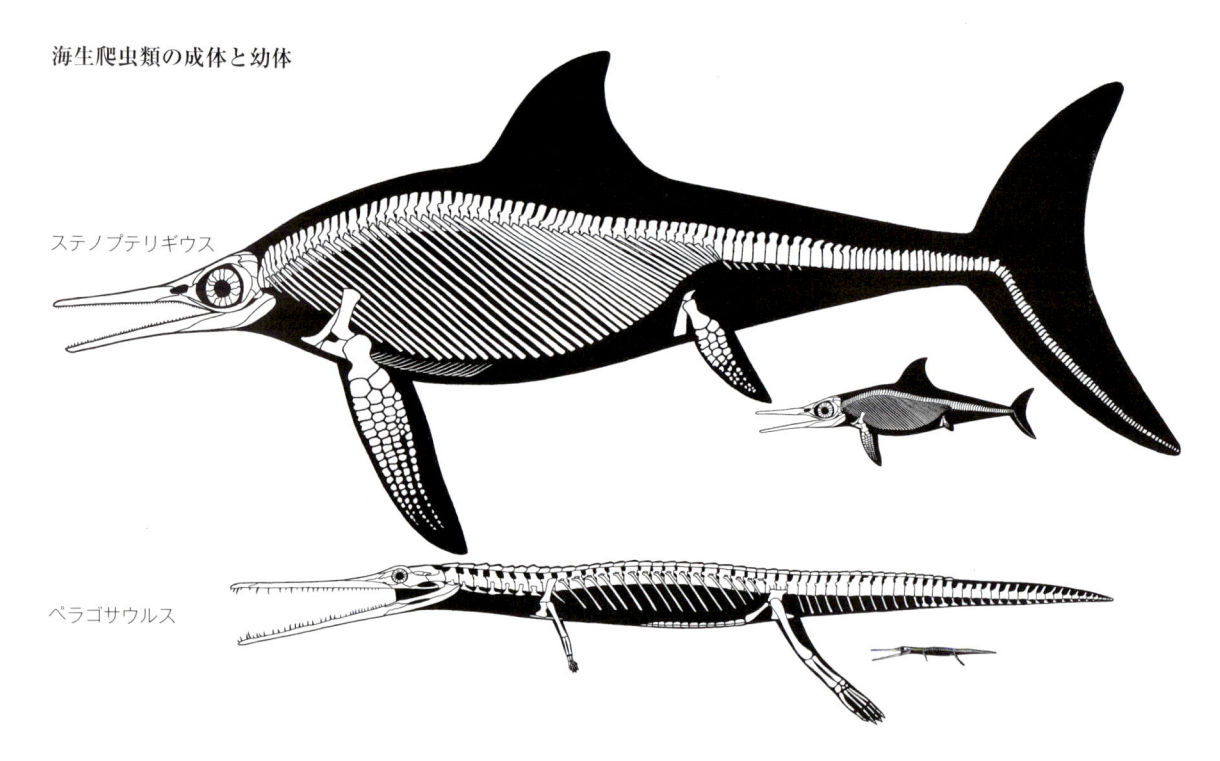

ステノプテリギウス

ペラゴサウルス

に達するために成長は急速であったようだ．同じことが魚竜類にも言えて，その中でも特に原始的なものですら急速に成長していたことを示す証拠が見つかっている．

実際の生息環境において，幼体の数が成体を上回ることも起こりうるが，化石では比較的少ないことの方が多い．これはおそらく，彼らが成体になるまで生き延びたか，大型の捕食者にまとめて食べられてしまったか，あるいは遺骸が急速に腐敗したためだろう．実際に，首長竜類の幼体についてはほとんど化石が見つかっていない．

海生爬虫類は一般に，成長するにつれプロポーションが大きく変化する．他の一般的な動物と同じく，生まれたばかりの幼体は頭部が大きく，目が大きく吻部が短い．成長するにつれ，吻部は相対的に長くなり，頭部は体に対して小さくなる．タニストロフェウス科や首長竜類の首は最初から長いわけではなく，成長に伴い伸びていく．首長竜類の頭部の相対サイズは，首の劇的な変化に比べれば安定したものである．他にも，体の様々な部分でより微細な変化が起こっている場合がある．

活 動 性

脊椎動物は2通りの方法で力を生み出すことができる．ひとつは好気的代謝で，鰓，皮膚，肺から取り入れた酸素を筋肉のはたらきなどに直接利用する．この方法では，極端に疲労することなく無限に力を生み出せるという利点があるが，最大出力には限界がある．たとえば，中程度のスピードで長い距離を歩いたり泳いだりしている動物は，有酸素運動をしている．もうひとつの方法は嫌気性の代謝で，これは酸素を即座には必要としない化学反応である．このシステムは，一定量の組織と時間で比較すると，好気性代謝の約10倍の力を生み出せる．しかし，長時間持続させることはできず，毒素を発生させるため，1時間以内ならまだしも，あまりに長時間，高

い割合で使用し続けると，重篤な病気にかかってしまう恐れがある．また，嫌気的代謝は酸素の負債ともいうべきものを蓄積するため，回復期間を設けてそれを返済しなければならない．全力で走ったり泳いだりしている動物は，大部分が無酸素運動をしている．

鰓を通じて水から酸素を得るのは容易なことではない．なぜなら，酸素は液体の1%にも満たないからだ．水槽に魚を入れ過ぎないように注意しなければならないのはそのためである．特にエアレーションをしていない水槽では注意が必要で，もし水面を通気性のないシートで覆ってしまうと，水槽内の魚はあっという間に酸欠に陥ってしまう．また水が温かいほど，含有酸素量は少な

くなってしまう．一方，生物による大気中の酸素の吸収は，温度に影響されない．空気は1/5が酸素なので，酸素を取り込むのは簡単だ．しかし先行研究によると，中生代の前半には大気中の酸素濃度は現在の約半分であり，その後の白亜紀の間に徐々に上昇して現代の割合に近づいたという．もしそれが正しければ，水中の酸素濃度と空気中の酸素濃度の両方がその影響を受けたと考えられる．ただし，現段階では意見が割れていて，その要因を正確に分析することはできない．

多くの魚類とすべての両生類，そして現代の爬虫類は，安静時の代謝率が低く，有酸素運動の許容量も少ない．そのため，爬虫類は緩活動性（bradyenergetic）であり，最も有酸素運動が得意なオオトカゲでさえも，真に高レベルの活動を長時間続けることはできない．しかし，ワニやメジロザメが突如加速して獲物を捕らえる時のように，多くの緩活動性の動物は非常に高いレベルの無酸素性運動を瞬発的に起こすことができる．緩活動性の動物は代謝率が低いため，体温維持を外部熱源に頼ることが多く，遊泳動物の場合は主に周囲の水温に依存する外温性である．そのため，たとえ最大級のサメ類であっても，完全水生かつ緩活動性の動物の体温は，めったに周囲の水温を超えることがない．つまり，水生爬虫類の活動体温は生息域によって大きく異なる．海生爬虫類の場合，体温は32℃以上になることもあり，ほとんどのウミガメ類は外温性でありながら12℃以下では活動できないため，爬虫類を“冷血動物”と一括りにするのは誤りである．一般的に，体温が高い動物ほど活発に活動できるが，温暖な環境にいる爬虫類であっても，あまり長時間の活動は得意ではない．

海水魚類の多くは，緩活動性の外温動物ではない．マグロやネズミサメ科の中には，安静時の代謝が爬虫類よりも高いものもいる．また，これらの魚類に限らずとも，循環器系にある特殊な熱交換複合体によって，少なくとも体の一部を周囲の水温よりはるかに高く保つことができる内温性の魚類が存在する．爬虫類以上の代謝率とエネルギー容量をもっているという点では急活動性（tachyenergetic）であるが，その中でも下層にあたるため，特に中活動性（mesoenergetic）とされることもある．中活動性の魚類は，少なくとも部分的には内温性であり，たいてい体の一部だけが周囲の水よりも温かく保たれている．しかし，体温を常に同じレベルに保っているわけではないので，恒温性とは呼べない．鰓呼吸をする水生動物は，水中の酸素濃度が低いため，空気呼吸をする水生動物よりも高レベルの有酸素運動を行うことは

できない．オサガメは他の爬虫類と同じように緩活動性だが，常に高いレベルで活動し，質量に比して表面積の小さい体型で，表層には脂肪も蓄えている．また，薄いフリッパーから熱を水に奪われないよう，四肢の血液を冷たいままにしておく熱交換器を組み合わせることで，体幹の温度を周囲の水よりも18℃も高く保っている．これは慣性内温性というもので，高緯度域や深海など，氷点に近い水温領域への進出を可能にしている．

多くの哺乳類と鳥類では，安静時の代謝率がかなり高く，有酸素運動の能力も高い．そのため，基本的には急活動性であり，長時間にわたって高レベルの活動を維持することができる．急活動性の最大の利点は，時間をかけて酸素を上手に利用して出力を得られることだろう．急活動性の動物も，最大の運動能力を短時間だけ発揮する際には無酸素運動を行うが，爬虫類ほどそれに頼る必要はなく，また多くの酸素を素早く取り込めるため，回復も早い．そのため，激しい無酸素運動によって死に至る危険性は非常に低い．急活動性の生物は代謝率が高く，熱のほとんどを体内で生産するため，ほぼ完全な内温性である．これは慣性内温性に対して急内温性と呼ばれる．ゆえに，急活動性の動物は体温を一定に保ちやすく，人間のように，健康であれば常に体温をほぼ一定に保つ高度な恒温動物もいる．海生哺乳類のうち，特に暖かい海域に生息するものや，毛皮や脂肪によって体表の断熱性が十分に確保されているものなども同様である．冷たい海域に生息しつつも，毛皮による保温が不十分なものは，体幹部は恒温性だが，表皮に近づくにつれ体温が下がり，周囲の水温を少し上回る程度になる．多くの鳥類や一部の哺乳類は，日常的あるいは季節的に体温が変動する．体内の熱産生を高めることで高温モードに移行することができるため，爬虫類よりも体温が制御されてはいるが，変温性なのである．有胎盤類では基本的に体温が非常に安定しているが，これには発熱性の褐色脂肪が一役買っている．他の急活動性動物にはこの特別な熱産生組織がないため，体温の安定性が低い．高い代謝率によるもうひとつの利点は，体を適温近くに保つことができることである．鰭脚類と鯨類の体温は約35〜37℃である．背の高い動物に必要な高血圧を生み出す心臓には，高レベルのエネルギー生産も必要である．通常，哺乳類と鳥類の安静時代謝率と有酸素運動能力は，爬虫類の約10倍であり，1日〜1年間の総エネルギー収支の差はさらに大きい．

すべての哺乳類がそれほど高度な急活動性というわけではない．爬虫類と多くの哺乳類・鳥類の中間の代謝速

度をもつ中活動性のものもいる．卵を産む単孔類（Monotremes），有袋類の一部，ナマケモノ（Sloths），アリクイ（Anteaters），センザンコウ（Pangolins），ハリネズミ（Hedgehogs），海牛類などは，安静時の代謝率が中活動性のマグロやサメ類に似ている．マナティーやジュゴン（Dugongs）は，あまり活発ではないため，冷たい水に対応するための熱生産ができない．

　緩活動性の爬虫類は，エネルギー効率が良いという利点を活かし，限られた資源で生き延び，繁栄することができる．急活動性の動物は，より高レベルの活動を維持し，進化の成功の鍵となる生殖に充てるエネルギーを，さらに多く得ることができる．

　古生物の活動性を解明するには，様々な生物学的指標について調べる必要がある．もしその古生物が，今日まで非常によく似た形態，機能，習性，生息環境を保ってきたグループの特徴を有しているのであれば，同じような代謝と体温調節を行っていた可能性が高い．つまり，ヘスペロルニス形類に属する潜水性の海鳥は，急活動性の内温動物であったと推定される．もし体が脂肪に覆われていたとすれば，それは少なくとも体温が高かったことの証拠である．骨や歯に含まれる同位体は，古生物が活動していた時の体内温度を記録することができ，それが生息地の温度よりも著しく高ければ，小型の動物であれば高い代謝率によって，大型の動物であればその体格の良さによって，何らかの形で内温性を獲得していたことになる．高い成長率は，代謝率の高さと相関する傾向がある．しかしエネルギー効率の高い水生動物では，餌を探すのにより多くの労力が必要な陸生動物に比べると，この関係性はそれほど強くない．四肢動物が非常に寒い地域に生息している場合，それは内温性だけでなく，急活動性をある程度もっているという明確な証拠であり，特に緩活動性の四肢動物がその地にいない場合は，なおさら強固なものと言える．

　太古の海生爬虫類は，典型的な爬虫類型の活動性をもっていると長い間考えられてきたが，これは循環論法によるもので，科学的に検証されていない偏見だった．中生代の海水温は現在の亜熱帯～熱帯域のように，温暖でぬるかったという固定観念が強かったことも影響していた．一部の魚類やオサガメが内温動物であり，さらには中活動性であるという知見が広まると，中生代の海生爬虫類は，現生の陸生爬虫類のような外温動物ではなかったかもしれないと疑われるようになった．これには，非鳥類恐竜が程度の差こそあれ急活動性であり内温性であった，ということを示した技術が役に立った．

　白亜紀の甲羅の硬いウミガメ類は，現在と同じように緩活動性かつ外温性であったと推定される．一方，甲羅の柔らかいウミガメ類は，オサガメと同じように緩活動性でありながら慣性内温性をもっていた可能性がある．もしそうなら，後者は冷たい深海に潜る可能性があったことになる．白亜紀のドリコサウルス類やウミヘビ類は，体が細長すぎて保温性が低いため，現生ヘビ類と同じように典型的な爬虫類の緩活動性外温動物であったと推定できる．他にも典型的な爬虫類型の活動性が予想されるのは，タラットサウルス類，ヘルベティコサウルス類，アトポデンタトゥス類，板歯形類，フーペイスクス類，パキプレウロサウルス類，アイギアロサウルス類などがあり，その特性に適した温暖な浅瀬を好んだ．

　ウミワニ類には様々な代謝率のものが混在していたようだ．歯に含まれる同位体を調べると，淡水生の頃からの変化が最も少なく，装甲板をもつタイプのウミワニ類は，海岸での日光浴によって体温を上げる緩活動性の外温動物であり，その体温は27〜34℃程度であったようだ．爬虫類型の活動性のため，温暖な時代に繁栄し，冷涼な海域が多くなると衰退していったようだ．また，寒冷な極海域にも棲めなかった．より高度な海洋適応を果たしたメトリオリンクス上科は，一般的なワニ類に比べてより急活動性かつ内温性であったことが同位体からわかっており，遠洋性の動物にとっては困難である日光浴をする必要がなくなり，大規模な気候変動への耐性も強くなった．その体温は29〜37℃程度であった．

　歯の同位体，急成長の記録が残る骨組織，脂肪，そして冷たい極海域に生息する現生動物の存在は，あらゆる大きさの首長竜類が，鰭脚類や鯨類と同様に，高度な急活動性の内温動物であったことを裏付けている．体温は冷たい海でも35℃前後で安定していたようだ．これと同じ理由で，あらゆる大きさの魚竜類も，体温が35℃前後の本格的な急内温性であったことがわかる．特に成長が早いわけでもなく，体温は多少変動していたようだが，脂肪を蓄え極域にも分布していたモササウルス類は，体温が約39℃まで上昇し，高度な急内温性を示す動物であったようだ．新生代初期の巨大ウミヘビ類であるパレオフィス科が，一般的な爬虫類よりも高代謝だったという興味深い証拠もある．有胎盤類のような褐色脂肪による発熱がないため，外洋性の爬虫類は臓器や筋肉が作り出す熱に頼らざるを得なかった．そのため，海生爬虫類の体温は，海生哺乳類ほど安定していなかったと推測される．

　1960 年代までは，高い代謝率および内温性は，哺乳

魚類とベレムナイト類の群れを襲う
活動的なプテラノドンとプラテカルプス
（手前のプテラノドンとモササウルスは同スケール）

類とおそらくその祖先である一部の獣弓類，鳥類，そしておそらく空飛ぶ翼竜類だけに限られ，動物の中でも特殊な能力であると考えられていた．この仮説は，ほとんどの生物にとって，急活動性かつ内温性であることはエネルギーコストの観点から非効率的であるという見方に基づく．したがってこのような能力は，卵を介さない出産や授乳ができる，大きな脳がある，動力飛行ができるなどの特殊な条件下でのみ進化した，という風に考えられた．エネルギー効率の良さは，そもそも餌を集める必要性が減るので，動物にとって望ましいものである．しかし1960年代以降，様々なタイプの急活動性が，大型の飛翔性昆虫類（Insects），マグロ，ネズミザメ科，一部の古生代型原始的爬虫類，一部のウミガメ類，首長竜類，魚竜類，モササウルス類，パレオフィス科のヘビ，卵を抱くニシキヘビ類（Pythons），基盤的主竜類，基盤的ワニ類，外洋性のワニ類，鳥類を含むすべての恐竜類，一部の盤竜類，獣弓類，そして哺乳類に，おそらく備わっていたということがわかってきた．エネルギーを大量に消費する，高い代謝率と体温は，水中，陸上，空中の動物で何度も独立に獲得された，いわば普遍的な適応のようだ．高度に活動的であることで，遅活動性の外温動物にはできないことができるようになるが，自然選択はエネルギー効率の善し悪しに関係なく，繁殖の成功率が上がる方向にはたらく．そのため，多くの動物が少ないエネルギーで効率良く生きていく一方で，より多くのエネルギーを使うことで種の繁殖に専念できるエネルギーをさらに獲得して生きていく動物もいるのである．

　急活動性および内温性が生じる具体的な原因については，長年議論されている．一説には，それは生息域の拡大であるとされる．極域や高地，深海，夜の冷え込みが厳しい場所などでは，外が寒い時に体を温めることができる動物しか生きていけないためである．もうひとつの説は，熱帯の日中の海面であろうと，極域の冬の夜であろうと，周囲の気温に関係なく高いレベルの持続的な活動ができるのは，高い有酸素運動能力をもつ急活動性の動物だけである，というものである．確かに最初の仮説も正しいが，高いエネルギー収支と周囲よりも高い体温を特徴とする様々な動物が，温暖〜熱帯気候においても遅活動性の生物を凌駕する行動力を強みとして繁栄していることも，また事実である．つまり，どちらの仮説も成り立つのである．

巨　大　化

　1800年代，巨大なプレシオサウルスやモササウルスを発見したことで有名なエドワード・コープは，コープの法則として知られる法則を提唱した．これは，コープが発見した鳥類を含む恐竜類や，翼竜類，化石哺乳類などのように，あるグループ内の一部の種には巨大化の傾向が頻繁に見られるというものだ．体が非常に大きいと，他の動物を捕食できる確率が高くなり，捕食されにくくなる，代謝と移動コストにおける質量単位当たりのエネルギー効率が良い，急激な飢餓に強い（ミズトガリネズミ（Water shrews）は毎日自分の体重と同じ量を食べなければならないため，非常に貪欲．ネズミイルカは毎日自分の体重の一部くらいの量を食べるため，捕食行動がはるかに穏やか），体内の熱安定性が容易である，より多くの子孫を残し，より大きな幼体を産むことができる（シロナガスクジラの幼体の体重は，一般的な雌のアジアゾウと同じくらい）など，多くの利点がある．マイナス面としては，大型動物によく見られるように，個体の食糧消費量が大きく，繁殖が遅いK戦略をとるために成体の個体数が少ないことや，浅瀬やサンゴ礁など小型動物に適した多くのニッチから排除されることなどにより，長期的に環境が激変した際に個体群が大きく減少することによる絶滅の危険性が高まることが挙げられる．

　絶滅および現生の硬骨魚類と鯨類の中で最も大きな種は，口を大きく開けて濾過を行う濾過食者である．消費エネルギーの計算によれば，比較的少ない労力で，一部の場所（深く冷たい水が時間を掛けて栄養分を蓄え，温かい浅瀬に湧き上がり，その栄養分が海の生物に供給される場所など）の海を埋め尽くす無数の小型無脊椎動物と魚類の膨大な群集を一掃できる水生動物は，巨大になるために必要な大量の食物を獲得することに最も優れている．大きな個々の獲物を見つけて追いかけることは，消費される食糧に比べて多くのエネルギーを消費するため，体のサイズが制限される．歴史上最も大きな海生爬虫類は，大きな濾過構造を発達させなかった．なぜそうだったのかは明らかではないが，三畳紀の小型水生爬虫類の一部は濾過食者のようであり，より後の時代に出現した頭の小さな首長竜類の一部もそうであった．海生爬

虫類が大きな口で水を濾過する動物にならなかったという不可解な事実は，なぜ海生爬虫類が大型のヒゲクジラ類や，濾過食性の最大級の硬骨魚類やサメ類ほど大きくならなかったのかを説明する一助となるかもしれない．逆に，中生代の大半を通じて，大きくて動きの遅い濾過食性の爬虫類や魚類が存在しなかったことが，海生の肉食性爬虫類がメガロドンほどの大きさにならなかった原因なのかもしれない．深く潜るマッコウクジラなど，大きな歯をもつマッコウクジラに匹敵する外洋性爬虫類がいなかったのは，中生代後期の大型深海イカ類を狩るのに必要だったはずの生物ソナーを備えていなかったためだと考えられる．興味深いことに，トカゲ類のモササウルス類は，塩分のない水でリフレッシュするために時々川に入る必要があったと考えられる．このことは，彼らがそこまで巨大にならなかった理由を知る一助となるだろう．

　いずれの手段で達成されたにせよ，大型であることには大きな利点があり，三畳紀の早い時期には多くの海生爬虫類がかなりの大型だった．ジュラ紀〜白亜紀の海生爬虫類の主要グループは，ウミワニ類を除いてすべて巨体に進化し，今日でも一部のウミガメ類は大型である．それでも，海生爬虫類が大型魚類や大型クジラに匹敵することはなかった．既知の標本では，全長 20 m 以下，体重 20 t 以下の種のみが知られている．最近では極めて過大な全長の推定値が発表されており，全長 26 m 以上，体重 80 t 以上とするものもある．初期の魚竜はシ

ロナガスクジラに匹敵したとする推定もある．通常の 4 倍以上にもおよぶ過大評価は，既知の最大の魚竜として公表された数値を繰り返し誤読したことと，過度に太った体積モデルを使用したことに起因している．こうした過大評価により一部の研究者が，三畳紀の最初期の魚竜は他のどの脊椎動物グループよりも急速に体が大きくなったと主張するに至っているが，その大きさは自然淘汰が生み出せる範囲をはるかに超えていることはほぼ間違いない．それでも，最大級の絶滅海生爬虫類がまだ見つかっていない可能性はある．サイズ比較表で示されている巨大海洋動物のうち，現生種で最大のものは，世界記録を保持する稀少な標本に基づくものであり，その種の一般的なサイズより 20〜25% 大きく，60〜200% も重いものだった可能性がある．これには，雌の方が大型化するシロナガスクジラも含まれる．絶滅した分類群では，それぞれ発見されている個体の数が少ないため，それらはほぼ間違いなく平均的な成体サイズを表している．したがって，最大の海生爬虫類は 30〜40 t，つまり大型のザトウクジラと同程度の大きさに達した可能性は十分にある．同様に，ジュラ紀最大の濾過食性魚類とメガロドンは 60 t で，最大のジンベエザメに匹敵する大きさだった可能性がある．反対に，太古の海生爬虫類は非常に小型だった可能性があり，三畳紀のパキプレウロサウルス類の中には，全長がわずか 20 cm，体重が 20 g のものもいた．

中生代の海中探検

　タイムトラベルが現実的な技術として発明されたと想定し，本書を手に，海生爬虫類が棲む世界で旅をすると想定してみよう．それはどのような冒険になるだろうか？　海洋環境ではそれほど大きなリスクにはならないが，異なる時代を外来の病気で汚染することなど，冒険の妨げとなりそうな現実的な問題は，この際無視しよう．次に，タイムトラベルの概念そのものの問題となる古典的なタイムパラドックスを考える．タラットサウルス類，魚竜類，首長竜類，モササウルス類の時代へのタイムトラベラーが，人類が進化しないほどに歴史の流れを変えるようなことをした場合，つまりタイムトラベラーが生まれず，彼ら自身の存在がなかったことになった場合，どうなるだろうか．幸いなことに，海洋動物を相手にする際は，私たちの太古の祖先が棲んでいた陸上で

の場合に比べ，そのような厄介なシナリオが発生する可能性は低くなる．

　現代のレベルに達しない酸素濃度と，極度の温室効果をもたらす二酸化炭素（適応していない動物には有毒になりえる）は，特に探検隊が三畳紀やジュラ紀に旅した場合，見逃せない問題となるだろう．それに順応する必要あるかもしれないし，順応できても，一時的には酸素の追加供給が必要だろう．作業を海抜 0 m 付近で行うことで，問題はいくらか軽減されるだろう．熱帯地域では，高い気温が問題になる可能性があるが，特に外洋動物の観察に必要な船にエアコンが付いていると仮定すれば，耐えることはできるだろう．深刻な脅威となるのは，ハリケーンや台風レベルの嵐である．これらは今日よりも劇的に激しくなることはないが，信頼できる天気

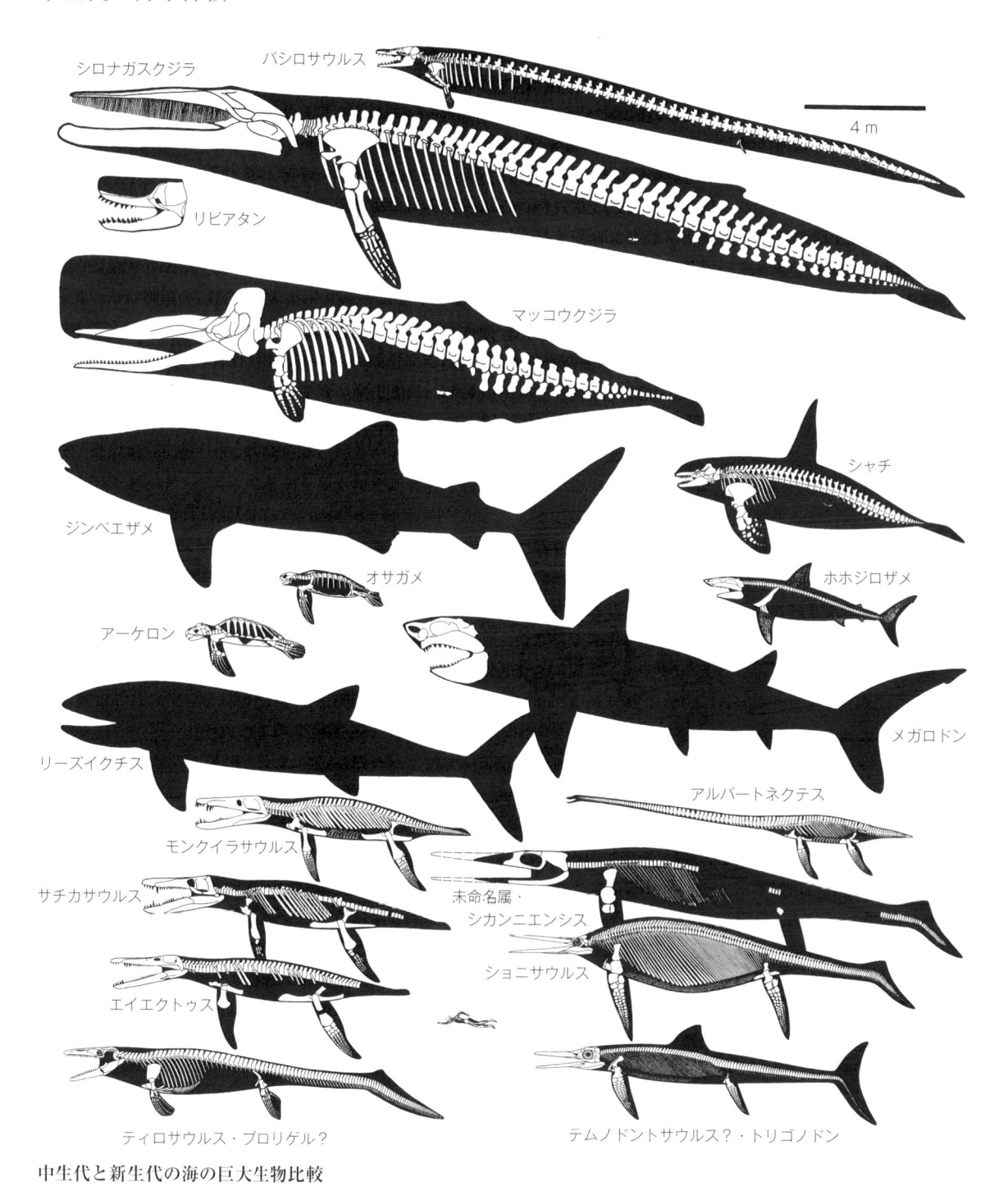

シロナガスクジラ
バシロサウルス
4 m
リビアタン
マッコウクジラ
シャチ
ジンベエザメ
オサガメ
ホホジロザメ
アーケロン
メガロドン
リーズイクチス
アルバートネクテス
モンクイラサウルス
未命名属・
シカンニエンシス
サチカサウルス
ショニサウルス
エイエクトゥス
ティロサウルス・プロリゲル？
テムノドントサウルス？・トリゴノドン

中生代と新生代の海の巨大生物比較

予報が得られない可能性があるため，巻き込まれる危険性は高くなる．深刻な問題が発生した場合に備えて，複数の船で互いに支援するのが適切である．

外洋に生息する爬虫類やその他の海洋動物は，主船舶，その船舶から発進した小型艇やドローン，小型の有人潜水艦やロボット潜水艦，あるいはシュノーケリングやスキューバダイビングによって観察することができる．これらのうち，当時の海洋動物のいる中で泳ぐ場合，肉食性の魚類，サメ類，爬虫類（中には人間を丸呑みできるものもいる）の攻撃が潜在的な脅威となるだろう．そのような貪欲な動物の中で泳ぐことの危険性の高さについて警告したいところだが，実際にどれくらいかを評価するのは難しい．かつてはサメ類やシャチのいる水中で泳ぐのは無謀だと思われていたが，熟練したダイバーは最も大きなホホジロザメとでさえも頻繁に一緒に泳いでいる．どうやら，海洋動物は通常，人間を普通の獲物とはみなさないようだ．それでも，サメ類が人間を襲うことはあり，頭部の大きな首長竜類やモササウルス類は潜在的に重大な危険性がある．慎重を期するのであれば，大型の肉食性海洋動物は遠隔操作の潜水艇で観察するのが最も安全だ．最も，この潜水艇が巨大な海生爬虫類の食道に飲み込まれなければの話だが．

海生爬虫類が生き残っていたら

K/Pg の隕石衝突によって首長竜類やモササウルス類が絶滅せず，新生代まで系統が存続したと仮定しよう．あるいは，隕石衝突そのものが起こらず，こうした海生爬虫類が 6600 万年前に絶滅しなかったとしよう．その場合，これら水生動物の進化はどのようになっていただろう．

これらの海生爬虫類は確実に，ワニやウミガメ類と共に数百万年，おそらくは数千万年，あるいは今日まで生き延びていたはずだ．彼らがどれだけ長く，どれだけうまく生き延びたかは，当時の多様性に一部左右されるだろう．6000 万年前頃まで生き延びた種がほんの一握りしかいなかったとしたら，彼らは絶滅の危機に瀕していただろうし，生き延びた種が多ければ多いほど，より生き残る可能性が高かったはずだ．

もうひとつ考慮しなくてはいけないことは，哺乳類の状況である．もし非鳥類恐竜類が繁栄したままであれば，陸生哺乳類の進化は抑制され続け，大型海洋動物たちの祖先になりえず小型のままだった可能性が高い．哺乳類との競争がなければ，爬虫類が今日まで海洋動物相の主要構成要素であり続けた可能性は高い．その場合，首長竜類とモササウルス類，そしておそらくウミワニ類が，カメ類，サメ類，硬骨魚類，頭足類と共に外洋領域を支配していただろう．頭足類にアンモナイト類やベレムナイト類が含まれることもありうるだろう．首長竜類とモササウルス類は代謝が高かったため，新生代後期に高緯度の海が冷たくなっても，繁栄し続けることができるかもしれない．おそらく，首長竜類のひとつ以上のグループが絶滅する運命にあるだろう．また，海生爬虫類が新しい形態を発達させる可能性もある．大型爬虫類が最終的にヒゲクジラ類のような巨大な濾過食者になる可能性は低く，その地位はおそらくサメ類に明け渡されるだろう．また，爬虫類が魚竜のようなマグロ型の体型を再び取り戻す可能性も低く，その役割は真骨魚類と軟骨魚類の両方が担うだろう．大きな脳や反響定位能力をもつ海生爬虫類も考えにくいため，深海の大型イカ類は海生爬虫類に脅かされることもないだろう．たとえ太古のウミヘビ類が現代まで生き延びたとしても，毒ヘビ（Venomous snakes）が海水域に進出する可能性は十分にある．メガロドンはクジラの捕食および腐肉食に特化していた可能性があるが，もしそうだったとすれば，爬虫類が支配し大型鯨類がいない海では，肉食性大型サメ類の進化は妨げられた可能性がある．あるいは，メガロドンのような動物が大型の遠洋性爬虫類を平らげることになるかもしれない．ペンギンは海生哺乳類が存在しない環境でも進化する可能性があり，また海生爬虫類にとっては深刻な競争相手にはならなかっただろう．

もうひとつのシナリオは，非鳥類恐竜類は新生代まで生き残れないが，首長竜類，モササウルス類，ウミヘビ類，ウミワニ類，そしてウミガメ類は生き残るというものである．この場合，陸上の哺乳類は飛躍的に進化し，海牛類，鰭脚類，鯨類が出現する可能性がある．この状況では当然の帰結がいくつか考えられる．極端な例では，多様な海生爬虫類相の存在により，哺乳類の外洋進出が妨げられる可能性がある．しかし，哺乳類は脳が大きく，社会的で，子育てを行うため，爬虫類との競争で勝つことができるかもしれない．そうだとすれば，マナティー，アザラシ，イルカ，クジラ（後者 2 例は高度な反響定位能力を備えている）が競合する爬虫類を絶滅に

追いやった可能性もある．一方，脳の小さいカメ類や魚類は哺乳類の侵略にも負けずに生き延びたため，カメ類以外の海生爬虫類も，仮に海生哺乳類が存在しなかった場合よりも数や多様性は減るものの，ある程度対抗できた可能性がある．

中生代の海生爬虫類の管理，保全，消費

上記の最後のシナリオの究極系として，カメ類やヘビ類以外の多様な海生爬虫類が現代まで生き延びることができたと仮定しよう．そして，私たち人類か，あるいは人類によく似たものが進化し，私たちと同じような技術文明を生み出したとする．その時，海生爬虫類はどうなっているだろうか？

現代の海生爬虫類が置かれている状況は全体的に深刻と見られるが，どの程度深刻なのかを数値化するのは難しい．ではなぜそれがわかるのかというと，現代の海に生息するウミガメ類の将来が厳しいものであるからだ．何千万年もの間，ウミガメ類はほとんど問題なく生き延びてきたが，人間が様々な理由で営巣地を破壊したせいで，現在危機に瀕している．また，大型の海生哺乳類も数千万年もの間，多様性を保ってきており，最近の地質学的記録においても，前例のない程度に増加してきていた．鯨類の個体数は驚くほど減少したが，これは1700年代に始まった大規模な捕鯨が大西洋のセミクジラ（Right whales）を絶滅寸前に追い込み，続く1800年代には帆とオールによる長距離移動を得意とするヤンキー捕鯨舟によって屠られ，1900年代には動力付き産業捕鯨船の出現によって捕鯨が最盛期を迎えたことで，多くの種が絶滅寸前まで追い込まれたことが主な原因である．油やその他の有用な資源をもたない爬虫類は，海産業のターゲットにはならなかったかもしれない．また，胎生である海生爬虫類は，人間が朝食用に浜辺で卵を掘り起こしたり，浜辺が人間用に開発されたりするのに悩まされることもなかっただろう．

現代の首長竜類やモササウルス類などを脅かすのは，大規模な商業網漁だろう．これはウミガメ類や哺乳類，さらには大型の鯨類と同様に，かなりの数の爬虫類を溺死させ，そうでなくても苦しめるだろう．また，船との衝突も危険である．もうひとつの問題は，海に溢れかえっているプラスチックゴミである．一部の海生爬虫類がこれを食べると，消化機能が妨げられてしまい，実際に一部のウミガメ類を死に至らしめている．これらの脅威は深刻ではあるが，外洋性の爬虫類にとって致命的なものではない．結局のところ，漁獲されてしまうのと同じ程度に帰結するだろう．これはおそらくは食肉のためだと思われるが，食肉として広く親しまれているかどうかはわからない．興味深いことに，鯨類の肉は多くの部位で独特の匂いがするため，そこまで人気があるわけでない．首長竜類は繁殖が遅かったようなので，サメ類と同じようなレベルで漁獲された場合，同様に個体数の崩壊を招きやすい．モササウルス類については繁殖に関する知識がないため，このような脆弱性については評価できない．

もし海の爬虫類相が現存していたら，船上からの海生爬虫類ウォッチングが人気を博すことは間違いない．また，大きな水槽に入るような爬虫類は，水族館で人気の展示になるだろう．脳が小さいため，アシカ（Sea lions）やイルカ，シャチのように簡単に訓練することはできないだろうから，首長竜やモササウルスのショーはありえないだろう．動物愛護倫理の進歩に伴い，人間の観賞やその他の目的のために海生爬虫類を監禁することの是非については，ますます議論の的になるだろう．

海生爬虫類はどこで見つかるのか？

ウミガメ類やウミヘビ類以外の海生爬虫類ははるか昔に絶滅しており，タイムトラベルはおそらく宇宙の性質に反するので，我々はその化石を見つけるだけで満足するしかない．中生代の海生爬虫類はあらゆる海に生息し，中には大陸の大部分を覆う浅い内陸海路に暮らすものいた．そのため，化石がどこで発見されるかは，彼らの骨や痕跡を保存するのに適した条件があるかどうか，また発見・発掘するのに適した条件があるかどうかで決まる．たとえば，海生爬虫類が生息していた場所に化石が保存されるような条件がなかったとしたら，その動物群は完全に失われたことになる．化石を含む堆積物が浸食されたり，地殻変動でマントルに沈み込んで溶け

たりした場合も同様である．ある海生爬虫類の化石が，手の届かないほど深く埋もれていたり，水路の底に沈んでいたりする場合は，その化石を調べることはできない．

ごく限られた場合を除き，遺骸は死後まもなく崩壊する．多くは捕食者や腐肉食者に食べられ，その他は腐敗していく．それでも，長い時間を掛けて生きてきた動物の数は膨大である．三畳紀の初め〜中生代の終わりまでの1億8600万年間で，おそらく何百万，何千万，何億もの海生爬虫類が生きていたと思われる．

地表に露出し化石に手が届くような地層や，化石に出会う機会がより多くなるような深く掘り込まれた採石場などで発見された海生爬虫類化石は，これまで出現した海生爬虫類の1％にも満たないものだ．それでも，少なくともある程度科学的に記録されている海生爬虫類化石の数は，相当なものである．問題は，どこでより多くの化石を見つけられるかということである．

大陸は移動しながら河川や小川を通じて，また海岸や崖の浸食によって大量の土砂を絶えず流出させるため，海洋の広い範囲に砂，泥，粘土の堆積層が形成される．これは沿岸域で特に顕著だが，深海にも影響が及ぶ．加えて，浮遊性有孔虫の小さな炭酸カルシウムの殻が海底に堆積すると，チョークを含む石灰岩を形成し，時にはドーバーのホワイト・クリフのような大規模なものになる．

場合により，砂，泥，粘土，石灰岩は様々な割合で混合される．わずかに降ってくる火山灰は重要な添加物であり，先に述べたように絶対年代を測るために特に有用である．堆積物の一部はかなり粗い砂になるが，これが大きな骨格の保存に適しているかもしれない．また，砂浜と岩礁の間にあるラグーンは，穏やかであるが故に酸素が欠乏し，時には生物にとって有毒な環境となる．その上，非常に細かい粒子が堆積するため，保全型ラーガーシュテッテ（特に良好な保存状態の化石を含む堆積層）を形成することがある．

海底堆積物の中で最も保存され，後に露出する可能性が高いのは，大陸を覆う浅い内陸海路のものである．そのため，首長竜類，モササウルス類，ウミガメ類の化石がカンザスで発見される．英仏海峡の北側と南側の堆積物は，当時のヨーロッパ諸島を囲む浅い海で堆積したものである．その他のウミガメ類化石を産する地層は，中生代以降に海面より高くなった大陸沿岸部の堆積物である．一方，アクセスが難しいのは，大陸棚より向こうの非常に深い海に堆積したものである．海中深くに眠るものもあれば，超深海の海溝部でマントルに沈み込んでし

まったものもある．海洋プレートが大陸の端に衝突し，それによって少なくとも現在の干潮線より少し上まで押し上げられた場合に限り，深海の堆積物は古生物学者の役に立つことができるのである．

海生爬虫類の古生物学は，巨額の予算に支えられているような優先順位の高い学問ではない．また，世界中で海生爬虫類の化石を探し，発掘する科学者の数は1年間に数十人に過ぎないため（それでも過去に比べれば明らかに多いが），現在博物館に収蔵されている中生代海洋動物の骨格は，まだ数千にも満たない．研究室では，骨やその他の遺体から沈殿物の一部または全部を丹念に取り除くために，細かい道具がよく使われる．酸は，石灰岩のような溶解性の堆積物を，機械的に削ることなく，除去することができる．湖やラグーン，海底の堆積した泥が変化してできた平らで硬い板に，平たくなった骨格が半分包まれた状態で残された化石はスラブマウントと呼ばれ，海生爬虫類の遺体にはよく見られる．一方，タラットサウルス類，アトポデンタトゥス類，パキプレウロサウルス類，ピストサウルス類，首長竜類，アイギアロサウルス類，ドリコサウルス類，ウミガメ類，ウミヘビ類は，道路上の死骸のように頭から尻尾まで押し潰されていることが多い．多くの場合，海生爬虫類の化石骨は無傷のまま保存され，たまたま割られない限り，その表面の形だけが記録される．しかし一部の骨は，様々な目的のために割られ，内部構造を暴かれることが多くなってきている．化石を切片にすることで，研究者たちは骨の組織や微細構造を調べたり，成長輪を数えたり，軟組織の痕跡を探したり，骨の同位体やタンパク質をサンプリングしたりすることができる．頭蓋骨を始めとする形状が複雑な骨のCTスキャンは，破壊的な前処理をすることなく3次元的構造を明らかにすることができ，コスト削減の観点からも導入されることが普通になりつつある．こうしたスキャンの結果は，従来のハードコピーの形でもデジタル形式でも出版することができる．デリケートな化石は適切に保管された方が，保存状態も良いばかりか研究もしやすいため，実物化石を展示ホールに組み上げることは憚られるようになりつつある．その代わりに，化石は型取りされ，展示用の骨格標本には軽量のレプリカが使われている．

研究者の立ち入りを許可した土地の所有者は，そこで発見された新種に，非公式あるいは公式に，自身の名を付けてもらうことがある．太古の海生爬虫類の新種を発見したボランティアも同様である．もしかしたら，次の幸運なアマチュア古生物学者はあなたかもしれないのだ．

前期三畳紀（インドゥアン-オレネキアン）

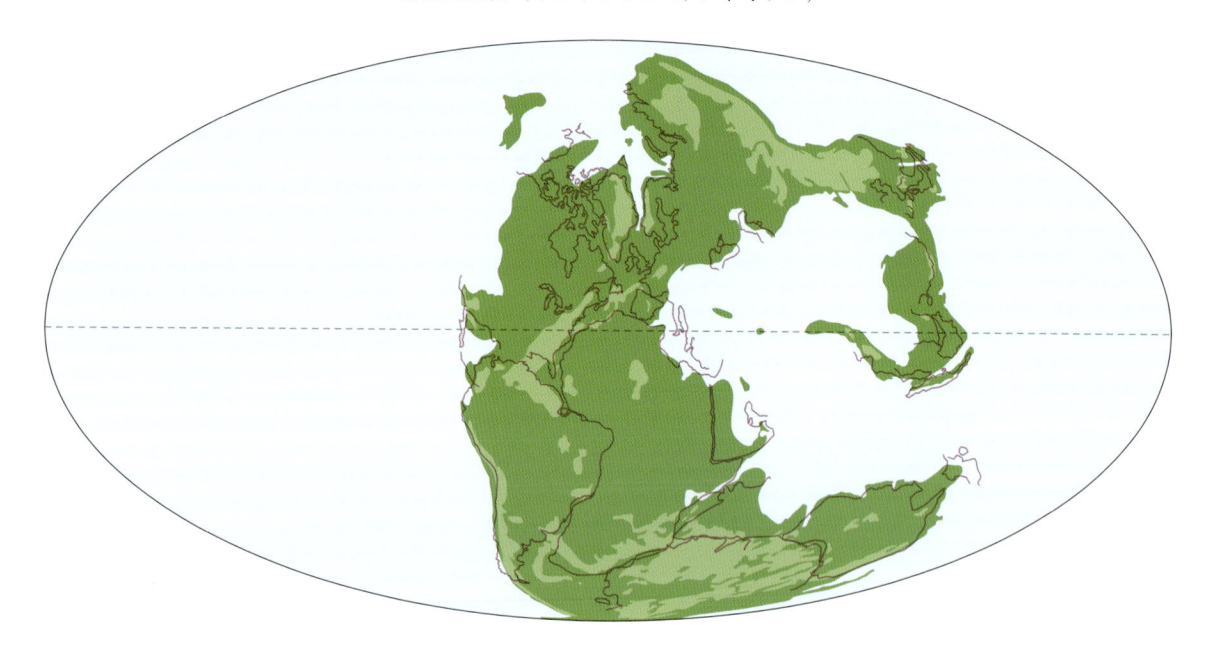

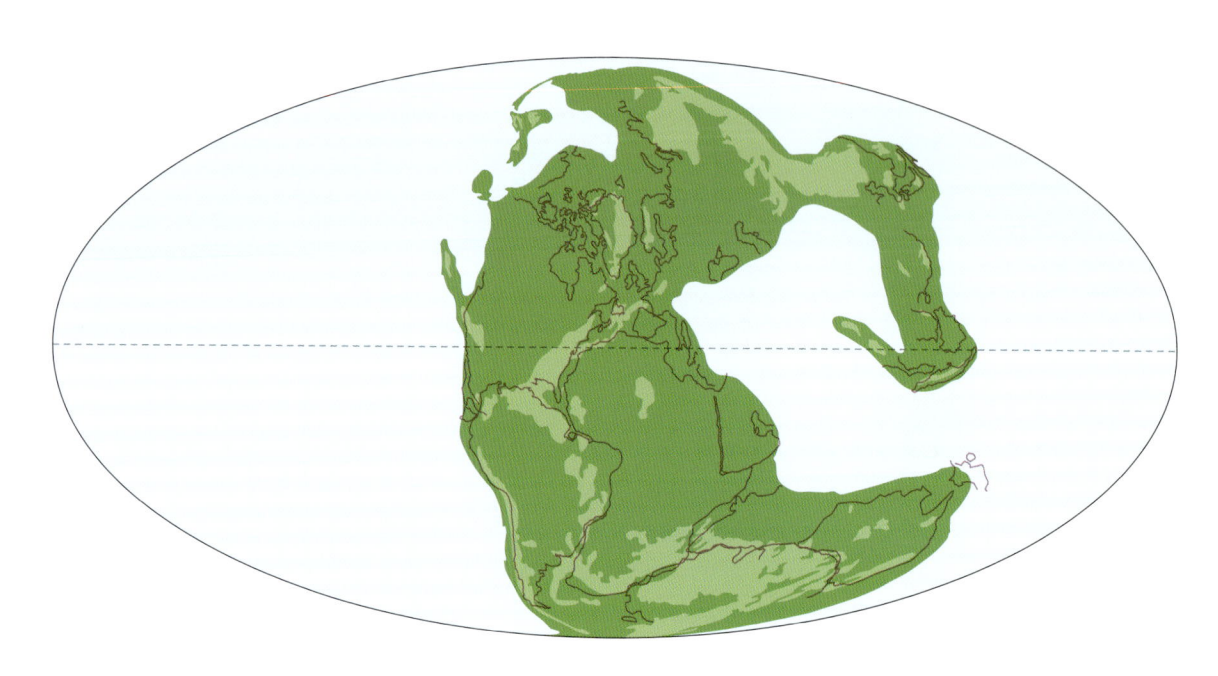

中期三畳紀（アニシアン）

後期三畳紀（レーティアン-ノーリアン-カーニアン）

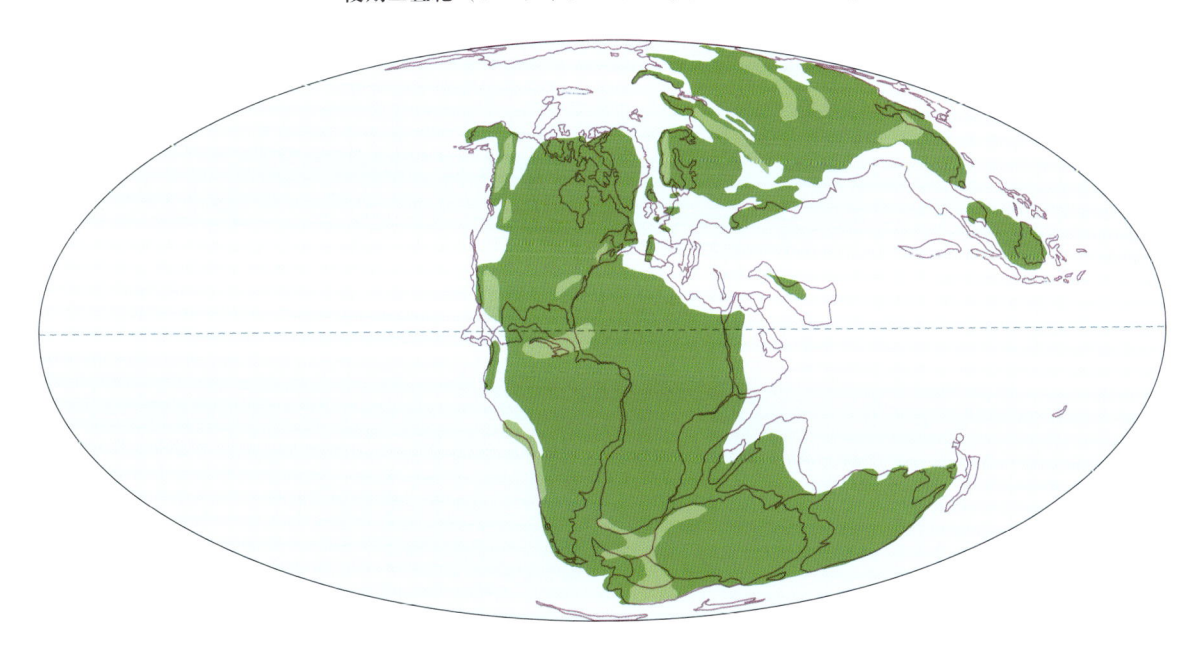

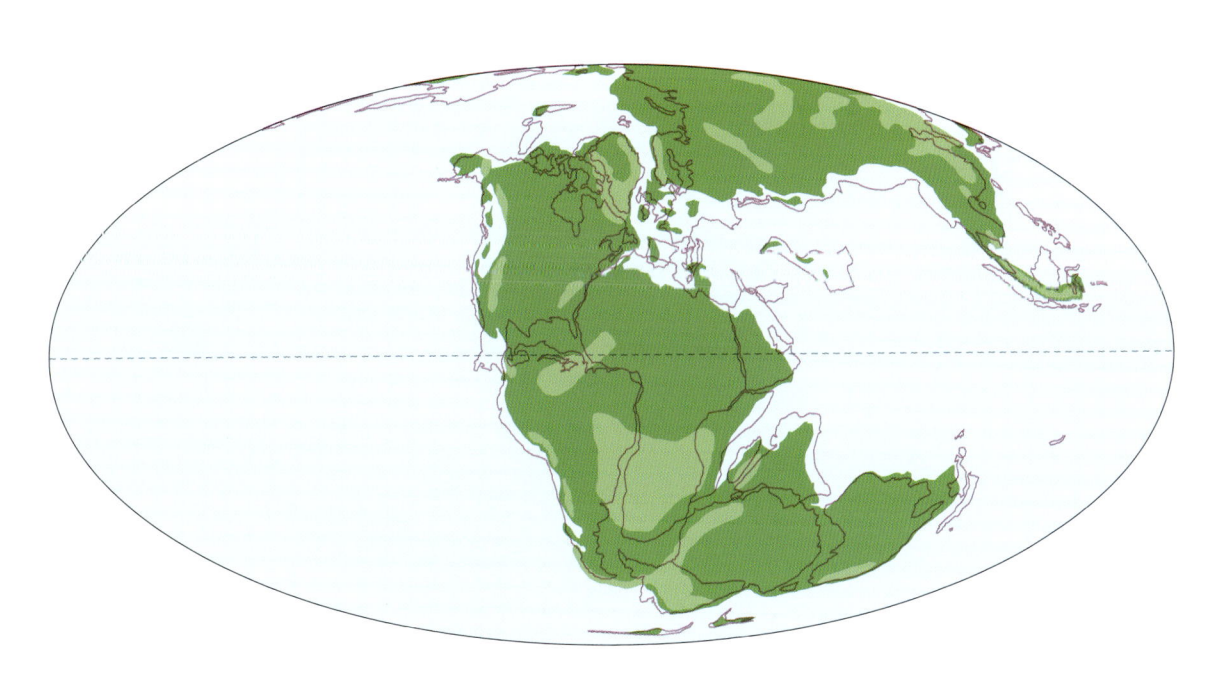

前期ジュラ紀（シネムーリアン）

中期ジュラ紀（カロビアン）

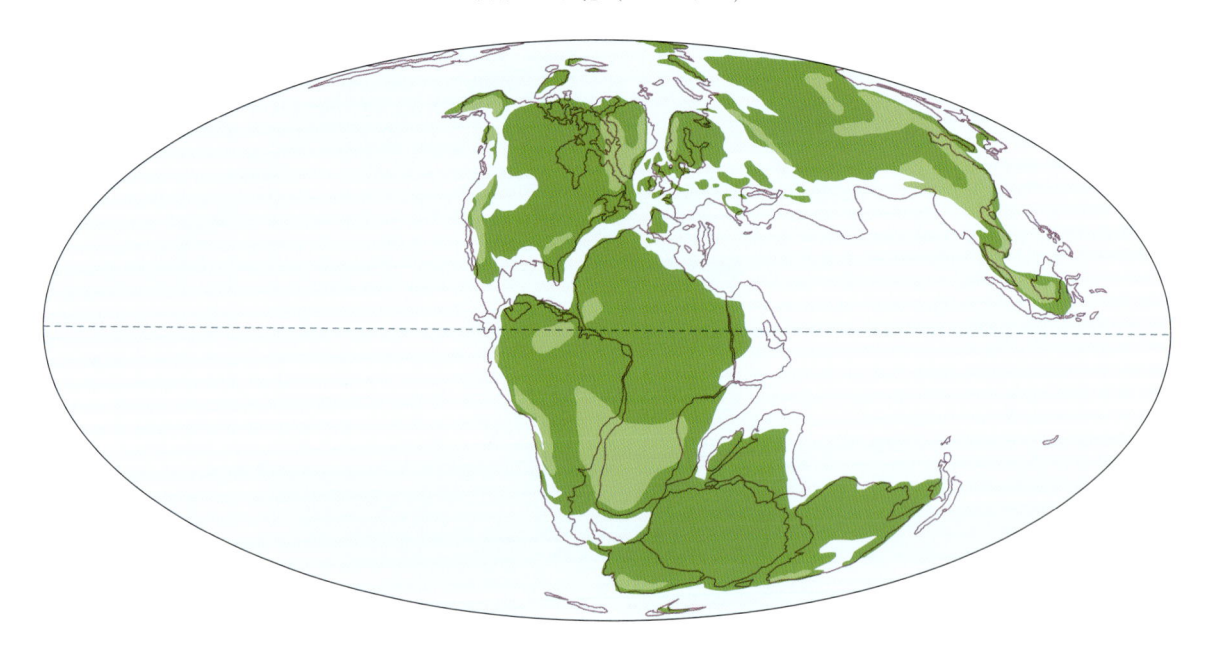

後期ジュラ紀（キンメリッジアン）

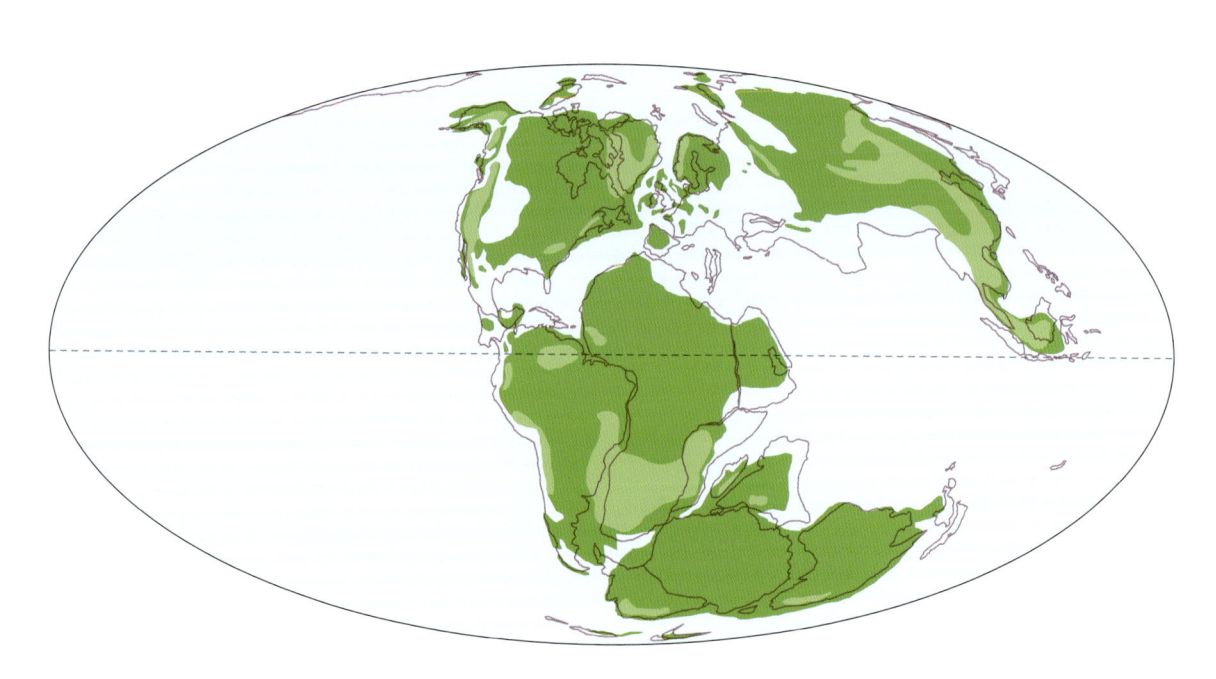

前期白亜紀（バランギニアン-ベリアシアン）

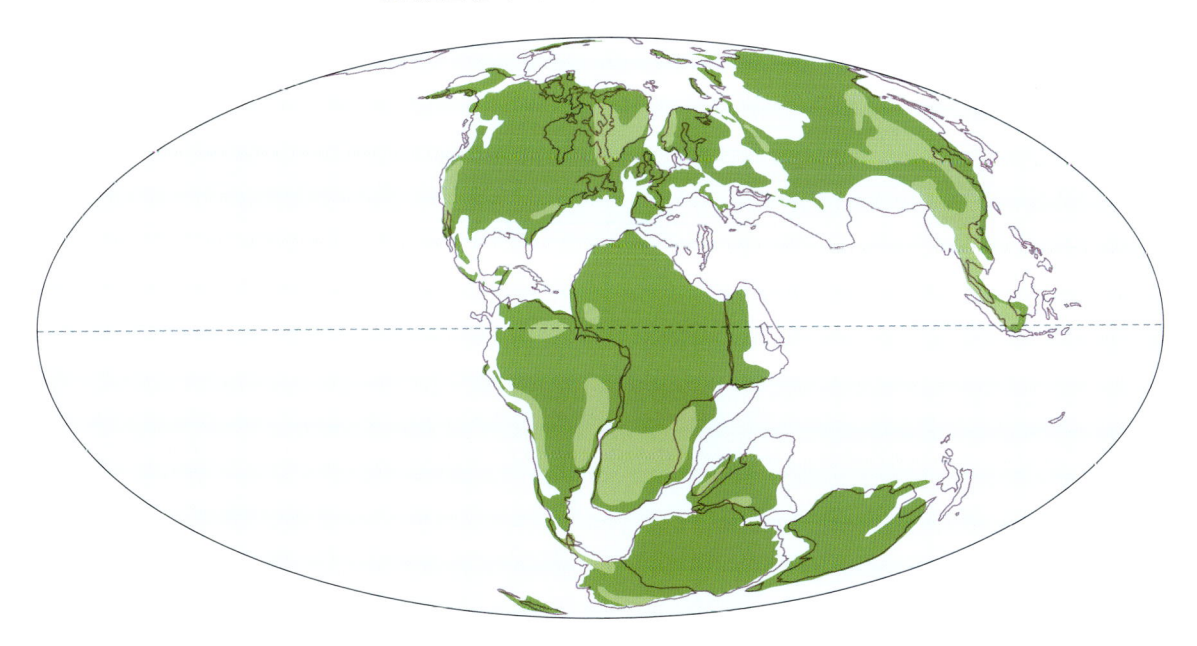

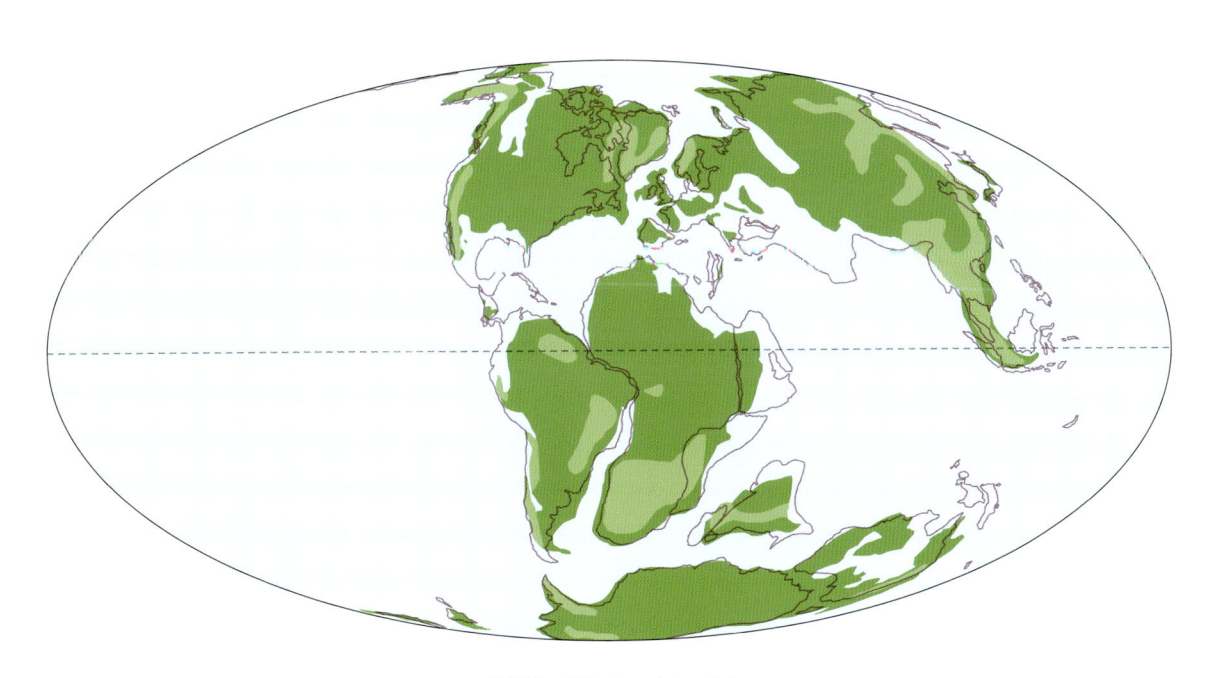

前期白亜紀（アプチアン）

後期白亜紀（コニアシアン）

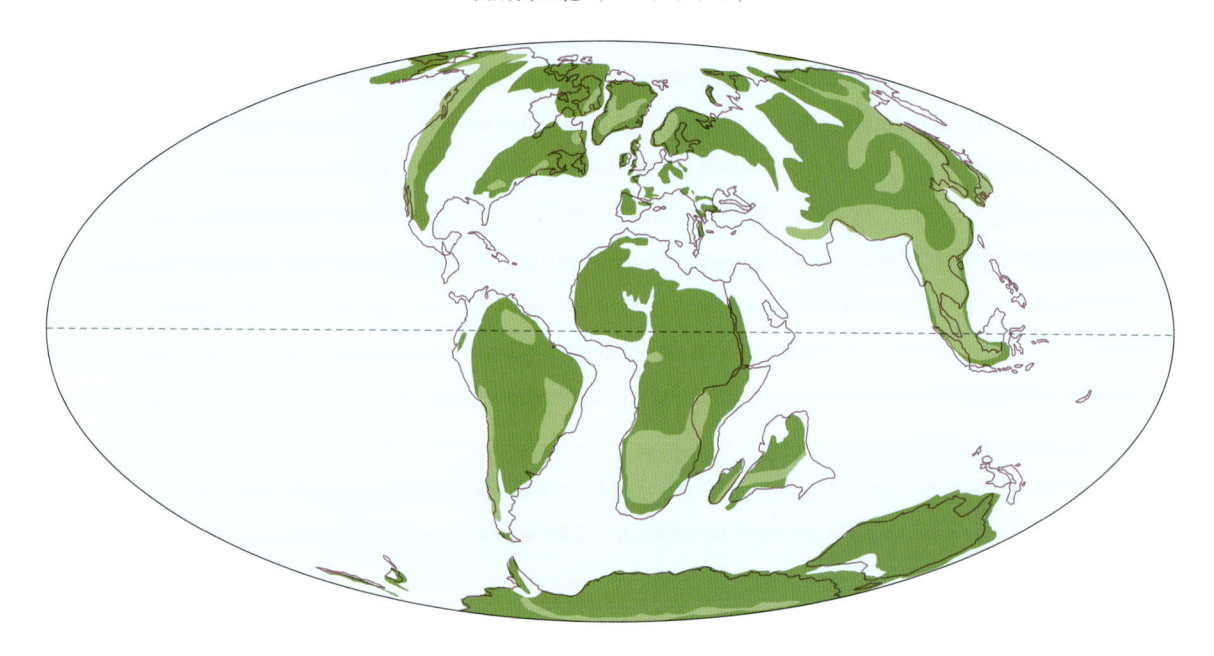

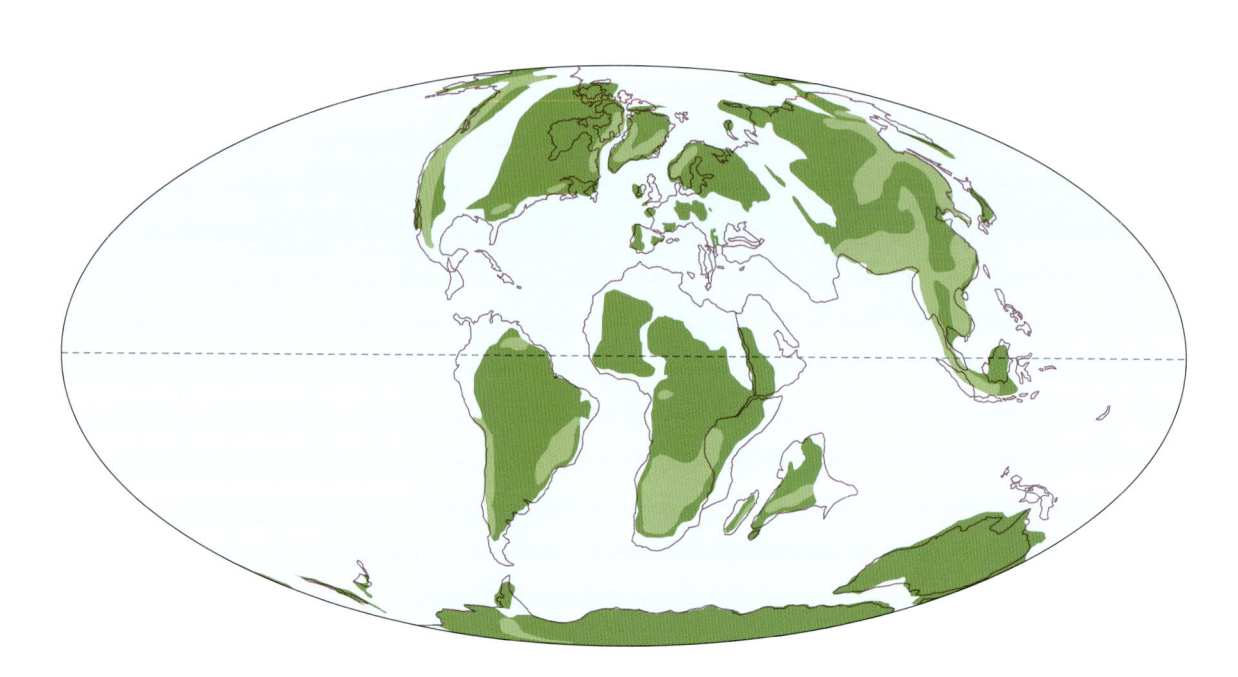

後期白亜紀（カンパニアン）

グループおよび種の解説について

相当数の無効名が含まれるものの，これまでに何百種もの海生爬虫類が命名されている．中には1〜数本の骨など，分類が定まりきらない骨化石に基づくものもあるが，そのすべてが既知の種と区別できる場合や，他の重要な骨化石が同じ地層から見つからない場合，実際の種数を表していると言える．海生爬虫類の種の多くは，保全型ラーガーシュテッテの堆積物から発見されたおおよそ完全な化石に基づいているため，有効な種数に対する根拠の乏しい種数の割合は，完全な化石の少ない恐竜類よりもはるかに低い．それ以外の種は，すでに命名されている種のジュニアシノニム（新参異名）である．たとえば，首長竜類の一種であるプリオサウルス・カーペンテリ（*Pliosaurus carpenteri*）は，先に命名されたプリオサウルス・ブラキデイルス（*Pliosaurus brachydeirus*）と同種である可能性が高いため，その名称は通常使われない．幼体の骨格が小型種の成体であると考えられてきたケースもある．風変わりな見た目のカルトリンクス・レンティカルプス（*Cartorhynchus lenticarpus*）は，同じ場所から産出し，同じくらい奇妙で，先に命名されたスクレロコルムス・パルビセプス（*Sclerocormus parviceps*）の幼体と思われるため，先述の学名は用いない．本書では，十分な化石記録に基づいており，一般的に有効と考えられる種のみを掲載している．ただし，ある時代と場所における海生爬虫類の明確なタイプやグループの存在を示す上で，骨1本またはそれ以上の化石に基づく種が重要である場合は，若干の例外を認めている．

グループと種の記載は，主要なグループから属，種へと階層的に並んでいる．多くの研究者が伝統的なリンネ式分類による綱・目・亜目・科の階級を使わなくなったため，海生爬虫類にはもはや決まった並び方は存在しない．つまり，数多の海生爬虫類の属を正式な科に置くことができなくなったため，本書でもそれをしない[3]．一般的に，分類群は系統学的に配列され，より派生的なグループがより基盤的なクレード（単系統群）の中に入れ子になっている．そのため，いくつかの問題が生じる．一般の読者にとって，様々な分類を追うのには伝統的な手法の方がわかりやすい．加えて，最近の系統学的研究では，研究ごとにまったく異なる結果が得られるケース

も多く，グループ同士の詳細な関係性については見解が一致していない．また，一部の種は研究によって異なるグループに分類される．これは，化石記録の不完全性を鑑みれば仕方のないことである．当時生息していた海生爬虫類の大半の種が未知であり，既知の種の多くが不完全な化石に基づいていることに加え，それらの関係性を遺伝子解析で調べることができないのである．このように，根拠に富んだ定説がないことから，私は個人的な選択と判断でグループとグループ内の種を分類した．一部は私の考えを反映したものだが，ほとんどは競合する研究結果の中から独断で選んだものである．ここに示した系統と分類の多くは正式に提案するものではないが，新しいグループ名がいくらか必要であり，将来的に有効であることが証明された場合に他の人が使用できるよう作成したものである．海生爬虫類のグループや種の位置付けに関する議論についても言及しているが，必ずしもそうしているわけではない．

海生爬虫類の各グループ名の下に，そのメンバーの全体的な地理的分布と地質学的なタイムスパンを記している．続いて，そのグループ全体に当てはまる解剖学的特徴を記しているが，ここに挙げられたものはグループ内の種ごとには繰り返し記載しない．解剖学的特徴は通常，骨に見られるものが中心であるが，他の体の部位が保存されている場合は，それらも対象となる．詳細な解剖学的特徴は，一般的な解説あるいは同定のために使用されるもの，あるいは海生爬虫類愛好家が必要とするようなものを，可能な限り挙げている．そのグループが好む生息地のタイプは簡潔に列挙されており，ものによって具体的だったり漠然としたりしている．また，グループ全体で推定される特徴的な習性についても概説するが，その信頼性はグループにより大きく異なる．たとえば，大きな棘状の歯をもつプリオサウルス類が海洋生態系における頂点捕食者であったことは疑いようがない．しかし，石畳のような歯をもつ板歯類の食性については議論がある．貝を砕いていたというのが大方の見解だが，柔らかい水生植物を潰していたという説もある．

海生爬虫類の属名や種名の一部には問題がある．その理由のひとつに，かつて新属・新種のものと考えられた

---

[3]（訳注）　本書では科や上科などの語句を用いているが，これは各グループ名の語尾の原義を訳出するためのものであり，必ずしもリンネ式分類における階級を示すものではない．

グループおよび種の解説について

化石が，実際には既知の属・種の幼体，あるいは異なる性別の化石であった，あるいはその逆であったとする説が，一部の研究者により唱えられている事実があり，さらにそれに対する異論がある場合もある．多くの種がきわめて不完全な，保存状態の悪い化石に基づいているという点にも問題がある．また，種間の違いがどの程度あれば異なる属を構成するのか，という点についても意見が食い違う場合もあり，この問題にはさらに系統関係や，層序関係も関わってくる．属や種の呼称に関する議論や代替案についても本書で時折言及するが，必ずというわけではない．

種ごとの項目には，まず成体の寸法と推定体重を示すが，幼体しか見つかっていない場合は示していない．全長は頭骨と骨格の長さを合わせたもので，鼻の先端から尾の最後端までを直線的に測ったものである．これは，海生爬虫類の姿勢は常に低く，骨格図に描かれた椎骨を伸ばした状態がおそらく生前と同じポーズであることから可能となる計測方法である．上記の数値は，その種で知られている最大の成体サイズを示す一般的な数値であり，特定の標本に基づく復元骨格のサイズとは必ずしも一致しない．これまでに見つかっている標本は，生存していた同種個体のごく一部であることから，真の最大個体を計測することはできない．そうした「世界記録」となる個体は一般的な個体と比べ，体重が1.5〜2倍ほど，面積が4倍ほどにもなりうる．もちろん数値はすべて概算であり，その質は化石の保存の程度によって変わる．十分に完全な化石骨格が見つかっている種では，寸法と体重は骨格−輪郭復元に基づいている．体型の輪郭に沿った骨格図は，動物の体重推定に用いることができる．その際の難点としては，生前の骨格に比べ，側面，腹，背中が平らに潰されることで，横幅を始めとする奥行きが著しく変化してしまうことが挙げられる．また，多くの個体には脂肪があるため，骨格や復元された筋肉から推定される体積よりも，実際の体積はそれなりに大きくなるという点も課題である．全体的な密度が水の密度に近いと仮定すれば，体積の推定値を用いて体重を計算することができる．海洋生物の骨は頑丈にできている傾向があり，通常よりも重いことが多いが，通常は肺に空気を含んでいるため，密度は水とほぼ同じで，比重は1に近い．本書では，比重を1.025として計算している．化石が不完全で寸法や体重を直接推定できない場合は，近縁種から推定する．また，種によってはプロポーションが不明瞭で，体重を推定できない場合もある．特にカメ型のキアモドゥス科は，すべての標本が上下に潰れており，元の甲羅の厚さがわからないため，体積を推定することができない．元の計算はすべてメートル法で行われているが，精度の低いことが多いため，メートル法からヤード・ポンド法への換算に伴って四捨五入しているものもある[4]．

その次の項目では，頭骨，体骨格，あるいはその両方について，これまでその種のものとして合理的かつ確実に同定された化石をまとめている．標本数は1〜数千点まで様々で，手に入る情報もまちまちであるため，この項目には正確な部分もあれば大雑把な部分もある．後者については，ある種に分類されていた標本が近年になって別種に再分類された結果，それぞれの種にどのような部位の化石が含まれるのかが不明になっていることがある．

本書はこれまでで最も多くの海生爬虫類の骨格図を掲載している．骨格図の作成と体重推定に用いた標本はhttps://pup-assets.s3.amazonaws.com/public/resources/9780691193809/Paul-The-Princeton-Field-Guide-to-Mesozoic-Sea-Reptiles-Size-Table.pdf[5]に掲載されている．本書が作成された時点で，保存状態の良い頭骨や全身骨格の化石が見つかっており，その情報が入手可能な種については，輪郭付き頭骨図と輪郭付き骨格図を掲載している．復元の精度は，利用できる情報の質と化石の保存状態によって多少異なる．一部の典型的な海生爬虫類については，十分な情報がある場合，頭骨あるいは全身骨格の上面図も掲載している．皮肉なことに，完全な骨格が知られる海生爬虫類の多くは化石が上下に潰されてしまっているため，側面図では復元できない．あるいは，頭骨は横方向に，体骨格は上下に潰れているもの，あるいはその逆もある．いずれの場合も，全身骨格の完全な復元は不可能であろう．中には頭骨と体骨格がどちらも横方向から潰されているものもあるが，その場合は復元が可能である．胴体が平らなウミガメ類や板歯類キアモドゥス上科は，側面図の復元が困難な種が多いため，上面／下面図のみを作成した．

頭骨および骨格の復元図では，筋肉，腱，足裏のパッ

---

[4]（訳注）　本書では基本的にメートル法のみを用いている．

[5]（訳注）　原著書籍ページ https://press.princeton.edu/books/hardcover/9780691193809/the-princeton-field-guide-to-mesozoic-sea-reptiles の "Resources" タブからアクセスできる．

ド，角鞘，その他の非骨性組織を含む黒一色の輪郭の中に，軟骨を含む骨格が白一色で描かれている．種の項目における頭骨および骨格の復元図は，すべて成熟個体のものである．骨格図のポーズは，互いに比較しやすいよう，共通の基本姿勢をとっている．一部の代表的なグループについては，陰影を付けた頭骨の代表的な復元例を掲載している．同様に掲載している筋肉復元については，生体復元の方が憶測を重ねている部分もあるが，復元の確実性についてはどちらが上とも言い難い．

生体復元に必要な情報が十分に揃っている種については，成体または亜成体の頭骨・骨格図に基づき，彩色済み生体復元図を作成している．こうした図は，その種が特異なものであればあるほど，不完全な化石標本に基づき復元されている可能性が高い．板歯類キアモドゥス上科の扁平な甲羅は，側面観の復元が困難なため，こうした生体復元を行わなかった．体色やそのパターンはある程度憶測に基づくものだが，例外的に，保存されている皮膚の色素から色彩パターンがある程度推測できる場合がある．そうした場合であっても，その復元に芸術的な側面があることは否めない．一部の復元は，現代の海生魚類，爬虫類，哺乳類を彩る体色パターンからインスピレーションを得ている．また，現生種の中に色彩パターンが左右で大きく異なるものがいる点も興味深く，このような非対称性は中生代の化石種にも見られた可能性がある．本書では，同じ種の生体復元は基本的に同じ配色を施している．首長竜類の尾鰭や背鰭の有無や形状についてはよくわかっていないため，図示しないことで統一している．魚竜類の背鰭も同様である．本書に掲載している骨格，筋肉，成体復元を商業的，あるいはその他の公的なプロジェクトの素材として使用したい場合，まず著作権者であるイラストレーターに連絡を頂きたい．

本書では，種の独自性を際立たせるような解剖学的特徴を取り上げているが，これらも海生爬虫類愛好家と思しき読者による同定のための一般的なものであり，専門的な診断に用いられるものではない．こうした特徴の細かさは，各グループ内での均一性あるいは多様性の程度や，入手可能な化石の保存状態によって異なる．中には，グループの特徴に加えて説明するほどの特徴がない種もいる．あるいは，独自の記述ができるほどの情報が明らかになっていない種もいる．

その次に，地質年代を「紀」レベルで記載し，さらに可能な場合は「期」レベルまで記載している．先に述べたように，ある種の存在した年代は，百万年以内の精度

で知られている場合もあれば「紀」レベルでしかわかっていない場合もある．読者は年代表を参照すれば，それぞれの年代を数値で知ることができる．ほとんどの種は数十万〜数百万年の間存在し，その後子孫の種に取って代わられるか，完全に絶滅する．ある種がひとつの時代区分だけに存在していたのか，それともその境界を越えて次の時代区分にも存続したのか，明確でないこともある．そのような場合は，「サントニアン後期および／またはカンパニアン前期」のように，「および／または」と示す．

次に，その種の化石が見つかっている場所と地層名を記載している．場合によっては情報がなかったり，疑わしかったりする種もいる．また，すべての地層に名前があるわけではない．海岸線を示した古地理図は，それぞれの種が生きていた頃の太古の大陸配置を正確に示すのに十分な大きさではないという点に注意すれば，漂流する大陸と足早に移り変わる海路の世界において，その種がどのような場にいたのか理解する上で役に立つ．本書では保守的に，確実にその種であることが確認できる完全な化石が発見された場所や地層のみを記載している．種によっては一カ所からしか化石が見つかっていないが，一定のエリア，複数の地層にわたって化石が見つかる種もいる．研究が進んでいる地域であっても，地層名がまだ定まっていない場合もある．多くの地層は，その中で化石が見つかる種の一部あるいは全体の存続期間よりもさらに長い期間で形成されているため，その種の化石が見つかる地層名を単純にリストアップするような一般的なやり方は，本書ではできるだけ避けている．たとえば，ティロサウルス・プロリゲル（Tylosaurus proriger）はニオブララ層上部と，それよりもやや若い年代のピエール頁岩層下部から化石が見つかっているが，その近縁種で子孫の可能性があるティロサウルス・ペンビネンシス（Tylosaurus pembinensis）はさらに若いピエール頁岩層中部から見つかっている．

次に記載しているのは，その種が生息していた水域の基本的な特徴である．環境に関する情報は，研究が進んでいるものもいれば，研究されていないものもいる．

最後に記載しているのは，その種に関する特記事項である．その種と同じ場所に生息していた他の海生爬虫類がいれば，ここにリストアップしている．近縁種や，その種との祖先・子孫関係の可能性についても言及することがあるが，これらはすべて暫定的な見解である．また，その種に関する相反する仮説や議論についても記す．

年代表

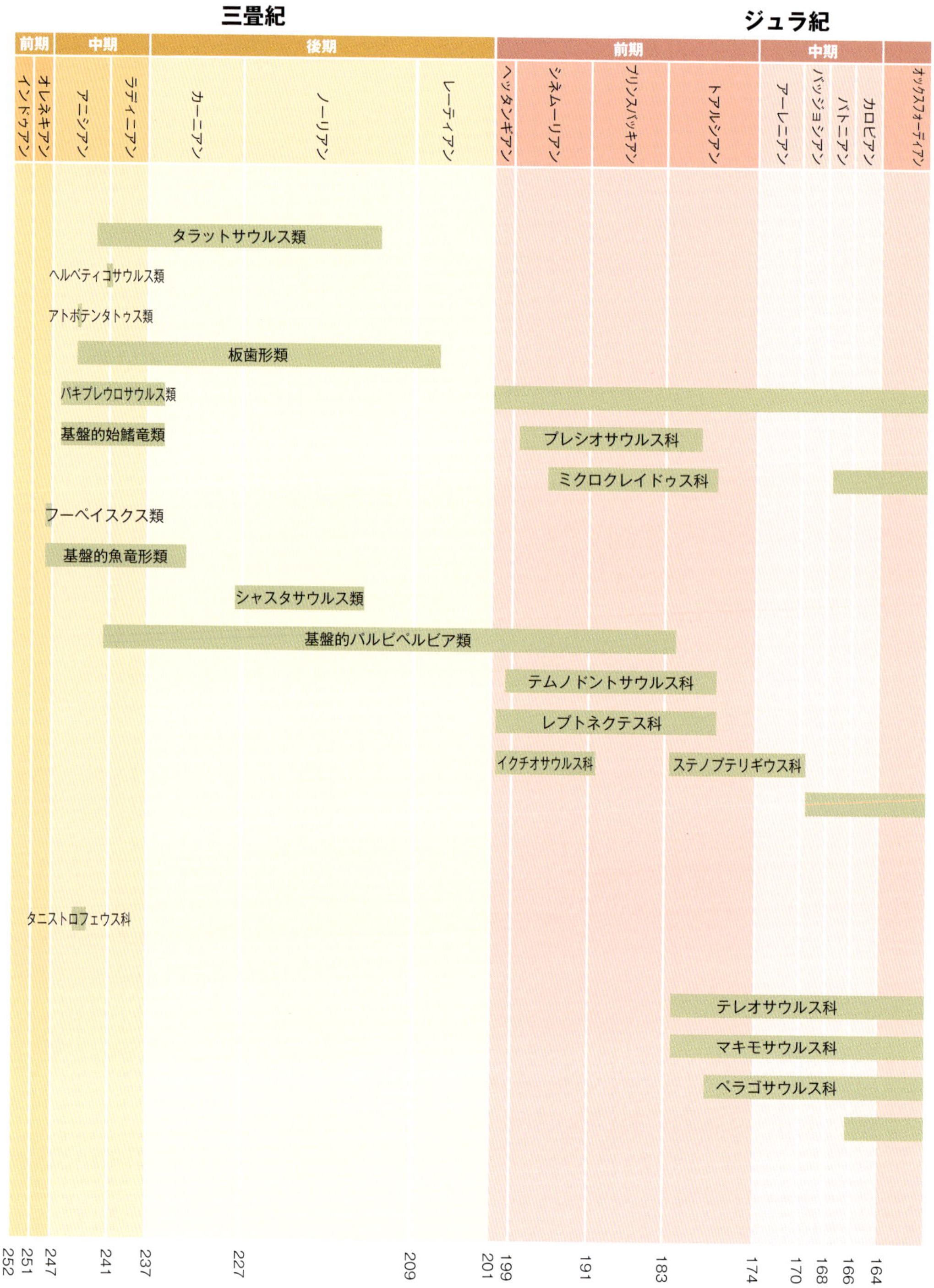

三畳紀　　　　　　　　　　　　　　　ジュラ紀

前期	中期			後期			前期				中期			
インドゥアン	オレネキアン	アニシアン	ラディニアン	カーニアン	ノーリアン	レーティアン	ヘッタンギアン	シネムーリアン	プリンスバッキアン	トアルシアン	アーレニアン	バッジョシアン	バトニアン・カロビアン	オックスフォーディアン

タラットサウルス類

ヘルベティコサウルス類

アトポテンタトゥス類

板歯形類

パキプレウロサウルス類

基盤的始鰭竜類

プレシオサウルス科

ミクロクレイドゥス科

フーベイスクス類

基盤的魚竜形類

シャスタサウルス類

基盤的パルビペルビア類

テムノドントサウルス科

レプトネクテス科

イクチオサウルス科

ステノプテリギウス科

タニストロフェウス科

テレオサウルス科

マキモサウルス科

ペラゴサウルス科

252 251 247 241 237 227 209 201 199 191 183 174 170 168 166 164

白亜紀

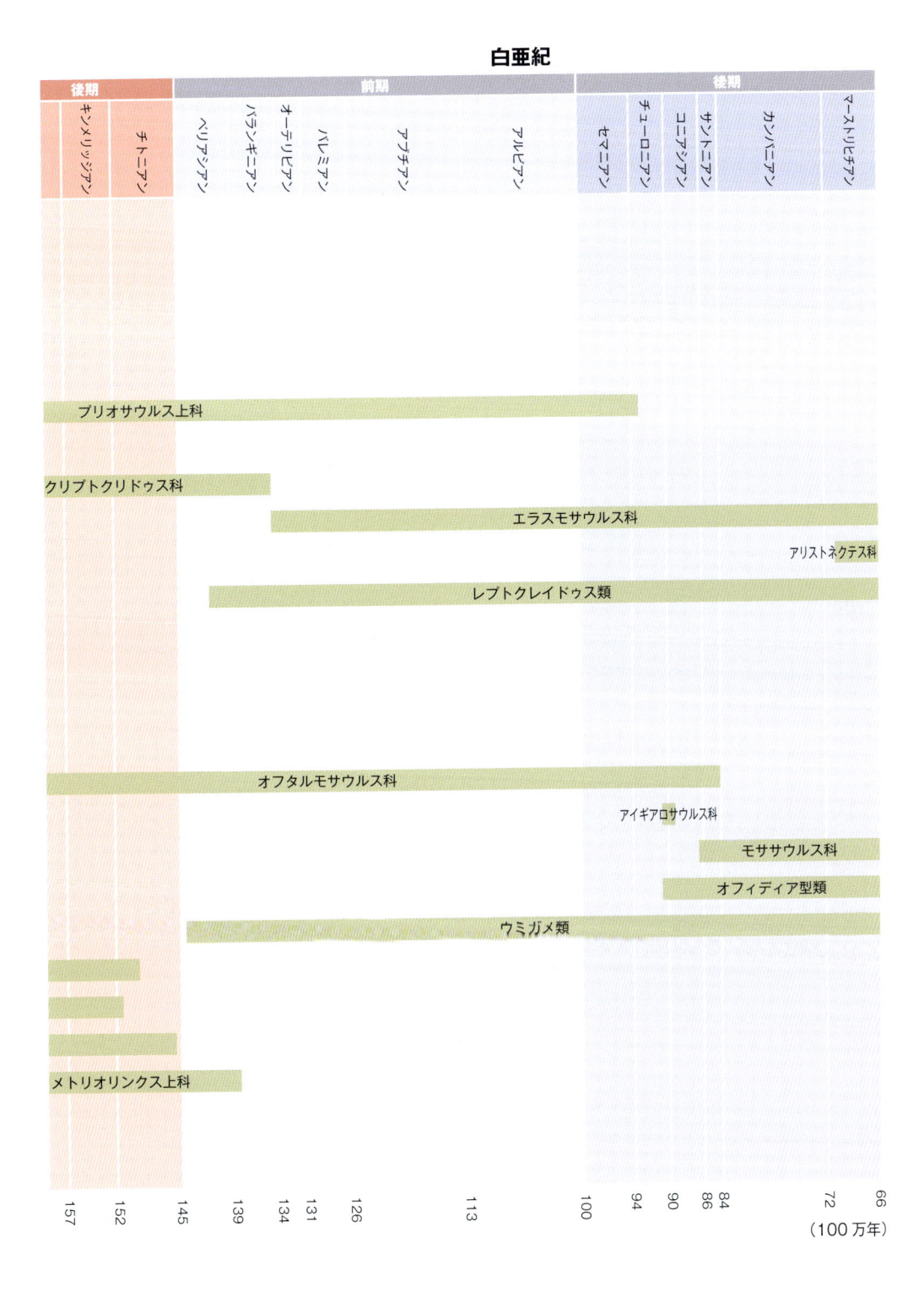

海　竜　事　典

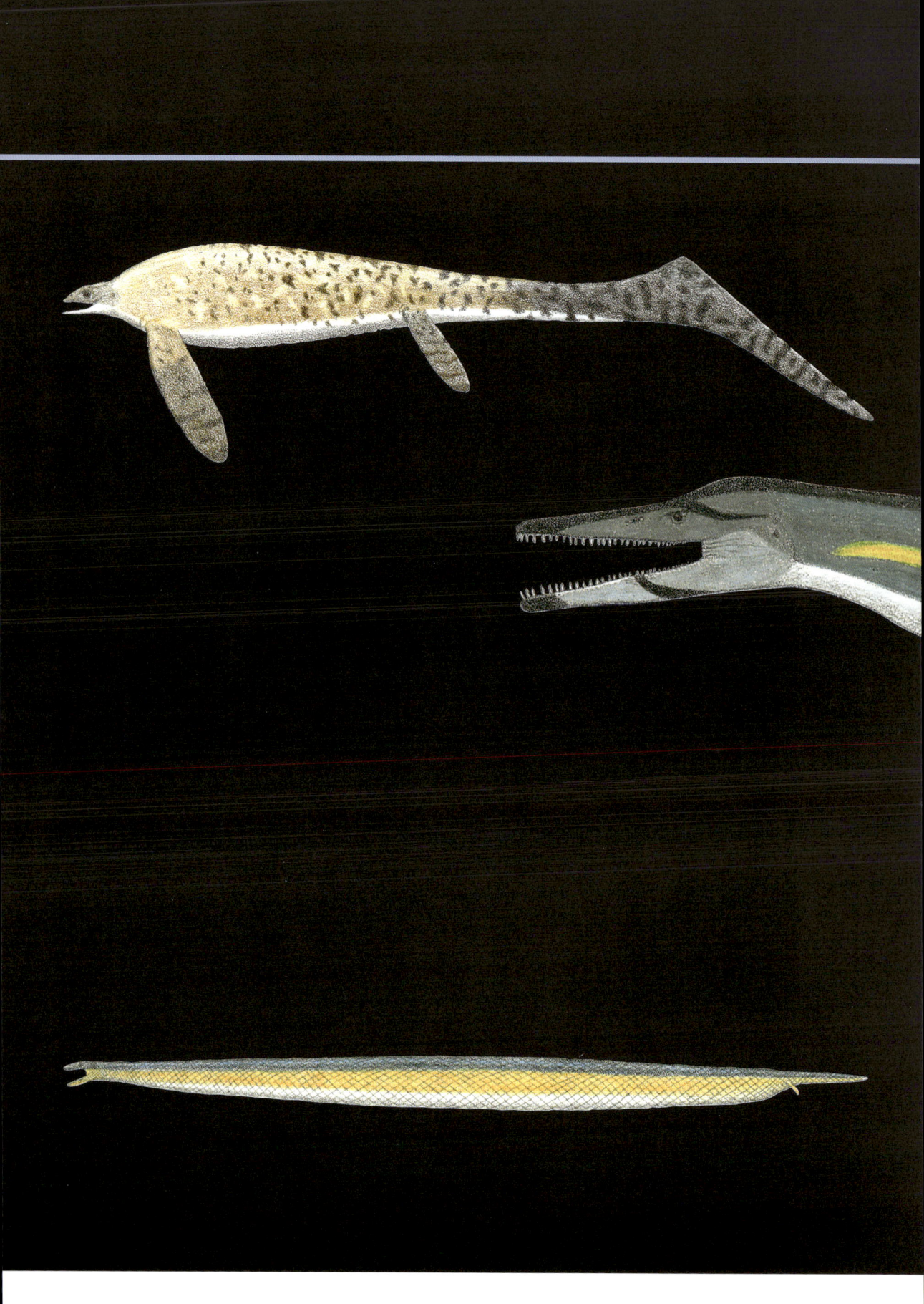

双弓類（Diapsids）

小型〜超大型の四肢動物で，古生代後期〜現代まで，汎世界的に生息.

解剖学的特徴　形態は非常に多様．頭骨に2つの側頭窓があるが，部分的にしか開口していない，あるいは閉じているなど，退化していることが多い．通常，肋骨は後方に傾いている．
生息環境と生態　非常に多様で，海生〜完全陸生，および高度な空中性．食性は草食特化〜頂点捕食者まで，非常に多様.
備考　四肢動物の3大グループの1つ．他は絶滅した無弓類と，哺乳類を含む単弓類.

新双弓類（Neodiapsids）

中型～超大型の双弓類で，古生代後期～現代まで，
汎世界的に生息．

生息環境と生態　非常に多様で，海生～完全陸生，および高度な空中性．また食性は草食特化～頂点捕食者まで，非常に多様．
備考　双弓類の大部分が含まれる．

タラットサウルス類（Thalattosaurs）

小型～大型の新双弓類で，中期～後期三畳紀の北半球に分布した．

解剖学的特徴　形態は均一的．頭骨は可動性がなく，体格は小型～中型．鼻孔は小さく，眼窩のすぐ前にある．眼はやや上向きで，強膜輪をもつこともある．側頭窓は，下側頭窓が一部開いている．下顎には筋突起が見られる．歯はきれいに生え揃うものもいれば，なくなるものもいる．口蓋にも歯をもつものが知られる．首は非常に短いものもいれば，相当長いものもいた．休幹はやや長く，横幅はやや狭く，腹肋をもつ．尾は非常に長く，その大部分は左右にだいぶ平たくなっており，直線的で，後端で広がることはない．骨盤は脊柱に接続する．四肢は短く，関節の固いパドルに変化しており，手足に指はあるがあまり長くなく，おそらく水かきを備えていた．体つきは中程度に流線型で，ウナギのように体をくねらせて泳いだ．四肢は主に安定性と舵取りのためのもので，遊泳時には体に密着させていた．
生息環境　沿岸部および海岸線の汽水域，ラグーン，岩礁，河口，淡水域．
生態　浅瀬で小型～中型の魚類を狙う待ち伏せ型および追い込み型の捕食者．おそらく砂浜で営巣・繁殖した．
備考　他の原始的な新双弓類との関係性は不明．南半球で見つかっていないのは，標本採集が不十分なためだと考えられる．

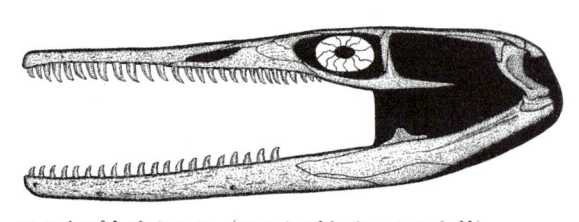

アスケプトサウルス（アスケプトサウルス上科）

アスケプトサウルス上科（Askeptosauroids）

小型～中型のタラットサウルス類で，中期～後期三畳紀のユーラシアに分布した．

解剖学的特徴　首は中程度の長さ．

エンデンナサウルス科（Endennasaurids）

小型のアスケプトサウルス上科で，後期三畳紀のヨーロッパに分布した．

解剖学的特徴　頭部は亜三角形状で，吻部は尖っていて歯をもたない．首はやや長く，体幹は中程度に幅広い．肩帯と腰帯はかなり発達し，指を含む四肢はそれほど短くない．

エンデンナサウルス・アクティロストリス（*Endennasaurus acutirostris*）
全長 1 m，体重 1.5 kg

化石記録　板状に潰れた頭骨と体骨格の大部分，および部分的な体骨格．
解剖学的特徴　頭部は中程度の大きさ．手は足より小さい．
年代　後期三畳紀；ノーリアン期．
分布と地層　イタリア；ゾルツィーノ石灰岩層．
生息環境　島の近海．

アスケプトサウルス科（Askeptosaurids）

中型のアスケプトサウルス上科で，中期～後期三畳紀のユーラシアに分布した．

解剖学的特徴　頭部は亜三角形状で小さく，下顎の筋突起も小さく，歯は亜円錐形状．首は中程度に長い．肩帯や腰帯は，腕や脚と共に退縮していて，手足の指も短い．

アスケプトサウルス・イタリクス
(*Askeptosaurus italicus*)
全長 3.9 m, 体重 85 kg

化石記録　数個体の頭骨と体骨格.
解剖学的特徴　頭部はやや長く, かなり横幅が狭い. 歯はかなり鋭い. 肩帯と腰帯はあまり退縮せず, 手は足より小さい.
年代　中期三畳紀；アニシアン期末期およびラディニアン期初期.
分布と地層　スイスーイタリア国境；ベザノ層.

生息環境　島の近海.
備考　ヘルベティコサウルス, パラプラコドゥス, セルピアノサウルス, ワイマニウス, ベザーノサウルス, 未命名属・ブクセリ, ミクソサウルス・コルナリアヌス, ミクソサウルス？・クーンシュナイダーイと同所的に生息した.

アンシュンサウルス・ウーシャエンシス
(*Anshunsaurus wushaensis*)
全長 3.1 m, 体重 35 kg

化石記録　ほぼ完全な頭骨と体骨格.

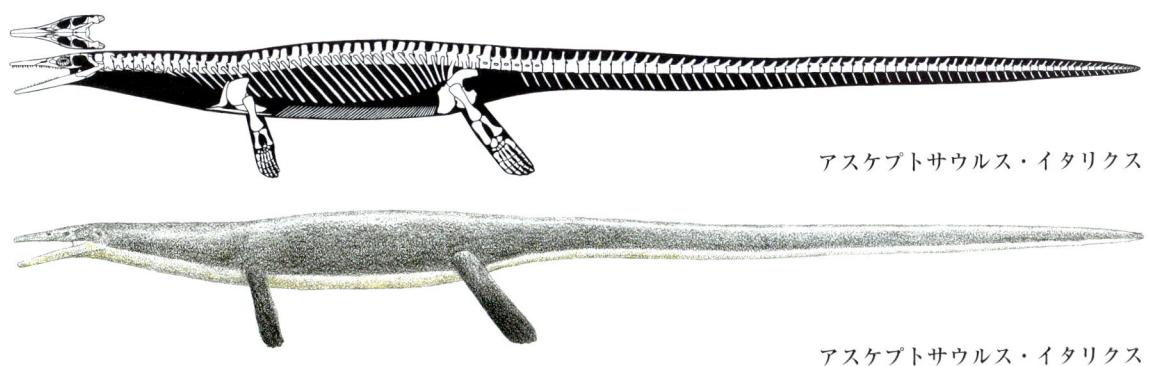

アスケプトサウルス・イタリクス

アスケプトサウルス・イタリクス

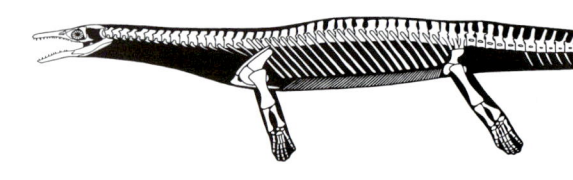

アンシュンサウルス・ウーシャエンシス

解剖学的特徴 頭部はやや小さい．鼻孔はとても小さい．歯はかなり鋭い．肩帯や腰帯は，腕や脚と共に退縮している．手と足はほぼ同じ大きさ．
年代 中期三畳紀；ラディニアン期後期．
分布と地層 中国南東部；法郎（ファラング）層中部．
生息環境 大陸の近海．
備考 シンプサウルス？・シンイエンシスと同所的に生息した．アンシュンサウルス・フアンゴウシュエンシスの直径の祖先にあたる可能性がある．

アンシュンサウルス・フアングオシュエンシス
(*Anshunsaurus huangguoshuensis*)
全長 3.5 m，体重 50 kg

化石記録 数個体の頭骨と体骨格．そのほとんどは板状に潰れている．
解剖学的特徴 鼻孔はとても小さい．歯はかなり鋭い．肩帯や腰帯は，腕や脚と共に退縮している．手と足はほぼ同じ大きさ．
年代 後期三畳紀；カーニアン期前期．
分布と地層 中国南東部；法郎（ファラング）層上部．
生息環境 大陸の近海．

備考 アンシュンサウルス・フアンニヘンシスも含まれるかもしれない．ユングイサウルス，チェンイクチオサウルス・ゾウイ，グアンリンサウルス，グイジョウイクチオサウルス，未命名属・オリエンタリス，ミオデントサウルスと同所的に生息した．

ミオデントサウルス・ブレビス
(*Miodentosaurus brevis*)
全長 5 m，体重 190 kg

化石記録 2体の頭骨および体骨格．
解剖学的特徴 頭部は短く，かなり横幅が広い．吻部はやや短い．鼻孔はとても小さい．下顎はかなり上下幅があるが，筋突起は低く下顎やや前方でわずかに上方に突出している．歯は少なく，顎前方にしか見られず，あまり鋭くない．首は頑丈．肩帯や腰帯は，腕や脚と共にかなり発達している．手と足はほぼ同じ大きさ．
年代 後期三畳紀；カーニアン期前期．
分布と地層 中国南東部；法郎（ファラング）層上部．
生息環境 大陸の近海．

タラットサウルス上科（Thalattosauroids）

小型〜中型のタラットサウルス類で，中期〜後期三畳紀の北アメリカとアジアに分布した．

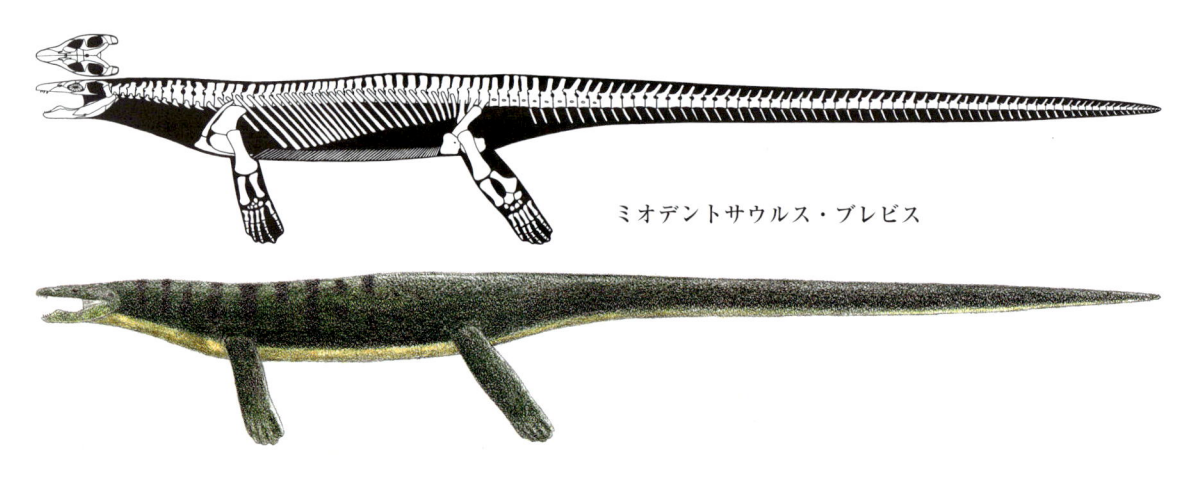

ミオデントサウルス・ブレビス

解剖学的特徴　吻部形態が大きく変化している．下顎の筋突起はかなり大きく，歯は縮小している．首は非常に短い．肩帯や腰帯は，腕や脚と共に退縮している．橈骨と腓骨は大きく発達しており，前者は前方に，後者は後方に張り出している．足に比べ手は小さい．

ネクトサウルス科（Nectosaurids）

小型のタラットサウルス上科で，後期三畳紀の北アメリカに分布した．

解剖学的特徴　頭骨は短く上下幅があり，吻部も上下幅が広いことから，亜長方形状．吻部先端はだいぶ下方に傾く．歯は少数で，顎の前の方にしか見られず，中程度の大きさでがっしりとした亜円錐形状をしており，かなり鋭い．

ネクトサウルス・ハリウス
（*Nectosaurus halius*）
全長 0.5 m

化石記録　複数個体分の部分的な頭骨と体骨格．
解剖学的特徴　このグループの特徴と同じ．
年代　後期三畳紀；カーニアン期後期．
分布と地層　アメリカ・カルフォルニア北部；ホセルクス石灰岩層中部．
生息環境　大陸の近海．
備考　化石骨格が不十分であるため，体重は推定不可能．タフットサウルス，シャスタサウルス，トレトクネムス？と同所的に生息した．

シンプサウルス科（Xinpusaurids）

小型〜中型のタラットサウルス上科で，中期〜後期三畳紀のアジアに分布した．

解剖学的特徴　吻部はスパイク状に細長く，下顎は上顎よりかなり短く，歯は退縮している．腕と脚は縮小し，腕は脚より小さい．

シンプサウルス（シンプサウルス類）

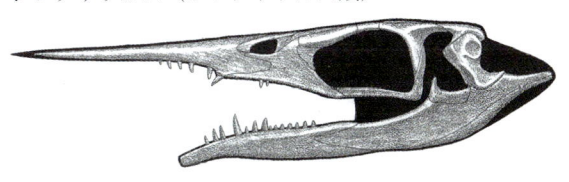

シンプサウルス？・シンイエンシス
（*Xinpusaurus ? Xingyiensis*）
全長 3 m，体重 40 kg

化石記録　板状に潰れた，頭骨および体骨格の大部分．
解剖学的特徴　頭部は亜三角形状．吻部は長く，歯を備えた鋭いスパイクのようになっている．下顎は上顎よりかなり短い．
年代　中期三畳紀；ラディニアン期後期．
分布と地層　中国南東部；法郎（ファラング）層中部．
生息環境　大陸の近海．
備考　シンプサウルス・スニの直系の祖先にあたるが，別属である可能性がある．アンシュンサウルス・ウーシャエンシスと同所的に生息した．

シンプサウルス・スニ
（*Xinpusaurus suni*）
全長 1.3 m，体重 3.5 kg

化石記録　幼体〜成体までの，数個体の頭骨と体骨格．
解剖学的特徴　頭部は大きく亜三角形状で，横幅が狭く，上下幅はかなり狭い．吻部の大部分には歯がなく，細長いスパイク状に長くなっている．眼窩は大きい．下顎は上顎よりかなり短く，わずかにS字に湾曲している．上顎の歯は顎の中央部にのみ見られ，下顎では先端に歯はないが，それ以外の領域には多くの歯が並んでい

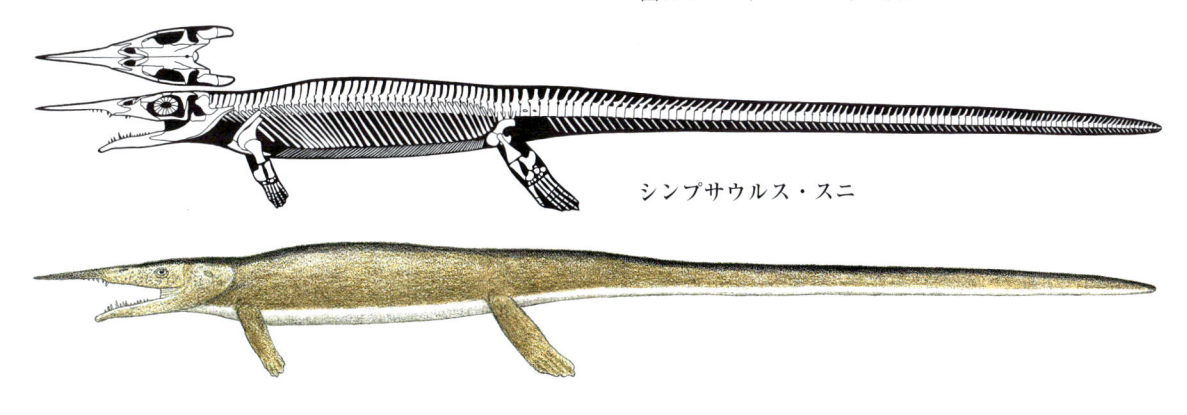

シンプサウルス・スニ

シンプサウルス・スニ

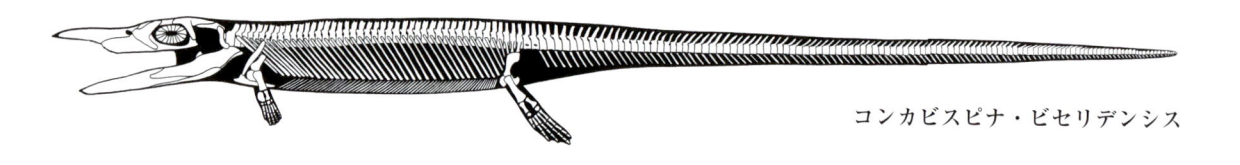

コンカビスピナ・ビセリデンシス

る. 歯はかなり大きく, 亜円錐形状でかなり鋭い.

年代 後期三畳紀；カーニアン期.

分布と地層 中国南部；シャオワ層.

生息環境 大陸の近海.

備考 シンプサウルス・コヒとシンプサウルス・バマオリネンシスは本種の異なる成長段階のものと見られる. コンカビスピナと同所的に生息した.

コンカビスピナ・ビセリデンシス
(*Concavispina biseridens*)
全長 3.7 m, 体重 75 kg

化石記録 ほぼ完全な頭骨と体骨格.

解剖学的特徴 頭部は大きく, 頑丈. 吻部はスパイク状で大きい. 下顎は上顎より短く, 重厚. 歯は極端に少ない. 四肢はかなり小さい.

年代 後期三畳紀；カーニアン期.

分布と地層 中国南部；シャオワ層.

生息環境 大陸の近海.

備考 吻部の先端が欠損しているため, 全長は不明.

タラットサウルス科 (Thalattosaurids)

小型のタラットサウルス上科で, 前期と中期 (両方, またはいずれか) 〜後期三畳紀の北アメリカに分布した.

解剖学的特徴 頭部は亜三角形状で, 吻部は下方に傾いている.

アキストログナトゥス・キャンプベルイ
(*Agkistrognathus campbelli*)
全長 1.5 m

化石記録 部分的な頭骨.

解剖学的特徴 歯は頑丈.

年代 前期あるいは中期三畳紀.

分布と地層 カナダ・ブリティッシュコロンビア州；サルファー・マウンテン層.

生息環境 大陸の近海.

備考 化石は露出した地層の崖で見つかったため, 層準は不明. 未命名属・ボレアリス, パラロネクテスと同所的に生息した.

パラロネクテス・メリアミ
(*Paralonectes merriami*)
全長 1 m

化石記録 3個体分の部分的な頭骨.

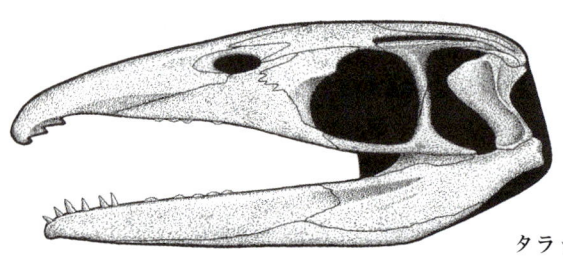

タラットサウルス (タラットサウルス科)

解剖学的特徴　頭骨はかなり上下幅が大きい．歯は小さめ．

年代　前期あるいは中期三畳紀．

分布と地層　カナダ・ブリティッシュコロンビア州；サルファー・マウンテン層．

生息環境　大陸の近海．

備考　化石は露頭の崖下で見つかったため，産出層準の詳細は不明．

未命名属・ボレアリス
（Unnamed genus *borealis*）
全長 0.75 m

化石記録　部分的な頭骨と体骨格の一部．

解剖学的特徴　吻部はかなり長い．歯は頑丈．

年代　前期あるいは中期三畳紀．

分布と地層　カナダ・ブリティッシュコロンビア州；サルファー・マウンテン層．

生息環境　大陸の近海．

備考　化石は露頭の崖下で見つかったため，産出層準の詳細は不明．次項のタラットサウルスと同属である可能性は低い．

タラットサウルス・アレクサンドラエ
（*Thalattosaurus alexandrae*）
全長 2 m

化石記録　部分的な頭骨と体骨格．

解剖学的特徴　頭部は亜三角形状で横幅が狭い．上顎の先端は鋸歯が見られる．上顎の歯は顎の中央部に限られ，低く鈍い．下顎前方の歯は円錐スパイク状で，中央部の歯は低く鈍い．

年代　後期三畳紀；カーニアン期後期．

分布と地層　アメリカ・カルフォルニア北部；ホセルクス石灰岩層中部．

生息環境　大陸の近海．

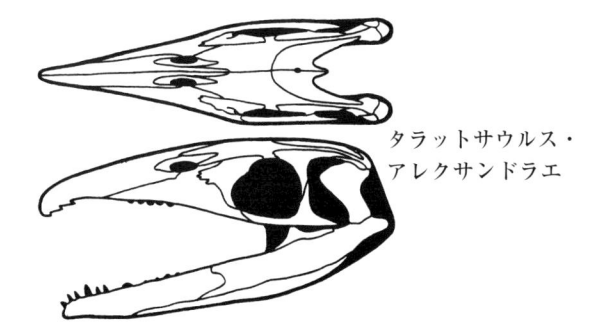

タラットサウルス・
アレクサンドラエ

備考　ネクトサウルス，シャスタサウルス，トレトクネムス？と同所的に生息した．

クララジア科（Claraziids）

小型のタラットサウルス上科で，中期三畳紀のヨーロッパに分布した．

解剖学的特徴　頭部は亜三角形状．吻部は長くなく下方を向く．鼻孔は吻端と眼窩の中間に位置する．下顎はがっしりとした造りで，歯の数は少ない．

クララジア・シンツィ
（*Clarazia schinzi*）
全長 0.75 m，体重 0.6 kg

化石記録　頭骨と体骨格の大部分．

解剖学的特徴　頭部は上下幅があまり大きくなく，横幅はやや広い．吻端はわずかに下方を向く．歯の数は少なく，顎の先端と中央部にのみ見られる．前方の歯は小さく，低く，鈍い．

年代　中期三畳紀；アニシアン期後期またはラディニアン期前期，あるいはその両方．

分布と地層　スイス；未命名の地層．

生息環境　島の近海．

備考　ヘシェレリアと同所的に生息した．

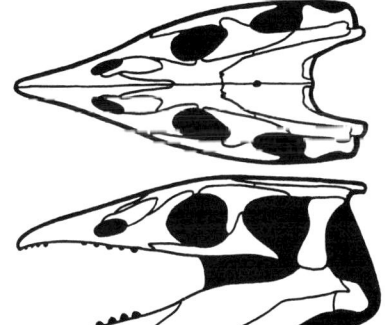

クフラジア・
シンツィ

ヘシェレリア・ルベリ
（*Hescheleria rubeli*）
全長 1 m

化石記録　頭骨の大部分．

解剖学的特徴　頭部は短く上下幅が大きい．吻端は強く下方に湾曲している．上顎の歯は吻端と顎中央部にのみ見られる．下顎先端の歯は歯のような円錐状の突起を横

切るように分布する．上顎前方の歯は小さく，顎中央部の歯は短く鈍い．下顎の前方の歯は小さい．

年代　中期三畳紀；アニシアン期後期またはラディニアン期前期，あるいはその両方．

分布と地層　スイス；未命名の地層．

生息環境　島の近海．

備考　化石骨格が不十分であるため，体重は推定不可能．

ヘルベティコサウルス類 （Helveticosaurs）

中型の新双弓類で，中期三畳紀に，ヨーロッパに分布した．

解剖学的特徴　頭骨はキネシスをもたない．頭部は小さく，短く，上下幅が広い．鼻孔は先端付近にある．歯は大きく長いスパイク状．首は短く，体幹はかなりがっしりとしており，腹肋がある．尾は直線的で，後端で広がらない．骨盤は脊柱と接続する．肩帯や腰帯は，腕や脚と共にかなりよく発達している．四肢は関節の可動性が下がり，部分的に水中翼構造へと変化しているが，完全な鰭にはなっていない．手足の指は極端に長いわけはないが，骨化していないところを含めるとかなり長くなっていた可能性があり，おそらく水かきを備えていた．体つきは中程度の流線型．体をくねらして泳いだり，鰭を使って泳いでいた．

生息環境　島の沿岸部および海岸線の汽水域．

生態　浅瀬で小型の魚類などの獲物を狙う待ち伏せ型の捕食者．おそらく砂浜で営巣・繁殖した．

備考　他の原始的な新双弓類との関係性は不明．一部の海域で見つかっていないのは，標本採集が不十分なためだと考えられる．

ヘルベティコサウルス・ゾリンゲリ （*Helveticosaurus zollingeri*）
全長 2 m，体重 15 kg

化石記録　かなり損傷がある，頭骨および体骨格の大部分．

解剖学的特徴　このグループの特徴と同じ．

年代　中期三畳紀；アニシアン期末期またはラディニアン期初期，あるいはその両方．

分布と地層　スイス；ベサノ層．

備考　アスケプトサウルス，パラプラコダス，セルピアノサウルス，ウィマニウス，ベサノサウルス，未命名

属・ブクセリ，ミクソサウルス・コロナリアヌス，ミクソサウルス？・クーンシュナイダーイと同所的に生息した．

鰭竜類 （Sauropterygians）

小型～超大型の新双弓類で，中期三畳紀～中生代の終わりまで，汎世界的に分布した．

解剖学的特徴　かなり形態は多様．頭骨は可動性がなく，強膜輪がしばしば見られる．腹肋がある．尾は直線的で，後方で広がることはない．四肢は関節の可動域が減り，少なくとも部分的には水中翼構造に変化している．

生息環境　非常に変化に富み，完全な水生～完全な陸生．また食性は草食特化～頂点捕食者まで，非常に多様．

アトポデンタトゥス類 （Atopodentatians）

中型の鰭竜類で，中期三畳紀のアジアに分布した．

解剖学的特徴　頭部は小さく，頭骨の横幅は中程度だが，吻部は特に幅が広くハンマーヘッドのようになっている．鼻孔は吻部先端近くにある．歯は非常に多く，ハンマーヘッドの前縁に沿って細長い杭のように並んでいる．首はやや長く，体幹はかなり広い．骨盤は脊柱に接続する．肩帯や腰帯は，腕や脚と共にかなり良く発達している．四肢はかたく関節するパドルに変化しており，手足に指はあるがあまり長くなく，おそらく水かき状になっていた．流体力学的には中程度の流線型をした体つき．ウナギのように，主に体をくねらして泳ぎ，四肢は主に安定性と舵取りのためのもので，遊泳時には体に密着させていた．

生息環境　島の沿岸部および海岸線の汽水域．

生態　小さな無脊椎動物をこしとるか，海底の藻類を削り取って食べていた．おそらく砂浜で営巣・繁殖した．

備考　系統関係は全く不明．最初期の草食性海生爬虫類である可能性がある．一部の海域で見つかっていないのは，標本採集が不十分なためだと考えられる．

アトポデンタトゥス・ウニクス
（*Atopodentatus unicus*）
全長 3 m，体重 50 kg

化石記録　板状に潰れた，数個体分の頭骨と体骨格．
解剖学的特徴　手と足は似た大きさ．
年代　中期三畳紀；アニシアン期中期．
分布と地層　中国南部；関嶺層（グアンリン）中部．
生息環境　大陸の近海．

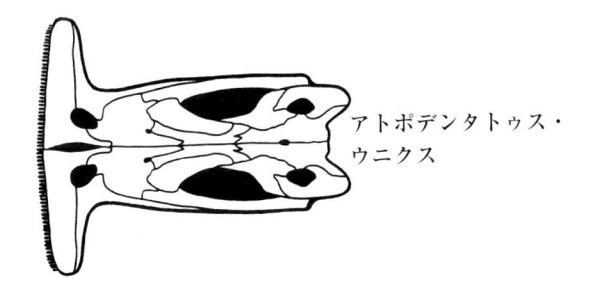

アトポデンタトゥス・
ウニクス

板歯形類（Placodontiformes）[1]

小型～中型の鰭竜類で，中期～後期三畳紀のユーラシア
に分布した．

解剖学的特徴　かなり形態は多様で，頑丈な造りになっ
ている．頭部は短くかなり幅が広い．眼窩は部分的に上
方を向いている．下顎の筋突起は大きい．歯がある場合，
いくつかの歯は平坦な構造となっていて，口蓋にも歯が
あることが多い．首は短い．体幹はコンパクトで，幅は
やや広い～かなり広いものまでいた．尾はやや長い．腕
と脚はやや短く，幅は狭く，部分的に水中賹構造に変化
しているが完全な鰭ではない．手足に指はあるがあまり
長くなく，おそらく水かき状を備えていた．あまり強く

ヘノドゥス（板歯形類）

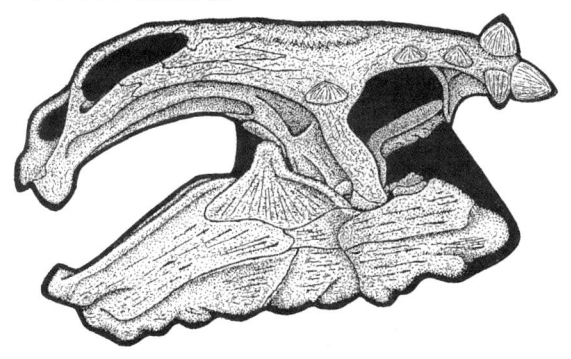

流体力学的流線型とはなっていなかった．
生息環境　沿岸部および海岸線の汽水域，ラグーン，岩
礁，河口．
生態　石畳のように並んだ歯と，側頭領域の大きさが示
す顎の筋肉の強靱さから，主に硬い貝を砕いて食べてい
た破砕食者で，濾過食性のものも一部いた．一部はマナ
ティーのような草食性であったと主張する研究者もい
る．おそらく砂浜で営巣・繁殖した．
備考　一部の海域で見つかっていないのは，標本採集が
不十分なためだと考えられる．

プラコドゥス上科（Placodontoids）

小型～中型の板歯形類で，中期～後期三畳紀のヨーロッ
パに分布した．

解剖学的特徴　頭部は小さく亜三角形状．顎の先端の歯
は大きく円錐形状で，前方に傾いている．体幹の横幅は
あまり広くなく，上下幅が広い．装甲はあるとしても，
ギザギザの稜を形成する背側正中部に限られる．主に体
をくねらせて泳いだ．

パラプラコドゥス科（Paraplacodontids）

小型のプラコドゥス上科で，中期三畳紀のヨーロッパに
分布した．

解剖学的特徴　口蓋歯のみ平板状．

パラプラコドゥス・ブロイリ
（*Paraplacodus brollli*）
全長 1.25 m，体重 4 kg

化石記録　1個体分の頭骨と体骨格の一部，および1個
体分の部分的な頭骨と体骨格の大部分．
解剖学的特徴　頭部は中程度の大きさ．眼窩は大きい．
顎の先端の歯はとても大きく，顎の中程の歯は円錐形状
で，とても頑丈で鈍い．体幹はがっしりとした造り．尾
はとても長い．四肢は大きい．
年代　中期三畳紀；アニシアン期後期およびラディニア
ン期前期．
分布と地層　イタリア北部；ベサノ層．
生息環境　島の近海．

---

[1] （訳注）　海竜概説の板歯類（Placodonts）は，概ねこのグループのことを指している．

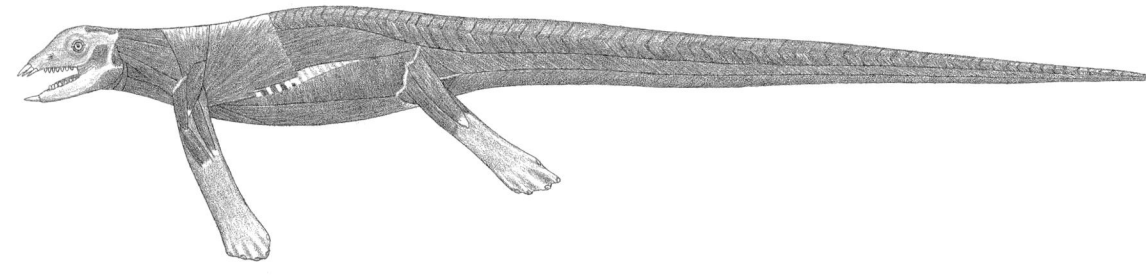

パラプラコドゥスの筋肉

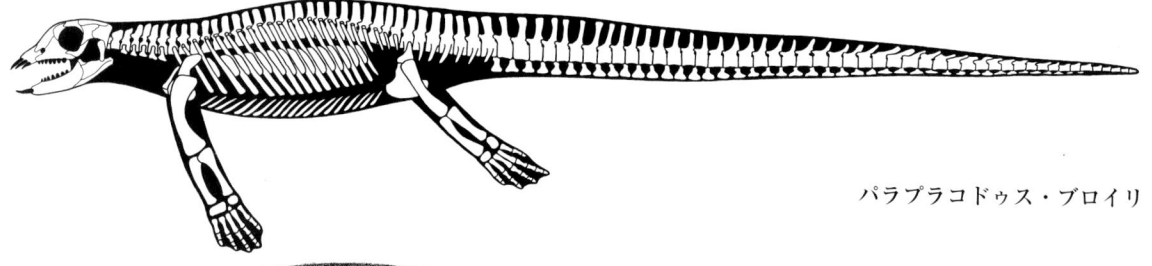

パラプラコドゥス・ブロイリ

備考　アスケプトサウルス，ヘルベティコサウルス，セルピアノサウルス，ワイマニウス，ベザーノサウルス，未命名属・ブクセリ，ミクソサウルス・コルナリアヌス，ミクソサウルス？・クーンシュナイダーイと同所的に生息した．

プラコドゥス科 （Placodontids）

小型〜中型のプラコドゥス上科で，中期三畳紀のヨーロッパに分布した．

解剖学的特徴　頭部は亜三角形状で，非常に重厚な造り．鼻孔は吻端と眼窩の中間部にある．下顎は上下幅があり，顎先端の歯は突出し，円錐形状で大きく，顎の中ほどの歯は平坦，敷石状に生えている．

パラルクス・ディーペンブロッキ
（*Pararcus diepenbroeki*）
全長 1.5 m，体重 10 kg

化石記録　体骨格の一部と，幼体と見られる個体の頭骨．
解剖学的特徴　情報不足．

年代　中期三畳紀；アニシアン期前期．
分布と地層　オランダ；ムッシェルカルク層下部．
生息環境　島の近海．
備考　パラトドンタ・ブリーカーは本種の幼体の可能性がある．ノトサウルス・マーチクス，ラリオサウルス・フォッセフェルテンシスと同所的に生息した．

プラコドゥス・ギガス
（*Placodus gigas*）
全長 3.2 m，体重 100 kg

化石記録　複数個体分の頭骨と体骨格．
解剖学的特徴　頭部は横幅が広い．体幹は頑丈．尾はやや長い．肩帯と腰帯は退縮している．手と足は同じ大きさ．
年代　中期三畳紀；アニシアン期後期．
分布と地層　ドイツ，オランダ，フランス；ムッシェルカルク層上部．
生息環境　島の近海．
備考　ノトサウルス・ミラビリス，ノトサウルス・ギガンテウス，ピストサウルス，ファントモサウルスと同所的に生息した．

キアモドゥス上科 （Cyamodontoids）

小型〜中型の板歯形類で，中期〜後期三畳紀のユーラシアに分布した．

プラコドゥス・ギガス

プラコドゥス・ギガス

解剖学的特徴　カメ類のようで，扁平で非常に幅広い体幹をもつ．側頭領域に角状の構造がある．肋骨は後方に傾いておらず，尾はあまり長くない．体型はあまり流線型になっておらず，推進と舵取りは尾と四肢の両方，あるいはそのいずれかで行う．

備考　すべての標本が上下方向に潰されて扁平になっているため，体重の推定が困難．

キアモドゥス科（Cyamodontids）

小型のキアモドゥス上科で，中期～後期三畳紀のユーラシアに分布した．

解剖学的特徴　頭部は大きく，上下幅が広い．側頭領域が大きく広がっているため，頭部後方が非常に幅広い．頭部後縁には角状の構造が並ぶ．歯はすべて鈍い形状．体幹の主要部と腰部に，それぞれ背甲がある．尾は背側と外側がそれぞれ角状突起の列で覆われているが，後端部はむき出しの状態になっている．

キアモドゥス・タルノビツェンシス
（*Cyamodus tarnowitzensis*）
成体サイズ不明

化石記録　未成熟と見られる個体の，部分的な頭骨．
解剖学的特徴　情報不足．
年代　中期三畳紀；アニシアン期中期．
分布と地層　ドイツ南部；ムッシェルカルク層下部．
生息環境　島の近海．

備考　トロドゥス，コンテクトパラトゥスと同所的に生息した．キアモドゥス・ロストラトゥスの直系の祖先にあたる可能性がある．

キアモドゥス・ロストラトゥス
（*Cyamodus rostratus*）
全長 0.9 m，体重 5 kg

化石記録　複数個体の頭骨と体骨格．
解剖学的特徴　上顎に 7 対，下顎に 4 対の歯がある．
年代　中期三畳紀；アニシアン期後期．
分布と地層　ドイツ南部；ムッシェルカルク層中部．
生息環境　島の近海．
備考　キアモドゥス・ミュンステリの直系の祖先にあたる可能性がある．

キアモドゥス・ミュンステリ
（*Cyamodus munsteri*）
全長 1.4 m，体重 22 kg

化石記録　数個体分の頭骨と体骨格．
解剖学的特徴　上顎に 7 対，下顎に 3 対の歯がある．体幹の主要部と腰部にそれぞれ甲羅があり，背側から見ると丸みを帯びた形．これらの背甲は小さな不規則な小板からなり，中程度の大きさの角状構造で縁取られギザギザ構造になっている．手は足よりやや小さい．
年代　中期三畳紀；ラディニアン期前期．
分布と地層　ドイツ南部，

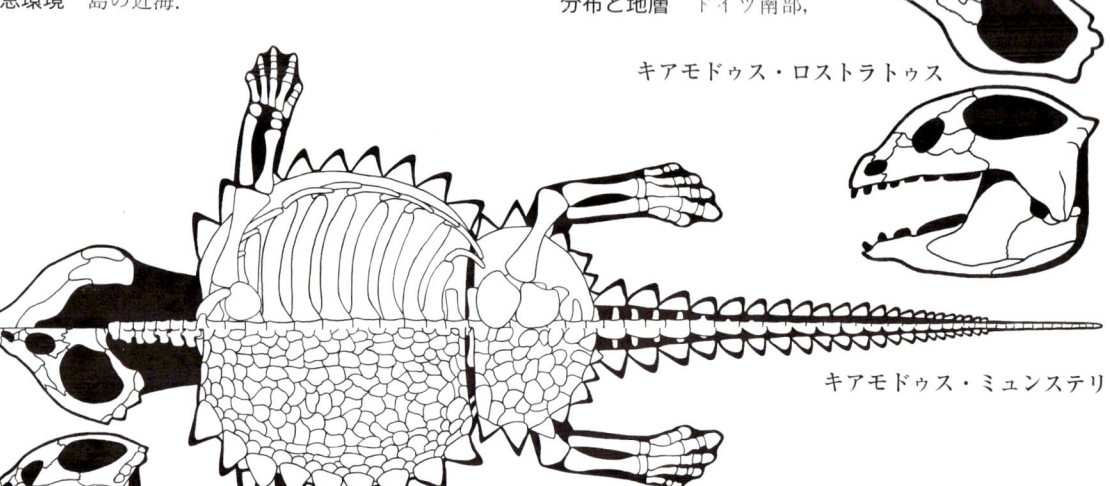

キアモドゥス・ロストラトゥス

キアモドゥス・ミュンステリ

スイス，イタリア北部？；ムッシェルカルク層上部，メリデ石灰岩層下部，ベサノ層？

生息環境　島の近海.

備考　キアモドゥス・ヒルデガルディスはおそらく本種に含まれる．ネウスティコサウルスやチェレージオサウルスと同所的に生息した．キアモドゥス・クーンシュナイダーイの直系の祖先にあたる可能性がある.

キアモドゥス・クーンシュナイダーイ
(*Cyamodus kuhnschnyderi*)
全長 1.5 m，体重 25 kg

化石記録　複数個体分の頭骨と体骨格.

解剖学的特徴　前方の歯はさらに減り，上顎に 5 対，下顎に 3 対の歯がある.

年代　中期三畳紀；ラディニアン期中期.

分布と地層　ドイツ南部；ムッシェルカルク層上部.

生息環境　島の近海.

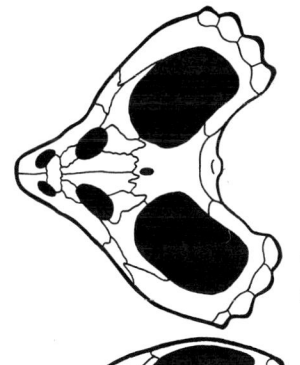

キアモドゥス・
クーンシュナイダーイ

未命名属？・オリエンタリス
(Unnamed genus? *orientalis*)
全長 1.5 m，体重 20 kg

化石記録　頭骨と体骨格の大部分.

解剖学的特徴　側頭領域の後縁に角状構造が発達しない．歯列は短く，上顎に 4 対，下顎に 2 対の歯がある．体幹の主要部の甲羅は背側から見るとやや四角形状で，中程度の大きさの不規則な小板からなる．腰部の甲羅は不規則な形態．共に角状構造の隆起はない．手と足はほぼ同じ大きさ.

年代　後期三畳紀；カーニアン期前期.

分布と地層　中国南東部；法郎（ファラング）層上部.

生息環境　大陸の近海.

備考　より古く，ヨーロッパに生息したキアモドゥスに分類するのは大きな問題がある．アンシュンサウルス・ファングオシュエンシス，ミオデントサウルス，ユングイサウルス，チェンイクチオサウルス・ゾウイ，グアンリンサウルス，グイジョウイクチオサウルスと同所的に生息した.

マクロプラクス・レーティクス
(*Macroplacus raeticus*)
全長 1 m，体重 8 kg

化石記録　部分的な頭骨.

解剖学的特徴　情報不足.

年代　後期三畳紀；レーティアン期前期.

分布と地層　ドイツ南部；ケセン層.

生息環境　島の近海.

プラコケリス科（Placochelyids）

中型のキアモドゥス上科で，中期～後期三畳紀のヨーロッパに分布した.

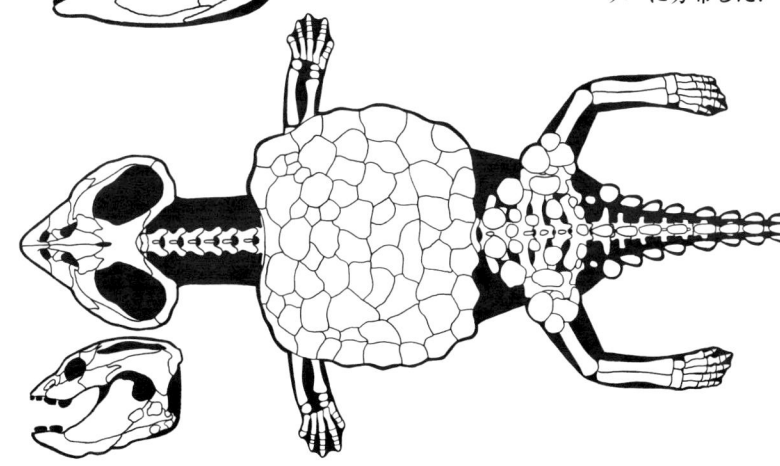

未命名属？・オリエンタリス

解剖学的特徴 頭部は大きくなく，幅が広く，やや扁平．吻端は四角い．歯はない．細長い鼻孔は眼窩のすぐ前にある．側頭領域は拡大している．顎の中央部のすべての歯は平坦な板状．背甲構造の縁には角構造はない．

備考 既知の2属の頭骨は酷似しているが，骨格に大きな違いが見られることから，異なる科に分類される可能性がある．

プセフォデルマ・アルピヌム
(*Psephoderma alpinum*)
全長 2.4 m，体重 95 kg

化石記録 複数個体分の頭骨と体骨格．

解剖学的特徴 頭部の横幅はやや広い．鼻孔はとても小さい．側頭領域後縁には角状構造がある．下顎はやや上下幅が狭い．歯は上下の顎に3対ずつある．体幹の主要部と腰部にそれぞれ甲羅があり，体幹の主要部のものは背側から見るとかなり丸みを帯びていて，腰部のものは背側から見るとほぼ長方形状をしている．尾はやや長く，背面と側面には角状構造が列をなしているが，尾の先端はむき出しになっている．腕および手は脚および足より小さい．

年代 中期三畳紀；ノーリアン期中期または後期，あるいはその両方．

分布と地層 イタリア；ゾルツィーノ石灰岩層．

生息環境 島の近海．

プラコケリス・プラコドンタ
(*Placochelys placodonta*)
全長 0.8 m

化石記録 完全な頭骨と部分的な頭骨，体骨格の大部分．

解剖学的特徴 頭部は非常に幅広く，側頭領域はとても幅広く，多数の角状構造の隆起がある．下顎はやや上下

幅が狭い．上顎には歯が4対ある．甲羅は一体化したものがひとつのみで，背側から見るとほぼ長方形状をしていて，不規則な小板が，より大きな亜円錐形状の皮骨を取り囲むように敷石状に配列している．尾は短く装甲はない．四肢は前後で似た大きさ．

年代 中期三畳紀；ラディニアン期後期．

分布と地層 ハンガリー；フィジオカルディア層．

生息環境 島の近海．

備考 近年まで適切な記載が行われておらず，現時点で正確な骨格復元や体重推定ができない．手足が水かきのあるものだったのか，フリッパー状であったのかも不明．

ヘノドゥス科 （Henodontids）

小型〜中型のキアモドゥス上科で，後期三畳紀のヨーロッパに分布した．

解剖学的特徴 上側頭窓は大幅に縮小，または閉じている．歯は大幅に退縮し，咬合面は凹んでおり，下顎はヒゲ状の軟組織で裏張りされていた可能性がある．甲羅は一体化し，背・腹側共に装甲で覆われている．

生態 小さな無脊椎動物をこしとるか藻類を削り取って食べていた．あるいはその両方の捕食者．

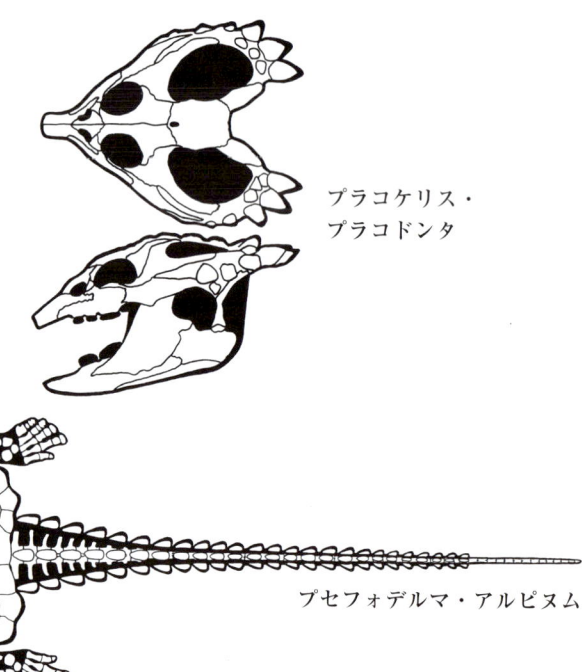

プラコケリス・
プラコドンタ

プセフォデルマ・アルピヌム

パラヘノドゥス・アタンケンシス
（*Parahenodus atancensis*）
全長 1 m，体重 15 kg

化石記録　部分的な頭骨.
解剖学的特徴　頭部は背側から見ると亜三角形状．上側頭窓は小さい．
年代　後期三畳紀；カーニアン期あるいはノーリアン期.

分布と地層　スペイン；未命名の地層.
生息環境　島の近海.

ヘノドゥス・ケリオプス
（*Henodus chelyops*）
全長 1.4 m，体重 40 kg

化石記録　数個体分の頭骨と体骨格.

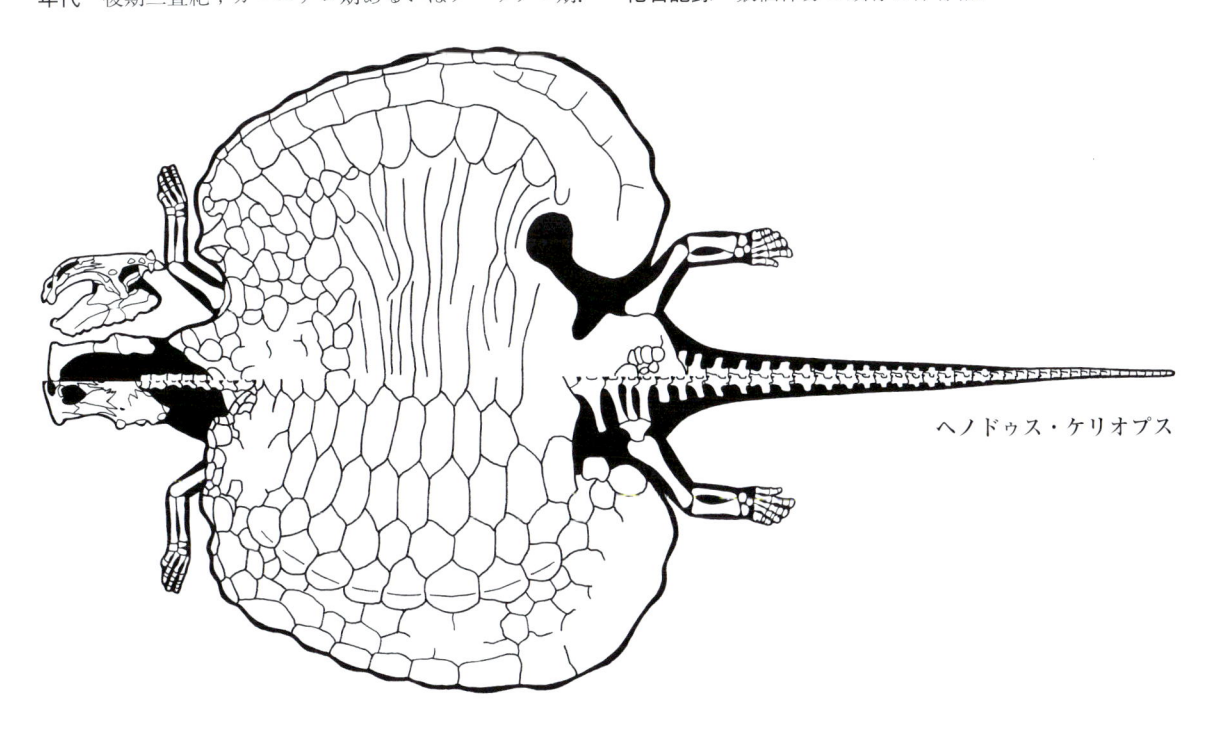

ヘノドゥス・ケリオプス

解剖学的特徴 頭部はやや小さく，外側および背側から見てほぼ四角形状で，やや上下幅が大きい．吻部は幅広く四角形状で，鼻孔は吻端のごく近くにある．頭部前端の眼窩は強く上を向く．上側頭窓は閉じている．下顎は上下幅が大きく，その前方に1対の小さな歯がある．甲羅は背側から見ると非常に幅広く，その側縁は丸い．小板はかなりきれいに配列していて，前後方向に走る1対の低い稜を形成している．甲羅の前方突起は首の一部を覆い，甲羅の縁に角状構造の隆起はない．腕と脚はとても退縮していて，腕は脚よりわずかに小さい．

年代 後期三畳紀；カーニアン期前期．

分布と地層 ドイツ南部；コイパー層下部．

生息環境 沿岸の近海．

サウロスファルギス科 （Saurosphargids）

小型～中型の鰭竜類で，中期～後期三畳紀のアジアに分布した．

解剖学的特徴 頭部は中程度の大きさで，亜三角形状で上下幅はない．鼻孔はかなり後方にある．下顎は上顎よりやや短い．歯はずんぐりとした亜円錐形状．首はやや短い．体幹は幅広く，胸郭と腹肋は頑丈な造り．

備考 他の新双弓類との関係性は不明であるが，タラットサウルス類と関係があり，板歯形類とは収斂進化している可能性がある．既知の属は解剖学的に大きな隔たりがあるため，別々の科に分類される可能性がある．

ラルゴケファロサウルス・ポリカルポン
（*Largocephalosaurus polycarpon*）
全長2 m，体重40 kg

化石記録 数個体分の頭骨と部分的な体骨格．

解剖学的特徴 頭部の横幅はやや広い．鼻孔は眼窩のすぐ前にある．体幹の横幅はやや広い．尾はやや長い．腕と脚はやや大きい．装甲は華奢．

年代 中期三畳紀；アニシアン期中期．

分布と地層 中国南部；関嶺（グアンリン）層上部．

生息環境 沿岸の近海．

備考 ラルゴケファロサウルス・キアネンシスが含まれる可能性がある．パンジョウサウルス，ウメンゴサウルス，ノトサウルス・ヤンジュアネンシス，シンミノサウルス，バラクーダサウロイデス，シノサウロスファルギスと同所的に生息した．

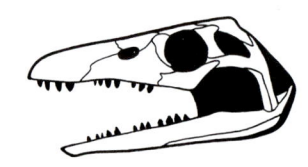

ラルゴケファロサウルス・ポリカルポン

シノサウロスファルギス・ユングイエンシス
（*Sinosaurosphargis yunguiensis*）
全長1 m，体重10 kg

化石記録 板状に潰れた，頭骨と複数の部分的な体骨格．

解剖学的特徴 頭部後方は横幅が非常に広い．扁平で横幅が非常に広い甲羅をもつカメ類のような体幹．甲羅は背側から見ると丸い．甲羅の縁は非常に多くの小板からなり，縁に沿った角状構造はない．

年代 中期三畳紀；アニシアン期中期．

分布と地層 中国南部；関嶺（グアンリン）層上部．

生息環境 沿岸の近海．

サウロスファルギス・フォルツイ
（*Saurosphargis volzi*）
全長0.6 m

化石記録 部分的な体骨格．

解剖学的特徴 扁平で横幅が非常に広い甲羅をもつカメ類のような体幹．

年代 中期三畳紀；アニシアン期中期．

分布と地層 ポーランド；ムッシェルカルク層下部．

生息環境 島の近海．

備考 標本は第2次世界大戦で損壊．ダクティロサウルスやジャーマノサウルスと同所的に生息した．

始鰭竜類 （Eosauropterygians）

小型～超大型の鰭竜類で，前期三畳紀～中生代の終わりまで，汎世界的に分布した．

解剖学的特徴 形態は非常に多様．頭部は非常に小さいものもいれば非常に大きいものもいて，一般に亜三角形状で，幅はあまり広くなく，やや扁平．眼窩は部分的に上方を向く．鼻孔は吻端から遠い．下顎は上下幅が狭い．歯はひととおり生え揃い，円錐形状で，長いものは上下で互い違いに組み合う．口蓋に歯は生えていない．頸椎，胴椎，前方の尾椎は種内でほぼ似た構造．首は長く，時に非常に長い．体幹はあまり幅広くなく，腹肋は良く発達している．尾は短く，直線的で，後方で広がらない．肩甲骨は，細長く幅広い肩帯の前方に位置し，胸部の肋骨にあま

り重ならない．流体力学的にやや流線型で，水中翼のように変形した四肢によって推進する．後肢の力が前肢よりもやや劣るものもいる．尾は主に安定と舵取りのためのもの．

生息環境　淡水域〜深海．

生態　遊泳能力は普通〜良好．捕食性で，ほとんどが小型〜大型の魚類などの獲物を狙う待ち伏せ型または追い込み型，あるいはその両方の捕食者で，破砕食者や濾過食性のものもいた．基本的には砂浜で繁殖し，完全なフリッパーをもった種類は水中で繁殖した．

パキプレウロサウルス類
（Pachypleurosaurs）

小型〜中型の始鰭竜類で，前期〜中期三畳紀のユーラシアに分布した．

解剖学的特徴　側頭領域と上側頭窓は小さく，背側から見ると狭い．尾の根本は幅広い．

生態　遊泳能力は普通．小型〜中型の獲物を狙う待ち伏せ型および追い込み型の捕食者．

備考　知られている中で最小の海生爬虫類を含むと思われる．

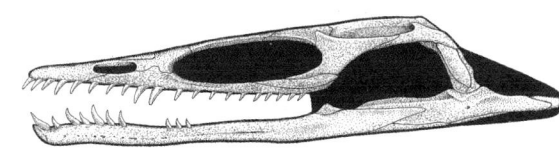

ケイチョウサウルス（パキプレウロサウルス類）

マジアシャノサウルス・ディスココラコイディス
（*Majiashanosaurus discocoracoidis*）
全長 1 m，体重 2.5 kg

化石記録　板状に潰れた，体骨格の大部分．

解剖学的特徴　手は足と同じ大きさ．

年代　前期三畳紀；オレネキアン期．

分布と地層　中国東部；南陵湖（ナンリング）層上部．

生息環境　大陸の近海．

備考　スクレロコルムスやチャオフーサウルス・ゲイシャンエンシスと同所的に生息した．

ハノサウルス・フーペイエンシス
（*Hanosaurus hupehensis*）
全長 0.7 m，体重 1 kg

化石記録　板状に潰れた，部分的な頭骨と体骨格．

解剖学的特徴　上側頭窓は小さい．歯は細く，やや長い．

年代　中期三畳紀；アニシアン期．

分布と地層　中国南部；嘉陵江（ジャンリン）層下部．

生息環境　大陸の近海．

パンジョウサウルス・ロトゥンディロストリス
（*Panzhousaurus rotundirostris*）
全長 0.7 m，体重 1 kg

化石記録　板状に潰れた，頭骨と体骨格の大部分．

解剖学的特徴　頭部は小さい．吻部は横幅がかなり広く丸い．眼窩はかなり前方にある．上側頭窓は小さい．歯は大きく，顎の前半分のみに見られ，強く湾曲し，傾いて生えている．首はやや長い．体幹の横幅はやや広い．手は足と同じ大きさ．

年代　中期三畳紀；アニシアン期中期．

分布と地層　中国南部；関嶺（グアンリン）層上部．

生息環境　大陸の近海．

備考　ラルゴケファロサウルス，シノサウロスファルギス，ウメンゴサウルス，ノトサウルス・ヤンジュアネンシス，シンミノサウルス，バラクーダサウロイデスと同所的に生息した．

ディアノパキサウルス・ディンギ
（*Dianopachysaurus dingi*）
全長 0.2 m，体重 0.02 kg

化石記録　板状に潰れた，頭骨と体骨格の大部分．

解剖学的特徴　頭骨は横幅がかなり広い．眼窩はかなり前方にある．上側頭窓は小さい．歯は小さい．腕は足より小さい．

年代　中期三畳紀；アニシアン期中期．

分布と地層　中国南部；関嶺（グアンリン）層中部．

生息環境　大陸の近海．

備考　アトポデンタトゥスやディノケファロサウルスと同所的に生息した．体は大変小さいが成体であり，ダクティロサウルスと共に知られている中で最小の海生爬虫類である．

ダクティロサウルス・グラシリス
（*Dactylosaurus gracilis*）
全長 0.2 m，体重 0.02 kg

化石記録　板状に潰れた，多数の頭骨と体骨格．

解剖学的特徴　上側頭窓は小さい．

年代　中期三畳紀；アニシアン期中期．

分布と地層　ポーランド；ムッシェルカルク層下部．

生息環境　島の近海．

備考　サウロスファルギスやジャーマノサウルスと同所的に生息した.

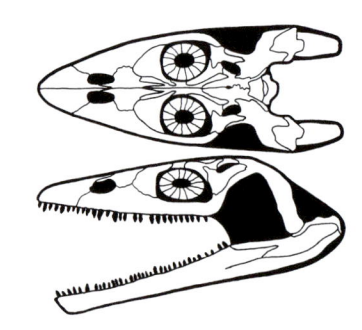

アナロサウルス・
ヘテロドントゥス

ケイチョウサウルス・フイ
(*Keichousaurus hui*)
全長2.7 m, 体重50 kg

化石記録　板状に潰れた, 幼体〜成体までの, 非常に多くの頭骨と体骨格.

解剖学的特徴　頭部はかなり小さく, やや横幅が広い. 上側頭窓はやや大きい. 前方の歯は長く, 細長く緩やかに湾曲したトゲ状で, 傾いて生えており, 上下で不規則に組み合う. 手は足より小さく, 下腕の尺骨は大きく拡大している.

年代　中期三畳紀；ラディニアン期後期.

分布と地層　中国南東部；法郎(ファラング)層下部.

生息環境　大陸の近海.

ネウスティコサウ
ルス・プシルス

生態　ある程度の性的二型が見られる. 胎生であった可能性がある.

備考　知られている標本数は, 中生代の海生爬虫類の中でおそらく最多. ノトサウルス・ヤンギ, ラリオサウルス, チエンシサウルス, ワンゴサウルス, チェンイクチオサウルスと同所的に生息した.

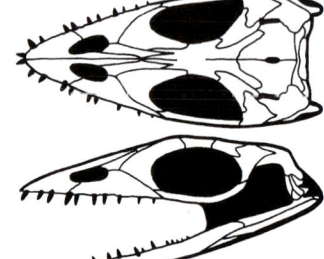

ネウスティコサウ
ルス・パイエリ

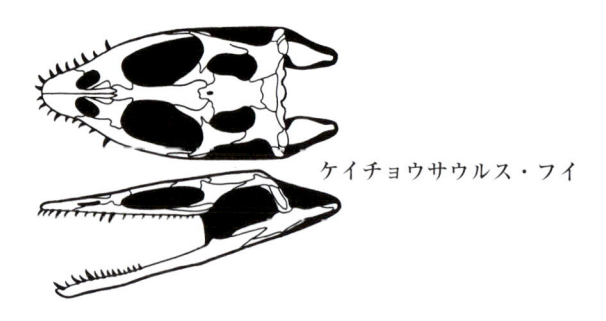

ケイチョウサウルス・フイ

アナロサウルス・ヘテロドントゥス
(*Anarosaurus heterodontus*)
全長0.5 m, 体重0.35 kg

化石記録　複数個体分の頭骨と体骨格. ほとんどが板状に潰れている.

解剖学的特徴　頭部は横幅がかなり広い. 上側頭窓は非常に小さい. 歯は鈍く, 小さく, 多い. 手は足より小さい.

年代　中期三畳紀；アニシアン期中期.

分布と地層　ドイツ中央；ムッシェルカルク層中部.

生息環境　島の近海.

備考　セルピアノサウルス・ゲルマニクスやノトサウルス・ジュベニリスと同所的に生息した.

ネウスティコサウルス・プシルス
(*Neusticosaurus pusillus*)
全長0.5 m, 体重0.35 kg

化石記録　多数の頭骨と体骨格. ほとんどが板状に潰れている.

解剖学的特徴　頭部は小さく, 横幅がかなり広い. 上側頭窓は極めて小さい. 手は足より小さい.

年代　中期三畳紀；ラディニアン期前期.

分布と地層　スイス；メリデ石灰岩層下部.

生息環境　島の近海.

備考　チェレージオサウルス・カルカーニイと同所的に生息した. ネウスティコサウルス・パイエリの直系の祖先にあたる可能性がある.

ネウスティコサウルス・パイエリ
(*Neusticosaurus peyeri*)
全長0.5 m, 体重0.35 kg

化石記録　多数の頭骨と体骨格. ほとんどが板状に潰れ

ている.

解剖学的特徴　頭部は小さく，横幅がかなり広い．上側頭窓はほとんど閉じている．歯はやや多く，中間的な大きさで，頑丈．手は足より小さい．

年代　中期三畳紀；ラディニアン期前期.

分布と地層　スイス；メリデ石灰岩層下部.

生息環境　島の近海.

備考　チェレージオサウルス・ランチと同所的に生息した．ネウスティコサウルス・テプリッチの直系の祖先にあたる可能性がある.

ネウスティコサウルス・テプリッチ
(*Neusticosaurus toeplitschi*)
全長 0.4 m，体重 0.18 kg

化石記録　板状に潰れた，多数の頭骨と体骨格.

解剖学的特徴　頭部は小さく，横幅がかなり広い．歯はやや多く，中間的な大きさで，頑丈.

年代　中期三畳紀；ラディニアン期後期またはカーニアン期前期，あるいはその両方.

分布と地層　スイス；パートナッハ層.

生息環境　島の近海.

ネウスティコサウルス（あるいはパキプレウロサウルス）・エドワーズイ
(*Neusticosaurus* (or *Pachypleurosaurus*) *edwardsi*)
全長 1.25 m，体重 5.5 kg

化石記録　多数の頭骨と体骨格．ほとんどが板状に潰れている.

解剖学的特徴　頭部は小さく，横幅がかなり広い．上側頭窓はとても小さい．歯はやや多く，中間的な大きさで，頑丈．腕は脚より細長い．手は足より小さい.

年代　中期三畳紀；ラディニアン期中期.

分布と地層　スイス；メリデ石灰岩層中部.

生息環境　島の近海.

セルピアノサウルス・ゲルマニクス
(*Serpianosaurus germanicus*)
全長 2 m，体重 20 kg

化石記録　部分的な体骨格.

解剖学的特徴　情報不足.

年代　中期三畳紀；アニシアン期中期.

分布と地層　ドイツ中央；ムッシェルカルク層中部.

生息環境　島の近海.

ネウスティコサウルス（あるいはパキプレウロサウルス）・エドワーズイ

備考　アナロサウルスやノトサウルス・ジュベニリスと同所的に生息した．セルピアノサウルス・ミリジョレンシスの直系の祖先にあたる可能性がある.

セルピアノサウルス・ミリジョレンシス
(*Serpianosaurus mirigiolensis*)
全長 0.85 m，体重 1.7 kg

化石記録　多数の頭骨と体骨格.

解剖学的特徴　頭部はかなり大きい．眼窩は大きい，上側頭窓は極めて小さい．歯は多く小さい．手は足とほぼ同じ大きさ.

年代　中期三畳紀；アニシアン期末期およびラディニアン期初期.

分布と地層　スイス；ベサノ層.

生息環境　大陸の近海.

備考　アスケプトサウルス，ヘルベティコサウルス，パラプラコドゥス，ワイマニウス，ベザーノサウルス，未命名属・ブクセリ，ミクソサウルス・コルナリアヌス，ミクソサウルス？・クーンシュナイダーイと同所的に生息した.

ネウスティコサウルス（あるいはパキプレウロサウルス）・エドワーズイ

セルピアノサウルス・ミリジョレンシス

ウメンゴサウルス・デリカトマンディビュラリス
（*Wumengosaurus delicatomandibularis*）
全長 1.3 m，体重 6 kg

化石記録　頭骨と 2 個体分の体骨格.

解剖学的特徴　頭部は小さく，細い．吻部は長い．鼻孔は非常に小さい．歯は多く，小さく，垂直に生えている．腕と脚はやや小さく，手は足より小さい.

年代　中期三畳紀；アニシアン期中期.

分布と地層　中国南部；関嶺（グアンリン）層上部.

生息環境　大陸の近海.

備考　ラルゴケファロサウルス，シノサウロスファルギス，パンジョウサウルス，ノトサウルス・ヤンジュアネンシス，シンミノサウルス，バラクーダサウロイデスと同所的に生息した.

ウメンゴサウルス・
デリカトマンディビュラリス

偽竜類 （Nothosaurs）

小型〜大型の始鰭竜類で，中期三畳紀のユーラシアに分布した．

解剖学的特徴　頭部は中程度の大きさ．側頭領域が伸長し，時に極めて長くなっているために，眼窩はかなり前方にある．鼻孔はそれほど縮小しておらず，眼窩のかなり近くにある．下顎は上下幅が狭い．首はやや長い．体幹はやや長く，横幅がかなり狭い．尾はやや長い．骨盤は脊椎と接続している．腹部はあまり拡大していない．四肢は完全な鰭状ではない．
生息環境　沿岸部および海岸線の汽水域，ラグーン，岩礁，河口，淡水域．
生態　遊泳能力は普通．ほとんどが小型〜中型の獲物を狙う待ち伏せ型および追い込み型の捕食者で，破砕食性のものもいた．おそらく胎生であったことを示す一部の例がある．
備考　一部の海域で見つかっていないのは，標本採集が不十分なためだと考えられる．

シモサウルス科 （Simosaurids）

中型の偽竜類で，中期三畳紀のヨーロッパに分布した．

解剖学的特徴　頭部の横幅は非常に広い．多数の歯は短く，先端が鈍い．
生態　小型貝類の破砕食者．

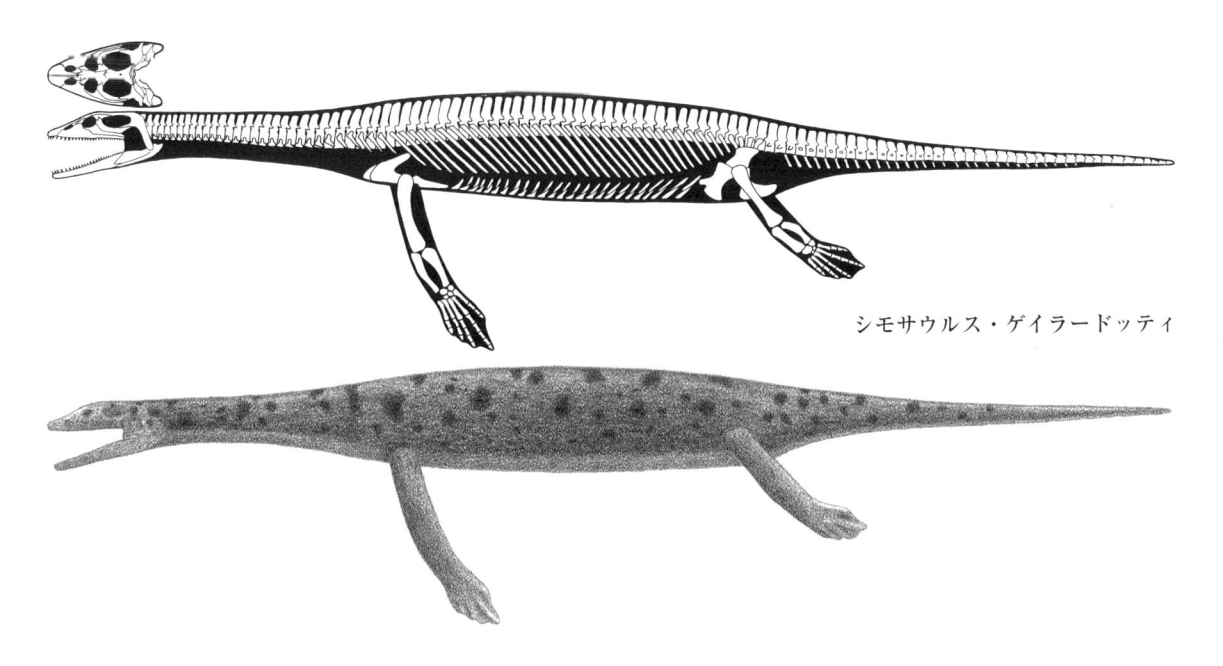

シモサウルス・ゲイラードッティ

シモサウルス・ゲイラードッティ
(*Simosaurus gaillardoti*)
全長 4.2 m, 体重 200 kg

化石記録 複数個体分の頭骨と体骨格.
解剖学的特徴 頭部は中程度の大きさ.
年代 中期三畳紀；ラディニアン期中期.
分布と地層 フランス, ドイツ南部；ムッシェルカルク層上部.
生息環境 群島の浅瀬.

ノトサウルス科 (Nothosaurids)

小型〜大型の偽竜類で, 中期三畳紀のユーラシアに分布した.

解剖学的特徴 頭部の横幅は狭い. 側頭領域および側頭窓は背側から見ると非常に, あるいは極端に細長く, くびれている. 歯の数はやや少なく, 前方の歯は長く伸び, 細長く緩やかに湾曲し, 上下で不規則に組み合う. 後方の歯は小さく針状.
生態 小型〜中型の獲物を狙う待ち伏せ型および追い込み型の捕食者.
備考 骨格の記載が不十分なため, 体重の推定は不可能.

ジャーマノサウルス？・シャッフェリ
(*Germanosaurus ? schafferi*)
全長 3 m

化石記録 板状に潰れた, 複数の部分的な頭骨.
解剖学的特徴 側頭領域はとても長い.
年代 中期三畳紀；アニシアン期前期.
分布と地層 ポーランド；ムッシェルカルク層下部.
生息環境 群島の浅瀬.
備考 この属名が有効かどうかは不明. サウロスファルギスやダクティロサウルスと同所的に生息した.

ノトサウルス・マーチクス
(*Nothosaurus marchicus*)
全長 1.2 m

化石記録 板状に潰れた, 数個体分の頭骨と部分的な体骨格.
解剖学的特徴 側頭領域は非常に長い.
年代 中期三畳紀；アニシアン期前期および中期.
分布と地層 ドイツ中央, オランダ；ムッシェルカルク層下部.

生息環境 群島の浅瀬.
備考 おそらく, ノトサウルス・ウィンタースウェイケンシスも含まれる. パラルクスやラリオサウルス・フォッセフェルテンシスと同所的に生息した. ノトサウルス・ジュベニリスの直系の祖先にあたる可能性がある.

ノトサウルス・ジュベニリス
(*Nothosaurus juvenilis*)
全長 2 m

化石記録 頭骨の大部分.
解剖学的特徴 側頭領域は非常に長い.
年代 中期三畳紀；アニシアン期中期および後期.
分布と地層 ドイツ中央；ムッシェルカルク層中部.
生息環境 群島の浅瀬.
備考 アナロサウルス, セルピアノサウルス・ゲルマニクスと同所的に生息した. ノトサウルス・ミラビリスまたはノトサウルス・ギガンテウス, あるいはその両方の直系の祖先にあたる可能性がある.

ノトサウルス・ミラビリス
(*Nothosaurus mirabilis*)
全長 3 m

化石記録 板状に潰れた, 数個体分の頭骨と部分的な体骨格.
解剖学的特徴 側頭領域は非常に長い.
年代 中期三畳紀；アニシアン期後期.
分布と地層 ドイツ中央；ムッシェルカルク層上部.
生息環境 群島の浅瀬.
備考 有名な属だが化石が十分に記載されていないため, 現時点では正確な骨格復元ができない. プラコドゥス, ピストサウルス, ファントモサウルス, ノトサウルス・ギガンテウスと同所的に生息した.

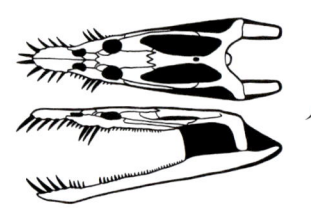

ノトサウルス・ミラビリス

ノトサウルス・ギガンテウス
(*Nothosaurus giganteus*)
全長 7 m

化石記録 板状に潰れた, 数個体分の頭骨と部分的な体骨格.

解剖学的特徴　側頭領域は非常に長い.

年代　中期三畳紀；アニシアン期後期.

分布と地層　ドイツ中央；ムッシェルカルク層上部.

生息環境　群島の浅瀬.

ノトサウルス・ハーシ
(*Nothosaurus haasi*)
全長 1.3 m

化石記録　板状に潰れた，数個体分の頭骨と部分的な体骨格.

解剖学的特徴　側頭領域は非常に長い.

年代　中期三畳紀；アニシアン期後期またはラディニアン期前期，あるいはその両方.

分布と地層　イスラエル；サハロニウム層下部.

生息環境　大陸の浅瀬.

備考　ノトサウルス・チュルノフイは本種に含まれる可能性がある. また，本種は同時代のヨーロッパ産ノトサウルスの1種と同種になる可能性がある.

ノトサウルス・キマトサウロイデス
(*Nothosaurus cymatosauroides*)
全長 2.5 m

化石記録　板状に潰れた頭骨.

解剖学的特徴　側頭領域は非常に長い.

年代　中期三畳紀；ラディニアン期後期.

分布と地層　スペイン北東部；ムッシェルカルク層上部.

生息環境　群島の浅瀬.

ノトサウルス・ヤンジュアネンシス
(*Nothosaurus yangjuanensis*)
全長 3.5 m

化石記録　板状に潰れた，2，3個体分の頭骨と体骨格.

解剖学的特徴　このグループとしては一般的.

年代　中期三畳紀；アニシアン期中期.

分布と地層　中国南部；関嶺（グアンリン）層上部.

生息環境　大陸の浅瀬.

備考　ノトサウルス・ロステラトゥスとノトサウルス・ジャンギは本種に含まれる可能性がある. また，本種は同時代のヨーロッパ産ノトサウルスと同種になる可能性がある. ラルゴケファロサウルス，シノサウロスファルギス，パンジョウサウルス，ウメンゴサウルス，シンミノサウルス，バラクーダサウロイデスと同所的に生息した.

ノトサウルス・ヤンギ
(*Nothosaurus youngi*)
全長 2 m

化石記録　板状に潰れた，2個体分の頭骨および体骨格の大部分.

解剖学的特徴　この属としては一般的.

年代　中期三畳紀；ラディニアン期後期.

分布と地層　中国南東部；法郎（ファラング）層下部.

生息環境　大陸の近海.

備考　同時代の西洋産ノトサウルスと同種になる可能性がある. ケイチョウサウルス，チエンシサウルス，ワンゴサウルス，チェンイクチオサウルス，ラリオサウルスと同所的に生息した.

ラリオサウルス・フォッセフェルテンシス
(*Lariosaurus vosseveldensis*)
全長 5 m

化石記録　板状に潰れた，幼体と見られる個体の頭骨.

解剖学的特徴　側頭領域がとても長い.

年代　中期三畳紀；アニシアン期前期.

分布と地層　オランダ；ムッシェルカルク層下部.

生息環境　群島の浅瀬.

備考　ラリオサウルス・ウィンケルホルスティを含むと考えられる. パラルクスやノトサウルス・マーチクスと同所的に生息した. ラリオサウルス・バルサミの直系の祖先にあたる可能性がある.

ラリオサウルス・バルサミ
(*Lariosaurus balsami*)
全長 1.5 m

化石記録　複数個体分の頭骨と体骨格. ほとんどが板状に潰れている.

解剖学的特徴　側頭領域がとても長い.

年代　中期三畳紀；ラディニアン期中期～後期.

分布と地層　イタリア北部；ペルラーデ・ヴァレンナ層.

生息環境　群島の浅瀬.

備考　ラリオサウルス・クリオニイとラリオサウルス・

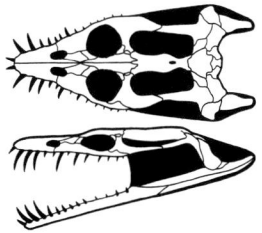

ラリオサウルス・バルサミ

バルセルシイを含むと考えられる.

ラリオサウルス・シンイエンシス
(*Lariosaurus xingyiensis*)
全長 2.5 m

化石記録 板状に潰れた,頭骨と体骨格の大部分.
解剖学的特徴 側頭領域がとても長い.
年代 中期三畳紀;ラディニアン期後期.
分布と地層 中国南東部;法郎(ファラング)層下部.
生息環境 大陸の近海.

チェレージオサウルス・カルカーニイ
(*Ceresiosaurus calcagnii*)
全長 3 m

化石記録 板状に潰れた,複数個体分の頭骨と体骨格.
解剖学的特徴 頭部はやや小さい.
年代 中期三畳紀;ラディニアン期前期.
分布と地層 スイス;メリデ石灰岩層下部.
生息環境 群島の浅瀬.
備考 ネウスティコサウルス・プシルスと同所的に生息した.

チェレージオサウルス・ランチ
(*Ceresiosaurus lanzi*)
全長 3 m

化石記録 板状に潰れた,複数個体分の頭骨と体骨格.
解剖学的特徴 頭部はかなり大きい.
年代 中期三畳紀;ラディニアン期前期.
分布と地層 スイス;メリデ石灰岩層下部.
生息環境 群島の浅瀬.
備考 ネウスティコサウルス・パイエリと同所的に生息した.

パクスプレシオサウルス類
(Paxplesiosaurs)

小型〜超大型の始鰭竜類で,中期三畳紀〜中生代の終わりまで,汎世界的に分布した.

生息環境 淡水域〜深海.
生態 遊泳能力は普通〜良好.肉食性で,ほとんどが小型〜大型の魚類などの獲物を狙う待ち伏せ型または追い込み型,あるいはその両方の捕食者で,破砕食者や濾過食性のものもいた.

備考 コロサウルス類とプレシオサウルス形類,および両者の共通祖先を含む始鰭竜類.

その他のパクスプレシオサウルス類
(Paxplesiosaur miscellanea)

チエンシサウルス・チャジャンゲンシス
(*Qianxisaurus chajiangensis*)
全長 1 m,体重 3 kg

化石記録 板状に潰れた,頭骨と体骨格の大部分.
解剖学的特徴 頭部はかなり大きく,横幅が広い.吻部はかなり長い.上側頭窓はほぼ閉じている.歯は多く,短く頑丈.手は足より小さい.
年代 中期三畳紀;ラディニアン期後期.
分布と地層 中国南西部;法郎(ファラング)層下部.
生息環境 大陸の近海.
生態 小型貝類の破砕食者.
備考 ケイチョウサウルス,ノトサウルス・ヤンギ,ラリオサウルス,チエンシサウルス,チェンイクチオサウルス,ワンゴサウルスと同所的に生息した.

ワンゴサウルス・ブレビロストリス
(*Wangosaurus brevirostris*)
全長 3 m

化石記録 頭骨の大部分と骨格.
解剖学的特徴 頭部はかなり大きく,横幅が狭い.側頭領域が極めて長いので,吻部は短い.首はかなり長い.手は足より小さい.
年代 中期三畳紀;ラディニアン期後期.
分布と地層 中国南東部;法郎(ファラング)層下部.
生息環境 大陸の近海.
生態 小型の魚類を狙う捕食者.
備考 化石骨格が不十分であるため,体重は推定不可能.

アウグスタサウルス・ハグドーニ
(*Augustasaurus hagdorni*)
全長 3 m

化石記録 頭骨と一部の骨格.
解剖学的特徴 吻部が長い.上側頭窓が長い.前方の歯は中間的な大きさで棘状.
年代 中期三畳紀;アニシアン期後期.
分布と地層 アメリカ・ネバダ州;ファブレット層上部.
生息環境 大陸の浅瀬.

生態　小型の魚類を狙う捕食者.

備考　化石骨格が不十分であるため, 体重は推定不可能. 未命名属・種, 未命名属・ドゥエルフェリ, 未命名属・ヤンゴルム, ファラロドン, タラットアーコンと同所的に生息した.

コロサウルス科（Corosaurids）

小型のパクスプレシオサウルス類で, 前期三畳紀の北アメリカに分布した.

解剖学的特徴　頭部は中程度の大きさで, 横幅が広く扁平. 上側頭窓は大きい. 歯は短く, 傾いて生えていて, 棘状. 尾の根本は非常に幅広い.
生息環境　主に沿岸部の浅瀬.
生態　遊泳能力は普通. 小型の獲物を狙う待ち伏せ型および追い込み型の捕食者.
備考　一部の海域で見つかっていないのは, 標本採集が不十分なためだと考えられる.

コロサウルス・アルコベンシス（Corosaurus alcovensis）
全長1.5 m, 体重7 kg
化石記録　頭骨と複数の部分的な体骨格.
解剖学的特徴　手は足より小さい.
分布と地層　アメリカ・ワイオミング州；チャグウォーター層下部.
生息環境　内陸海路の海岸付近.

コロサウルス・アルコベンシス

キマトサウルス科（Cymatosaurids）

小型のパクスプレシオサウルス類で, 中期三畳紀のヨーロッパに分布した.

生態　遊泳能力は普通. 小型の獲物を狙う待ち伏せ型および追い込み型の捕食者.

備考　一部の海域で見つかっていないのは, 標本採集が不十分なためだと考えられる.

キマトサウルス・フリデレチアヌス（Cymatosaurus friedericianus）
全長2 m
化石記録　幼体～成体までの, 数多くの頭骨と体骨格. 部分的に, あるいは全体的に板状に潰れている.
解剖学的特徴　側頭領域がとても長い.
年代　中期三畳紀；アニシアン期前期.
分布と地層　ドイツ東部, ポーランド西部；ムッシェルカルク層下部.
生息環境　群島の浅瀬.
備考　キマトサウルス・ラティフロンスやキマトサウルス・マルチデンタトゥス, キマトサウルス・マイナー, キマトサウルス・エリカエが含まれる可能性がある.

プレシオサウルス形類（Plesiosauriformes）

小型～超大型のパクスプレシオサウルス類で, 中期三畳紀～中生代の終わりまで, 汎世界的に分布した.

解剖学的特徴　四肢は爪のない完全な鰭になっていて, 先端部分の骨の数が増えている.
生息環境　淡水域～深海.
生態　遊泳能力は普通～良好. ほとんどが小型～大型の魚類などの獲物を狙う待ち伏せ型および追い込み型の捕食者で, 濾過食性のものもいた. 上陸する能力はほとんど, あるいは全くないため, 多くの種は水中で繁殖した.

ピストサウルス科（Pistosaurids）

小型～中型のプレシオサウルス形類で, 中期～後期三畳紀のユーラシアに分布した.

解剖学的特徴　頭部の横幅はあまり広がらない. 吻部はかなり長く, 鼻孔は非常に小さい. 上側頭窓は長い. 歯の数は控えめで, 傾いて生えている.
生息環境　沿岸部の浅瀬と大陸棚.
生態　遊泳能力は普通. 深海へ潜る能力がある. 小型～中型の魚類を狙う待ち伏せ型および追い込み型の捕食者. 胎生の可能性がある.
備考　一部の海域で見つかっていないのは, 標本採集が不十分なためだと考えられる.

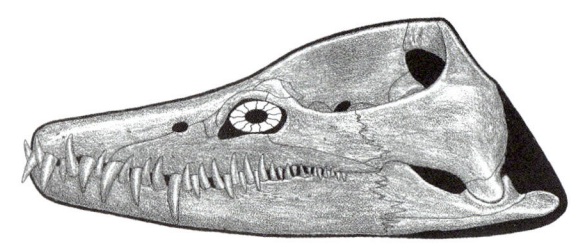

タラッシオドラコン
（プレシオサウルス形類）

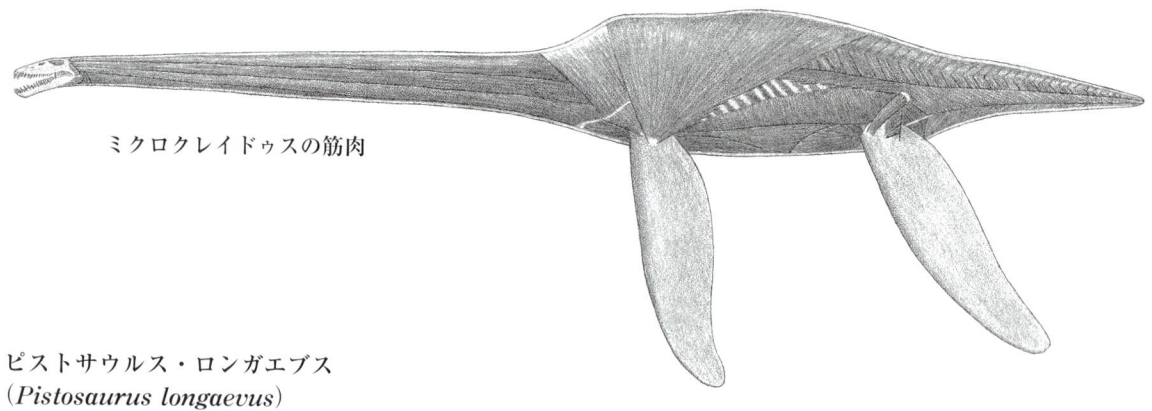

ミクロクレイドゥスの筋肉

ピストサウルス・ロンガエブス
（*Pistosaurus longaevus*）
全長3m，体重100kg

化石記録　複数個体分の頭骨と1個体分の体骨格．
解剖学的特徴　頭部の横幅はとても狭い．すべての歯は
かなり長く，頑丈．首は中程度の長さ．尾は中程度の長
さ．前肢は後肢よりやや小さい．

年代　中期二畳紀；アニシアン期後期．
分布と地層　ドイツ南部；ムッシェルカルク層上部．
生息環境　群島の浅瀬．
備考　体骨格が1つ発見されているが，頭骨を含まない
ため本当に本種に属するかどうかは不明．プラコドゥ
ス，ノトサウルス・ミラビリス，ノトサウルス・ギガン

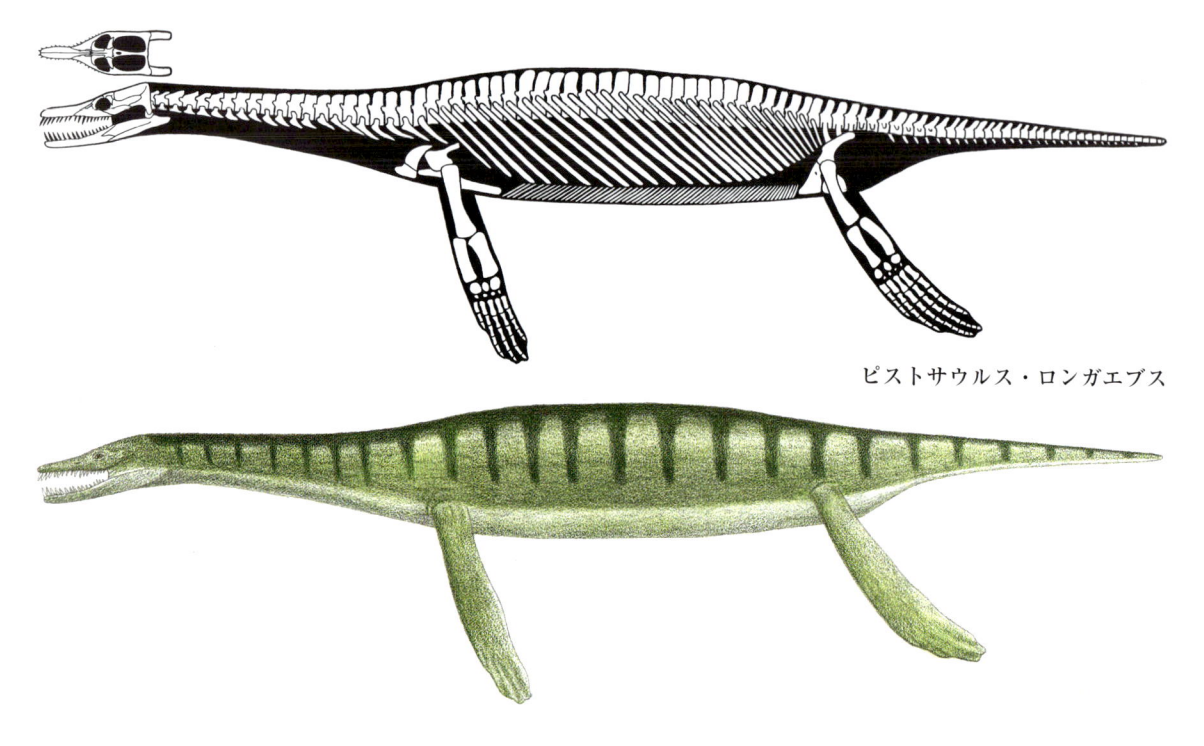

ピストサウルス・ロンガエブス

ピストサウルス・ロンガエブス

テウス，ファントモサウルスと同所的に生息した．

首長竜類（Plesiosaurs）

小型〜超大型のプレシオサウル人形類で，前期ジュラ紀
〜中生代の終わりまで，汎世界的に分布した．

解剖学的特徴　形態は非常に多様．頭部は非常に小さい
ものもいれば，非常に大きいものもいる．鼻孔は小さ
く，眼窩のすぐ前にある．首は非常に短いものもいれ
ば，非常に長いものもいる．体幹はコンパクトで，腹肋
は数が減って複雑化し，頑丈な造り．骨幹部は直線的
で，先端部は後方に反る．尾は決して長くはなく，一部
では後端部に垂直か水平の鰭構造が，小さいながらも発
達する．骨盤下部は大きく平坦な板状になる．フリッパ
ーが良く発達し，前腕部は短く，末端部の骨は複雑にな
り，体幹部とほぼ同じ長さになる．前肢は後肢とほぼ同
じ大きさ．

生息環境　淡水域〜深海．おそらくすべてが胎生．

生態　遊泳能力は普通〜良好．ほとんどが小型〜大型の
魚類などの獲物を狙う待ち伏せ型および追い込み型の捕
食者で，濾過食性のものもいた．

その他の首長竜類
（Plesiosaur Miscellanea）

ユングイサウルス・リアエ
（*Yunguisaurus liae*）
全長 1.7 m，体重 20 kg

化石記録　板状に潰れた，頭骨と大部分の成体の体骨
格，および幼体の頭骨と体骨格．

解剖学的特徴　頭部は小さい．歯の数は少なめ．前方の
歯は細長く緩やかに湾曲した棘状で，斜めに生えてお
り，上下で不規則に組み合う．首と尾はかなり長い．

年代　中期三畳紀；カーニアン期前期．

分布と地層　中国南東部；法郎（ファラング）層上部．

生息環境　大陸の近海．

備考　アンシュンサウルス・フアングオシュエンシス，ミオデントサウルス，チェンイクチオサウルス・ゾウイ，グアンリンサウルス，グイジョウイクチオサウルス，未命名属・オリエンタリスと同所的に生息した．

エオプレシオサウルス・アンティクイオル
(*Eoplesiosaurus antiquior*)
全長 3 m，体重 150 kg

化石記録　ほぼ完全な体骨格．
解剖学的特徴　首は長い．四肢は前後で似た大きさ．
年代　前期ジュラ紀；ヘッタンギアン期初期．
分布と地層　イギリス南部；ブルー・ライアス層下部．
生息環境　群島の浅瀬．
備考　ストラテサウルス，アバロンネクテス，エウリクレイドゥス，アティコドラコン，タラッシオドラコン，プロトイクチオサウルスと同所的に生息した．

プリオサウルス上科　(Pliosauroids)

小型〜超大型の首長竜類で，前期ジュラ紀〜前期白亜紀後期に，汎世界的に分布した．

解剖学的特徴　形態は非常に多様．首は極端に長くはならない．
生息環境　沿岸部の浅瀬〜深海．
生態　遊泳能力は普通〜良好．小型〜大型の魚類などの獲物を狙う待ち伏せ型および追い込み型の捕食者．

ロマレオサウルス科　(Rhomaleosaurids)

小型〜大型のプリオサウルス上科で，前期〜中期ジュラ紀の南北半球に分布した．

解剖学的特徴　形態は均一的．頭部は中程度の大きさ．側頭領域は拡大している．首は中程度に長い．
生息環境　沿岸部の浅瀬および大陸棚．
生態　遊泳能力は普通．小型〜中型の魚類を狙う待ち伏せ型および追い込み型の捕食者．

アニンガサウラ・ライメンセ
(*Anningasaura lymense*)
成体サイズ不明

化石記録　幼体の頭骨と部分的な体骨格．
解剖学的特徴　情報不足．

年代　前期ジュラ紀．
分布と地層　イギリス南部；ライアス層群下部．
生息環境　群島の浅瀬．
備考　化石の産出層準は不明．この科に含めるべきではないかもしれない．

リンドブルミア・チウダ
(*Lindwurmia thiuda*)
全長 2.5 m，体重 90 kg

化石記録　部分的な頭骨と体骨格．
解剖学的特徴　吻部は短く横幅が広い．歯は大きい．
年代　前期ジュラ紀；ヘッタンギアン期前期．
分布と地層　ドイツ北西部；未命名の地層．
生息環境　群島の浅瀬．
備考　この科には含まれないかもしれない．

ストラテサウルス・テイラーイ
(*Stratesaurus taylori*)
全長 1.2 m，体重 10 kg

化石記録　2個体分の頭骨と，1個体分の部分的な体骨格．
解剖学的特徴　頭部は短く，かなり上下幅が大きい．歯は大きい．
年代　前期ジュラ紀；ヘッタンギアン期初期．
分布と地層　イギリス南部；ブルー・ライアス層下部．
生息環境　群島の浅瀬．
生態　小型〜中型の魚類を狙う捕食者．
備考　この科の中での位置付けは不明．エオプレシオサウルス，アバロンネクテス，エウリクレイドゥス，アティコドラコン，タラッシオドラコン，プロトイクチオサウルスと同所的に生息した．

アバロンネクテス・アートゥアイ
(*Avalonnectes arturi*)
全長 2 m，体重 50 kg

化石記録　部分的な頭骨と体骨格の大部分および部分的な体骨格．
解剖学的特徴　このグループとしては一般的．
年代　前期ジュラ紀；ヘッタンギアン期初期．
分布と地層　イギリス南部；ブルー・ライアス層下部．
生息環境　群島の浅瀬．

エウリクレイドゥス・アルクアトゥス
(*Eurycleidus arcuatus*)
全長 2.5 m，体重 90 kg

化石記録　部分的な頭骨と体骨格.

解剖学的特徴　情報不足.

年代　前期ジュラ紀；ヘッタンギアン期初期.

分布と地層　イギリス南部；ブルー・ライアス層ト部.

生息環境　群島の浅瀬.

アティコドラコン・メガケファルス
(*Atychodracon megacephalus*)
全長 4.9 m，体重 650 kg

化石記録　板状に潰れた，頭骨と部分的な体骨格.

解剖学的特徴　情報不足.

年代　前期ジュラ紀；ヘッタンギアン期初期.

分布と地層　イギリス南部；ブルー・ライアス層下部.

生息環境　群島の浅瀬.

マクロプラタ・テヌイケプス
(*Macroplata tenuiceps*)
全長 4.5 m，体重 550 kg

化石記録　部分的な頭骨と体骨格の大部分.

解剖学的特徴　首はかなり短い. 肩帯はよく発達している. 前肢と後肢の大きさはほぼ同じ.

年代　前期ジュラ紀；ヘッタンギアン期.

分布と地層　イギリス南部；ブルー・ライアス層.

生息環境　群島の浅瀬.

生態　遊泳能力は強力.

メイヤーアサウルス・ビクトル
(*Meyerasaurus victor*)
全長 3.4 m，体重 275 kg

化石記録　板状に潰れた，完全な頭骨と体骨格.

解剖学的特徴　前方の歯は大きく，傾いて生えている. 首はかなり短い. 前肢と後肢の大きさはほぼ同じ.

年代　前期ジュラ紀；トアルシアン期前期.

分布と地層　ドイツ南部；ポシドニア粘板岩層.

生息環境　群島の浅瀬.

生態　小型〜中型の獲物を狙う捕食者.

備考　首長竜類の中で，最も保存状態の良い一連の腹肋骨が発見されている. ハウフィオサウルス，シーリーオサウルス，ヒドロリオン，ハウフィオプテリクス，未命名属・トリゴノドン，スエボレビアタン，エウリノサウルス，ステノプテリギウス，ミストリオサウルス，プラ

ティスクス，マクロスポンディルスと同所的に生息した.

マレサウルス・コッカイ
(*Maresaurus coccai*)
全長 6 m，体重 1.3 t

化石記録　頭骨の大部分と体骨格の一部.

解剖学的特徴　このグループとしては一般的.

年代　中期ジュラ紀；バッジョシアン期前期.

分布と地層　アルゼンチン中央；ロス・モレス層上部.

生息環境　人陸の浅瀬.

備考　チャカイコサウルスやモールサウルスと同所的に生息した.

アーケオネクトルス・ロストラトゥス
(*Archaeonectrus rostratus*)
全長 3.1 m，体重 190 kg

化石記録　2個体分の頭骨と体骨格. 一方は完全，もう一方は部分的.

解剖学的特徴　頭部はやや大きい. 側頭領域は背側から見るとほぼ長方形状. 歯は中程度の大きさで，傾いて生えている. 前肢は後肢よりやや小さい.

年代　前期ジュラ紀；シネムーリアン期中期あるいは後期.

分布と地層　イギリス南東部；チャーマス泥岩層下部あるいは中部.

生息環境　群島の浅瀬.

ロマレオサウルス・クランプトニ
(*Rhomaleosaurus cramptoni*)
全長 6.7 m，体重 2.1 t

化石記録　複数個体分の頭骨と体骨格.

解剖学的特徴　頭部はやや大きく，背側から見るとかなり三角形状に近い. 歯は中程度の大きさ. 首は中程度の長さ. フリッパーは非常に大きく，前後とも似たような大きさ.

年代　前期ジュラ紀；トアルシアン期前期.

分布と地層　イギリス北東部；ウィットビー泥岩層下部.

生息環境　群島の浅瀬.

生態　遊泳能力は強力.

備考　ロマレオサウルス・ゼットランディクスやロマレオサウルス・プロピンクス，ロマレオサウルス・ソーントンイを含むかもしれない. ハウフィオサウルス，エウリノサウルス，プラギオフタルモスクス，ミストリオサウルス，マクロスポンディルスと同所的に生息した.

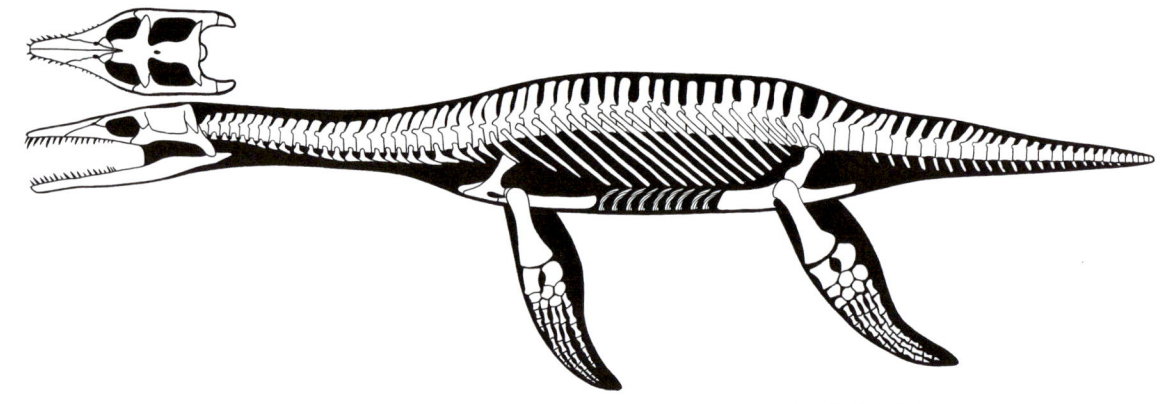

アーケオネクトルス・ロストラトゥス

ロマレオサウルス・
クランプトニ

ボレアロネクテス・ラッセルイ
（*Borealonectes russelli*）
全長3m，体重190kg

化石記録　頭骨の大部分と部分的な体骨格.
解剖学的特徴　このグループとしては一般的.
年代　中期ジュラ紀；カロビアン期後期.
分布と地層　カナダ・ノースウェスト準州；ヒックル
ズ・コウヴ層上部.
生息環境　大陸の浅瀬，極域.

プリオサウルス科（Pliosaurids）

小型〜超大型のプリオサウルス上科で，前期ジュラ紀〜
前期白亜紀に，汎世界的に分布した.

解剖学的特徴　形態は非常に多様. 頭部は小さくなく，
首は長くない.
生息環境　沿岸部の浅瀬〜深海.
生態　遊泳能力は普通〜良好. 小型〜大型の魚類などの

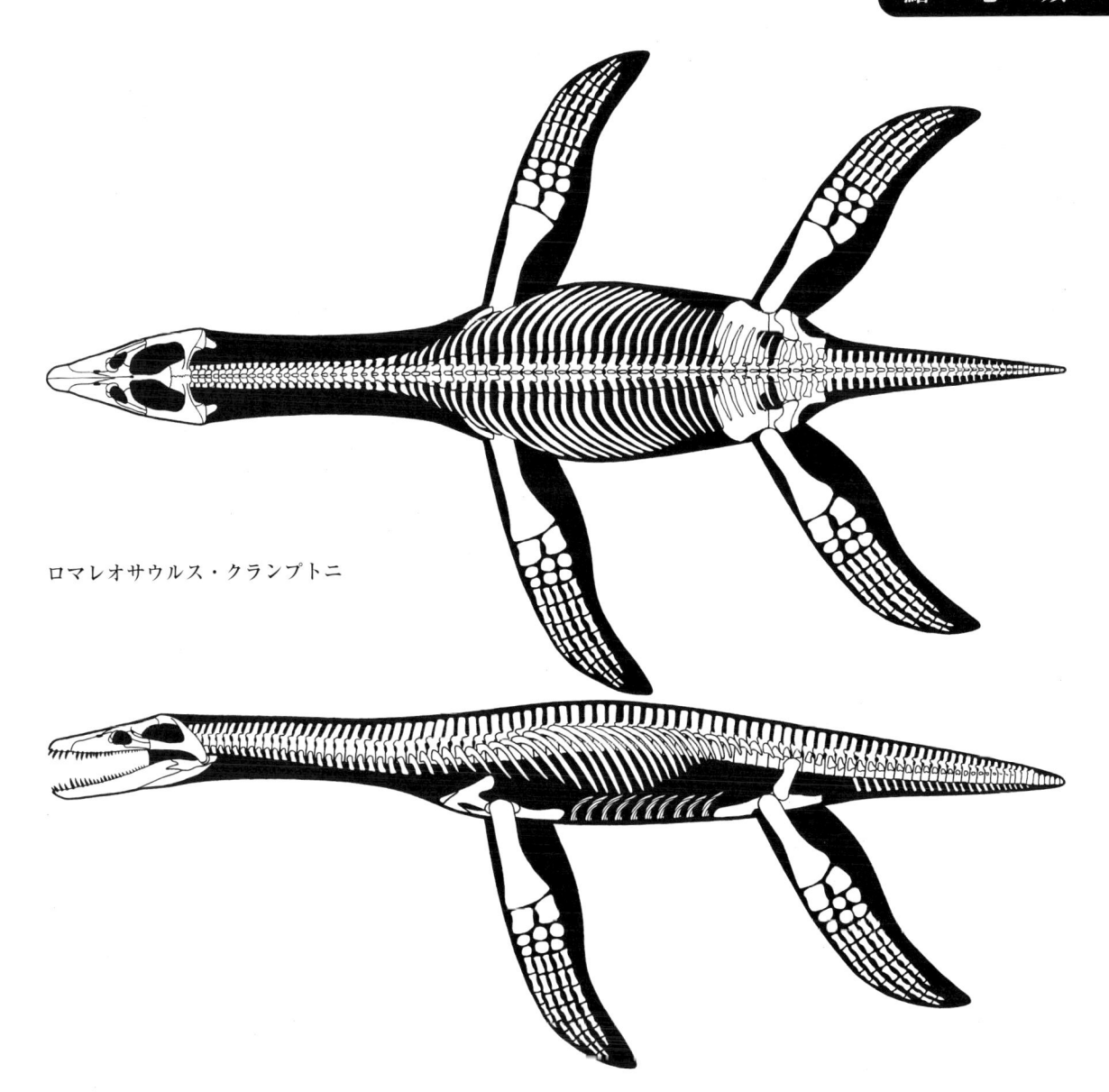

ロマレオサウルス・クランプトニ

獲物を狙う待ち伏せ型または追い込み型，あるいはその両方の捕食者．

アッテンボロサウルス類
（Attenborosaurs）

小型〜超大型のプリオサウルス科で，前期〜後期ジュラ紀のヨーロッパに分布した．

解剖学的特徴　形態は均一的．頭部は大きくなく，首はやや長い．
生息環境　沿岸部の浅瀬〜深海．
生態　遊泳能力は普通．小型〜中型の魚類を狙う待ち伏せ型および追い込み型の捕食者．
備考　一部の海域では見つかっていないが，標本採集が不十分なためだと考えられる．

タラッシオドラコン・ホーキンシイ
（*Thalassiodracon hawkinsii*）
全長2 m，体重40 kg

化石記録　6個体分の頭骨と板状に潰れた部分的な体骨格．
解剖学的特徴　頭部は短く，後方は上下幅が大きく，中程度に横幅が広い．歯は中程度の大きさ．前肢と後肢はほぼ同じ大きさ．
年代　前期ジュラ紀；ヘッタンギアン期初期．

分布と地層　イギリス南部；ブルー・ライアス層下部.

生息環境　群島の浅瀬.

備考　エオプレシオサウルス，ストラテサウルス，アバロンネクテス，エウリクレイドゥス，アティコドラコン，プロトイクチオサウルスと同所的に生息した.

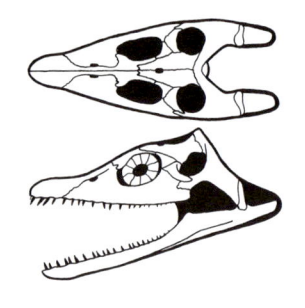

タラッシオドラコン・ホーキンシイ

クリオネクテス・ネウストリアクス

(*Cryonectes neustriacus*)

全長 5 m，体重 450 kg

化石記録　部分的な頭骨.

解剖学的特徴　歯が大きい.

年代　前期ジュラ紀；プリンスバッキアン期後期.

分布と地層　フランス北部；ベレムナイト石灰岩層.

生息環境　群島の浅瀬.

生態　中型の獲物を狙う捕食者.

ハウフィオサウルス・ロンギロストリス

(*Hauffiosaurus longirostris*)

全長 4.5 m，体重 400 kg

化石記録　板状に潰れた，3個体分の頭骨と体骨格.

解剖学的特徴　頭部はかなり細長い. 吻部は細長い.

年代　前期ジュラ紀；トアルシアン期前期.

分布と地層　ドイツ南部，イギリス北部；ポシドニア粘板岩層，ウィットビー泥岩層下部.

生息環境　群島の浅瀬.

備考　ハウフィオサウルス・ザノニやハウフィオサウルス・トミストミムスを含むかもしれない. メイヤーアサウルス，ロマレオサウルス，シーリーオサウルス，ヒドロリオン，ハウフィオプテリクス，未命名属・トリゴノドン，スエボレビアタン，エウリノサウルス，ステノプテリギウス，プラギオフタルモスクス，ミストリオサウルス，プラティスクス，マクロスポンディルスと同所的に生息した.

アッテンボロサウルス・コニベアリ

(*Attenborosaurus conybeari*)

全長 7.2 m，体重 1.7 t

化石記録　頭骨と体骨格の大部分.

解剖学的特徴　頭部はやや細長い. 吻部は長くかなり頑丈. 歯は大きい. フリッパーは大きく，前肢は後肢よりやや小さい.

年代　前期ジュラ紀；シネムーリアン期中期.

分布と地層　イギリス南部；チャーマス泥岩層下部.

生息環境　群島の浅瀬.

生態　中型の獲物を狙う捕食者.

備考　原標本は第2次世界大戦での枢軸国の爆撃により損壊.

マルモルネクテス・カンドリューイ

(*Marmornectes candrewi*)

全長 10 m，体重 5 t

化石記録　部分的な頭骨と部分的な体骨格.

解剖学的特徴　吻部は横幅が狭い.

年代　中期ジュラ紀；カロビアン期前期.

分布と地層　イギリス南部；オックスフォード粘土層下部.

生息環境　群島の浅瀬.

備考　ペロネウステス，パキコスタサウルス，シモレス

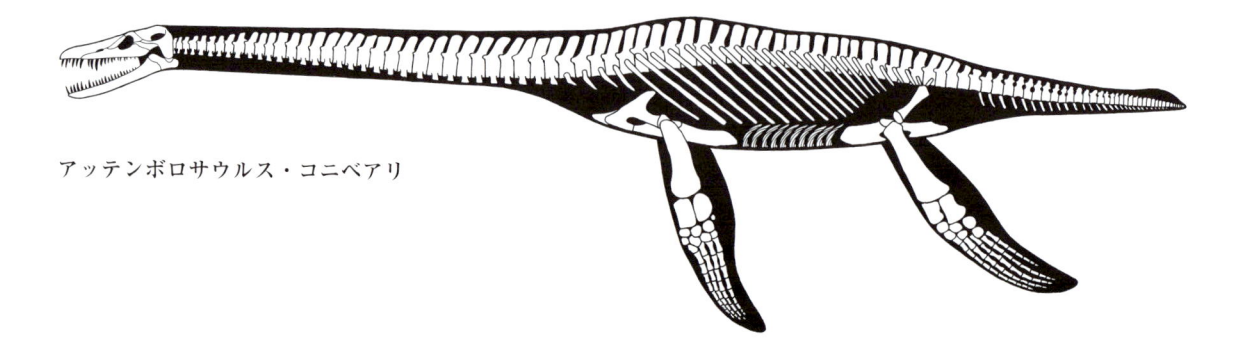

アッテンボロサウルス・コニベアリ

アッテンボロサウルス・コニベアリ

テス，リオプレウロドン，クリプトクリドゥス，ムラエノサウルス，トリクレイドゥス，オフタルモサウルス，ティラノネウステス，スコドゥス，グラシリネウステスと同所的に生息した．

アングアナクス・ジーニョイ（*Anguanax zignoi*）
全長 3.5 m，体重 200 kg

化石記録　部分的な頭骨と体骨格の大部分．
解剖学的特徴　情報不足．
年代　中期ジュラ紀；オックスフォーディアン期中期．
分布と地層　イタリア北部；ロッソ・アンモニティコ・ヴェロネーゼ層中部．
生息環境　群島の浅瀬．

タラッソフォネウス類（Thalassophoneans）

中型～超大型のプリオサウルス科で，中期ジュラ紀～前期白亜紀まで，汎世界的に分布した．

解剖学的特徴　形態は均一的．頭部はとても大きく，伸長している．吻部は頭部の半分もしくはそれ以上の長さ．側頭領域はかなり広くなっている．首は短い．鰭は中～大サイズ．
生息環境　沿岸部の浅瀬～深海．
生態　遊泳能力は普通～良好．中型～特に大型の魚類などの獲物を狙う追い込み型の捕食者．
備考　既知の最大種は，部分的な化石～全長 12 m 超，体重は 20 t 近くと推定され，おそらく既知の海生爬虫類の中でも最大．

ペロネウステス・フィラルクス（*Peloneustes philarchus*）
全長 3.8 m，体重 600 kg

化石記録　頭骨と（複数個体分の）体骨格．
解剖学的特徴　吻部は長い．歯は中程度の大きさでがっしりしている．フリッパーは非常に大きく，前後で似たような大きさ．
年代　中期ジュラ紀；カロビアン期前期．
分布と地層　イギリス南部；オックスフォード粘土層下部．
生息環境　群島の浅瀬．
生態　遊泳能力は強力．殻のあるアンモノイド類も捕食．
備考　シモレステス，リオプレウロドン，クリプトクリドゥス，ムラエノサウルス，トリクレイドゥス，オフタルモサウルス，ティラノネウステス，スコドゥス，グラシリネウステス，パキコスタサウルスと同所的に生息した．

パキコスタサウルス・ダウンイ（*Pachycostasaurus dawni*）
全長 3 m，体重 300 kg

化石記録　板状に潰れた，ほぼ完全な頭骨と体骨格．
解剖学的特徴　フリッパーは中程度の大きさ．
年代　中期ジュラ紀；カロビアン期前期．
分布と地層　イギリス南部；オックスフォード粘土層下部．
生息環境　群島の浅瀬．
生態　遊泳能力は普通．

ガヤルドサウルス・イトゥラルデイ（*Gallardosaurus iturraldei*）
成体サイズ不明

化石記録　未成熟個体の部分的な頭骨と体骨格の一部．
解剖学的特徴　情報不足．

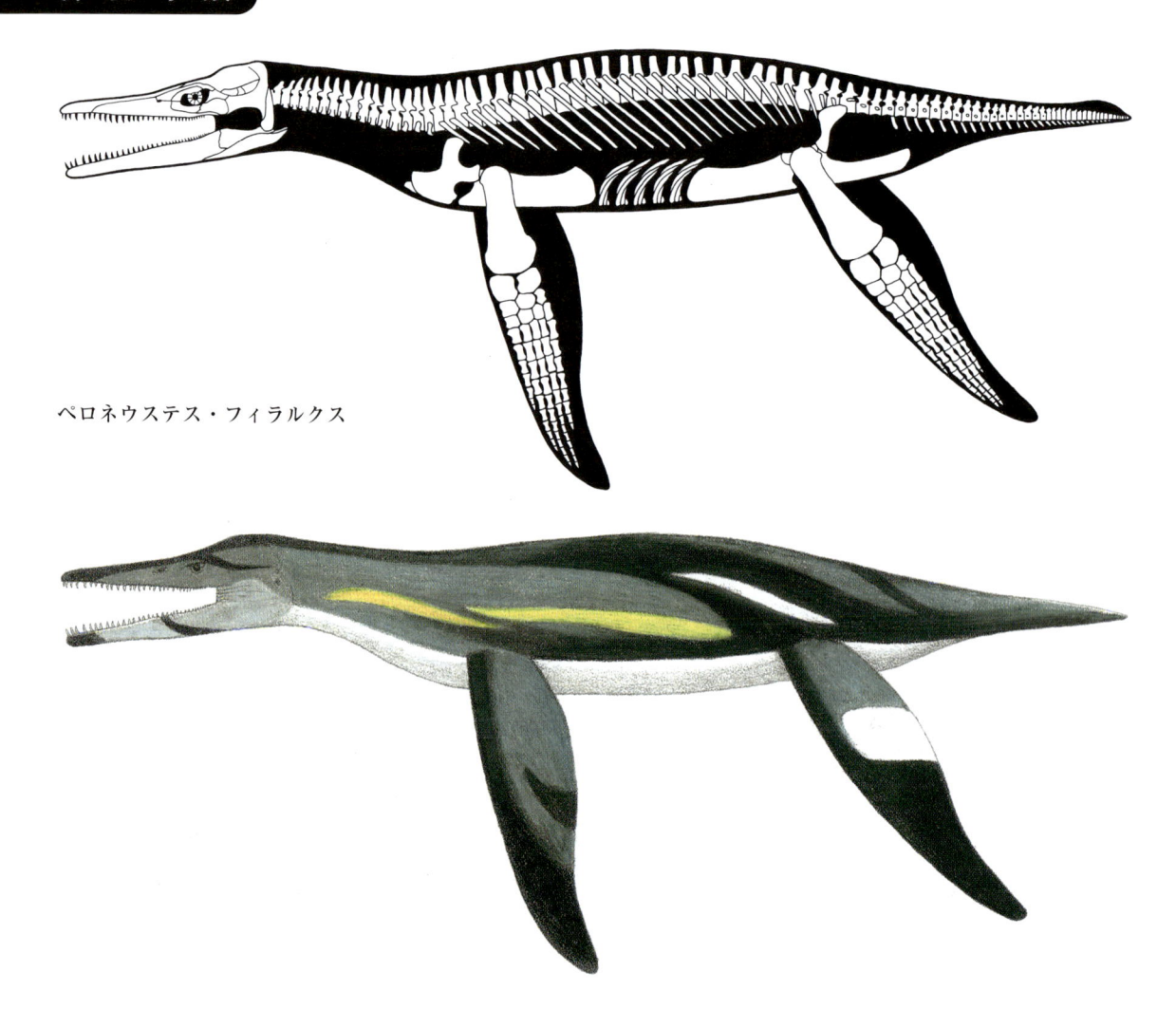

ペロネウステス・フィラルクス

年代　中期ジュラ紀；オックスフォーディアン期中期または後期，あるいはその両方.

分布と地層　キューバ；ジャグア層.

生息環境　大陸の浅瀬.

備考　キューバが南米大陸と繋がっていた頃に生息. ビニャーレサウルスと同所的に生息した.

シモレステス？・ケイレニ
（*Simolestes ? keileni*）
全長 6 m，体重 2 t

化石記録　部分的な化石.

解剖学的特徴　情報不足.

年代　中期ジュラ紀；バッジョシアン期後期.

分布と地層　フランス北東部；ラ・グラヴクロット・マールス層.

生息環境　群島の浅瀬.

備考　より新しい時代に生息したシモレステスに含むべきかどうかは疑問の余地がある.

シモレステス・ボラックス
（*Simolestes vorax*）
全長 4.5 m，体重 1 t

化石記録　とても平坦に潰れている，複数個体分の部分的〜完全なものまでの頭骨と体骨格.

解剖学的特徴　頭部はやや幅広く，吻部は頭部の半分ほどの長さ. 前方の歯は大きく頑丈. フリッパーは大きい.

年代　中期ジュラ紀；カロビアン期前期.

分布と地層　イギリス南部；オックスフォード粘土層下部.

生息環境　群島の浅瀬.

生態　遊泳能力は強力. 殻のあるアンモノイド類も捕食.

備考　ペロネウステス，パキコスタサウルス，クリプト

ペロネウステス・フィラルクス

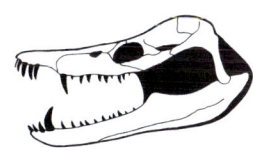

シモレステス・
ボラックス

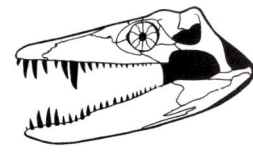

アコスタサウルス・
パパチョケンシス

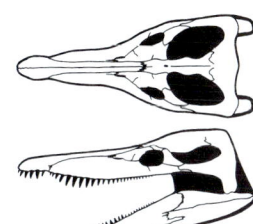

プリオサウルス・
ブラキデイルス

クリドゥス，ムラエノサウルス，トリクレイドゥス，オ
フタルモサウルス，ティラノネウステス，スコドゥス，
グラシリネウステス，リオプレウロドンと同所的に生息
した．

アコスタサウルス・パパチョケンシス
(*Acostasaurus pavachoquensis*)
全長4m，体重1t

化石記録 頭骨と一部の体骨格.
解剖学的特徴 吻部は太く，長さは頭の半分ほど．前方
の歯，特に上顎のものは大きく頑丈で，下顎も頑丈.
年代 前期白亜紀；バレミアン期前期.
分布と地層 コロンビア；パジャ層下部.
生息環境 大陸の浅瀬.

リオプレウロドン・フェロックス
(*Liopleurodon ferox*)
全長6.6m，体重3.3t

化石記録 複数個体分の頭骨と体骨格.
解剖学的特徴 吻部は長い．前方の歯はとても大きい.
尾はかなり短い．フリッパーは大きく，後肢の方がやや
大きい.
年代 中期ジュラ紀；カロビアン期前期.
分布と地層 イギリス南部；オックスフォード粘土層下
部.
生息環境 群島の浅瀬.
生態 遊泳能力は強力.
備考 全長25mとする推定もあるが，これは誇張され
ている.

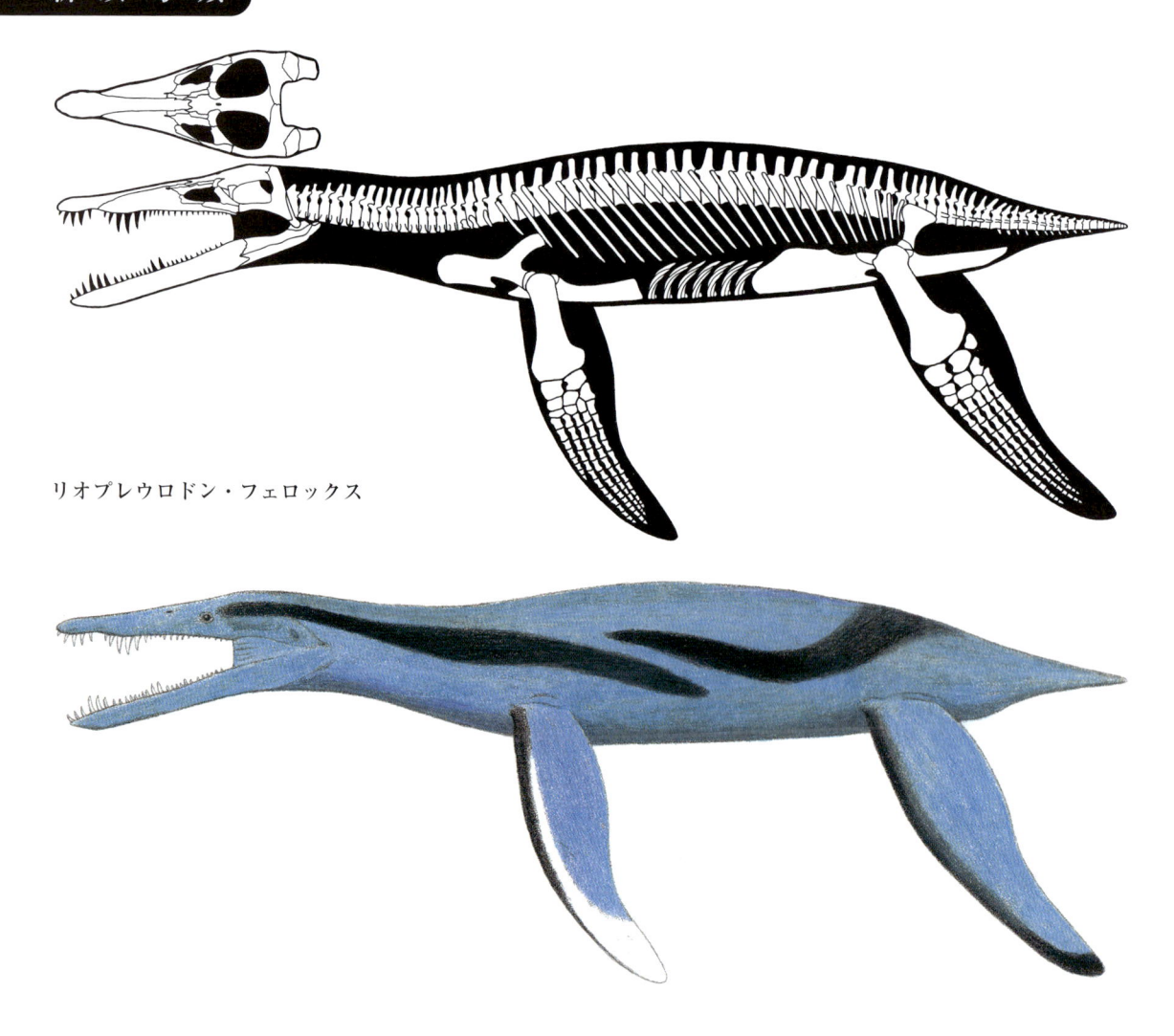

リオプレウロドン・フェロックス

プリオサウルス・ブラキデイルス
(*Pliosaurus brachydeirus*)
全長 8 m，体重 5 t

化石記録　複数個体分の，部分的および完全な頭骨と，部分的な体骨格.

解剖学的特徴　吻部は長い. 歯は中程度の大きさ.

年代　後期ジュラ紀；キンメリッジアン期前期.

分布と地層　イギリス南部；キンメリッジ粘土層下部.

生息環境　群島の浅瀬.

備考　プリオサウルス・ケバニを含むかもしれない. コリンボサウルス・メガデリウス，バティスクス，トルボネウステス，プレシオスクスと同所的に生息した. プリオサウルス・ウェストバリーエンシスの直系の祖先にあたる可能性がある.

プリオサウルス・ウェストバリーエンシス
(*Pliosaurus westburyensis*)
全長 8 m，体重 5 t

化石記録　複数個体分の砕けた頭骨と部分的な骨格化石.

解剖学的特徴　情報不足.

年代　後期ジュラ紀；キンメリッジアン期中期.

分布と地層　イギリス南部；キンメリッジ粘土層中部.

生息環境　群島の浅瀬.

備考　プリオサウルス・カーペンテリを含むかもしれない. ナンノプテリギウス・エンテキオドンやグレンデリウス・モルダックスと同所的に生息した. プリオサウルス・マクロメルスの直系の祖先にあたる可能性がある.

プリオサウルス・マクロメルス
(*Pliosaurus macromerus*)
全長 8 m，体重 5 t

化石記録　部分的な頭骨とその他の化石．

解剖学的特徴　吻部は長く，頑丈．

年代　後期ジュラ紀；キンメリッジアン期後期．

分布と地層　イギリス南部；キンメリッジ粘土層上部．

生息環境　群島の浅瀬．

プリオサウルス？・フンケイ
(*Pliosaurus ? funkei*)
全長 10〜12 m 以上

化石記録　2個体分の頭骨の一部と体骨格．

解剖学的特徴　情報不足．

年代　後期ジュラ紀；チトニアン期中期．

分布と地層　スヴァールバル諸島；アガルドフェレット層上部．

生息環境　極域の開けた大陸棚．

備考　プリオサウルスの初期の種とする見方には問題がある．全長15 mとする推定もあるが，これは誇張されている．コリンボサウルス？・スパールバルエンシス，スピトラサウルス，カイルハウイア，パルベンニア，ヤヌサウルス，クリオプテリギウスと同所的に生息した．

プリオサウルス？・パタゴニクス
(*Pliosaurus ? patagonicus*)
成体サイズ不明

化石記録　幼体と見られる個体の，かなりダメージを受けた部分的な頭骨．

解剖学的特徴　情報不足．

年代　後期ジュラ紀；チトニアン期中期．

分布と地層　アルゼンチン西部；ヴァカ・ムエルタ層下部．

生息環境　大陸の浅瀬．

備考　プリオサウルスの初期型とする見方には問題がある．カイプリサウルスやクリコサウルス・アラウカネンシスと同所的に生息した．

プリオサウルス？・ロッシクス
(*Pliosaurus ? rossicus*)
全長 10 m，体重 11 t

化石記録　2，3個体分の頭骨と体骨格．

解剖学的特徴　情報不足．

年代　後期ジュラ紀；チトニアン期前期または中期，あるいはその両方．

分布と地層　ロシア南西部，カザフスタン；未命名の地層．

生息環境　大陸の浅瀬．

備考　プリオサウルスには含まれない可能性がある．

ステノリンコサウルス・ムニョスイ
(*Stenorhynchosaurus munozi*)
全長 5.3 m，体重 1.7 t

化石記録　成体の頭骨と体骨格の一部，未成熟個体の頭骨および体骨格の大部分．

解剖学的特徴　吻部はとても長い．歯は小さくとても多い．フリッパーは長く，後肢の方がやや大きい．

年代　前期白亜紀；バレミアン期中期．

分布と地層　コロンビア；パジャ層下部．

生息環境　大陸の浅瀬．

生態　遊泳能力は強力．中型の魚類を狙う捕食者．

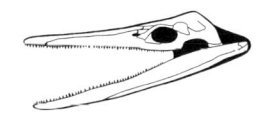

ステノリンコサウルス・ムニョスイ

サチカサウルス・ビタエ
(*Sachicasaurus vitae*)
全長 10.8 m，体重 13.5 t

化石記録　頭骨および体骨格の大部分．

解剖学的特徴　頭部はとても大きく重厚で，特に後方の横幅が広い．上下の顎に1対の大きな歯があるが，それ以外はほとんどの歯が中程度の大きさ．フリッパーはかなり大きい．

年代　前期白亜紀；バレミアン期後期．

分布と地層　コロンビア；パジャ層中部．

生息環境　大陸の浅瀬．

生態　遊泳能力は良好．殻のあるアンモノイド類も捕食．

備考　最も巨大で化石の保存状態が良い首長竜類．

モンクイラサウルス・ボヤケンシス
(*Monquirasaurus boyacensis*)
全長 9.4 m，体重 9.1 t

化石記録　頭骨および体骨格の大部分．

解剖学的特徴　頭部はとても大きく，特に胴体に対して非常に大きい．特に頭部後方の横幅が異常に広い．前方の歯は大きく，それ以外のものは中型〜小型．フリッパーは大きくないが，後肢の方がやや大きい．

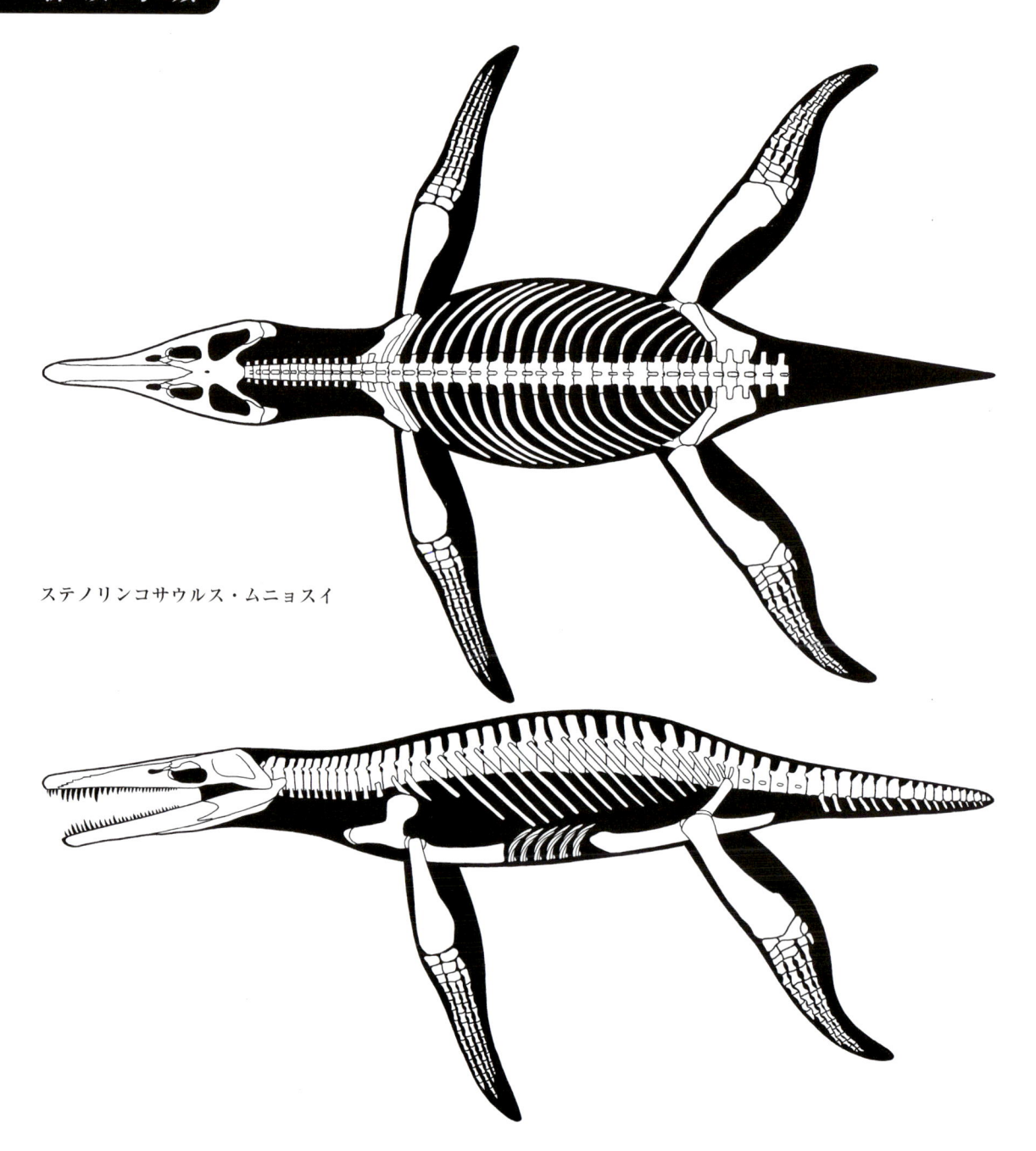

ステノリンコサウルス・ムニョスイ

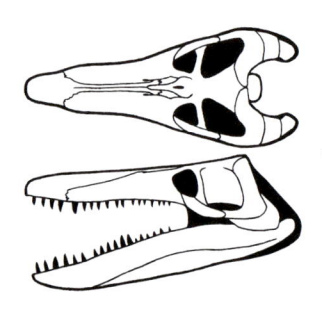

サチカサウルス・ビタエ

年代　前期白亜紀；アプチアン期後期.

分布と地層　コロンビア；パジャ層上部.

生息環境　大陸の浅瀬.

生態　遊泳能力は普通. 殻のあるアンモノイド類も捕食.

備考　従来はクロノサウルスに分類されていた. キャラ
ウェイアサウルスやキヒティスカと同所的に生息した.
最強の咬合力と最大の頭部，最も頑強な体格をもつ首長
竜類.

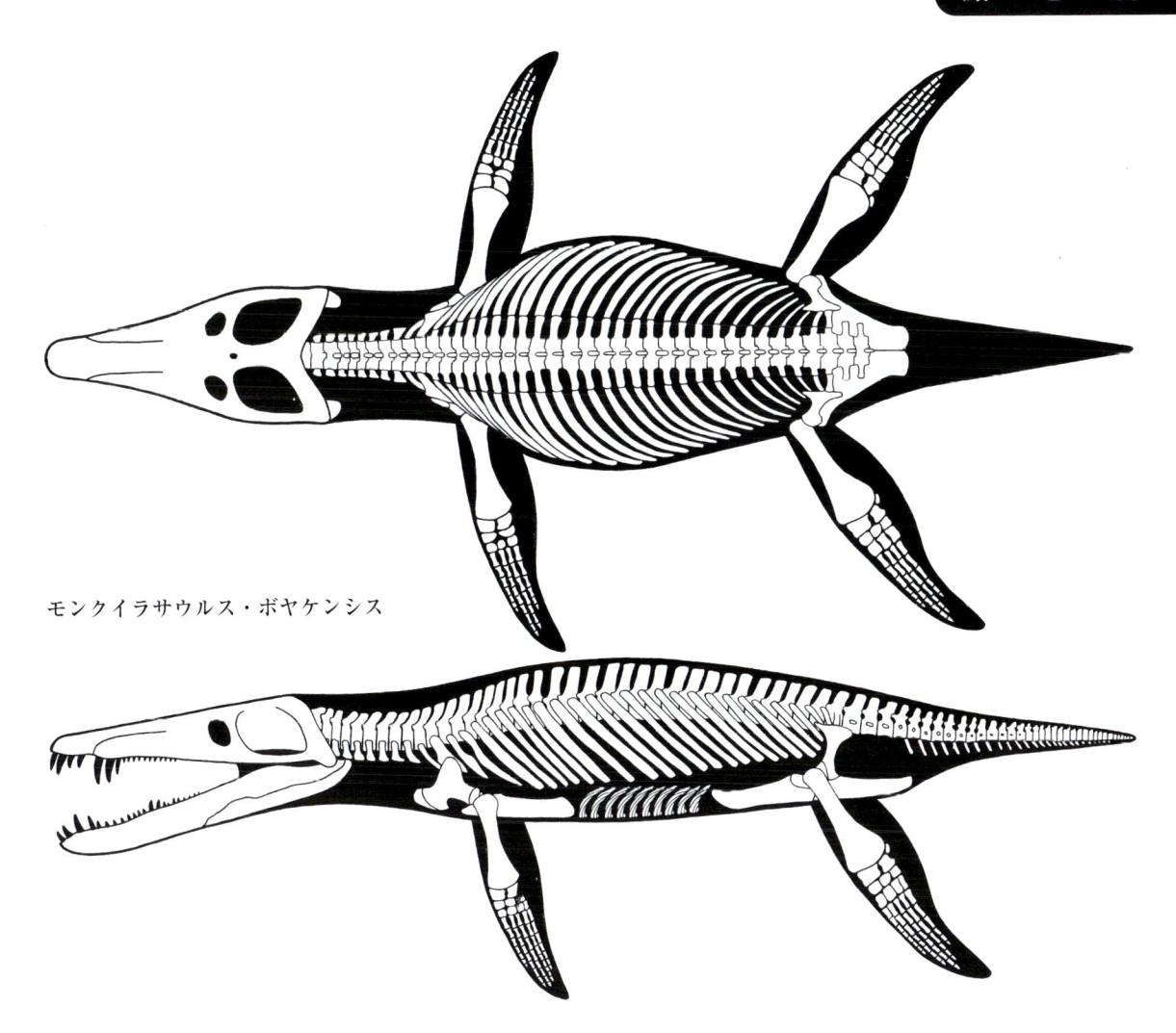

モンクイラサウルス・ボヤケンシス

エイユクトゥス・ロングマンイ
(*Eiectus longmani*)
全長 10 m，体重 11 t

化石記録　2，3個体分の部分的な頭骨と体骨格.
解剖学的特徴　頭部は長く，上下幅がやや狭く，後方は横幅がやや広い. 吻部は長く横幅がやや狭い. 前方の歯の一部は大きいが，それ以外の歯は中型〜小型. フリッパーはかなり大きい.
年代　前期白亜紀；アプチアン期後期.
分布と地層　オーストラリア北東部；ワルンビラ層.
生息環境　内陸海路.
生態　遊泳能力は良好. 殻のあるアンモノイド類も捕食.
備考　元々はクロノサウルス・クイーンズランディカスとして分類されていた. クロノサウルスは，より後の時代の断片的な化石から知られ，象徴的な大型の頭部をもつ首長竜類である. 現在では独自の学名が与えられているが，将来的に覆されるかもしれない. 化石の保存状態や記載はあまり良くなく，全長 13 m という推定もあるが，これは誇張されている.

？クロノサウルス・クイーンズランディクス
(*？ Kronosaurus queenslandicus*)
サイズ不明

化石記録　2，3個体分の部分的な頭骨と体の骨.
解剖学的特徴　情報不足.
年代　前期白亜紀；アルビアン期中期.
分布と地層　オーストラリア北東部；トゥーレブック層.
生息環境　内陸海路.
生態　殻のあるアンモノイド類も捕食.
備考　象徴的な大型の頭部をもつ首長竜類の名前で，最も保存状態の良い化石は，現在では新たにエイエクトゥス・ロングマンイとして分類されている. クロノサウル

ス・クィーンズランディクスの原標本は断片的で種の定義には不十分だが，エイエクトゥス・ロングマンイの化石を代わりに用いることで，この古典的な名前が復活する可能性はある．エロマンガサウルス，ロンギロストラ，クラトケロンネ，ノトケロネ，ブーリアケリスと同所的に生息した．

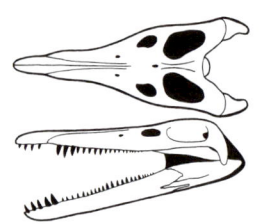

？クロノサウルス・
クイーンズランディクス

ブラカウケニウス・ルカシ
(*Brachauchenius lucasi*)
全長 7 m，体重 3.5 t

化石記録　4個体分の頭骨と体骨格の一部．
解剖学的特徴　吻部はとても長い．後頭部に小さなトサカがある．歯は中程度の大きさで頑丈．
年代　後期白亜紀；チューロニアン期前期〜中期．
分布と地層　アメリカ・カンサス州；カーライル頁岩層下部．
生息環境　内陸海路．
生態　殻のあるアンモノイド類も捕食．
備考　メガケファロサウルス・エウェレッティは本種の成体のように思われる．トリナクロメルム・ベントニアヌムと同所的に生息した．

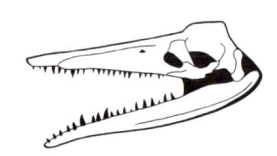

ブラカウケニウス・ルカシ

プレシオサウルス上科 (Plesiosauroids)

小型〜超大型の首長竜類で，前期ジュラ紀〜中生代の終わりまで，汎世界的に分布した．

解剖学的特徴　形態は非常に多様．頭部は非常に小さいものもいれば非常に大きいものもいる．首は非常に短いものもいれば非常に長いものもいる．
生息環境　沿岸部の浅瀬〜深海．

生態　遊泳能力は普通〜良好．ほとんどが小型〜大型の魚類などの獲物を狙う待ち伏せ型および追い込み型の捕食者で，濾過食性のものもいた．

プレシオサウルス科 (Plesiosaurids)

小型〜超大型のプレシオサウルス上科で，前期〜後期ジュラ紀のユーラシアに分布した．

解剖学的特徴　形態は均一的．頭部は大きくなく，首はやや長い．
生息環境　淡水域域，沿岸部の浅瀬，大陸棚．
生態　遊泳能力は普通〜良好．小型〜中型の魚類などの獲物を狙う待ち伏せ型および追い込み型の捕食者．
備考　一部の海域で見つかっていないのは，標本採集が不十分なためだと考えられる．

ビシャノプリオサウルス・ヤンギ
(*Bishanopliosaurus youngi*)
全長 4 m，体重 300 kg

化石記録　体骨格の一部．
解剖学的特徴　情報不足．
年代　前期ジュラ紀；トアルシアン期．
分布と地層　中国中央；自流井（ズーリュージン）層上部．
生息環境　湖，あるいは河川．
生態　泳いでいる小さな陸生生物を食べることもあった．
備考　この首長竜類が常に淡水域にいたのか，一時的にいただけなのかは不明．

ビシャノプリオサウルス？・ジゴンゲンシス
(*Bishanopliosaurus ? zigongensis*)
全長 4 m，体重 300 kg

化石記録　体骨格の一部．
解剖学的特徴　情報不足．
年代　中期ジュラ紀．
分布と地層　中国中央；沙西廟（シャーシーミャオ）層下部[2]．
生息環境　湖，あるいは河川．
生態　泳いでいる小さな陸生生物を食べることもあった．
備考　ビシャノプリオサウルスには含まれないかもしれない．この首長竜類が常に淡水域にいたのか，一時的にいただけなのかは不明．

---

[2]（訳注）下沙渓廟（シアシャーシーミャオ）層と同義と思われる．

プレシオサウルス・ドリコデイルス
(*Plesiosaurus dolichodeirus*)
全長 3.4 m, 体重 185 kg

化石記録　2, 3個体分の体骨格を伴った頭骨とその他の骨.

解剖学的特徴　頭部は小さい. 吻部は短い. 歯は長く棘状. 首は長い. フリッパーは長く, 前肢は後肢よりやや大きい.

年代　前期ジュラ紀；シネムーリアン期前期.

分布と地層　イギリス南部；ブルー・ライアス層上部.

生息環境　群島の浅瀬.

生態　遊泳能力は良好.

備考　エクスカリボサウルス, エレトモサウルス, レプトネクテス・テヌイロストリス, テムノドントサウルス, イクチオサウルス・コミュニス, 未命名属・エウリケファルスと同所的に生息した.

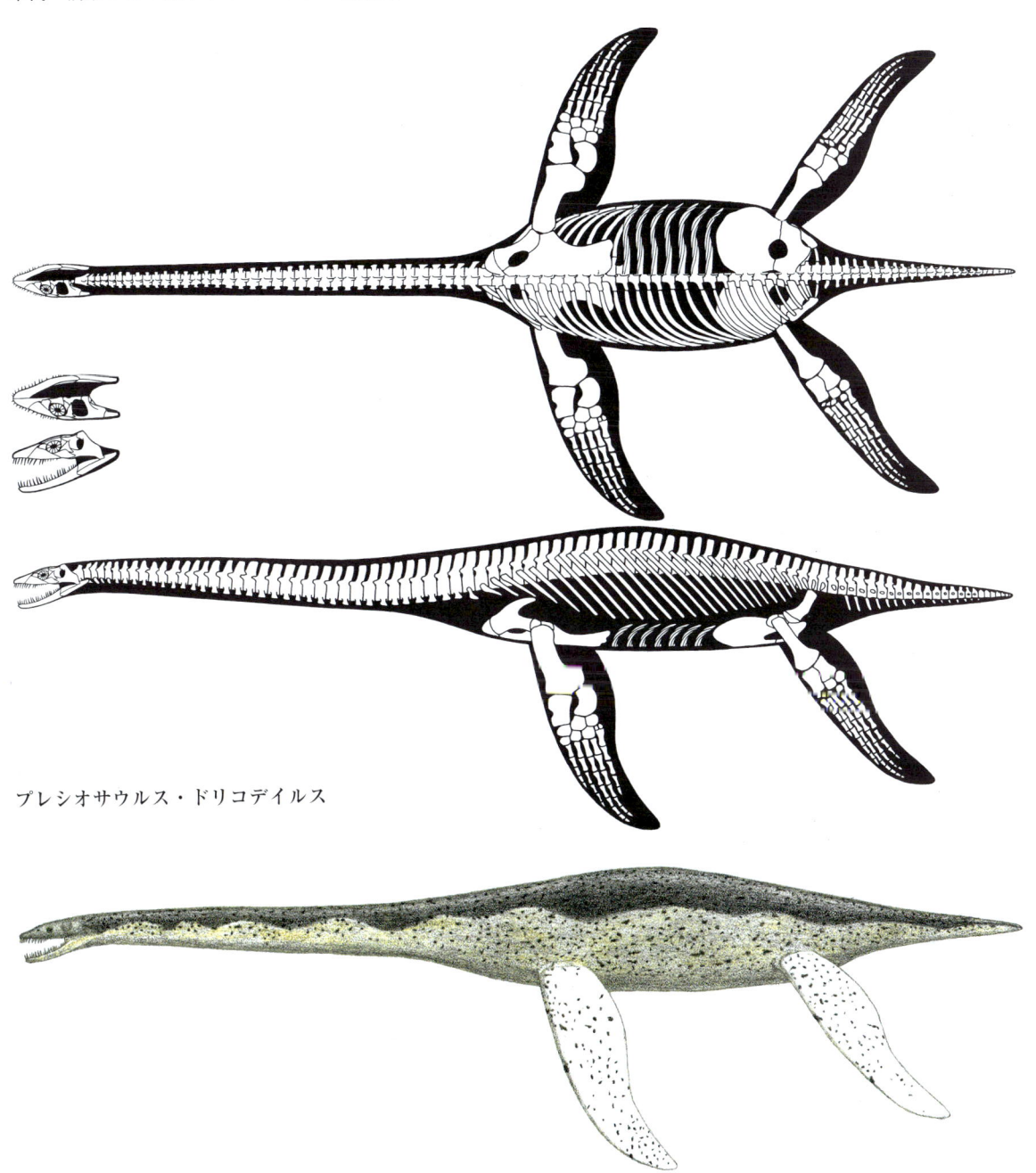

プレシオサウルス・ドリコデイルス

111

プレシオサウルス・ドリコデイルス

ミクロクレイドゥス科（Microcleidids）

小型〜中型のプレシオサウルス上科で，前期〜後期ジュラ紀のユーラシアに分布した．

解剖学的特徴　頭部は小さく，吻部は短い．首はかなり長い．
生息環境　沿岸部の浅瀬．
生態　遊泳能力は良好．小型〜中型の魚類を狙う待ち伏せ型および追い込み型の捕食者．
備考　一部の海域で見つかっていないのは，標本採集が不十分なためだと考えられる．

ルソネクテス・ソバージュイ
（*Lusonectes sauvagei*）
全長 2 m，体重 35 kg

化石記録　部分的な頭骨．
解剖学的特徴　情報不足．
年代　前期ジュラ紀；トアルシアン期．
分布と地層　ポルトガル；サオ・ギャオ層．
生息環境　群島の浅瀬．

エレトモサウルス・ルゴスス
（*Eretmosaurus rugosus*）
全長 3.7 m，体重 225 kg

化石記録　板状に潰れた 1 個体分の体骨格．
解剖学的特徴　首は長い．フリッパーは大きく，前後で似たような大きさ．
年代　前期ジュラ紀；シネムーリアン期中期．
分布と地層　イギリス南部；ブルー・ライアス層上部．
生息環境　群島の浅瀬．
備考　エクスカリボサウルス，プレシオサウルス，レプトネクテス・テヌイロストリス，テムノドントサウルス，イクチオサウルス・コミュニス，未命名属・エウリケファルスと同所的に生息した．

ウェストファーリアサウルス・シモンセンシイ
(*Westphaliasaurus simonsensii*)
全長 4.5 m，体重 400 kg

化石記録 体骨格の大部分.

解剖学的特徴 情報不足.

年代 前期ジュラ紀；プリンスバッキアン期.

分布と地層 ドイツ北西部；未命名の地層.

生息環境 群島の浅瀬.

プレシオファロス・モエレンシス
(*Plesiopharos moelensis*)
成体サイズ不明

化石記録 幼体と見られる個体の部分的な体骨格.

解剖学的特徴 情報不足.

年代 前期ジュラ紀；シネムーリアン期後期.

分布と地層 ポルトガル；コインブラ層下部.

生息環境 群島の浅瀬.

シーリーオサウルス・グイレルミインペラトリス
(*Seeleyosaurus guilelmiimperatoris*)
全長 3.8 m，体重 250 kg

化石記録 完全な頭骨と体骨格.

解剖学的特徴 頭部はとても小さく，背側から見て横幅がかなり広く亜三角形状．歯は多く小さい．首は長い．尾はやや長い．フリッパーは非常に大きく，前後で似たような大きさで，先端付近で強く後方に曲がる.

年代 前期ジュラ紀；トアルシアン期前期.

分布と地層 ドイツ南部；ポシドニア粘板岩層.

生息環境 群島の浅瀬.

備考 メイヤーアサウルス，ハウフィオサウルス，ヒドロリオン，ハウフィオプテリクス，未命名属・トリゴノドン，スユポレピアタン，エウリノサウルス，ステノプテリギウス，ミストリオサウルス，プラティスクス，マクロスポンディルスと生息域を共有.

ミクロクレイドゥス・メリュジーナエ
(*Microcleidus melusinae*)
全長 3 m，体重 120 kg

化石記録 板状に潰れた，頭骨と部分的な体骨格.

解剖学的特徴 頭部の横幅は中程度に広く，後方はほぼ長方形状．前方の歯は大きく，傾いて生えている.

年代 前期ジュラ紀；トアルシアン期前期.

分布と地層 ルクセンブルク；未命名の地層.

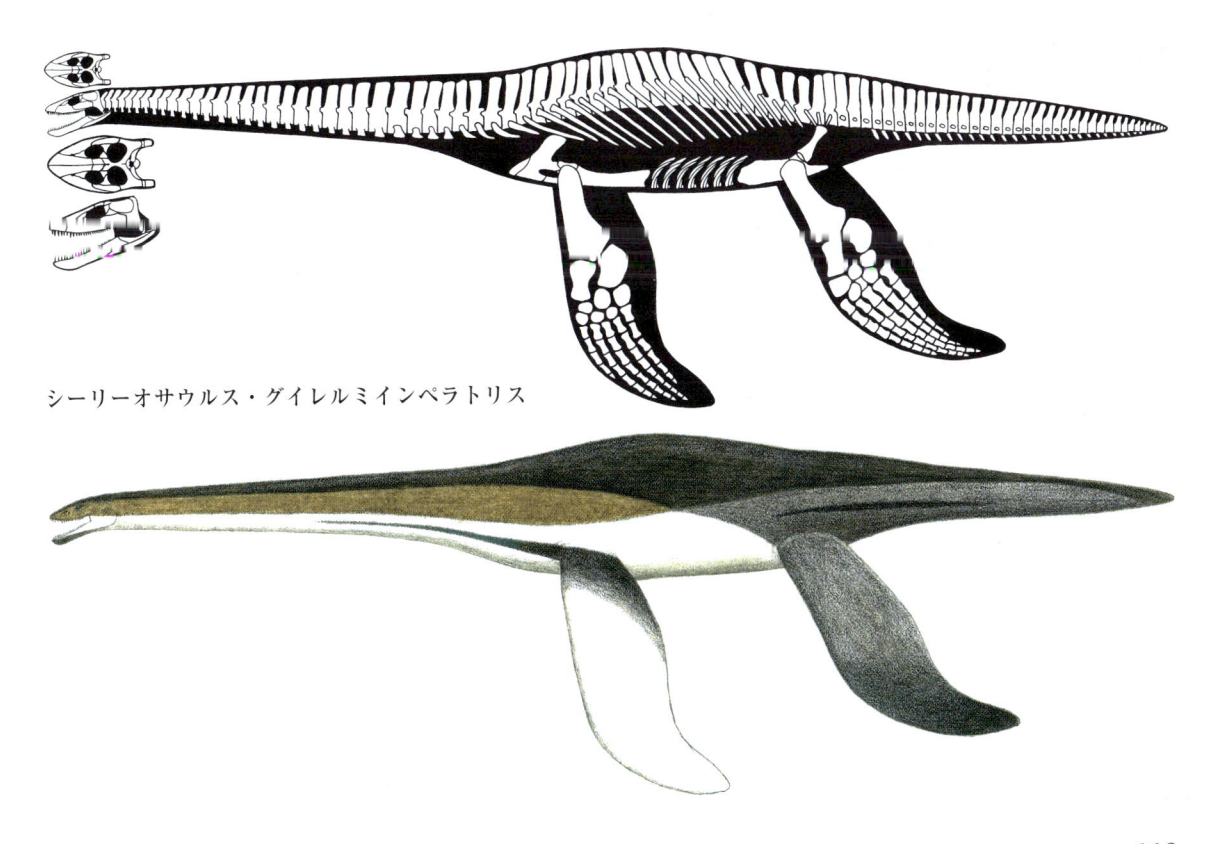

シーリーオサウルス・グイレルミインペラトリス

生息環境 群島の浅瀬.

備考 ミクロクレイドゥス・ホマロスポンディルスの直系の祖先かもしれない.

ミクロクレイドゥス・ホマロスポンディルス
(*Microcleidus homalospondylus*)
全長 5.1 m, 体重 650 kg

化石記録 3個体分のほぼ完全な頭骨と体骨格.

解剖学的特徴 頭部は非常に小さく横幅が狭い. 頭部後方はほぼ長方形状. 前方の歯は棘状でとても大きく, 傾いて生えていて, 上下で組み合う. 体幹の神経棘はとても高い. 首はとても長い. フリッパーはとても大きく, 前後で似たような大きさ.

年代 前期ジュラ紀;トアルシアン期前期後半.

分布と地層 イギリス北東部;ウィットビー泥岩層上部.

生息環境 群島の浅瀬.

生態 胴椎の神経棘が高く, フリッパーが大きいことから, 強大な推進力を生みだしていたことがわかる.

備考 おそらくミクロクレイドゥス・マクロプテルスを含む.

ミクロクレイドゥス?・トゥルヌミーレンシス
(*Microcleidus? tournemirensis*)
全長 4 m, 体重 300 kg

化石記録 頭骨と体骨格の大部分.

解剖学的特徴 頭部の横幅は中程度に広く, 中ほどで最も広くなる. 歯は大きく, 傾いて生えている. 首は長い.

年代 前期ジュラ紀;トアルシアン期後期.

分布と地層 フランス南部;未命名の地層.

生息環境 群島の浅瀬.

ヒドロリオン・ブラキプテリギウス
(*Hydrorion brachypterygius*)
全長 3.2 m, 体重 150 kg

化石記録 完全な頭骨と体骨格.

解剖学的特徴 頭部は小さく, 横幅がかなり広く, 中ほどで最も広くなる. 歯はかなり細長く, 傾いて生えていて, 棘状の歯は嚙み合う. 体幹の脊椎棘は高い. フリッパーは大きく, 前肢は後肢よりやや小さい.

年代 前期ジュラ紀;トアルシアン期前期.

分布と地層 ドイツ南部;ポシドニア粘板岩層.

生息環境 群島の浅瀬.

生態 胴椎の神経棘が高く, フリッパーが大きいことか

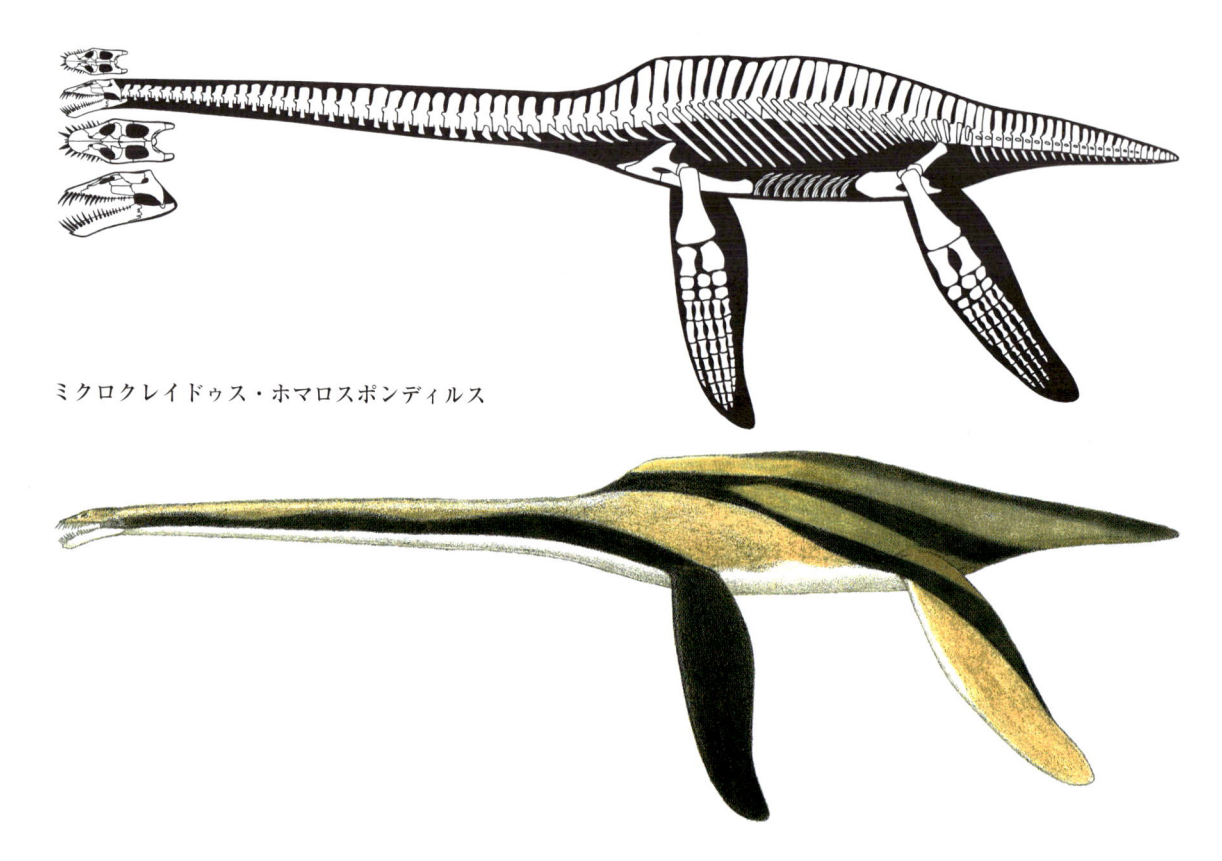

ミクロクレイドゥス・ホマロスポンディルス

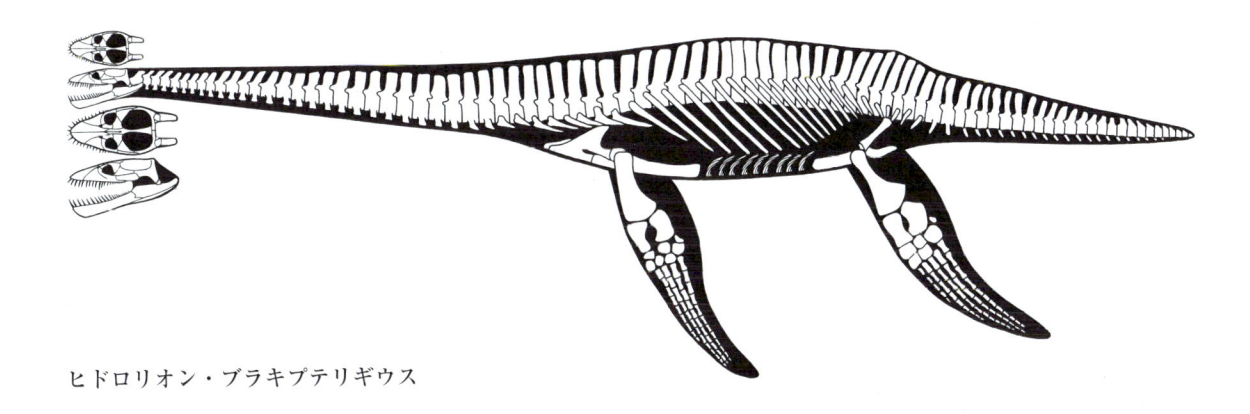

ヒドロリオン・ブラキプテリギウス

ら，強大な推進力を生みだしていたことがわかる．

備考　メイヤーアサウルス，ハウフィオサウルス，シーリーオサウルス，ハウフィオプテリクス，未命名属・トリゴノドン，スエボレビアタン，エウリノサウルス，ステノプテリギウス，ミストリオサウルス，プラティスクス，マクロスポンディルスと同所的に生息した．

クリプトクリドゥス類（Cryptoclidians）

中型〜超大型のプレシオサウルス上科で，中期ジュラ紀〜中生代の終わりまで，汎世界的に分布した．

解剖学的特徴　フリッパーはより高度に発達し，前腕および下腿の要素はより短く，よりブロック状になる．
生息環境　淡水域〜深海．
生態　遊泳能力は普通〜良好．ほとんどが小型〜大型の魚類などの獲物を狙う待ち伏せ型および追い込み型の捕食者で，濾過食性のものもいた．

クリプトクリドゥス科（Cryptoclidids）

小型〜大型のクリプトクリドゥス類で，中期ジュラ紀〜前期白亜紀まで，北半球に分布した．

解剖学的特徴　首はやや長い．
生息環境　淡水域，沿岸部の浅瀬，大陸棚．
生態　遊泳能力は普通．小型〜中型の魚類を狙う待ち伏せ型および追い込み型の捕食者．
備考　南半球で見つかっていないのは，標本採集が不十分なためだと考えられる．

アビッソサウルス・ナタリアエ
（*Abyssosaurus nataliae*）
全長 7 m，体重 1.8 t

化石記録　部分的な体骨格．
解剖学的特徴　情報不足．

年代　前期白亜紀；オーテリビアン期後期.

分布と地層　ロシア西部；未命名の地層.

生息環境　大陸の浅瀬.

コリンボサウルス・メガデリウス
(*Colymbosaurus megadeirus*)
全長 5 m，体重 700 kg

化石記録　頭骨と思われる部分的な化石と，複数個体分の部分的な体骨格.

解剖学的特徴　情報不足.

年代　後期白亜紀；キンメリッジアン期中期または後期，あるいはその両方.

分布と地層　イギリス南部；キンメリッジ粘土層下部，ハデナム層.

生息環境　群島の浅瀬.

備考　キンメロサウルス・ラングハミの頭部とされている化石は本種のものである可能性がある．プリオサウルス・ブラキデイルス，バティスクス，トルボネウステス，プレシオスクスと同所的に生息した.

コリンボサウルス？・スバールバルエンシス
(*Colymbosaurus ? svalbardensis*)
全長 5 m，体重 700 kg

化石記録　幼体 1 個体を含む 4 個体分の部分的な体骨格.

解剖学的特徴　情報不足.

年代　後期ジュラ紀；チトニアン期後期.

分布と地層　スヴァールバル諸島；アガルドフェレット層上部.

生息環境　極域の開けた大陸棚.

備考　ジュペダリア・エンゲリは本種の幼体である可能性がある．従来のコリンボサウルスの生息年代より新しいため，同属として良いかどうかは不明．プリオサウルス？・フンケイ，スピトラサウルス，カイルハウイア，パルベンニア，ヤヌサウルス，クリオプテリギウスと同所的に生息した.

クリプトクリドゥス・エウリメルス
(*Cryptoclidus eurymerus*)
全長 5.5 m，体重 1 t

化石記録　1 個体分の頭骨と体骨格.

クリプトクリドゥス・エウリメルス

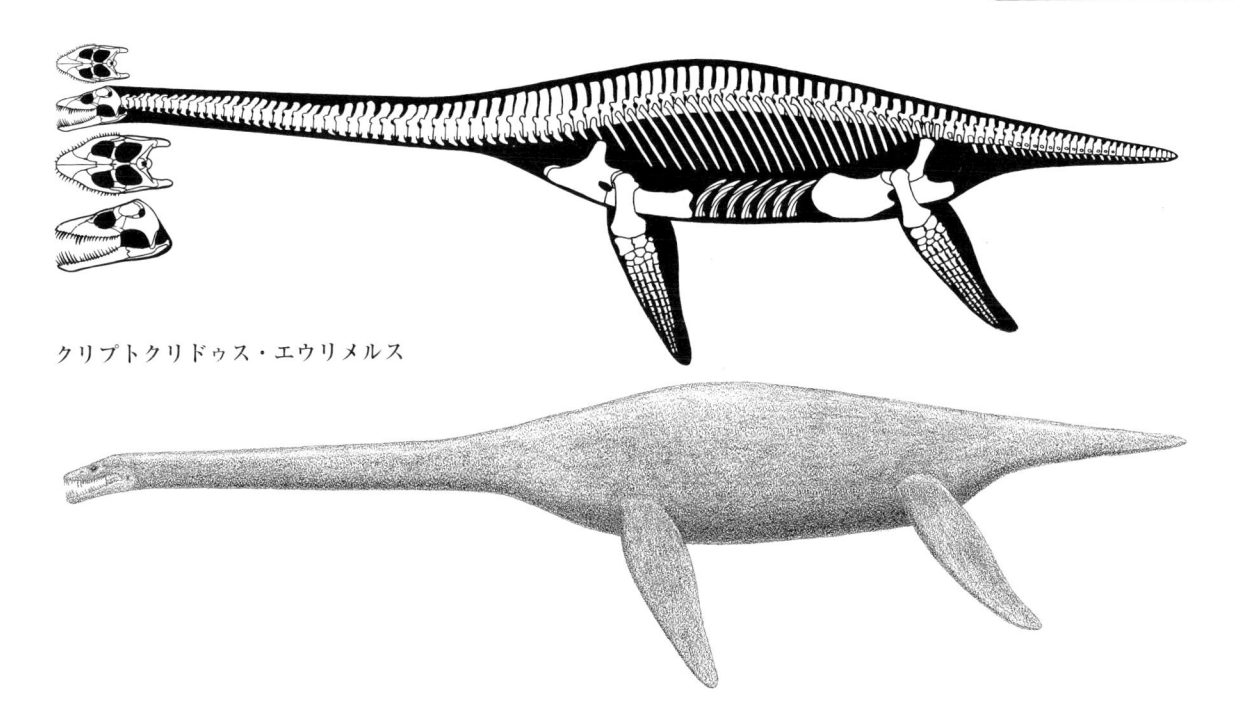

クリプトクリドゥス・エウリメルス

解剖学的特徴 前方の歯は細長い棘状で大きく，傾いて生えていて，上下の歯が組み合う．フリッパーは前後で同程度の大きさ．
年代 中期ジュラ紀；カロビアン期前期あるいは中期．
分布と地層 イギリス中央；オックスフォード粘土層下部．
生息環境 群島の浅瀬．
備考 ペロネウステス，パキコスタサウルス，シモレステス，リオプレウロドン，トリクレイドゥス，オフタルモサウルス，ティフノネウステス，ムレドゥム，グラシリネウステス，ムラエノサウルスと同所的に生息した．

ムラエノサウルス・リーズイイ
(*Muraenosaurus leedsii*)
全長 5.9 m，体重 1 t

化石記録 複数個体分の完全あるいは部分的な頭骨と体骨格．
解剖学的特徴 頭部は横幅がかなり広い．歯は中程度の大きさ．体幹はかなり長く，重厚．フリッパーの大きさは中程度で，前後で似たような大きさ．
年代 中期ジュラ紀；カロビアン期中期．
分布と地層 イギリス南部；オックスフォード粘土層下部．
生息環境 群島の浅瀬．
生態 遊泳能力は普通．

パントサウルス・ストリアトゥス
(*Pantosaurus striatus*)
全長 3.5 m，体重 250 kg

化石記録 複数個体分の部分的な体骨格．
解剖学的特徴 橈骨が尺骨よりはるかに大きいため，前肢は遠位で後方に曲がる．
年代 後期ジュラ紀；オックスフォーディアン期前期．
分布と地層 アメリカ・ワイオミング州；サンダンス層上部．
生息環境 内陸海路．
備考 タテネクテスやパンタノバ゠と同所的に生息した．

タテネクテス・ララミエンシス
(*Tatenectes laramiensis*)
全長 3 m，体重 450 kg

化石記録 2個体分の部分的な体骨格．
解剖学的特徴 体幹は一般的なものより上下幅が狭いかもしれない．
年代 後期ジュラ紀；オックスフォーディアン期前期．
分布と地層 アメリカ・ワイオミング州；サンダンス層上部．
生息環境 内陸海路．

スピトラサウルス・ベンソアシ
(*Spitrasaurus wensaasi*)
成体サイズ不明

化石記録　複数個体分の幼体の部分的な体骨格.

解剖学的特徴　情報不足.

年代　後期ジュラ紀；チトニアン期後期.

分布と地層　スヴァールバル諸島；アガルドフェレット層上部.

生息環境　極域の開けた大陸棚.

備考　スピトラサウルス・ラーセニが含まれる可能性がある. プリオサウルス？・フンケイ, コリンボサウルス？・スバールバルエンシス, カイルハウイア, パルベンニア, ヤヌサウルス, クリオプテリユギウスと同所的に生息した.

オフタルモトゥレ・クリオステア
(*Ophthalmothule cryostea*)
全長 4.5 m, 体重 500 kg

化石記録　板状に潰れた, 1個体分の頭骨と体骨格の大部分.

解剖学的特徴　首はかなり長い. 前肢は後肢よりやや大きい.

年代　後期ジュラ紀あるいは前期白亜紀；チトニアン期末期あるいはベリアシアン期前期.

分布と地層　スヴァールバル諸島；アガルドフェレット層最上部.

生息環境　極域の開けた大陸棚.

備考　このグループが前期白亜紀まで生き延びていた可能性を示す存在である.

トリクレイドゥス・シーリーイ
(*Tricleidus seeleyi*)
全長 5 m, 体重 700 kg

化石記録　部分的な頭骨と体骨格.

解剖学的特徴　前方の歯は大きい.

年代　中期ジュラ紀；カロビアン期中期.

分布と地層　イギリス南部；オックスフォード粘土層下部.

生息環境　群島の浅瀬.

備考　ペロネウステス, パキコスタサウルス, シモレステス, リオプレウロドン, クリプトクリドゥス, ムラエノサウルス, オフタルモサウルス, ティラノネウステス, スコドゥス, グラシリネウステスと同所的に生息した.

ビニャーレサウルス・カロリ
(*Vinialesaurus caroli*)
全長 3.5 m, 体重 250 kg

化石記録　頭骨の大部分と体骨格の一部.

解剖学的特徴　頭部は横幅が広い. 歯は大きく棘状.

年代　後期ジュラ紀；オックスフォーディアン期中期または後期, あるいはその両方.

分布と地層　キューバ；ジャグア層.

生息環境　大陸の浅瀬.

備考　キューバが南米大陸と繋がっていた頃, ガヤルドサウルスと同所的に生息した.

エラスモサウルス科 （Elasmosaurids）

中型〜超大型のクリプトクリドゥス類で, 前期白亜紀〜中生代の終わりまで, 汎世界的に分布した.

解剖学的特徴　頭部は小さく, 耳はない. 首は非常に長い.

生息環境　主に沿岸部の浅瀬で, 少しの淡水域.

生態　遊泳能力は普通. 小型〜中型の獲物を食べる待ち伏せ型の捕食者.

備考　後期三畳紀のアレクセイサウルスは化石の保存状態が非常に悪く, 白亜紀のメンバーで構成されるこのグループに含める説には大きな問題がある.

基盤的エラスモサウルス科 （Baso-elasmosaurids）

中型〜超大型のエラスモサウルス科で, 前期白亜紀〜中生代の終わりまで, 汎世界的に分布した.

生態　遊泳能力は普通.

ラゲナネクテス・リヒターアエ
(*Lagenanectes richterae*)
全長 8 m, 体重 1.3 t

化石記録　部分的な頭骨と体骨格の一部.

解剖学的特徴　前方の歯は大きい.

年代　前期白亜紀；オーテリビアン期後期.

分布と地層　ドイツ北部；シュタットハーゲン層.

生息環境　群島の浅瀬.

備考　エナリオスクスと同所的に生息した.

エロマンガサウルス・オーストラリス
(*Eromangasaurus australis*)
全長 5 m，体重 350 kg

化石記録　とても平坦で上下に潰れている，ほぼ完全な頭骨．

解剖学的特徴　歯は小さい．

年代　前期白亜紀；アルビアン期中期．

分布と地層　オーストラリア北東部；トゥールーブック層．

生息環境　内陸海路．

生態　小型の魚類を狙う捕食者．

備考　？クロノサウルス，ロンギロストラ，クラトケロネ，ノトケロネ，ブーリアケリスと同所的に生息した．

キャラウェイアサウルス・コロンビエンシス
(*Callawayasaurus colombiensis*)
全長 8 m，体重 1.3 t

化石記録　2個体分の完全な頭骨と体骨格．

解剖学的特徴　歯は大きく頑丈．

年代　前期白亜紀；アプチアン期．

分布と地層　コロンビア；パジャ層上部．

生息環境　大陸の沿岸．

備考　モンクイラサウルスやキヒティスカと同所的に生息した．

キャラウェイアサウルス・コロンビエンシス

ワプスカネクテス・ベッツィーニコルサエ
(*Wapuskanectes betsynichollsae*)
全長 10 m，体重 2 t

化石記録　部分的な体骨格．

解剖学的特徴　情報不足．

年代　前期白亜紀；アルビアン期初期．

分布と地層　カナダ・アルバータ州；クリアウォーター層下部．

生息環境　極域の内陸海路．

備考　アサバスカサウルスやニコルスサウラと同所的に生息した．

ウールンガサウルス・グレンダウアーエンシス
(*Woolungasaurus glendowerensis*)
全長 9 m，体重 1.8 t

化石記録　体骨格の大部分と3個体分の部分的な体骨格．

解剖学的特徴　情報不足．

年代　前期白亜紀；アプチアン期後期．

分布と地層　オーストラリア北東部；ワルンビラ層．

生息環境　内陸海路．

リボネクテス・モーガンイ
(*Libonectes morgani*)
全長 9 m，体重 1.8 t

化石記録　部分的な頭骨と体骨格の一部．

解剖学的特徴　歯は大きく，傾いて生えている．

年代　後期白亜紀；チューロニアン期後期．

分布と地層　アメリカ・テキサス州；ブリトン層．

生息環境　大陸の沿岸．

備考　モロッコ産の化石を本種に分類することには疑問が残る．

フタバサウルス・スズキイ
(*Futabasaurus suzukii*)
全長 7 m，体重 700 kg

化石記録　部分的な頭骨と体骨格．

解剖学的特徴　歯は中程度の大きさ．

年代　後期白亜紀；サントニアン期前期．

分布と地層　日本・福島県；玉山（タマヤマ）層上部．

生息環境　大陸の沿岸．

備考　日本がアジア大陸と繋がっていた頃に生息した．

カワネクテス・ラフクエニアヌム
(*Kawanectes lafquenianum*)
全長 3.8 m，体重 140 kg

化石記録　2，3個体分の部分的な頭骨と体骨格．

解剖学的特徴　情報不足．

年代　後期白亜紀；カンパニアン期後期またはマーストリヒチアン期前期，あるいはその両方．

分布と地層　アルゼンチン南部；アレン層中部，ラコニア層下部？

生息環境　大陸の沿岸．

フルビオネクテス・スローナエ
(*Fluvionectes sloanae*)
全長5m, 体重500kg

化石記録　部分的な体骨格.

解剖学的特徴　情報不足.

年代　後期白亜紀；カンパニアン期後期.

分布と地層　カナダ・アルバータ州；ダイナソーパーク層下部.

生息環境　沿岸の河川, おそらく汽水域.

生態　泳いでいる小さな陸生生物を食べることもあった.

備考　同じ地域から産出した化石には全長7mに達するものがあり, これは既知の淡水生首長竜類としては最大である.

ナコナネクテス・ブラッティ
(*Nakonanectes bradti*)
全長5.5m, 体重600kg

化石記録　完全な頭骨と部分的な体骨格.

解剖学的特徴　頭部は後方が上下幅が大きい. ほとんどの歯は大きく頑丈. 首はやや長い.

年代　後期白亜紀；マーストリヒチアン期前期.

分布と地層　アメリカ・モンタナ州；ベアパウ頁岩層上部.

生息環境　非常に狭くなった内陸海路.

備考　ターミノナタトル, ティロサウルス・サスカチュワネンシス, プリオプラテカルプス？・プリマエブスと同所的に生息した.

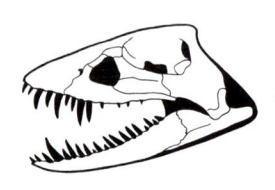

ナコナネクテス・ブラッティ

カルディオコラックス・ムクル
(*Cardiocorax mukulu*)
全長6m

化石記録　砕けた頭骨と部分的な体骨格および2個体分の部分的な体骨格.

解剖学的特徴　一部の歯は大きい.

年代　後期白亜紀；マーストリヒチアン期前期.

分布と地層　アンゴラ；モクイオ層.

生息環境　大陸の沿岸.

ベガサウルス・モリイ
(*Vegasaurus molyi*)
全長7m, 体重700kg

化石記録　体骨格の大部分.

解剖学的特徴　首はとても長い.

年代　後期白亜紀；マーストリヒチアン期前期.

分布と地層　南極域半島；スノーヒル島層.

生息環境　大陸の沿岸, 極域.

モレノサウルス・ストッキ
(*Morenosaurus stocki*)
全長6m, 体重450kg

化石記録　1個体の幼体を含む2個体分の体骨格.

解剖学的特徴　情報不足.

年代　後期白亜紀；マーストリヒチアン期後期.

分布と地層　アメリカ・カルフォルニア州中央；モレノ層中部.

生息環境　大陸の沿岸.

備考　フレスノサウルス・ドレシェリは本種の幼体かもしれない.

アフロサウルス・ファーロンギ
(*Aphrosaurus furlongi*)
全長10m, 体重1t

化石記録　体骨格の一部.

解剖学的特徴　フリッパーはやや細長く, 前後で似たような大きさ.

年代　後期白亜紀；マーストリヒチアン期後期.

分布と地層　アメリカ・カルフォルニア州中央；モレノ層上部.

生息環境　大陸の沿岸.

備考　ヒドロテロサウルス・アレクサンドラエと同所的に生息した.

ヒドロテロサウルス・アレクサンドラエ
(*Hydrotherosaurus alexandrae*)
全長8m, 体重1.1t

化石記録　完全な頭骨と体骨格.

解剖学的特徴　頭部は中程度に横幅が広い. 上顎前方の歯は大きく, 頑丈. 首は非常に長い. フリッパーはとても大きく, 前肢は後肢よりやや大きい.

年代　後期白亜紀；マーストリヒチアン期後期.

分布と地層　アメリカ・カルフォルニア州中央；モレノ層上部.

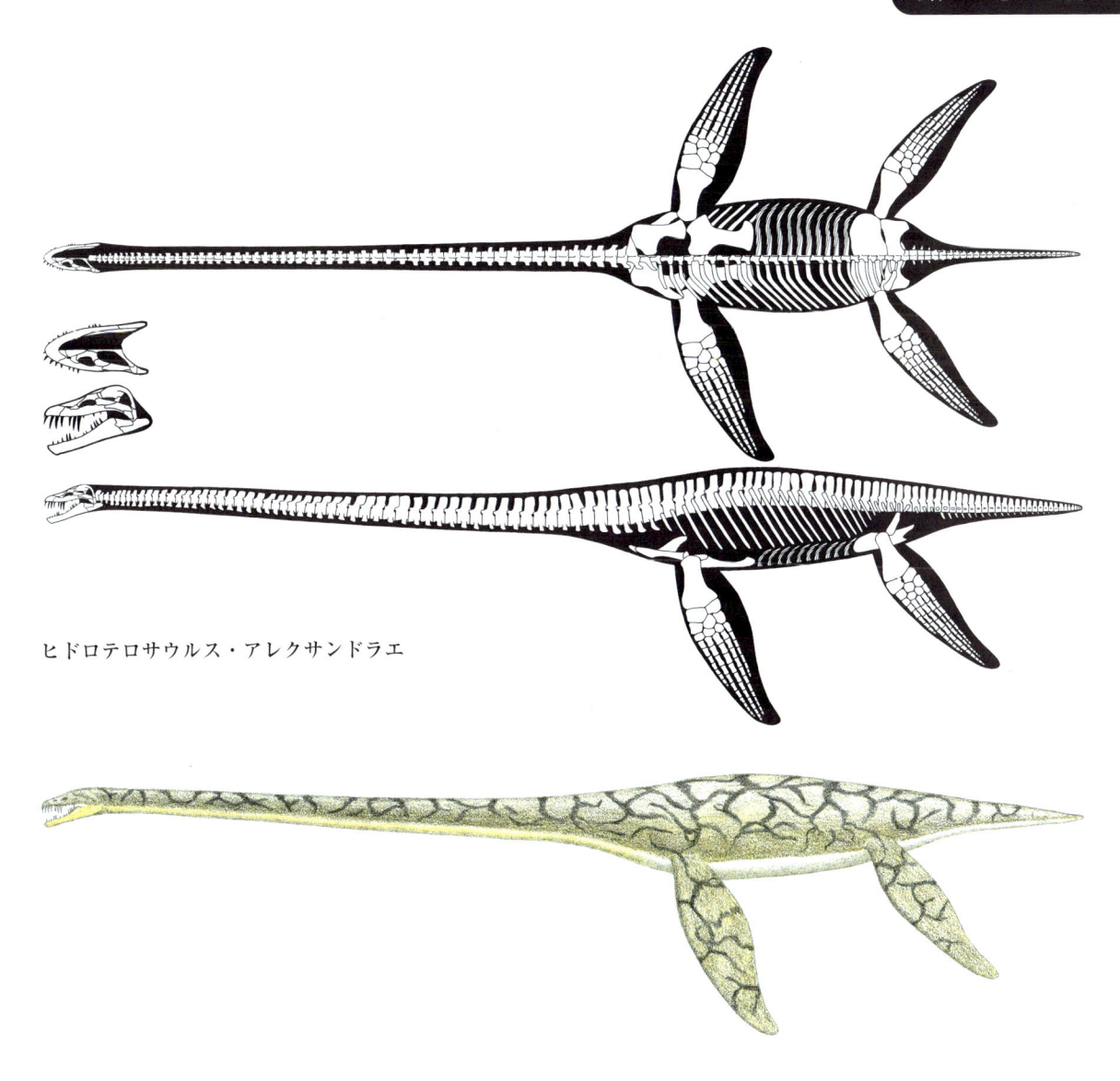

ヒドロテロサウルス・アレクサンドラエ

生息環境　大陸の沿岸.

キモリアサウルス・マグヌス
(*Cimoliasaurus magnus*)
全長 7.5 m, 体重 1 t

化石記録　部分的な体骨格.

解剖学的特徴　情報不足.

年代　後期白亜紀；マーストリヒチアン期前期.

分布と地層　アメリカ・ニュージャージー州；ナベシンク層.

生息環境　大陸棚.

備考　他の様々な地域で発見される化石を本種に分類することには疑問が残る. モササウルス？・コノドンと同

所的に生息した.

ザラファサウラ・オセアニス
(*Zarafasaura oceanis*)
全長 3.5 m, 体重 100 kg

化石記録　部分的な頭骨と体骨格.

解剖学的特徴　歯は大きく頑丈. 首はやや長い.

年代　後期白亜紀；マーストリヒチアン期末期.

分布と地層　モロッコ；未命名の地層.

生息環境　大陸の沿岸.

備考　オケペケロンと同所的に生息した.

ヒドロテロサウルス・アレクサンドラエ

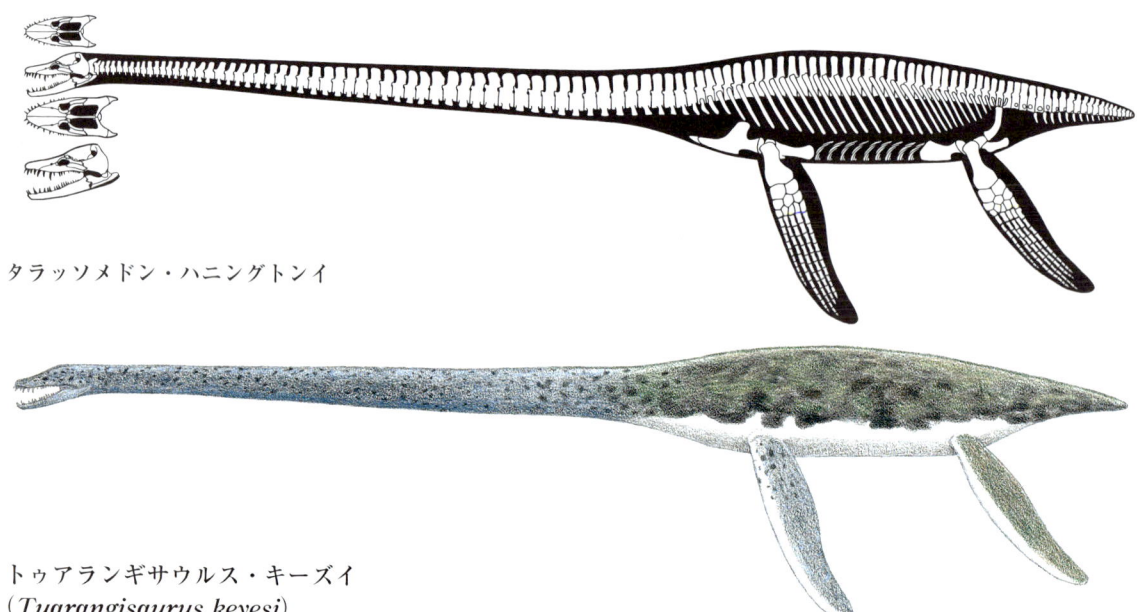

タラッソメドン・ハニングトンイ

トゥアランギサウルス・キーズイ
（*Tuarangisaurus keyesi*）
全長 8 m，体重 1 t

化石記録　幼体と見られる個体の，ほぼ完全だがかなり
ダメージを受けた頭骨と体骨格の一部.

解剖学的特徴　情報不足.

年代　後期白亜紀；カンパニア後期またはマーストリヒ
チアン期前期，あるいはその両方.

分布と地層　ニュージーランド南部；タホラ層上部.

生息環境　島の沿岸.

タラッソメドン・ハニングトンイ
（*Thalassomedon hanningtoni*）
全長 10.1 m，体重 2.5 t

化石記録　2 個体分の頭骨と，ほぼ部分的〜完全なもの

までのいくつかの体骨格.

解剖学的特徴　頭部は中程度に幅広く，後方は上下幅が大きい．歯は中程度の大きさ．首は非常に長い．尾は短い．フリッパーは大きく，前後で似たような大きさ．

年代　後期白亜紀；セマニアン期前期.

分布と地層　アメリカ・コロラド州，モンタナ州；グラネロス頁岩層，ベレ・フォーシェ層.

生息環境　内陸海路.

備考　プレシオプレウロドンと同所的に生息した.

エラスモサウルス亜科（Elasmosaurines）

超大型のエラスモサウルス科で，後期白亜紀の北アメリカに分布した.

解剖学的特徴　歯は棘状で長く，傾いて生える．首は非常に長い.

生息環境　内陸の海路.

生態　遊泳能力は普通．小型〜中型の魚類を狙う待ち伏せ型の捕食者.

備考　一部の海域では見つかっていないが，標本採集が不十分なためだと考えられる.

スティクソサウルス・スノウィイ（*Styxosaurus snowii*）
全長 10.5 m，体重 2.3 t

化石記録　2個体分の頭骨と，部分的〜ほぼ完全な複数

の体骨格.

解剖学的特徴　吻部後方の正中上に小さなコブがある．歯は頑丈で，数はあまり多くない．首は非常に長い．フリッパーは長く，かなり細く，前後で似たような大きさ.

年代　後期白亜紀；カンパニアン期初期.

分布と地層　アメリカ・カンサス州，サウスダコタ州；ニオブララ層最上部.

生息環境　ますます狭くなっていた内陸海路.

備考　当時の周辺地域は内陸海路が非常に幅広く深かったため，エラスモサウルス類の化石が保存されるような浅い沿岸域は限られていた．ポリコティルス・ラティピニス，ドリコリンコプス・オズボーニ，プラテカルプス・ティンパニクス，エオナタトル・スタンバーグイ，クリダステス・プロピトン，クテノケリス・ステノポルス，プロトステガ・ギガスと同所的に生息した.

スティクソサウルス・ブラウニ（*Styxosaurus browni*）
全長 10.5 m，体重 2.3 t

化石記録　完全な頭骨と部分的な体骨格.

解剖学的特徴　頭部の横幅はあまり広くない．歯の数は中程度の大きさで，数はあまり多くない．首は極めて長い．フリッパーは長く，かなり細く，前後で似たような大きさ.

年代　後期白亜紀；カンパニアン期前期.

分布と地層　アメリカ・ワイオミング州；ピエール頁岩層下部.

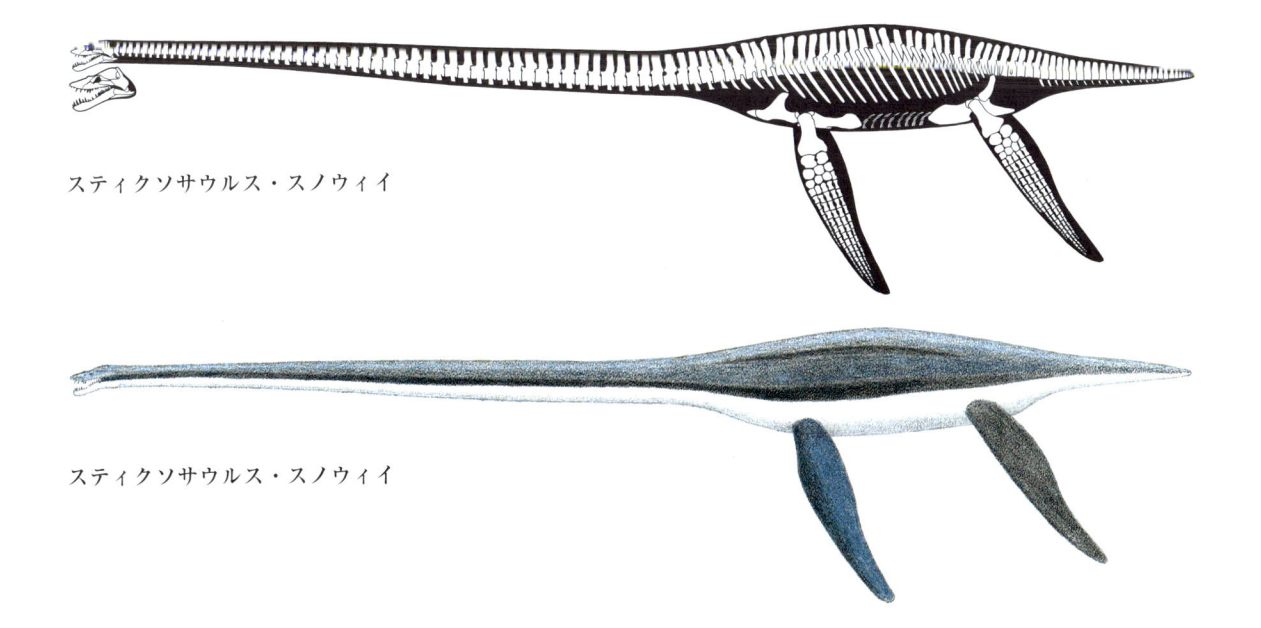

スティクソサウルス・スノウィイ

スティクソサウルス・スノウィイ

生息環境 ますます狭くなっていた内陸海路.

備考 スティクソサウルス・スノウィイより若干大きいかもしれない. ドリコリンコプス・ボナーイ, ティロサウルス・プロリゲル, ラプトプラテカルプス, グロビデンス？・ダコテンシス, トクソケリス・ラティレミス, エラスモサウルスと同所的に生息した.

エラスモサウルス・プラティウルス
(*Elasmosaurus platyurus*)
全長 10.3 m, 体重 2 t

化石記録 頭骨の一部と部分的な体骨格.

解剖学的特徴 首は極めて長い.

年代 後期白亜紀；カンパニアン期前期.

分布と地層 アメリカ・カンサス州；ピエール頁岩層下部.

生息環境 ますます狭くなっていた内陸海路.

備考 代表的な首長竜類であるが, 1個体分の不完全な化石しか知られていない.

アルバートネクテス・バンデルベルデイ
(*Albertonectes vanderveldei*)
全長 11 m, 体重 2 t

化石記録 頭骨のない完全な体骨格.

解剖学的特徴 首は極めて長い. フリッパーは前後で似たような大きさ.

年代 後期白亜紀；カンパニアン期後期.

分布と地層 カナダ・アルバータ州；ベアパウ頁岩層下部.

生息環境 ますます狭くなっていた内陸海路.

生態 普通程度の推進力と非常に長い首からは, 魚類を狙うかなりゆっくりとした待ち伏せ型の捕食者であったことがわかる.

備考 ドリコリンコプス・ハーシェレンシスやプログナトドン？・オーバートンイと同所的に生息した. 既知の首長竜類の中では最長で, 絶対的にも相対的にも最も長い首をもち, 76 個の頸椎で 6.5 m に達した.

ターミノナタトル・ポンテイックセンシス
(*Terminonatator ponteixensis*)
全長 9 m, 体重 1.6 t

化石記録 部分的な頭骨と体骨格.

解剖学的特徴 歯は棘状で大きく, かなり頑丈で, 傾いて生えており, 数はあまり多くない.

年代 後期白亜紀；カンパニアン期末期.

分布と地層 カナダ・サスカチュワン州；ベアパウ頁岩層上部.

生息環境 ますます狭くなっていた内陸海路.

備考 ナコナネクテス, ティロサウルス・サスカチュワネンシス, プリオプラテカルプス？・プリマエブスと同所的に生息した.

アリストネクテス科 (Aristonectids)

大型～超大型のクリプトクリドゥス類で, 後期白亜紀の南半球に分布した.

解剖学的特徴 頭骨は短く, 幅広く, 後方では上下幅が広い. 吻部は丸い. 歯は多数あり, 小さく繊細な針状で, 上下で互い違いに組み合って咬合しない, 櫛状の歯列を形成する. 首はやや長い.

生態 遊泳能力は普通. ヒゲクジラ類のような吸引濾過食性.

備考 これらの高度に特殊化した濾過食性動物をエラスモサウルス科に分類するのは, 非論理的である. 北半球で見つかっていないのは, 標本採集が不十分なためだと考えられる.

カイフェケア・カティキ
(*Kaiwhekea katiki*)
全長 7 m, 体重 1.5 t

化石記録 頭骨および体骨格の大部分.

解剖学的特徴 頭骨は非常に上下幅が大きく, 横幅がとても狭い. 小さな歯が多数あり, やや傾いて生えている.

年代 後期白亜紀；マーストリヒチアン期中期.

分布と地層 ニュージーランド南部；カティキ層下部あるいは中部.

生息環境 島の沿岸.

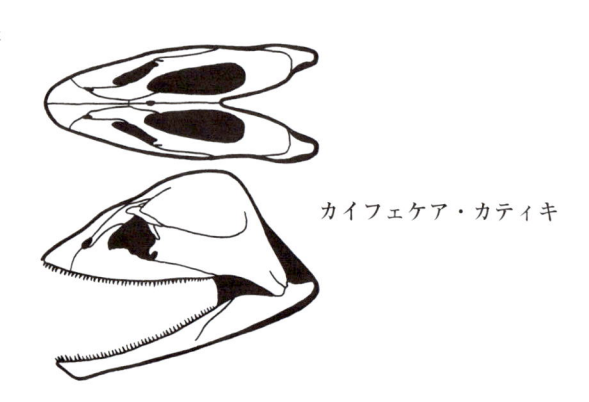

カイフェケア・カティキ

アリストネクテス・パルビデンス
(*Aristonectes parvidens*)
成体サイズ不明

化石記録　未成熟と見られる個体の，部分的な頭骨と体骨格.

解剖学的特徴　歯は非常に多く，細長く小さい．上顎の歯は強く傾いて生えていて，下顎の歯はやや下向き，かつ横向きに生えている.

年代　後期白亜紀；マーストリヒチアン期.

分布と地層　アルゼンチン南部；パソ・デル・サポ層.

生息環境　大陸の沿岸.

備考　アリストネクテス・キリキネンシスと同種か，直系の祖先にあたる可能性がある.

アリストネクテス・キリキネンシス
(*Aristonectes quiriquinensis*)
全長 10 m，体重 4 t

化石記録　部分的な頭骨と体骨格.

解剖学的特徴　歯は非常に多く，細長く小さい．上顎の歯は強く傾いて生えていて，下顎の歯はやや下向き，かつ横向きに生えている．フリッパーは非常に大きい.

年代　後期白亜紀；マーストリヒチアン期後期.

分布と地層　チリ中央；キリキーナ層.

生息環境　大陸の沿岸.

モーターネリア・シーモアエンシス
(*Morturneria seymourensis*)
成体サイズ不明

化石記録　幼体の，部分的な頭骨と体骨格の一部.

解剖学的特徴　歯は非常に多く，細長く小さい．上顎の歯は強く傾いて生えていて，下顎の歯はやや下向き，かつ横向きに生えている.

年代　後期白亜紀；マーストリヒチアン期後期.

分布と地層　南極域半島；ロペス・デ・ベルトダーノ層.

生息環境　大陸の沿岸，極域.

備考　カイカイフィルと同所的に生息した.

レプトクレイドゥス類　(Leptocleidians)

中型〜大型のクリプトクリドゥス類で，前期白亜紀〜中生代の終わりまで，汎世界的に分布した.

解剖学的特徴　頭部はやや長いか，それ以上．首は長くない.

生息環境　淡水域〜大陸棚.

生態　遊泳能力は良好．中型〜特に大型の魚類などの獲物を狙う追い込み型の捕食者.

レプトクレイドゥス科　(Leptocleidids)

中型〜大型のレプトクレイドゥス類で，前期白亜紀〜中生代の終わりまで，汎世界的に分布した.

解剖学的特徴　頭部はあまり幅広くなく，側頭領域はやや長い．首は中程度の長さ.

生息環境　淡水域〜大陸棚.

生態　中型の魚類を狙う捕食者.

ニコルスサウラ・ボレアリス
(*Nichollssaura borealis*)
全長 2.6 m，体重 80 kg

化石記録　板状に潰れた，完全な頭骨と体骨格.

解剖学的特徴　歯は中程度の大きさ．フリッパーは中程度の大きさで，前後で似たような大きさ.

年代　前期白亜紀；アルビアン期前期.

分布と地層　カナダ・アルバータ州；クリアウォーター層下部.

生息環境　極域の内陸海路.

備考　アサバスカサウルスやワプスカネクテスと同所的に生息した.

ヘイスタネクテス・バルデンシス
(*Hastanectes valdensis*)
成体サイズ不明

化石記録　未成熟と見られる個体の，2個体分の部分的な体骨格.

解剖学的特徴　情報不足.

年代　前期白亜紀；バランギニアン期.

分布と地層　イギリス南部；ワドハースト粘土層.

生息環境　島の河口.

ブランカサウルス・ブランカイ
(*Brancasaurus brancai*)
全長 4.1 m，体重 350 kg

化石記録　頭骨および体骨格の大部分，部分的な頭骨と体骨格.

解剖学的特徴　頭部はかなり幅狭く，歯は中程度の大きさで，頑丈．尾は短い．フリッパーは非常に大きく，前

ブランカサウルス・ブランカイ

後で似たような大きさ．前腕と下腿は非常に短く，フリッパーの残りの部分は長く，強く後ろに曲がっている．

年代　前期白亜紀；ベリアシアン期中期〜後期．

分布と地層　ドイツ北西部；ビュッケバー層．

生息環境　湖，あるいは河川．

生態　遊泳能力は良好．泳いでいる小さな陸生生物を食べることもあった．

備考　この首長竜類が常に淡水域にいたのか，一時的にいただけなのかは定かではない．

ウムーナサウルス・デモスキルス
(*Umoonasaurus demoscyllus*)
全長 2.5 m，体重 70 kg

化石記録　部分的な頭骨と体骨格の大部分．

解剖学的特徴　歯は細長い．首は短い．後方 5 つの尾椎は融合して尾端骨のようになる．フリッパーは大きい．

年代　前期白亜紀；アプチアン期またはアルビアン期前期，あるいはその両方．

分布と地層　オーストラリア南部；ブルドッグ頁岩層．

生息環境　極域でサメ類のいない内陸海路．

備考　オパリオネクテスと同所的に生息した．

オパリオネクテス・アンダムーカエンシス
(*Opallionectes andamookaensis*)
全長 5.5 m，体重 750 kg

化石記録　歯と部分的な体骨格．

解剖学的特徴　歯は細長い．

年代　前期白亜紀；アプチアン期またはアルビアン期前期，あるいはその両方．

分布と地層　オーストラリア南部；ブルドッグ頁岩層．

生息環境　極域でサメ類のいない内陸海路．

生態　小型の獲物を食べる．

備考　系統的な位置付けは不明．

レプトクレイドゥス・カペンシス
(*Leptocleidus capensis*)
全長 4.5 m，体重 400 kg

化石記録　板状に潰れた，頭骨の大部分と，体骨格の一部．

解剖学的特徴　情報不足．

年代　前期白亜紀；バランギニアン期．

分布と地層　南アフリカ；サンデーズ・リバー層．

生息環境　大陸の海岸線．

レプトクレイドゥス・スペルステス
（*Leptocleidus superstes*）
全長 4 m，体重 300 kg

化石記録　頭骨および体骨格の大部分.

解剖学的特徴　頭部は横幅がかなり広く，吻部はやや短い．歯の数は中程度でかなり大きい.

年代　前期白亜紀；バレミアン期.

分布と地層　イギリス南部；ウィールド・粘土層上部.

生息環境　群島の浅瀬.

ベクトクレイドゥス・パストルム
（*Vectocleidus pastorum*）
全長 1.5 m，体重 15 kg

化石記録　部分的な体骨格.

解剖学的特徴　情報不足.

年代　前期白亜紀；バレミアン期末期.

分布と地層　イギリス南部；ベクティス層上部.

生息環境　群島の浅瀬.

ポリコティルス科（Polycotylids）

中型〜大型のレプトクレイドゥス類で，前期白亜紀〜中生代の終わりまで，汎世界的に分布した.

解剖学的特徴　首はかなり短い.
生息環境　沿岸部の近海〜深海.
生態　遊泳能力は普通〜良好．中型〜大型の魚類などの獲物を狙う捕食者.

マウリキオサウルス・フェルナンデシ
（*Mauriciosaurus fernandezi*）
成体サイズ不明

化石記録　幼体の，板状に潰れた頭骨と体骨格，軟組織.
解剖学的特徴　頭部は大きく，長い．吻部は細長い．歯は中程度の大きさで，傾いて生えている．フリッパーは大きく，前後で似たような大きさ.
年代　後期白亜紀；チューロニアン期前期.
分布と地層　メキシコ北東部；アグア・ヌエバ層下部.
生息環境　大陸棚.

パハサパサウルス・ハーシ
（*Pahasapasaurus haasi*）
成体サイズ不明

化石記録　幼体の頭骨と体骨格.

解剖学的特徴　頭部は長く，吻部は細長い.
年代　前期白亜紀；セマニアン期中期.
分布と地層　アメリカ・サウスダコタ州；グリーンホーン石灰岩層下部.
生息環境　かなり狭く浅い内陸海路.

エドガーオサウルス・マッディ
（*Edgarosaurus muddi*）
全長 3.5 m，体重 250 kg

化石記録　頭骨の大部分と体骨格の一部.
解剖学的特徴　頭部は長い．吻部は細長いが頑丈．歯は大きい．首はやや長い.
年代　前期白亜紀；アルビアン期中期.
分布と地層　アメリカ・モンタナ州；サーモポリス頁岩層中部.
生息環境　かなり狭く浅い内陸海路.

エドガーオサウルス・マッディ

プレシオプレウロドン・ウェルズイ
（*Plesiopleurodon wellesi*）
全長 7 m，体重 2 t

化石記録　頭骨の大部分と体骨格の一部.
解剖学的特徴　歯は中程度の大きさ.
年代　後期白亜紀；セマニアン期前期.
分布と地層　アメリカ・ワイオミング州；ベレ・フォーシェ頁岩層.
生息環境　内陸海路.

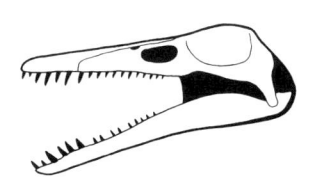

プレシオプレウロドン・ウェルズイ

エオポリコティルス・ランキンイ
（*Eopolycotylus rankini*）
全長 4 m，体重 350 kg

化石記録　部分的な頭骨と体骨格.
解剖学的特徴　情報不足.
年代　後期白亜紀；チューロニアン期前期.
分布と地層　アメリカ・ユタ州；トロピック頁岩層中部.

生息環境　内陸海路.

備考　ドリコリンコプス？・トロピケンシスと同所的に生息した.

ポリコティルス・ラティピニス
(*Polycotylus latipinnis*)
全長 5 m, 体重 700 kg

化石記録　胎児と見られる 1 個体を含む複数個体分の, 部分的な体骨格.

解剖学的特徴　情報不足.

年代　後期白亜紀；カンパニアン期初期.

分布と地層　アメリカ・カンサス州, アラバマ州；ニオブララ層最上部, ムーアヴィル・チョーク層下部.

生息環境　幅が狭く, 浅くなり, 大陸棚になりつつあった内陸海路.

備考　成体の骨格に混ざって若い個体の骨格が見つかっていることから, 一部の首長竜類は集団の中で子どもを出産し, 大きくなるまで育てていたことがわかる. スティクソサウルス・スノウィイ, ドリコリンコプス・オズボーニ, セルマサウルス・ラッセリ, プラテカルプス・ティンパニクス, エオナタトル・スタンバーグイ, クリダステス・プロピトン, クテノケリス・ステノポルス, プロトステガ・ギガスと同所的に生息した.

ポリコティルス？・ソポズコイ
(*Polycotylus ? sopozkoi*)
全長 4 m, 体重 350 kg

化石記録　部分的な頭骨と体骨格.

解剖学的特徴　前肢と後肢は似たような大きさ.

年代　後期白亜紀；カンパニアン期前期.

分布と地層　ロシア中央；未命名の地層.

生息環境　大陸の海岸線.

備考　ポリコティルスに含まれるかどうかは定かではない.

ゲオルギアサウルス・ペンゼンシス
(*Georgiasaurus penzensis*)
全長 4 m, 体重 450 kg

化石記録　部分的な頭骨と体骨格.

解剖学的特徴　情報不足.

年代　後期白亜紀；サントニアン期.

分布と地層　ロシア西部；未命名の地層.

生息環境　大陸の海岸線.

トリナクロメルム・ベントニアヌム
(*Trinacromerum bentonianum*)
全長 3 m, 体重 150 kg

化石記録　3 個体分の頭骨.

解剖学的特徴　頭部は長く, 吻部は細長い. 歯はやや小さい.

年代　後期白亜紀；チューロニアン期中期.

分布と地層　アメリカ・カンサス州；グリーンホーン石灰岩層上部, カーライル頁岩層下部.

生息環境　最大期から幅・深さ共に減少しつつある内陸海路.

備考　ブラカウケニウスと同所的に生息した. トリナクロメルム・キルキの直系の祖先にあたる可能性がある.

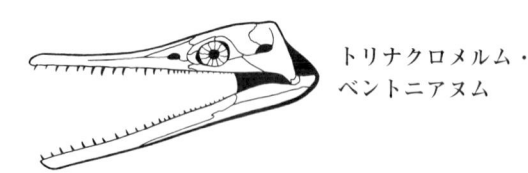

トリナクロメルム・ベントニアヌム

トリナクロメルム・キルキ
(*Trinacromerum kirki*)
全長 4.5 m, 体重 500 kg

化石記録　体骨格の一部.

解剖学的特徴　情報不足.

年代　後期白亜紀；チューロニアン期中期.

分布と地層　カナダ・マニトバ州；ファベル層上部.

生息環境　内陸海路.

マネメルグス・アングイロストリス
(*Manemergus anguirostris*)
全長 2 m, 体重 30 kg

化石記録　頭骨と体骨格の大部分.

解剖学的特徴　頭部は長く, 横幅が狭い. 吻部は長く, かなり幅狭く上下幅が狭い. 側頭領域は長く頑丈. 歯は少なく, 細長い.

年代　後期白亜紀；チューロニアン期後期.

分布と地層　モロッコ；アクラボウ層.

生息環境　大陸の沿岸.

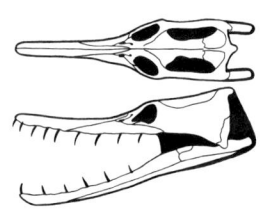

マネメルグス・アングイロストリス

備考　ティリルアと同所的に生息した.

ティリルア・ロンギコリス
(*Thililua longicollis*)
全長 6 m, 体重 1.3 t

化石記録　頭骨と体骨格の一部.

解剖学的特徴　頭部は長く, 全体にわたって上下幅は狭く, 頑丈. 歯の数は中程度で, 大きさも中程度でかなり頑丈. 首の長さは中程度.

年代　後期白亜紀;チューロニアン期後期.

分布と地層　モロッコ;アクラボウ層.

生息環境　大陸の沿岸.

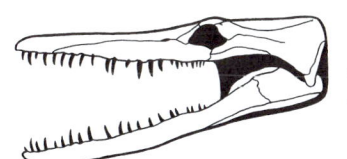

ティリルア・
ロンギコリス

ドリコリンコプス?・トロピケンシス
(*Dolichorhynchops? tropicensis*)
全長 3 m, 体重 200 kg

化石記録　頭骨および体骨格の大部分, 体骨格の一部.

解剖学的特徴　情報不足.

年代　後期白亜紀;チューロニアン期前期.

分布と地層　アメリカ・ユタ州;トロピック頁岩層中部.

生息環境　内陸海路.

備考　本種が時代的に新しいドリコリンコプス・オズボーニと同属であるかどうかは不明. エオポリコティルスと同所的に生息した.

ドリコリンコプス・オズボーニ
(*Dolichorhynchops osborni*)
全長 5.2 m, 体重 1 t

化石記録　3個体分の頭骨と休骨格.

解剖学的特徴　頭部は長く横幅が狭い. 吻部は非常に長い. 側頭領域の正中に沿って小さめのトサカがある. 歯

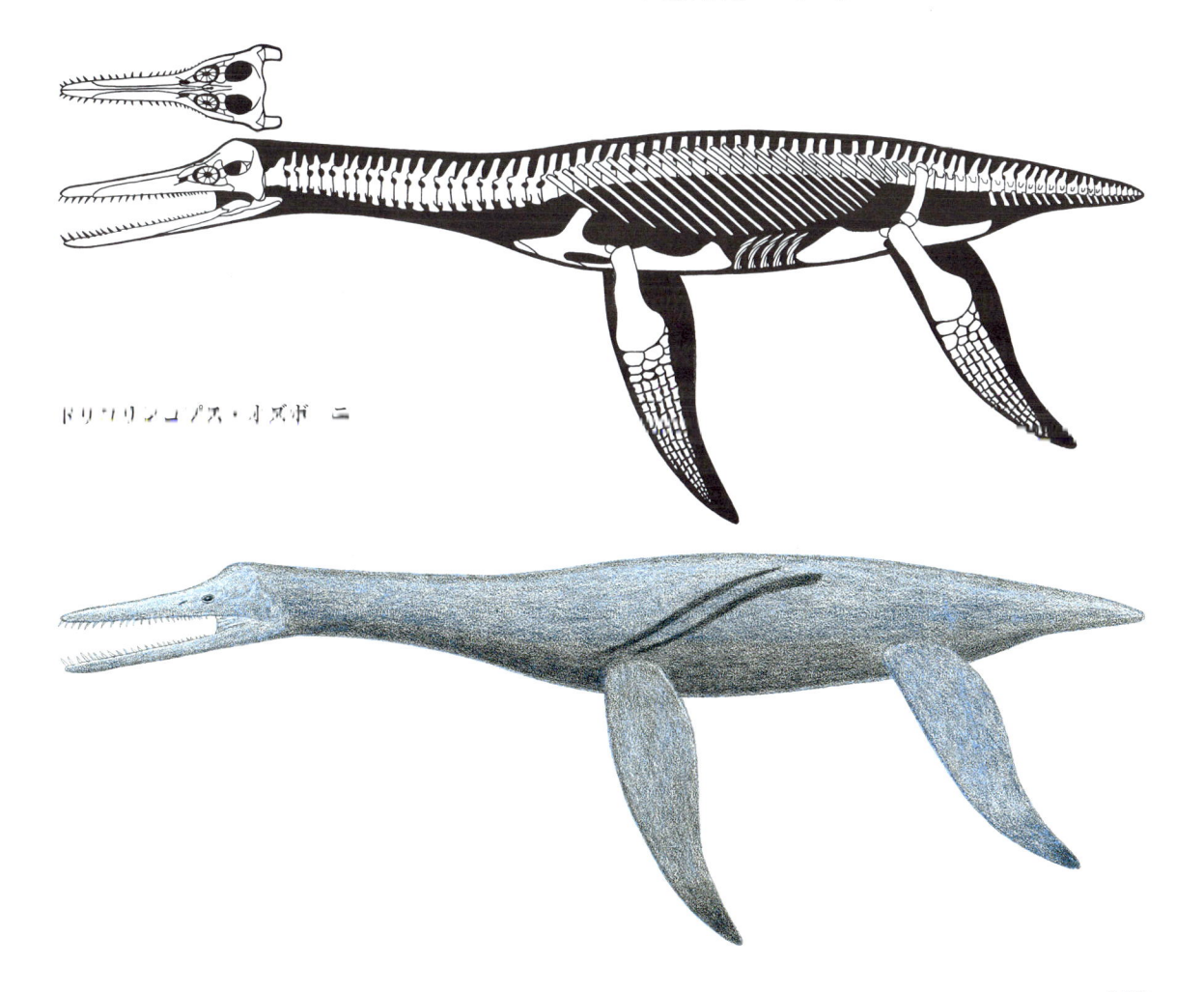

ドリコリンコプス・オズボーニ

はかなり多く，やや小さく，細長くはなく，傾いて生えており，噛み合う．首はやや長い．体幹はやや長い．尾は短い．フリッパーは長く，横幅がやや狭く，前後で似たような大きさ．

年代　後期白亜紀；カンパニアン期初期．

分布と地層　アメリカ・カンサス州；ニオブララ層最上部．

生息環境　ますます狭く浅くなった内陸海路．

備考　スティクソサウルス・スノウィイ，ポリコティルス・ラティピニス，プラテカルプス・ティンパニクス，エオナタトル・スタンバーグイ，クリダステス・プロピトン，クテノケリス・ステノポルス，プロトステガ・ギガスと同所的に生息した．ドリコリンコプス・ボナーイの直系の祖先．

ドリコリンコプス・ボナーイ
（*Dolichorhynchops bonneri*）
全長 4.8 m，体重 800 kg

化石記録　頭骨および体骨格の大部分．

解剖学的特徴　頭部は長く，吻部は非常に長い．側頭領域の正中に沿ってかなり大きなトサカがある．歯はかなり頑丈でやや小さく，数はかなり多く，上下で組み合う．首はやや長い．

年代　後期白亜紀；カンパニアン期前期．

分布と地層　アメリカ・ワイオミング州；ピエール頁岩層下部．

生息環境　ますます狭く浅くなった内陸海路．

備考　スティクソサウルス・ブラウニ，エラスモサウルス，ティロサウルス・プロリゲル，ラトプラテカルプス，グロビデンス？・ダコテンシス，トクソケリス・ラティレミスと同所的に生息した．

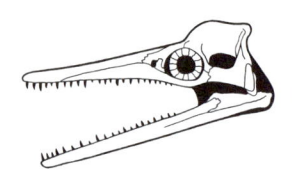

ドリコリンコプス・ボナーイ

ドリコリンコプス・ハーシェレンシス
（*Dolichorhynchops herschelensis*）
成体サイズ不明

化石記録　未成熟と見られる個体の，頭骨の大部分と部分的な体骨格．

解剖学的特徴　頭部は細長く，吻部は非常に長い．側頭領域の正中に沿ってかなり大きなトサカがある．歯はか

なり多い．

年代　後期白亜紀；カンパニアン期後期またはマーストリヒチアン期前期，あるいはその両方．

分布と地層　カナダ・サスカチュワン州；ベアパウ頁岩層下部．

生息環境　かなり狭くなった内陸海路．

備考　アルバートネクテスやプログナトドン？・オーバートンイと同所的に生息した．

パルムラサウルス・クアドラトゥス
（*Palmulasaurus quadratus*）
成体サイズ不明

化石記録　未成熟と見られる個体の，部分的な頭骨と体骨格．

解剖学的特徴　吻部はとても細長い．前肢は後肢よりも小さい．

年代　後期白亜紀；チューロニアン期初期．

分布と地層　アメリカ・ユタ州；トロピック頁岩層下部．

生息環境　内陸海路．

スルクスクス・エライニ
（*Sulcusuchus erraini*）
成体サイズ不明

化石記録　未成熟と見られる個体の，2個体分の頭骨．

解剖学的特徴　頭部は長く，重厚な造り．

年代　後期白亜紀；カンパニアン期後期またはマーストリヒチアン期，あるいはその両方．

分布と地層　アルゼンチン南部；ロス・アラミトス層．

生息環境　大陸の沿岸．

生態　硬い殻のアンモノイド類を含む大型の魚類などの獲物を捕食．

魚竜型類 （Ichthyosauromorphs）

小型〜超大型の新双弓類で，前期三畳紀〜中生代の終わりまで，汎世界的に分布した．

解剖学的特徴　形態はかなり多様．頭骨はキネシスをもたない．鼻孔は吻端のはるか後方，眼窩のすぐ前にある．強膜輪がしばしば認められる．下側頭窓が開口している．歯はあまり大きくなく，口蓋には生えていない．首は短い．尾は扁平で上下に広がる．四肢は関節の自由度が下がり，部分的に水中翼形状へと変化している．前肢は後肢と同じかそれ以上の長さ．ウナギ型〜マグロ型

の蛇行運動を駆使して泳ぐ，フリッパーは主に安定と舵取りに用いる．

生息環境　沿岸部の近海〜深海．

生態　遊泳能力は普通〜極めて高度．捕食性で小型〜大型の魚類などの獲物を狙う待ち伏せ型または追い込み型，あるいはその両方の捕食者．破砕食者のものもいた．

フーペイスクス類（Hupehsuchians）

小型の魚竜型類で，前期三畳紀に，アジアに分布した．

解剖学的特徴　骨格が非常に密度の高い骨で構成されている．首はそれほど短くない．体幹は細長く，上下幅は狭く，神経棘と装甲の小突起の複合体は高く発達している．腹肋は重厚．尾は長く，直線的で，後方で広がらない．前肢は後肢より大きく，完全なフリッパーにはなっていないが，関節の可動性は低下し，おそらく水かきが発達していた．流体力学的には中程度の流線型で，ウナギ型〜アジ型の遊泳を行った．

生息環境　沿岸部および海岸線の汽水域，ラグーン，岩礁，河口．

生態　遊泳能力は平凡〜普通．小型 - 中型の魚類を狙う待ち伏せ型または追い込み型，あるいはその両方の捕食者．

ナンチャンゴサウルス科（Nanchangosaurids）

小型のフーペイスクス類で，前期三畳紀のアジアに分布した．

解剖学的特徴　頭部は細長い．吻部は非常に長く，上下幅はとても狭く，横幅はとても広い．歯の代わりにクチバシをもち，上顎のものが下顎のものよりも長い．

ナンチャンゴサウルス・スニ（*Nanchangosaurus suni*）

全長 1 m，体重 1.5 kg

化石記録　板状に潰れた，2 個体分の頭骨と体骨格と，幼体と見られる個体の頭骨と体骨格の大部分．

解剖学的特徴　神経棘と装甲の小突起の複合体は，上下幅がやや広い．

年代　前期三畳紀；オレネキアン期後期．

分布と地層　中国東部；嘉陵江（ジャンリン）層上部．

フーペイスクス・ナンチャンゲンシスとエレトモルヒピス（右）

フーペイスクス・ナンチャンゲンシス

生息環境　大陸の近海.

備考　エオフーペイスクス・ブレビコリスは本種の幼体である可能性がある．エオフーペイスクス，パラフーペイペスクス，フーペイフペスクス，エレトモルヒピス，チャオフーサウルス・ジャンジャワネンシスと同所的に生息した.

フーペイスクス科（Hupehsuchids）

小型のフーペイスクス類で，前期三畳紀のアジアに分布した.

フーペイスクス亜科（Hupehsuchines）

小型のフーペイスクス科で，前期三畳紀のアジアに分布した.

解剖学的特徴　上下のクチバシは同じ長さ．神経棘と装甲の小突起の複合体はかなり高い．前肢は大きい.

フーペイスクス・ナンチャンゲンシス
（*Hupehsuchus nanchangensis*）
全長 0.95 m，体重 2.5 kg

化石記録　2 個体分の頭骨と体骨格.
解剖学的特徴　このグループとしては一般的.
年代　前期三畳紀；オレネキアン期後期.

分布と地層　中国東部；嘉陵江（ジャンリン）層上部.
生息環境　大陸の近海.

備考　ナンチャンゴサウルス，エオフーペイスクス，パラフーペイスクス，エレトモル匕ピス，チャオフーサウルス・ジャンジャワネンシスと同所的に生息した.

パラフーペイスクス亜科
（Parahupehsuchines）

小型のフーペイスクス科で，前期三畳紀のアジアに分布した.

解剖学的特徴　体幹は長く，非常に重厚な造り.
備考　パラフーペイスクスの頭骨が見つかっておらず，エレトモルヒピスと同じ亜科に含まれるかわかっていない.

パラフーペイスクス・ロングス
（*Parahupehsuchus longus*）
全長 1 m，体重 2 kg

化石記録　体骨格の大部分.
解剖学的特徴　四肢は大きくない.
年代　前期三畳紀；オレネキアン期後期.
分布と地層　中国東部；嘉陵江（ジャンリン）層上部.
生息環境　大陸の近海.
生態　情報が不十分.

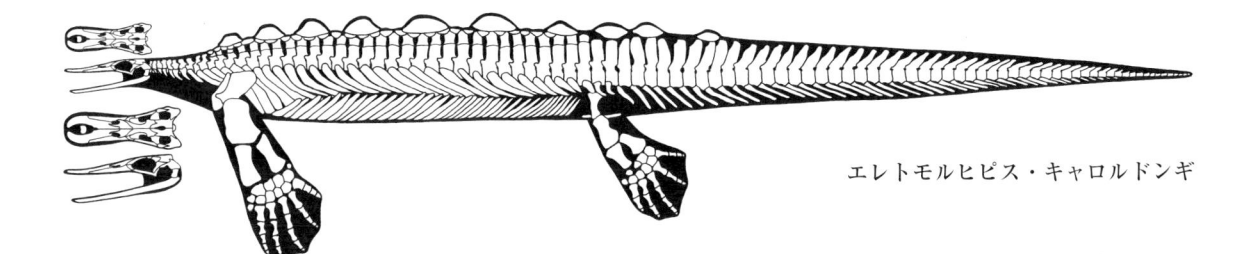

エレトモルヒピス・キャロルドンギ

備考　ナンチャンゴサウルス，エオフーペイスクス，フーペイスクス，エレトモルヒピス，チャオフーサウルス・ジャンジャワネンシスと同所的に生息した.

エレトモルヒピス・キャロルドンギ
（*Eretmorhipis carrolldongi*）
全長 0.93 m，体重 2 kg

化石記録　頭骨と 2 個体分の体骨格.

解剖学的特徴　頭部は軽くできていて，小さく，扁平で，背側から見るとほぼ長方形状. アヒルのようなクチバシがあり，左右のクチバシ先端の間に他の骨と接していない骨がある. 眼窩は小さく，機械受容器がクチバシにあった. 尾はかなり硬い. 前肢は特に大きい.

年代　前期三畳紀；オレネキアン期後期.

分布と地層　中国東部；嘉陵江（ジャンリン）層上部.

生息環境　大陸の近海.

生態　手足が蛇行運動と同程度に遊泳能力に寄与する. おそらく夜間，電場の変化を検出する機械受容器を利用して，小さな獲物，特に節足動物を探していた.

備考　ナンチャンゴサウルス，エオフーペイスクス，フーペイスクス，パラフーペイスクス，チャオフーサウルス・ジャンジャワネンシスと同所的に生息した. 特に頭はアヒル型のクチバシをもったカモノハシと著しく収斂している. P/T の大量絶滅直後には，夜行性で小型の水生動物を狙うという生態に特化した捕食者が爬虫類の中で急速に進化したが，中生代のうちに再度出現することはなかったようだ.

魚竜形類（Ichthyosauriformes）

小型〜超大型の魚竜型類で，前期三畳紀〜中生代の終わりまで，汎世界的に分布した.

解剖学的特徴　形態はかなり均一的. すべからく流線型で，魚類あるいは鯨類に似ている. 吻部は細いものが多い. おそらくすべての種が強膜輪をもっていた. 歯は球根状の歯根をもつものが知られる. 首は非常に短い. 体幹は非常に多くの椎骨と肋骨からなり，体幹の横幅は上下幅より大きくなることはなく，かと言って上下幅が極端に大きくなることもない. 尾はあまり長くなく，後端付近で下方に曲がり，軟組織からなる上尾鰭を伴う. 肩甲骨は短く，丸みを帯びている. 流体力学的には流線型で，ウナギ型とアジ型の中間〜マグロ型の遊泳を行う. 皮膚は非常に小さく細かい鱗からなり，滑らかな質感をしていた.

生息環境　沿岸部近海〜深海. おそらくすべてが胎生.

生態　遊泳能力は良好〜極めて高度. 小型〜大型の魚類などの獲物を狙う待ち伏せ型または追い込み型，あるいはその両方の捕食者で，破砕食性のものもいた.

オムファロサウルス科（Omphalosaurids）

小型の魚竜形類で，中期三畳紀の北アメリカとアジアに分布した.

解剖学的特徴　歯は不規則に並び，小さなボタン状. 体幹はやや長い. 尾の後方の屈曲部では脊椎の上下幅が広く，上尾鰭を伴う. 骨盤は脊椎と接続している. ウナギ型〜アジ型の遊泳を行う.

生息環境　沿岸部の浅瀬.

生態　遊泳能力は良好. 小型〜中型の魚類を狙う待ち伏せ型あるいは追い込み型の捕食者.

備考　一部の海域で見つかっていないのは，標本採集が不十分なためだと考えられる.

オムファロサウルス・ネバダヌス
（*Omphalosaurus nevadanus*）
全長 2 m，体重 25 kg

化石記録　頭骨の一部と体骨格.

解剖学的特徴 このグループとしては一般的.

年代 中期三畳紀；アニシアン期.

分布と地層 アメリカ・ネバダ州；プリダ層.

生息環境 大陸の浅瀬.

備考 本属には他に保存状態の悪い化石が複数含まれているが，それらの分類は不明瞭.

トロドゥス・シュミッティ
(*Tholodus schmidi*)
全長 1.5 m，体重 10 kg

化石記録 部分的な骨.

解剖学的特徴 このグループとしては一般的.

年代 中期三畳紀；アニシアン期中期.

分布と地層 ドイツ南部；ムッシェルカルク層下部.

生息環境 群島の浅瀬.

備考 キアモドゥス・タルノビツェンシスやコンテクトパラトゥスと同所的に生息した.

ナソロストラ類 （Nasorostrans）

小型の魚竜形類で，前期三畳紀のアジアに分布した.

解剖学的特徴 頭部は短く，幅広く，三角形にかなり近い形状. 非常に短く尖った吻部と，大きな側頭領域をもつ. 下顎は上下幅が狭く，歯をもたない. 体幹は中程度に長く，肋骨と特に腹肋は頑丈な造り. 尾後方の屈曲部では椎骨の上下幅が卓越し，小さめの上尾鰭を支えている. 骨盤は脊椎と接続している. フリッパーにおける手首・足首よりも遠位の骨要素はあまり骨化しない. ウナギ型〜アジ型の遊泳を行う.

生息環境 沿岸部の浅瀬.

生態 遊泳能力は良好. 吸引食性だったと見られる.

スクレロコルムス・パルビセプス
(*Sclerocormus parviceps*)
全長 1.5 m，体重 9 kg

化石記録 板状に潰れた頭骨および体骨格と，幼体と見られる個体の頭骨と体骨格の大部分.

解剖学的特徴 頭部は非常に小さい. 尾はかなり長い. 前肢は非常に大きく，後肢より大きい.

年代 前期三畳紀；オレネキアン期後期.

分布と地層 中国東部；南陵湖（ナンリング）層上部.

生息環境 大陸の浅瀬.

備考 カルトリンクス・レンティカルプスは本種の幼体か近縁種と見られる. マジアシャノサウルスやチャオフーサウルス・ゲイシャンエンシスと同所的に生息した.

スクレロコルムス・パルビセプス

魚鰭類 （Ichthyopterygians）

小型〜超大型の魚竜形類で，前期三畳紀〜中生代の終わりまで，汎世界的に分布した．

解剖学的特徴 吻部は細いものが多い．椎体は糸巻き状．四肢は爪のない完全なフリッパー状で，遠位の骨要素の数が増える．ウナギ型とアジ型の中間〜マグロ型の遊泳を行う．

生息環境 沿岸部の近海〜深海．

生態 遊泳能力は良好〜極めて高度．小型〜大型の魚類などの獲物を狙う待ち伏せ型または追い込み型，あるいはその両方の捕食者．破砕食性のものや，もしかすると吸引食性のものもいた可能性がある．

ウタツサウルス類 （Utatsusaurians）

小型の魚鰭類で，前期もしくは中期三畳紀に，北アメリカに分布した．

解剖学的特徴 吻部は少なくともややスパイク状．体幹は中間的な長さ．尾後方の屈曲部には背の高い椎骨があり，上尾鰭を支えている．骨盤は脊椎に接続している．ウナギ型とアジ型の中間段階の遊泳を行う．

生息環境 沿岸部の浅瀬．

生態 遊泳能力は良好．小型〜中型の魚類を狙う待ち伏せ型および追い込み型の捕食者．

ウタツサウルス・ハタイイ （*Utatsusaurus hataii*）
全長 2.5 m，体重 45 kg

化石記録 複数個体の頭骨と体骨格．

解剖学的特徴 吻部は長く，ややトゲ状．歯は非常に多く小さい．フリッパーの大きさは前後で似たような大きさで，遠位の要素はあまり骨化しない．

年代 前期三畳紀．

分布と地層 日本・宮城県；大沢（オオサワ）層．

生息環境 大陸の浅瀬．

パルビナタトル・ワピティエンシス （*Parvinatator wapitiensis*）
全長 1 m，体重 3 kg

化石記録 頭骨と体骨格の一部．

解剖学的特徴 吻部は尖っている．眼窩は非常に大きい．下顎後方は重厚．歯は中程度の数でかなり大きい．フリッパーの遠位要素は骨化していて，前肢は後方へ曲がっている．

年代 前期三畳紀後半あるいは中期三畳紀．

分布と地層 カナダ・ブリティッシュコロンビア州；サルファー・マウンテン層．

生息環境 大陸の浅瀬．

備考 化石の正確な産出層準は不明．

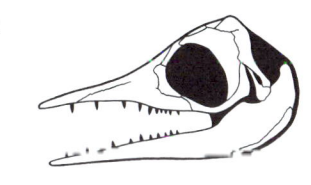

パルビナタトル・
ワピティエンシス

ウタツサウルス・ハタイイ

シンミノサウルス類（Xinminosaurs）

小型の魚鰭類で，中期三畳紀のアジアに分布した．

解剖学的特徴　中央部の歯は平坦な面を形成する．体幹は中間的な長さ．尾後方の屈曲部には背の高い椎骨があり，上尾鰭を支えている．骨盤は脊椎に接続している．ウナギ型とアジ型の中間段階の遊泳を行う．

生息環境　沿岸部の浅瀬．

生態　遊泳能力は良好．軟体動物の破砕型，またおそらく小型〜中型の魚類を狙う待ち伏せ型および追い込み型の捕食者．

備考　一部の海域で見つかっていないのは，標本採集が不十分なためだと考えられる．

シンミノサウルス・カタクテス
（*Xinminosaurus catactes*）
全長 2.3 m，体重 30 kg

化石記録　板状に潰れた，壊れた頭骨と体骨格．

解剖学的特徴　顎の前方には歯がなかったかもしれない．フリッパーの遠位要素は骨化しており，前後のフリッパーは同様に小さい．

年代　中期三畳紀；アニシアン期中期．

分布と地層　中国南部；関嶺（グアンリン）層上部．

備考　ラルゴケファロサウルス，シノサウロスファルギス，パンジョウサウルス，ウメンゴサウルス，ノトサウルス・ヤンジュアネンシス，バラクーダサウロイデスと同所的に生息した．

始魚竜類（Eoichthyosaurs）

小型〜超大型の魚竜形類で，前期三畳紀〜中生代の終わりまで，汎世界的に分布した．

生息環境　沿岸部の近海〜深海．

生態　遊泳能力は良好〜極めて高度．小型〜大型の魚類などの獲物を狙う待ち伏せ型または追い込み型，あるいはその両方の捕食者で，破砕食性のものもいた．

グリッピア科（Grippiids）

小型の始魚竜類で，中期三畳紀に，北半球に分布した．

解剖学的特徴　頭部はやや短く，吻部は短い．眼窩が非常に大きいため頭部後方の上下幅が広い．体幹はやや長い．尾後方の屈曲部には背の高い椎骨があり，小さな上尾鰭を支えている．ウナギ型とアジ型の中間段階の遊泳を行う．

生息環境　沿岸部の浅瀬．

生態　遊泳能力は良好．小型の魚類を狙う待ち伏せ型および追い込み型の捕食者．

備考　グリッピア科が真の遊泳者であったことがわかったのは，P/T の大量絶滅からわずか数百万年後である．

グロサウルス・ヘルミ
（*Gulosaurus helmi*）
成体サイズ不明

化石記録　幼体の頭骨と部分的な体骨格．

解剖学的特徴　情報不足．

年代　前期三畳紀；オレネキアン期．

分布と地層　カナダ・ブリティッシュコロンビア州；サルファー・マウンテン層中部．

生息環境　大陸の浅瀬．

グリッピア・ロンギロストリス
（*Grippia longirostris*）
全長 1.5 m，体重 8 kg

化石記録　複数個体分の部分的な頭骨と体骨格．

解剖学的特徴　吻部は細長くなく，上顎の前方付近に，小さな歯が数本だけ生える．

年代　前期三畳紀；オレネキアン期後期．

分布と地層　スヴァールバル諸島；ビキングヘグダ層下部．

生息環境　極域の開けた大陸棚．

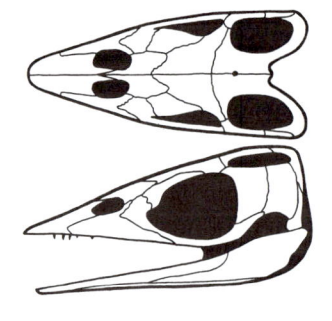

グリッピア・
ロンギロストリス

チャオフーサウルス・ジャンジャワネンシス（*Chaohusaurus zhangjiawanensis*）
全長 0.9 m，体重 1.8 kg

化石記録　胎児と見られる個体を含む，板状に潰れた2個体分の部分的な頭骨と完全な体骨格.

解剖学的特徴　前肢が大きく，後肢よりもはるかに大きい. 前後共に遠位要素はあまり骨化しない.

年代　前期三畳紀；オレネキアン期後期.

分布と地層　中国東部；嘉陵江（ジャンリン）層上部.

生息環境　大陸の浅瀬.

備考　成体の体内や，あるいはそこから出てくる最中の胎児と見られる化石が見つかっていることから，この動物は出産を行い，胎児は頭から出てきたと考えられる. ナンチャンゴサウルス，エオフペスクス，フーペイスクス，パラフーペイスクス，エレトモルヒピビスと同所的に生息した.

チャオフーサウルス・ゲイシャンエンシス（*Chaohusaurus geishanensis*）
全長 0.9 m，体重 1.8 kg

化石記録　数多くの頭骨と体骨格.

解剖学的特徴　吻部は細長く，歯は小さくかなり多い. 前肢は大きく，後肢よりはるかに大きい. 四肢は前後共に遠位要素があまり骨化しない.

年代　前期三畳紀；オレネキアン期後期.

分布と地層　中国東部；南陵湖（ナンリング）層上部.

生息環境　大陸の浅瀬.

備考　チャオフーサウルス・チャオシアネンシスやチャオフーサウルス・ブレビフェモラリスは，本種に含まれる可能性がある. マジアシャノサウルスやスクレロコルムスと同所的に生息した.

魚竜類（Ichthyosaurs）

小型〜超大型の始魚竜類で，前期三畳紀〜中生代の終わりまで，汎世界的に分布した.

解剖学的特徴　骨盤は椎骨に接続しておらず，骨盤上部の要素は矮小化している. フリッパーはより発達しているが，前腕は短縮し，それよりも遠位の骨要素が増える.

生息環境　沿岸部の近海〜深海.

生態　遊泳能力は良好〜極めて高度. 小型〜大型の魚類などの獲物を狙う待ち伏せ型または追い込み型，あるいはその両方の捕食者で，破砕食性のものもいた.

備考　最大かつ最速の海生爬虫類が含まれる.

キンボスポンディルス科（Cymbospondylids）

大型〜超大型の魚竜類で，前期〜中期三畳紀まで，北アメリカとヨーロッパに分布した.

チャオフーサウルス・ゲイシャンエンシス

新双弓類

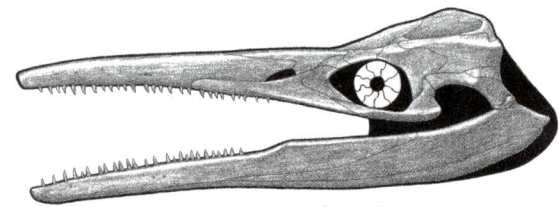

キンボスポンディルス
（魚竜類）

解剖学的特徴 頭部は堅固な造り. 吻部は長い. 側頭領域は大きく広がる. 体幹は長く, 非常に上下幅が狭い. 尾後方の屈曲部には背の高い椎骨があり, 上尾鰭を支える. フリッパーの遠位はあまり骨化しない. 流体力学的に流線型で, ウナギ型とアジ型の中間段階の遊泳を行う.

生息環境 沿岸部〜深海.

生態 遊泳能力は良好〜非常に良好. 中型や非常に大型の魚類などの獲物を狙う追い込み型の捕食者.

備考 大型の獲物を狙う大型海生爬虫類としては最初期の存在. 多くの属について, 本当にこの科に含まれるかどうかは疑問の余地がある. 一部の海域で見つかっていないのは, 標本採集が不十分なためだと考えられる.

クアジアノステオサウルス・ビキングヘグダイ
(*Quasianosteosaurus vikinghoegdai*)
全長 5 m, 体重 500 kg

化石記録 部分的な頭骨.

解剖学的特徴 情報不足.

年代 前期三畳紀；オレネキアン期後期.

分布と地層 スヴァールバル諸島；スティッキー・キープ層上部.

生息環境 極域の開けた大陸棚.

備考 魚竜類を始めとする既知の大型海生爬虫類の中では最古の存在.

未命名属・種
(Unnamed genus and species)
全長 9.6 m, 体重 2.8 t

化石記録 ほぼ完全な頭骨と体骨格.

解剖学的特徴 頭部は中程度の大きさで, やや横幅が広い. 吻部は非常に長く, 頑丈. 歯は多数あるがかなり小さい.

年代 中期三畳紀；アニシアン期後期.

分布と地層 アメリカ・ネバダ州；ファブレット層上部.

生息環境 大陸棚.

生態 遊泳能力は良好.

備考 長らくキンボスポンディルス・ペトリヌスとされていたが, 原標本は断片的で属と種を決めるには不十分であった. キンボスポンディルス・ニコルシはファブレット層の同じ層準から発見された本種あるいは他種の若い個体かもしれない. 頭骨の一部は全長 14 m の個体のものの可能性がある. アウグスタサウルス, ファラロドン, タラットアーコン, 未命名属・ドゥエルフェリ, 未命名属・ヤンゴルムと同所的に生息した.

未命名属・ヤンゴルム
(Unnamed genus *youngorum*)
全長 14 m, 体重 9 t

化石記録 頭骨と体骨格の一部.

解剖学的特徴 頭部はやや横幅が広い. 吻部は長く, 頑丈. 歯は多く, かなり小さい.

年代 中期三畳紀；アニシアン期後期.

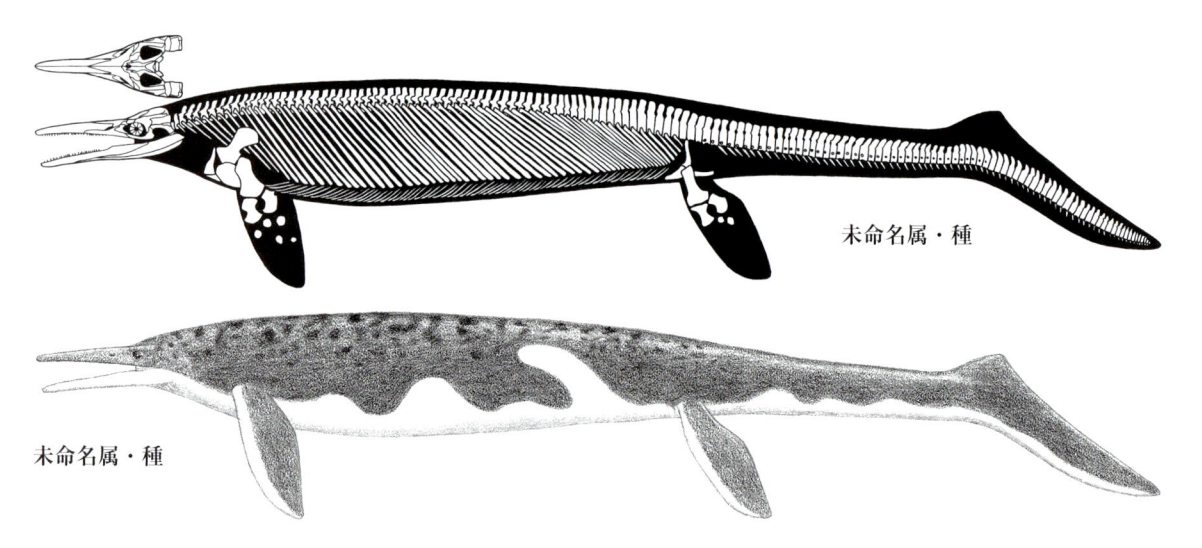

未命名属・種

未命名属・種

分布と地層　アメリカ・ネバダ州；ファブレット層上部.
生息環境　大陸棚.

備考　肩帯の形状が大きく異なるため，前項の未命名種と同属とするのは誤りで，同科ですらないかもしれない．最古の巨大海生爬虫類として知られているが，体重を45 tとする推定値はかなり誇張されている．

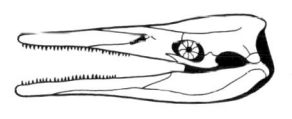

未命名属・ヤンゴルム

未命名属・ドゥエルフェリ
（Unnamed genus *duelferi*）
全長5 m，体重400 kg

化石記録　頭骨と体骨格の一部.
解剖学的特徴　頭部の横幅はやや広い．吻部は長く，頑丈．歯はかなり大きい.
年代　中期三畳紀；アニシアン期後期.
分布と地層　アメリカ・ネバダ州；ファブレット層上部.
生息環境　大陸棚.
備考　肩帯の形状が大きく異なるため，前項の未命名属・種と同属とするのは誤りで，同じ科ですらないかもしれない.

未命名属・ブクセリ
（Unnamed genus *buchseri*）
全長8 m，体重1.5 t

化石記録　頭骨の大部分と部分的な体骨格.
解剖学的特徴　前肢はかなり大きい.
年代　中期三畳紀；アニシアン期末期またはラディニアン期初期，あるいはその両方.
分布と地層　スイス；ペサノ層.
生息環境　群島の浅瀬.
備考　かつてはキンボスポンディルスに分類されていたが誤りで，肩帯の形状がほぼ同じであることから，前項の未命名属・種に近縁であると考えられる．アスケプトサウルス，ヘルベティコサウルス，パラプラコドゥス，セルピアノサウルス，ワイマニウス，ベザーノサウルス，ミクソサウルス・コルナリアヌス，ミクソサウルス？・クーンシュナイダーイと同所的に生息した.

タラットアーコン・サウロファギス
（*Thalattoarchon saurophagis*）
全長8.6 m，体重2 t

化石記録　部分的な頭骨と体骨格.
解剖学的特徴　頭部は頑丈．歯は大きい.
年代　中期三畳紀；アニシアン期中期.
分布と地層　アメリカ・ネバダ州；ファブレット層上部.
生息環境　大陸棚.
備考　アウグスタサウルス，未命名属・種，未命名属・ドゥエルフェリ，未命名属・ヤンゴルム，ファラロドンと同所的に生息した．海生爬虫類の中で頂点捕食者として認識された初めての存在.

ファントモサウルス・ネウビギ
（*Phantomosaurus neubigi*）
全長6 m，体重700 kg

化石記録　かなり破損した部分的な頭骨と体骨格.
解剖学的特徴　情報不足.
年代　中期三畳紀；アニシアン期後期.
分布と地層　ドイツ南部；ムッシェルカルク層上部.
生息環境　群島の浅瀬.
備考　プラコドゥス，ノトサウルス・ミラビリス，ノトサウルス・ギガンテウス，ピストサウルスと同所的に生息した.

ミクソサウルス科（Mixosaurids）

小型～中型の魚竜類で，中期～後期三畳紀まで，北半球に分布した.

解剖学的特徴　頭部は大きく，吻部は細長い．尾後方の屈曲部には背の高い椎骨があり，上尾鰭を伴う．フリッパーの遠位部は骨化し，前肢は後肢よりはるかに大きい．背鰭がある場合もある．ウナギ型とアジ型の中間段階の遊泳を行う.
生息環境　沿岸部の浅瀬.
生態　遊泳能力は良好．小型の魚類を狙う待ち伏せ型および追い込み型の捕食者で，破砕食性のものもいた.
備考　背鰭の保存状態は良くないが，一部の基盤的魚竜類に背鰭が存在していた可能性を示す．南半球で見つかっていないのは，標本採集が不十分なためだと考えられる.

コンテクトパラトゥス・アタブス
（*Contectopalatus atavus*）
全長5m，体重400kg

化石記録 部分的な頭骨．

解剖学的特徴 頭部は横幅が非常に狭い．側頭領域の正中に亜三角形状のトサカが高く発達する．歯は中程度の大きさ．

年代 中期三畳紀；アニシアン期中期．

分布と地層 ドイツ南部；ムッシェルカルク層下部．

生息環境 群島の浅瀬．

備考 キアモドゥス・タルノビツェンシスやトロドゥスと同所的に生息した．

バラクーダサウロイデス・パンシャネンシス
（*Barracudasauroides panxianensis*）
全長1.23m，体重8kg

化石記録 3個体分のほぼ完全な頭骨あるいは部分的な頭骨と体骨格．

解剖学的特徴 頭部は頑丈．眼窩は非常に大きい．側頭領域の正中に低いトサカがある．

年代 中期三畳紀；アニシアン期中期．

分布と地層 中国南部；関嶺（グアンリン）層上部．

生息環境 大陸の浅瀬．

生態 大型の獲物を狙っていた．

備考 ラルゴケファロサウルス，シノサウロスファルギス，パンジョウサウルス，ウメンゴサウルス，ノトサウルス・ヤンジュアネンシス，シンミノサウルスと同所的に生息した．

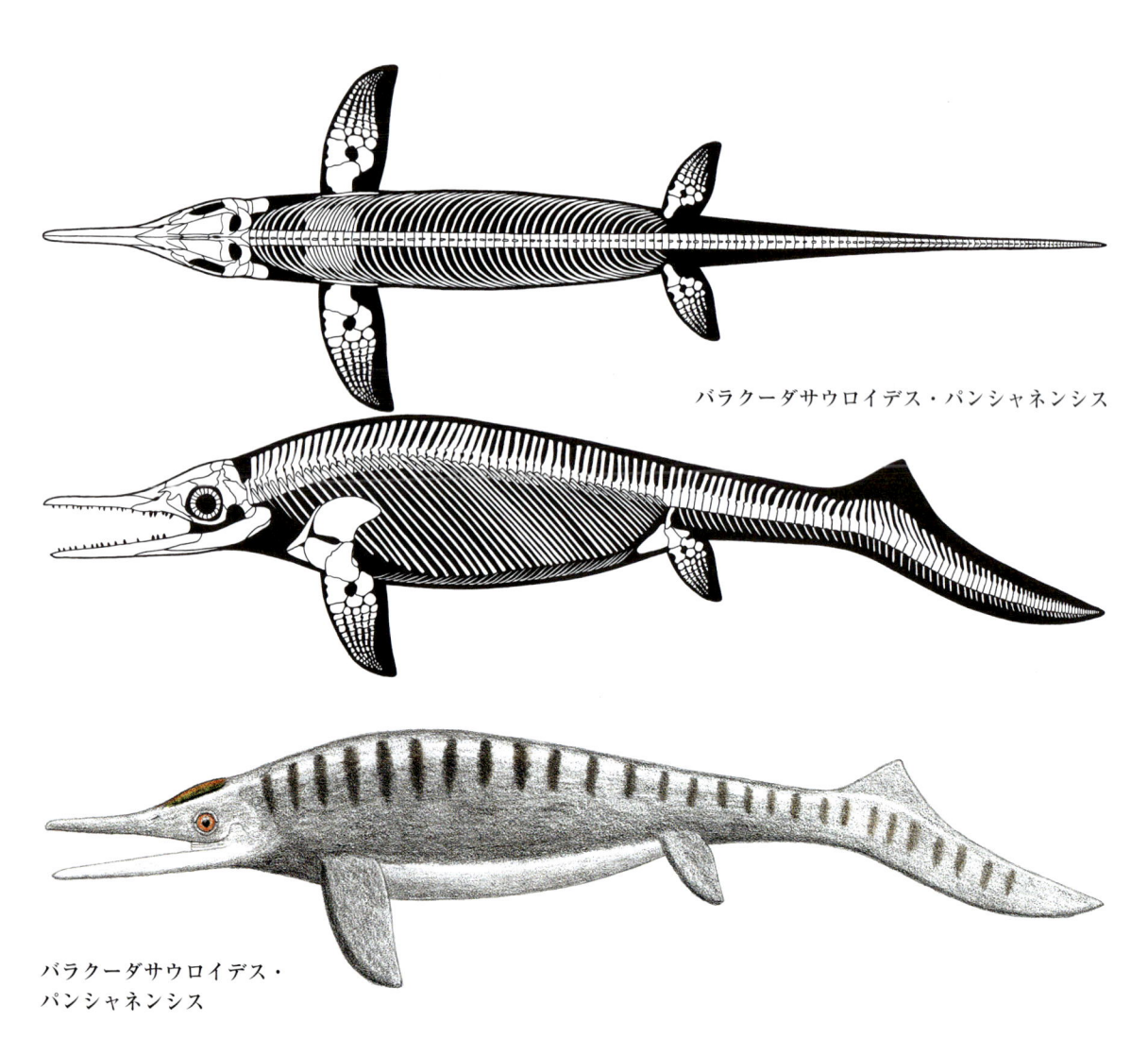

バラクーダサウロイデス・パンシャネンシス

バラクーダサウロイデス・
パンシャネンシス

ミクソサウルス・コルナリアヌス
（*Mixosaurus cornalianus*）
全長 1.85 m，体重 24 kg

化石記録　胎児の可能性がある個体を含む，数多くの頭骨と体骨格，軟組織.

解剖学的特徴　頭部はあまり頑丈ではない．吻部はかなり細長い．側頭領域にトサカはない．歯は多く小さい.

年代　中期三畳紀；アニシアン期末期またはラディニアン期初期，あるいはその両方.

分布と地層　スイス－イタリア国境；ベサノ層.

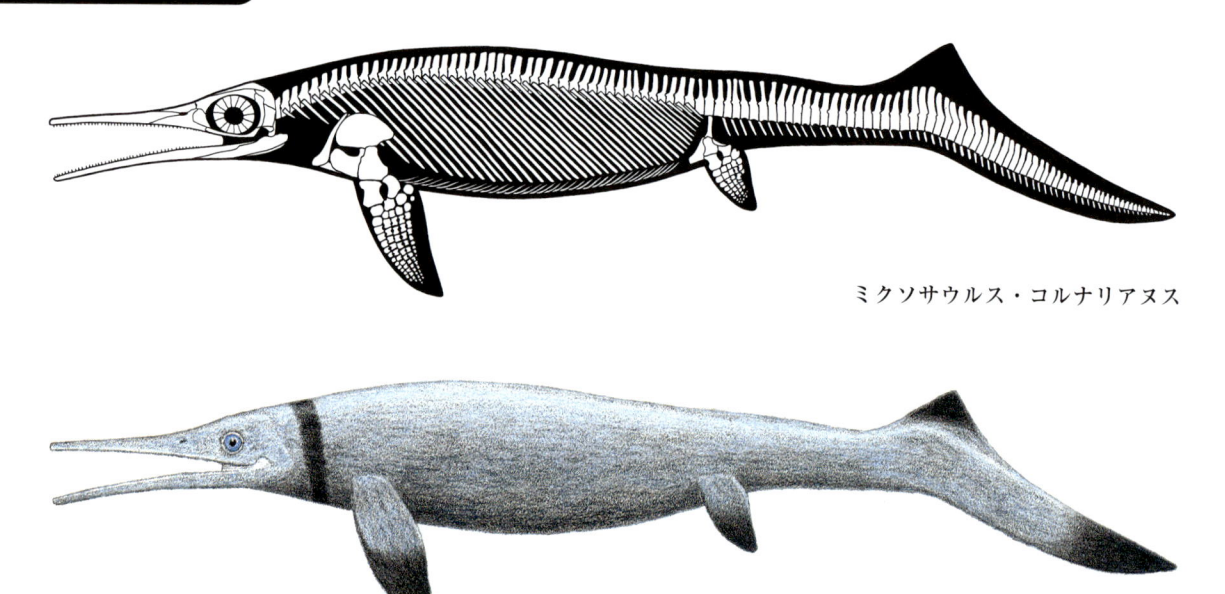

ミクソサウルス・コルナリアヌス

生息環境　群島の浅瀬.

備考　典型的な初期の小型魚竜類. 胎児と思われる化石が見つかっており，胎生だったのかもしれない. 背鰭が残る標本もある. アスケプトサウルス，ヘルベティコサウルス，パラプラコドゥス，セルピアノサウルス，ワイマニウス，ベザーノサウルス，未命名属・ブクセリ，ミクソサウルス? ・クーンシュナイダーイと同所的に生息した.

ミクソサウルス（あるいはサンギオルギオサウルス）・クーンシュナイダーイ
(*Mixosaurus* (or *Sangiorgiosaurus*) *kuhnschnyderi*)
全長 1 m，体重 4 kg

化石記録　板状に潰れた，頭骨と複数個体分の体骨格.

解剖学的特徴　後方の歯の数本は頑丈なコブ状になっている.

年代　中期三畳紀；アニシアン期末期またはラディニアン期初期，あるいはその両方.

分布と地層　スイス-イタリア国境；ベサノ層.

生息環境　群島の浅瀬.

生態　小型の軟体動物を嚙み砕いて食べることもあった.

ファラロドン・フラーシ
(*Phalarodon fraasi*)
全長 1.25 m，体重 7 kg

化石記録　部分的〜完全なものまでの，2, 3個体分の頭骨と体骨格.

解剖学的特徴　吻部はかなり長く上下幅が狭い. 眼窩は非常に大きい. 顎の先端には歯がなく，前方の歯は小さく頑丈な棘状で，後方のものはやや大きな鈍いコブ状.

年代　中期三畳紀；アニシアン期中期.

分布と地層　アメリカ・ネバダ州；ファブレット層上部，プリダ層下部.

生息環境　大陸の浅瀬.

生態　軟体動物を嚙み砕いて食べることもあった.

備考　ファラロドン・カラウェイイはおそらく本種に含まれる. 本種が正中線上に頭頂部にトサカをもつかどうかははっきりしない. アウグスタサウルス，未命名属・種，未命名属・ドゥエルフェリ，未命名属・ヤンゴルム，タラットアーコンと同所的に生息した.

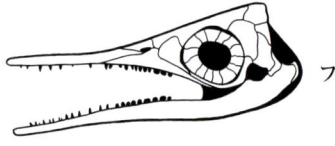

ファラロドン・フラーシ

ファラロドン? ・ノルデンショルディイ
(*Phalarodon? nordenskioeldii*)
全長 1.5 m，体重 10 kg

化石記録　2, 3個体分の頭骨と体骨格.

解剖学的特徴　吻部はかなり長く上下幅が狭い. 眼窩は非常に大きい. 側頭領域の正中に，長く大きい亜三角形状のトサカが発達する. 顎の先端には歯がなく，前方の

歯は小さく頑丈なトゲ状，後方のものは著しく大きな鈍いコブ状.

年代　後期三畳紀；カーニアン期前期.

分布と地層　スヴァールバル諸島；ツェルマクフェレット層.

生息環境　極域の開けた大陸棚.

生態　軟体動物を嚙み砕いて食べることに特化している.

備考　ファラロドン・フラーシは生息年代が古く，特徴も異なるため，同属にすべきかどうかは疑問が残る.

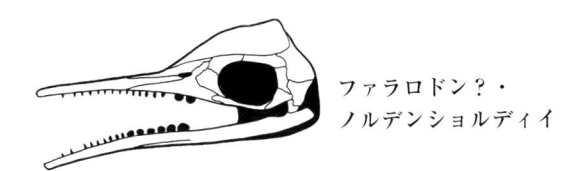

ファラロドン？・
ノルデンショルディイ

ワイマニウス・オドントパラトゥス
（*Wimanius odontopalatus*）
全長 1 m，体重 4 kg

化石記録　頭骨の大部分.

解剖学的特徴　吻部は細い. 眼窩は非常に大きい. 後頭部は上下幅が大きい. 歯は多く，やや小さい.

年代　中期三畳紀；アニシアン期末期およびラディニアン期初期.

分布と地層　スイス-イタリア国境；ベサノ層.

生息環境　群島の浅瀬.

備考　独立した科を構成する可能性がある. アスケプトサウルス，ヘルベティコサウルス，パラプラコドゥス，セルピアノサウルス，ベザーノサウルス，未命名属・ブクセリ，ミクソサウルス・コルナリアヌス，ミクソサウルス？・クーンシュナイダーイと同所的に生息した.

トレトクネムス科（Toretocnemids）

小型～大型の魚竜類で，中期～後期三畳紀まで，北アメリカとアジアに分布した.

解剖学的特徴　頭部は大きく，吻部は細長い. 眼窩は非常に大きい. 後頭部は上下幅が広い. 歯は小さく数が多い. 尾後方の屈曲部には背の高い椎骨があり，上尾鰭を支える. フリッパーはかなり大きく，前肢は後肢に比べそれほど大きくない. ウナギ型とアジ型の中間段階の遊泳を行う.

生息環境　沿岸部の浅瀬.

生態　遊泳能力は良好. 小型の魚類を狙う待ち伏せ型および追い込み型の捕食者.

備考　一部の海域で見つかっていないのは，標本採集が不十分なためだと考えられる.

チェンイクチオサウルス・シンイーエンシス
（*Qianichthyosaurus xingyiensis*）
全長 1.3 m，体重 10 kg

化石記録　2個体分の頭骨と体骨格.

解剖学的特徴　このグループとしては一般的.

年代　中期三畳紀；ラディニアン期後期.

分布と地層　中国南東部；法郎（ファラング）層下部.

生息環境　大陸の近海.

備考　ケイチョウサウルス，ノトサウルス・ヤンギ，ラリオサウルス，チェンシサウルス，ワンゴサウルスと同所的に生息した. チェンイクチオサウルス・ゾウイの直系の祖先にあたるかもしれない.

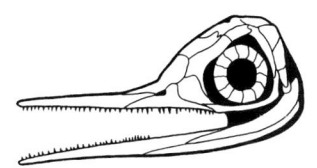

チェンイクチオサウルス
・シンイーエンシス

チェンイクチオサウルス・ゾウイ
（*Qianichthyosaurus zhoui*）
全長 2 m，体重 35 kg

化石記録　数多くの頭骨と体骨格.

解剖学的特徴　このグループとしては一般的.

年代　後期三畳紀；カーニアン期.

分布と地層　中国南東部；法郎（ファラング）層上部.

生息環境　大陸の近海.

備考　アンシュンサウルス・フアングオシュエンシス，ミオデントサウルス，ユングイサウルス，グアンリンサウルス，グイジョウイクチオサウルス，未命名属・オリエンタリスと生息域を共有.

トレトクネムス・カリフォルニクス
（*Toretocnemus californicus*）
全長 2 m，体重 35 kg

化石記録　頭骨を欠く体骨格.

解剖学的特徴　情報不足.

年代　後期三畳紀；カーニアン期.

分布と地層　アメリカ・カリフォルニア州北部；ホセルクス石灰岩層.

生息環境　大陸の浅瀬.

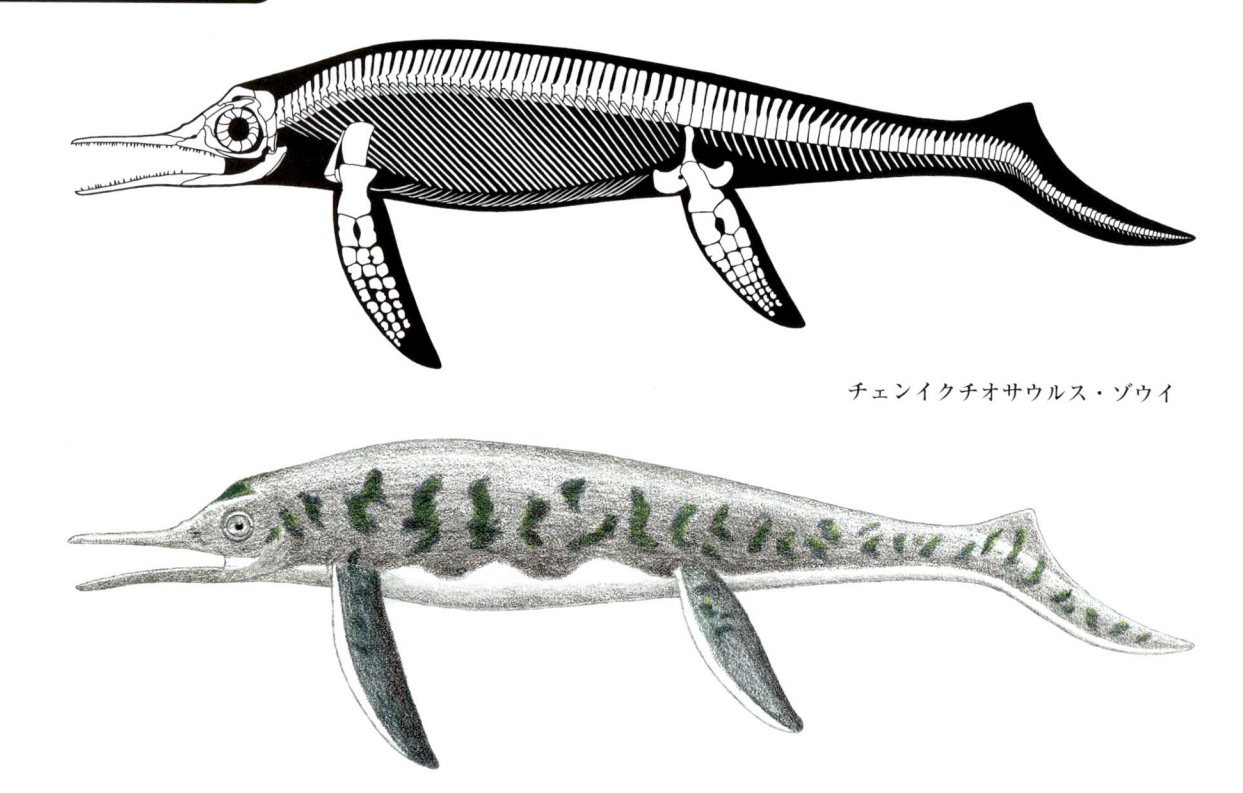

チェンイクチオサウルス・ゾウイ

備考　トレトクネムス・ジッテリは本種に含まれる可能性がある.

ベザーノサウルス・レプトリンクス
（*Besanosaurus leptorhynchus*）
全長 6 m，体重 1 t

化石記録　2，3個体分の，部分的～ほぼ完全な頭骨と体骨格. それ以外の壊れた体骨格，胎児と見られる個体の一部.

解剖学的特徴　このグループの特徴と同じ.

年代　中期三畳紀；アニシアン期末期およびラディニアン期初期.

分布と地層　イタリア北部；ベサノ層.

生息環境　大陸の沿岸.

備考　ミカドケファルスを含む. アスケプトサウルス，ヘルベティコサウルス，パラプラコドゥス，セルピアノサウルス，ワイマニウス，未命名属・ブクセリ，ミクソサウルス・コルナリアヌス，ミクソサウルス？・クーン

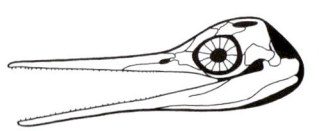

ベザーノサウルス・
レプトリンクス

シュナイダーイと同所的に生息した.

メガマリナサウルス科
（Megamarinasaurids）

超大型の魚竜類で，後期三畳紀の北アメリカに分布した.

解剖学的特徴　体幹は上下幅が狭い. 尾後方の下方への屈曲は控えめ. フリッパーの遠位部はおそらく化石化していない. ウナギ型とアジ型の中間段階の遊泳を行う.

備考　シャスタサウルス科と見なされるのが通例だが，肩帯の形状の差は他のグループに属することを示唆している. 吻部の長さおよび歯の有無は不明. シャスタサウルス類は部分的な化石から全長 26 m に達し，体重はシロナガスクジラにも匹敵したと推定されるものもいるが，これは過大である. 一部の海域で見つかっていないのは，標本採集が不十分なためだと考えられる.

未命名属・シカンニエンシス
（Unnamed genus *sikanniensis*）
全長 16.6-17.9 m，体重 16 t

化石記録　部分的な頭骨と体骨格.

解剖学的特徴　頭部はとても大きい.

年代　後期三畳紀；ノーリアン期中期.

分布と地層　カナダ・ブリティッシュコロンビア州；パルドネット層上部.

生息環境　大陸の沿岸.

備考　本種は，より年代の古いシャスタサウルスやショニサウルスのどちらとも大きく異なっており，従来はいずれかの属に含まれていたが，今ではどちらとも異なると考えられている．マゴーワニアやハドソネルピディアと同所的に生息した．最も長く巨大な海生爬虫類（あるいは恐竜を除く爬虫類）である．しかし，全長21 m，体重80 t以上という大げさな数値は，標本測定値の誤差によるもの．つまるところ，化石で吻部が不完全で長さがわからないため，正確な全長はわからない.

グアンリンサウルス科（Guanlingasaurids）

大型の魚竜類で，後期三畳紀の北アメリカに分布した.

解剖学的特徴　体幹は上下幅が狭い．尾後方の下方への屈曲は控えめ．フリッパーの遠位部はおそらく化石化していない．ウナギ型とアジ型の中間段階の遊泳を行う.

生態　遊泳能力は良好．おそらく吸引食性.

備考　シャスタサウルス科に含まれることも多いが，後頭部と肩帯の違いから別のグループであることが示唆される．摂食方法については議論がある．一部の海域で見つかっていないのは，標本採集が不十分なためだと考えられる.

グアンリンサウルス・リアンガエ（*Guanlingsaurus liangae*）
全長8.3 m，体重2.5 t

化石記録　成体と幼体を含む，2, 3個体分の，完全〜ほぼ完全な頭骨と体骨格．体骨格は上下にとても砕けている.

解剖学的特徴　体幹は上下幅が非常に狭い．前肢は長く，後肢は中程度の大きさ.

年代　後期三畳紀；カーニアン期.

分布と地層　中国南東部；法郎（ファラング）層上部.

生息環境　大陸の近海.

備考　アンシュンサウルス・フアングオシュエンシス，ミオデントサウルス，ユングイサウルス，チェンイクチオサウルス・ゾウイ，グイジョウイクチオサウルス，未命名属・オリエンタリスと同所的に生息した.

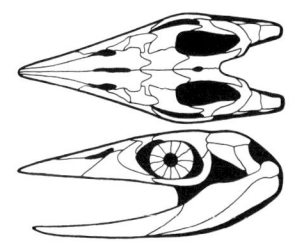

グアンリンサウルス・リアンガエ

ショニサウルス科（Shonisaurids）

超大型の魚竜類で，後期三畳紀の北アメリカに分布した.

解剖学的特徴　頭部は長く，上下幅が狭く，華奢ではない．吻部は非常に長く，眼窩は中程度の大きさ．下顎は上顎に比べやや上下幅が広い．歯は小さく，顎の前方に限られ，数は少ない．体幹はかなり上下幅が広く，尾後方の下方への屈曲は控えめ.

生態　遊泳能力は良好．中型の魚類を狙う捕食者.

備考　シャスタサウルス科に含む説があるが，異なるグループである.

ショニサウルス・ポピュラリス（*Shonisaurus popularis*）
全長13.7 m，体重16 t

化石記録　36個体分以上の部分的な標本.

解剖学的特徴　フリッパーはかなり長く，前肢は後肢よりやや大きい．尾はあまり大きくない.

年代　後期三畳紀；カーニアン期末期，およびおそらくノーリアン期初期.

分布と地層　アメリカ・ネバダ州；ルニング層中部.

生息環境　大陸の沿岸.

備考　初期の典型的な巨大魚竜類．昔の復元では肋骨角度が垂直に近く，脊椎が直線的に並んでいるため，体の上下幅が大きくなる傾向がある．より細長い体型をもつ未命名属・シカンニエンシスと最大の外洋性爬虫類として競合する存在だが，見つかっている化石に似つかわしくない極端な推定値も出回っている.

シャスタサウルス科（Shastasaurids）

大型〜超大型の魚竜類で，後期三畳紀の北アメリカとアジアに分布した.

解剖学的特徴　吻部は細く尖っている．体幹は細長く上

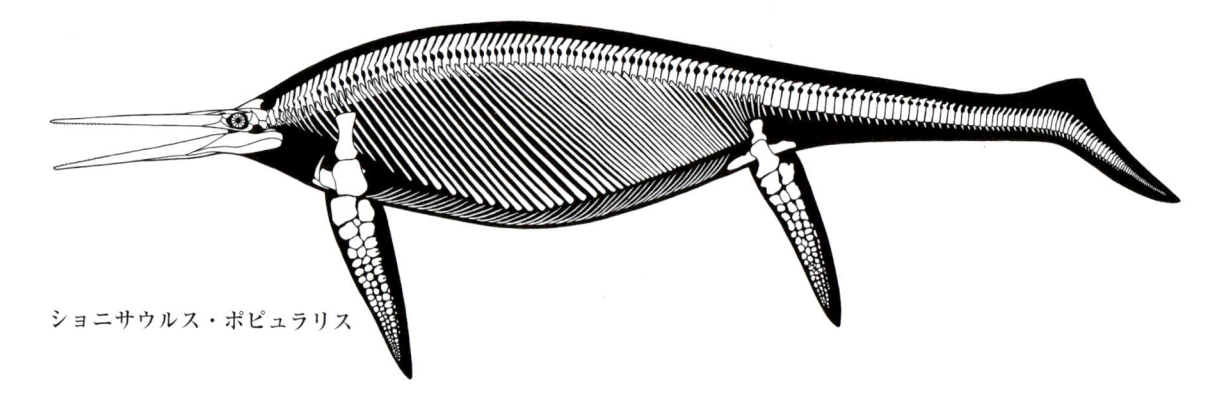

ショニサウルス・ポピュラリス

下幅が狭い．尾はかなり長く，後方は基盤的魚竜類で見られるより下方に屈曲する．フリッパーの要素は骨化する．ウナギ型遊泳を行う．

生息環境　沿岸部，おそらくは深海．

生態　遊泳能力は良好．

備考　吻部が短く，歯のないグアンリンサウルス類を含むと見なされることも多いが，後頭部と肩帯の違いから，両者が異なるグループであることがわかる．一部の海域で見つかっていないのは，標本採集が不十分なためだと考えられる．

シャスタサウルス・パシフィクス
(*Shastasaurus pacificus*)
全長 7 m，体重 1.5 t

化石記録　部分的な頭骨と体骨格の一部．

解剖学的特徴　情報不足．

年代　後期三畳紀；カーニアン期後期．

分布と地層　アメリカ・カルフォルニア州北部；ホセルクス石灰岩層中部．

生息環境　大陸の沿岸．

備考　ネクトサウルス，タラットサウルス，トレトクネムス？と同所的に生息した．

グイジョウイクチオサウルス・タンガエ
(*Guizhouichthyosaurus tangae*)
全長 10 m，体重 4 t

化石記録　板状に潰れた，2，3個体分の部分的～完全な頭骨と体骨格．

解剖学的特徴　頭部は長く，吻部は非常に細長く，頑丈．中程度の大きさの歯が多数あり，顎の大部分に並ぶ．椎骨の数は非常に多い．体幹は非常に上下幅が狭い．フリッパーは長く，横幅が狭い．

年代　後期三畳紀；カーニアン期．

分布と地層　中国南東部；法郎（ファラング）層上部．

生息環境　大陸の近海．

備考　シャスタサウルス類に分類されるかどうかは定かではない．アンシュンサウルス・フアングオシュエンシス，ミオデントサウルス，ユングイサウルス，チェンイクチオサウルス・ゾウイ，グアンリンサウルス，未命名属・オリエンタリスと同所的に生息した．

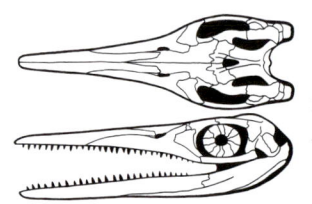

グイジョウイクチオサウルス・タンガエ

カリフォルノサウルス・パーリニ
(*Californosaurus perrini*)
全長 3 m，体重 100 kg

化石記録　頭骨を欠く体骨格の大部分．

解剖学的特徴　情報不足．

年代　後期三畳紀；カーニアン期中期．

分布と地層　アメリカ・カルフォルニア州北部；ホセルクス石灰岩層下部．

生息環境　大陸の沿岸．

生態　遊泳能力は非常に良好，あるいは優れている．小型～中型の魚類を捕食．

その他の非パルビペルビア類魚竜類
(Nonparvipelvian Ichthyosaur Miscellanea)

生息環境　大陸の沿岸部．

パルビペルビア類（Parvipelvians）

小型〜超大型の魚竜類で，後期三畳紀〜中生代の終わりまで，汎世界的に分布した.

解剖学的特徴　形態はかなり均一的. 頭部は横幅が狭く，体幹はコンパクトで，腹肋は骨盤まで続いていない. 尾の後方の椎骨は細く，下方に鋭く屈曲するが，半月状の尾鰭の上半分を形成する，大きく柔らかい上尾鰭を伴う. 肩帯と腰帯は縮小している. フリッパーの遠位要素は骨化するが，敷石状に配列するよう退化している. 背鰭は顕著に大きい. 流体力学的に高度な流線型で，アジ型〜マグロ型の遊泳を行う.
生息環境　沿岸部の近海〜深海.
生態　遊泳能力は良好〜極めて高度. 小型〜大型の魚類などの獲物を狙う追い込み型の捕食者.
備考　魚やクジラのような体型では最速の海生爬虫類.

マゴーワニア科（Macgowaniids）

中型のパルビペルビア類で，後期三畳紀の北アメリカに分布した.

解剖学的特徴　吻部はやや短く，先端はかなり鋭い. 歯は多数あり，中程度の大きさ. アジ型遊泳を行う.
生息環境　沿岸部.
生態　遊泳能力は良好. 小型〜中型の魚類を狙う捕食者.
備考　一部の海域で見つかっていないのは，標本採集が不十分なためだと考えられる.

マゴーワニア・ヤニセプス
(*Macgowania janiceps*)
全長 3.5 m，体重 125 kg

化石記録　かなり破損した頭骨と部分的な体骨格.
解剖学的特徴　このグループの特徴と同じ.
年代　後期三畳紀；ノーリアン期中期.
分布と地層　カナダ・ブリティッシュコロンビア州；パルドネット層上部.
生息環境　大陸の沿岸.
備考　未命名属・シカンニエンシスとハドソネルピディアと同所的に生息した.

ハドソネルピディア科（Hudsonelpidids）

小型のパルビペルビア類で，後期三畳紀の北アメリカに分布した.

解剖学的特徴　吻部はやや短く，先端はかなり鋭い. フリッパーはやや小さい. アジ型遊泳を行う.
生息環境　沿岸部.
生態　遊泳能力は非常に良好. 小型〜中型の魚類を狙う捕食者.
備考　一部の海域で見つかっていないのは，標本採集が不十分なためだと考えられる.

ハドソネルピディア・ブレビロストリス
(*Hudsonelpidia brevirostris*)
成体サイズ不明

化石記録　幼体と見られる個体の，かなり破損した頭骨と部分的な体骨格.
解剖学的特徴　このグループとしては標準的.
年代　後期三畳紀；ノーリアン期中期.
分布と地層　カナダ・ブリティッシュコロンビア州；パルドネット層上部.
生息環境　大陸の沿岸.
備考　未命名属・シカンニエンシスとマゴーワニアと同所的に生息した.

ハウフィオプテリクス類
(Hauffiopterygians)

中型のパルビペルビア類で，前期ジュラ紀のヨーロッパに分布した.

解剖学的特徴　頭部は大きく，眼窩が極めて大きい. 歯は小さく数が多い. アジ型〜マグロ型の中間段階の遊泳を行う.
生息環境　沿岸部.
生態　遊泳能力は非常に良好. 小型〜中型の魚類を狙う捕食者.
備考　一部の海域で見つかっていないのは，標本採集が不十分なためだと考えられる.

ハウフィオプテリクス・
ティピクス

ハウフィオプテリクス・ティピクス
(*Hauffiopteryx typicus*)
全長 2.9 m，体重 110 kg

化石記録　幼体〜成体の，数多くの完全な頭骨と体骨格.

解剖学的特徴　フリッパーは中程度の大きさで，前肢が後肢よりはるかに大きい.

年代　前期ジュラ紀；プリンスバッキアン期後期〜トアルシアン期前期.

分布と地層　ドイツ南部，スイス，イギリス南部；ポシドニア粘板岩層，未命名の地層.

備考　ハウフィオプテリクス・アルテラは本種の幼体の可能性がある．メイヤーサウルス，ハウフィオサウルス，シーリーオサウルス，ヒドロリオン，未命名属・トリゴノドン，スエボレビアタン，エウリノサウルス，ステノプテリギウス，ミストリオサウルス，プラティスクス，マクロスポンディルス，ハウフィオプテリクス・アルテラと同所的に生息した.

テムノドントサウルス科
(Temnodontosaurids)

中型〜超大型のパルビペルビア類で，前期ジュラ紀のヨーロッパに分布した.

解剖学的特徴　頭部は大きく重厚．吻部は非常に長く頑丈．眼窩は非常に大きい．側頭領域は大きく広がる．歯

は多数．体幹は長く，尾が相当長い．フリッパーは中程度の大きさで，後肢に比べて前肢がかなり大きく，敷石状になる部分の骨化は悪いことが多い．遊泳はアジ型.

生息環境　島の群島の浅瀬.

生態　遊泳能力は非常に良好．中型〜特に大型の魚類などの獲物を狙う追い込み型の捕食者.

備考　既知の海生爬虫類だけでなく，おそらくすべての動物の中で最大の目をもっていた．一部の海域で見つかっていないのは，標本採集が不十分なためだと考えられる.

テムノドントサウルス・プラティオドン
(*Temnodontosaurus platyodon*)
全長 8.5 m，体重 2.6 t

化石記録　複数の幼体を含む，部分的〜完全な複数個体分の頭骨と体骨格.

解剖学的特徴　頭部は非常に大きく，吻部も含めて非常に重厚．歯は中程度の大きさ．体幹はかなり頑丈．前肢は後肢よりやや大きい.

年代　前期ジュラ紀；ヘッタンギアン期後期およびシネムーリアン期前期.

分布と地層　イギリス南部；ブルー・ライアス層上部.

生息環境　群島の浅瀬.

備考　テムノドントサウルス・リソルは本種の幼体の可能性がある．エクスカリボサウルス，プレシオサウルス，エレトモサウルス，レプトネクテス・テヌイロストリス，イクチオサウルス・コミュニス，未命名属・エウ

テムノドントサウルス・
プラティオドン

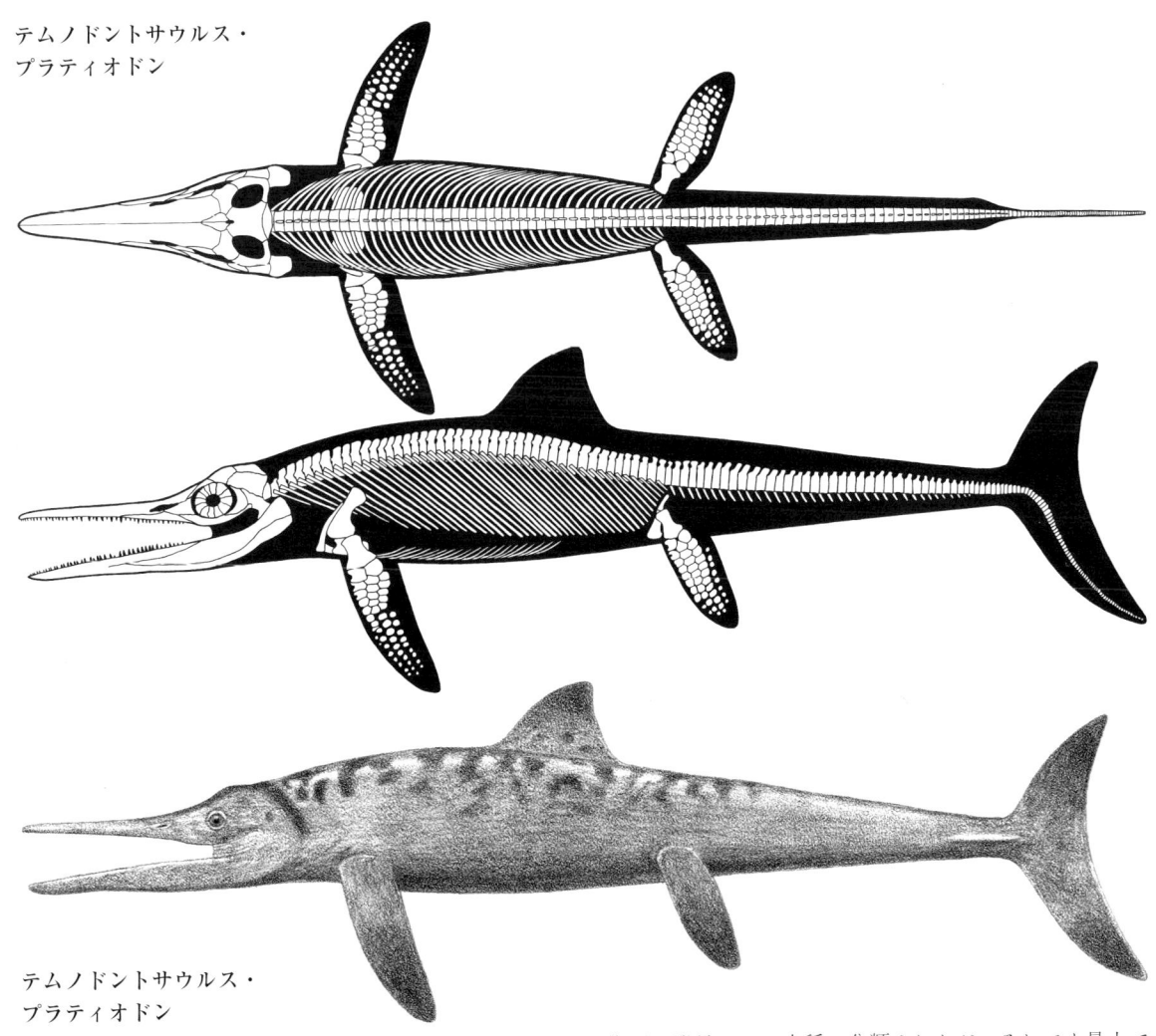

テムノドントサウルス・
プラティオドン

リケファルスと同所的に生息した.

未命名属？・トリゴノドン
(Unnamed genus? *trigonodon*)
全長 11.2 m，体重 4.5 t

化石記録 部分的〜完全な，複数個体分の頭骨と体骨格.
解剖学的特徴 頭部はそれほど大きくなく，吻部はやや
細長い. 歯は小さい. 体幹は上下幅が狭い. 前肢は後肢
よりやや大きい.
年代 前期ジュラ紀；トアルシアン期前期.
分布と地層 ドイツ南部，北部南部フランス，イギリス
中央？；ポシドニア粘板岩層，未命名の地層，ウィット
ビー泥岩層？
備考 より初期のテムノドントサウルスに属するという
のは疑わしく，複数種が存在する可能性がある. 目の大
きさは約 0.3 m. 近年，イギリスで全長 10 m の完全な

化石が発見され，本種に分類されたが，それでも最大で
はない. メイヤーアサウルス，ハウフィオサウルス，シー
ーリーオサウルス，ヒドロリオン，ハウフィオプテリク
ス，スエボレビアタン，エウリノサウルス，ステノプテ
リギウス，ミストリオサウルス，プラティスクス，マク
ロスポンディルスと同所的に生息した.

未命名属？・クラッシマヌス
(Unnamed genus? *crassimanus*)
全長 9 m，体重 3 t

化石記録 頭骨および体骨格の大部分.
解剖学的特徴 頭部は非常に大きい. 体幹はやや細身.
フリッパーはやや小さく，前肢が後肢よりはるかに大きい.
年代 前期ジュラ紀；トアルシアン期中期.
分布と地層 イギリス北東部；ウィットビー泥岩層中部.
生息環境 群島の浅瀬.
備考 より年代の古いテムノドントサウルスに置くこと

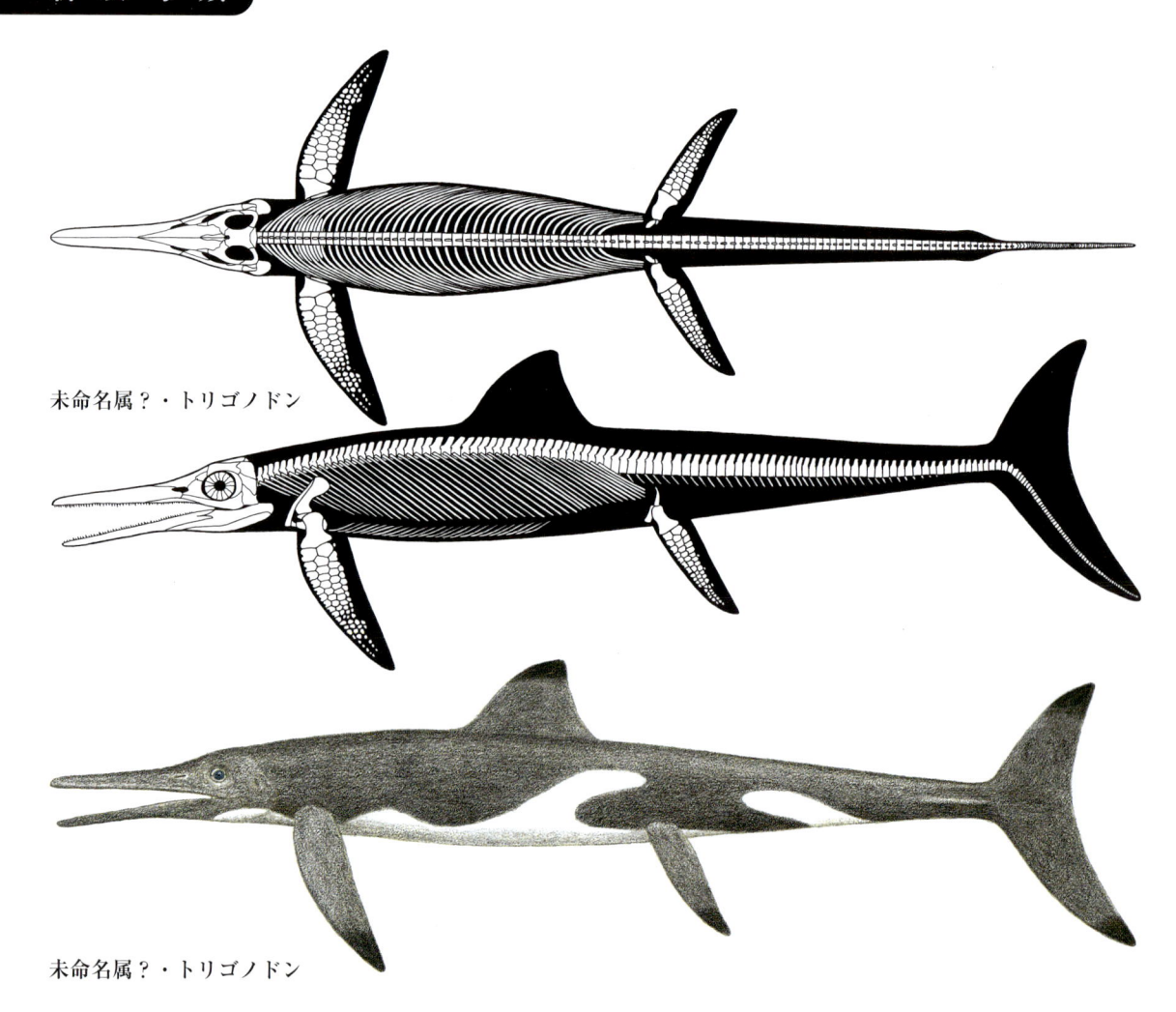

未命名属？・トリゴノドン

未命名属？・トリゴノドン

スエボレビアタン・インテゲル

には疑問が残る．前述の未命名属・トリゴノドンとも，同属ではないと思われる．

スエボレビアタン・インテゲル
(*Suevoleviathan integer*)
全長 3.9 m，体重 200 kg

化石記録　頭骨と体骨格の大部分．

解剖学的特徴　頭部は重厚．歯は中程度の大きさ．前肢は大きい．

年代　前期ジュラ紀；トアルシアン期前期．

分布と地層　ドイツ南部；ポシドニア粘板岩層．

備考　スエボレビアタン・ディスインテゲルはおそらく本種の成長段階．メイヤーアサウルス，ハウフィオサウルス，シーリーオサウルス，ヒドロリオン，ハウフィオプテリクス，未命名属・トリゴノドン，エウリノサウルス，ステノプテリギウス，ミストリオサウルス，プラティスクス，マクロスポンディルスと同所的に生息した．

レプトネクテス科 (Leptonectids)

中型〜超大型のパルビペルビア類で，前期ジュラ紀のヨーロッパに分布した．

解剖学的特徴　頭部は非常に長く，吻部が長い．眼窩が大きく，後頭部は上下幅が狭い．歯は小さく数が多い．体幹はかなりコンパクトで，上下幅は広くない．前肢は後肢よりも著しく大きい．遊泳はアジ型．

生息環境　沿岸部〜深海．

生態　遊泳能力は高度〜極めて高度．中型の魚類を狙う捕食者．

備考　カジキに収斂し，典型的な高速で泳ぐアジ型の遊泳動物．一部の海域で見つかっていないのは，標本採集が不十分なためだと考えられる．

レプトネクテス？・ソレイ
(*Leptonectes ? solei*)
全長 7 m，体重 1.1 t

化石記録　板状に潰れた，2個体分の大部分の頭骨と体骨格．

解剖学的特徴　歯はかなり多く小さい．

年代　前期ジュラ紀；プリンスバッキアン期前期．

分布と地層　イギリス南部；チャーマス泥岩層上部，ベレムナイト泥灰土層上部．

生息環境　群島の浅瀬．

備考　レプトネクテス・ムーレイは本種の幼体の可能性がある．イクチオサウルス・アニンガエと同所的に生息

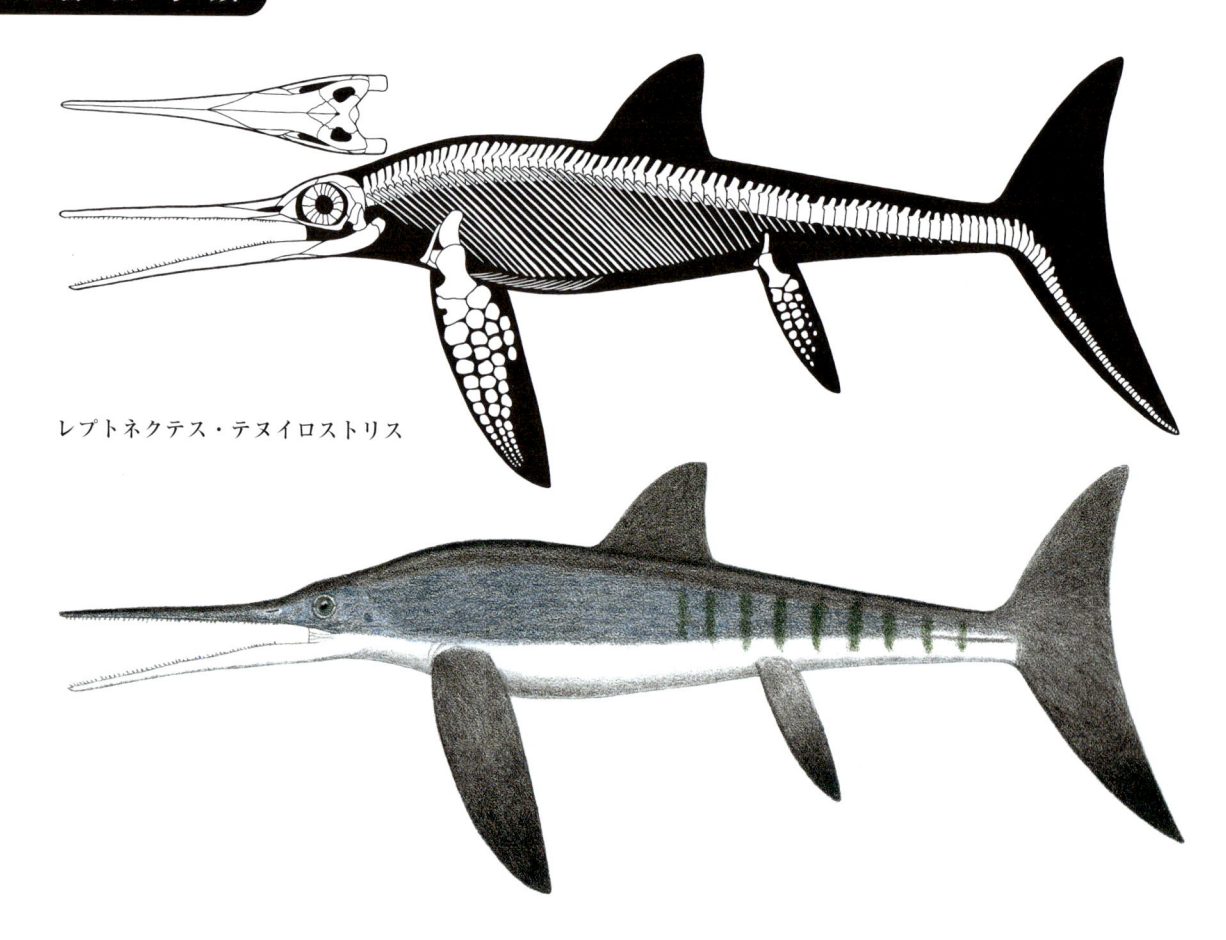

レプトネクテス・テヌイロストリス

した．レプトネクテス・テヌイロストリスの直系の祖先の可能性がある．

レプトネクテス・テヌイロストリス
（*Leptonectes tenuirostris*）
成体サイズ不明

化石記録 部分的〜完全な，数個体分の頭骨と体骨格．
解剖学的特徴 頭部は大きい．上下の顎は同じ長さ．歯は非常に多く小さい．尾はやや短く，三日月状の尾鰭は非常に大きい．前肢は非常に大きい．
年代 前期ジュラ紀；シネムーリアン期前期．
分布と地層 イギリス南部，ベルギー；ブルー・ライアス層上部．
生息環境 群島の浅瀬．
生態 機動性が高い．
備考 成体が全長5mに達していたかどうかは定かではない．エクスカリボサウルス，プレシオサウルス，エレトモサウルス，テムノドントサウルス，イクチオサウルス・コミュニス，未命名属・エウリケファルスと同所的に生息した．

レプトネクテス・未命名種
（*Leptonectes* unnamed species）
成体サイズ不明

化石記録 幼体と見られる個体の頭骨．
解剖学的特徴 情報不足．
年代 前期ジュラ紀；プリンスバッキアン期後期．
分布と地層 スイス；未命名の地層．
生息環境 群島の浅瀬．
備考 より年代の古いレプトネクテス・テヌイロストリスに分類することには大きな問題がある．

ウォーリサウルス・マッサーレ
（*Wahlisaurus massare*）
成体サイズ不明

化石記録 幼体と見られる個体の頭骨と部分的な体骨格．
解剖学的特徴 情報不足．
年代 前期ジュラ紀；ヘッタンギアン期前期．
分布と地層 イギリス中央；スカントープ泥岩層中部．
生息環境 群島の浅瀬．

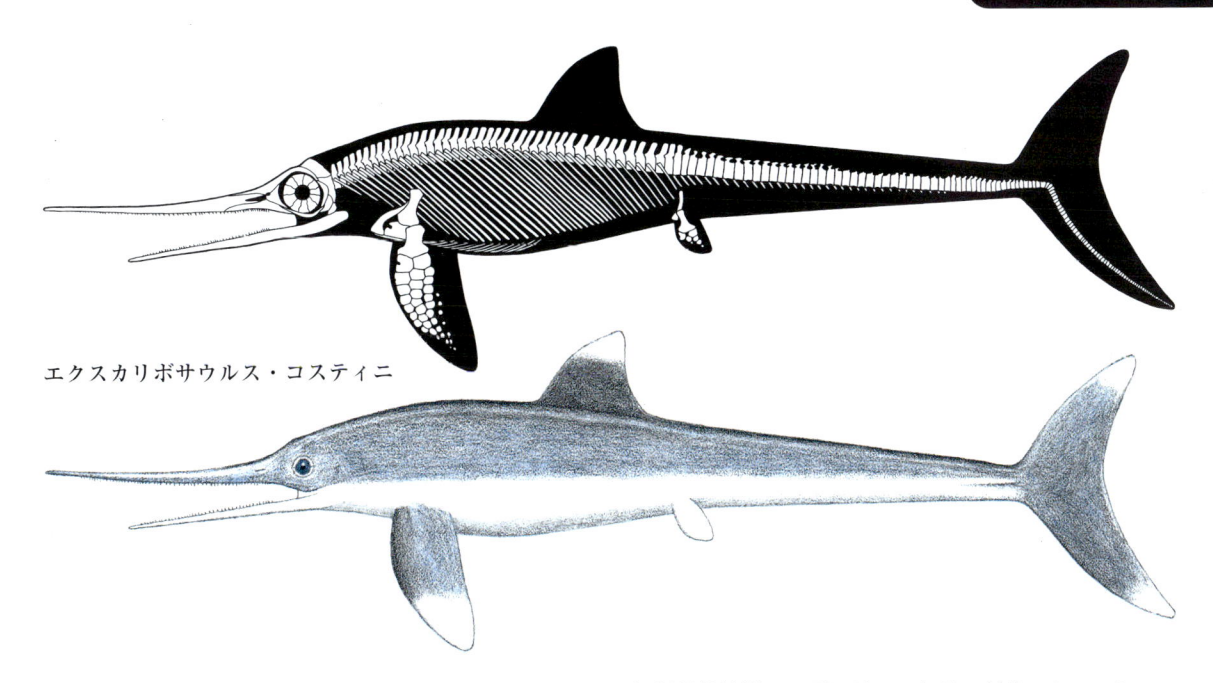

エクスカリボサウルス・コスティニ

未命名属・ヌエルティンゲンシス
(Unnamed genus *nuertingensis*)
全長 10 m，体重 3 kg

化石記録 板状に潰れた，ほぼ完全な頭骨と体骨格，および幼体の一部．

解剖学的特徴 上顎は下顎よりやや長い．

年代 前期ジュラ紀；トアルシアン期中期．

分布と地層 フランス東部；未命名の地層．

生息環境 群島の浅瀬．

備考 細長い吻部はテムノドントサウルスではないことを示している．また，未命名属・アゼルゲンシス種は本種の幼体である可能性がある．

エクスカリボサウルス・コスティニ
(*Excalibosaurus costini*)
全長 6 m，体重 550 kg

化石記録 2個体分の頭骨と体骨格．

解剖学的特徴 上顎は長く，細長い剣状になっており，下顎よりずっと長い．

年代 前期ジュラ紀；シネムーリアン期前期．

分布と地層 イギリス南部；ブルー・ライアス層上部．

生息環境 群島の浅瀬．

備考 プレシオサウルス，エレトモサウルス，レプトネクテス・テヌイロストリス，テムノドントサウルス，イクチオサウルス・コミュニス，未命名属・エウリケファルスと同所的に生息した．

エウリノサウルス・ロンギロストリス
(*Eurhinosaurus longirostris*)
全長 3.4 m，体重 121 kg

化石記録 保存度合いが様々な，数多くの頭骨と体骨格．

解剖学的特徴 上顎は剣のように長くなっており，縮小

エウリノサウルス・ロンギロストリス

エウリノサウルス・ロンギロストリス

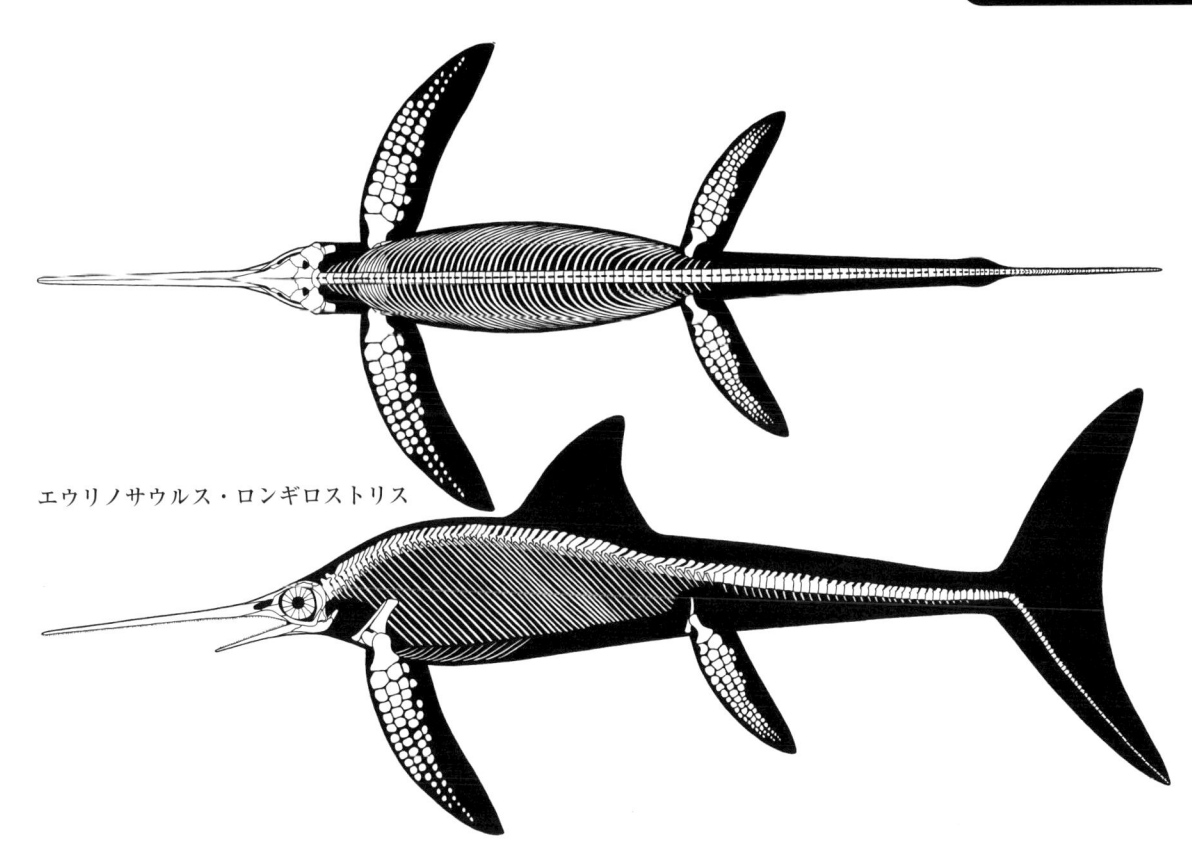

エウリノサウルス・ロンギロストリス

した下顎の何倍も長い．歯は非常に多く非常に小さい．
三日月状の尾鰭は非常に大きい．前肢は非常に長い．

年代　前期ジュラ紀；トアルシアン期前期．

分布と地層　イギリス北東部，ドイツ南部，フランス南
東部，スイス；ウィットビー泥岩層下部，ポシドニア粘
板岩層．

生息環境　群島の浅瀬．

生態　特大サイズのフリッパーは，同じく特大の尾鰭が
生み出すスピードと相まって，高い機動性をもたらした
と見られる．

備考　メイヤーアサウルス，ハウフィオサウルス，ロマ
レオサウルス，シーリーオサウルス，ヒドロリオン，ハ
ウフィオプテリクス，未命名属・トリゴノドン，スエボ
レビアタン，ステノプテリギウス，プラギオフタルモス
クス，ミストリオサウルス，プラティスクス，マクロス
ポンディルスと同所的に生息した．形や泳ぎ方が現代の
メカジキに最も近い海生爬虫類．

トゥンノサウルス類　（Thunnosaurs）

小型～大型のパルビペルビア類で，前期ジュラ紀～中生
代の終わりまで，汎世界的に分布した．

解剖学的特徴　形態は均一的．体幹は非常にコンパク
ト．前肢の敷石状部分を構成する要素は少なくとも6列
ある．遊泳はアジ型～マグロ型．

生息環境　沿岸部の浅瀬～深海．

生態　遊泳能力は良好～極めて高度．小型～中型の魚類
を狙う捕食者．

備考　海生爬虫類で唯一マグロ型体型に進化した．

ステノプテリギウス
（トゥンノサウルス類）

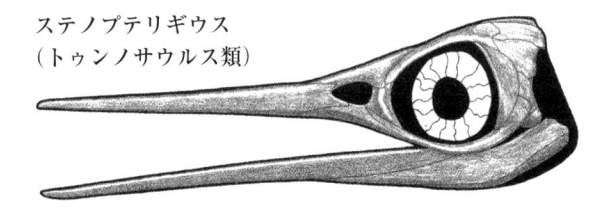

イクチオサウルス科　（Ichthyosaurids）

小型～中型のトゥンノサウルス類で，前期ジュラ紀のヨ
ーロッパに分布した．

解剖学的特徴　頭部は大きく，吻部は細長い．眼窩は大

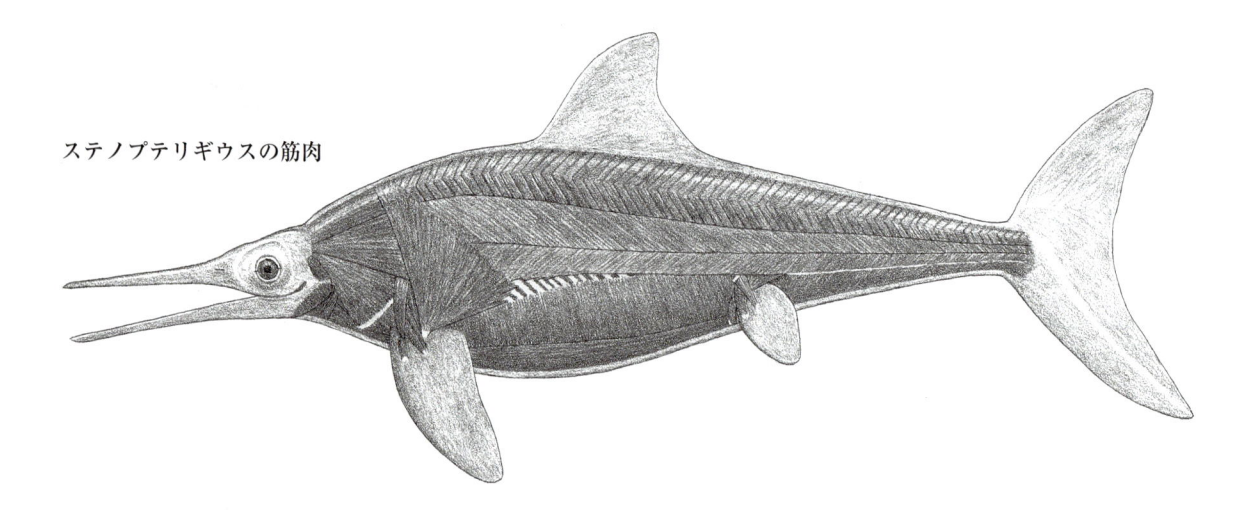

ステノプテリギウスの筋肉

きく，歯はかなり大きい．フリッパーは幅広く，前肢は中程度の大きさで，後肢よりかなり大きい．遊泳は高速のマグロ型．

生態 遊泳能力は高度〜極めて高度．小型の魚類を狙う捕食者．

備考 一部の海域で見つかっていないのは，標本採集が不十分なためだと考えられる．

プロトイクチオサウルス・プロスタクサリス
(*Protoichthyosaurus prostaxalis*)
全長 2.5 m，体重 100 kg

化石記録 複数個体分の部分的な頭骨と体骨格．

解剖学的特徴 吻部は非常に長く，かなり頑丈．眼窩は中程度の大きさ．下顎はかなり頑丈で，湾曲している．歯は多く，頑丈で，垂直に生えている．

年代 前期ジュラ紀；ヘッタンギアン期前期．

分布と地層 イギリス中央；ブルー・ライアス層下部，ハイドロリック石灰岩層．

生息環境 群島の浅瀬．

備考 エオプレシオサウルス，ストラテサウルス，アバロンネクテス，エウリクレイドゥス，アティコドラコン，タラッシオドラコンと同所的に生息した．

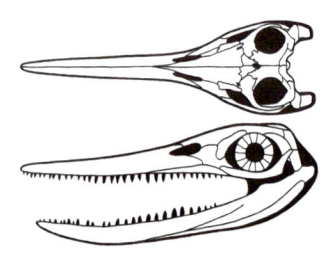

プロトイクチオサウルス・プロスタクサリス

プロトイクチオサウルス？・アップルビーイ
(*Protoichthyosaurus ? applebyi*)
全長 2 m，体重 50 kg

化石記録 2個体分の頭骨と1個体分の体骨格の大部分．

解剖学的特徴 吻部はやや長く，上下幅がかなり狭い．眼窩は大きい．下顎は高さが低く，直線的．歯は多く，頑丈で，垂直に生えている．

年代 前期ジュラ紀．

分布と地層 イギリス南部；未命名の地層．

生息環境 群島の浅瀬．

生態 おそらくやや大型の獲物を好んだと見られる．

備考 本種がプロトイクチオサウルスであるかどうかは疑問．

プロトイクチオサウルス？・アップルビーイ

イクチオサウルス・サマセッテンシス
(*Ichthyosaurus somersetensis*)
全長 3.2 m，体重 220 kg

化石記録 2，3個体分の部分的〜完全な頭骨と体骨格．

解剖学的特徴 頭部はかなり頑丈．歯はやや多く，中程度の大きさで，あまり頑丈でなく，やや傾いて生えている．

年代 前期ジュラ紀；ヘッタンギアン期．

分布と地層 イギリス南部；ブルー・ライアス層下部および／または中部．

生息環境 群島の浅瀬．

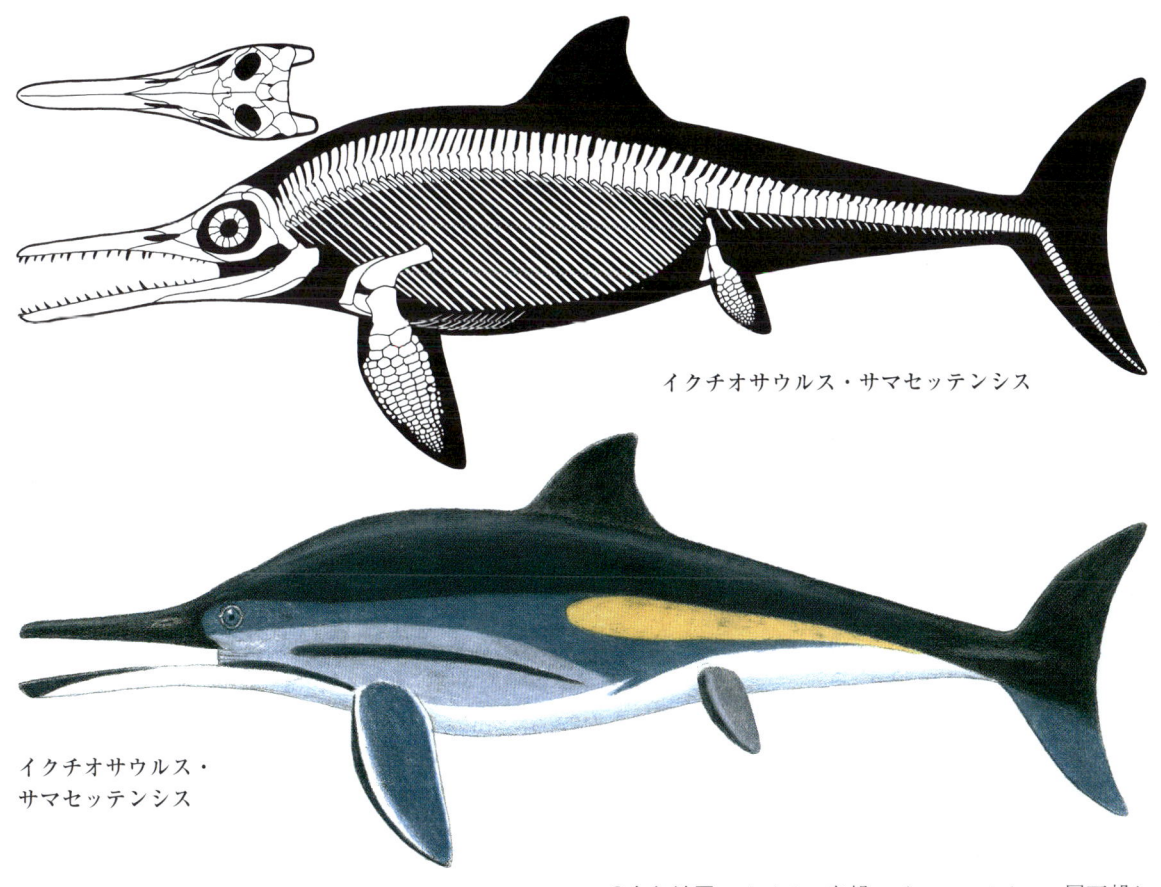

イクチオサウルス・サマセッテンシス

イクチオサウルス・
サマセッテンシス

イクチオサウルス・ラーキンイ
（*Ichthyosaurus larkini*）
全長 2 m，体重 50 kg

化石記録　3個体分のほぼ完全な頭骨と体骨格.
解剖学的特徴　吻部は下向きに湾曲している. 歯の数は中程度で，かなり大きく，頑丈で，垂直に生えている.
年代　前期ジュラ紀；ヘッタンギアン期.

分布と地層　イギリス南部；ブルー・ライアス層下部および／または中部.
生息環境　群島の浅瀬.

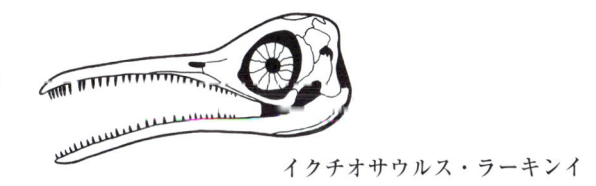

イクチオサウルス・ラーキンイ

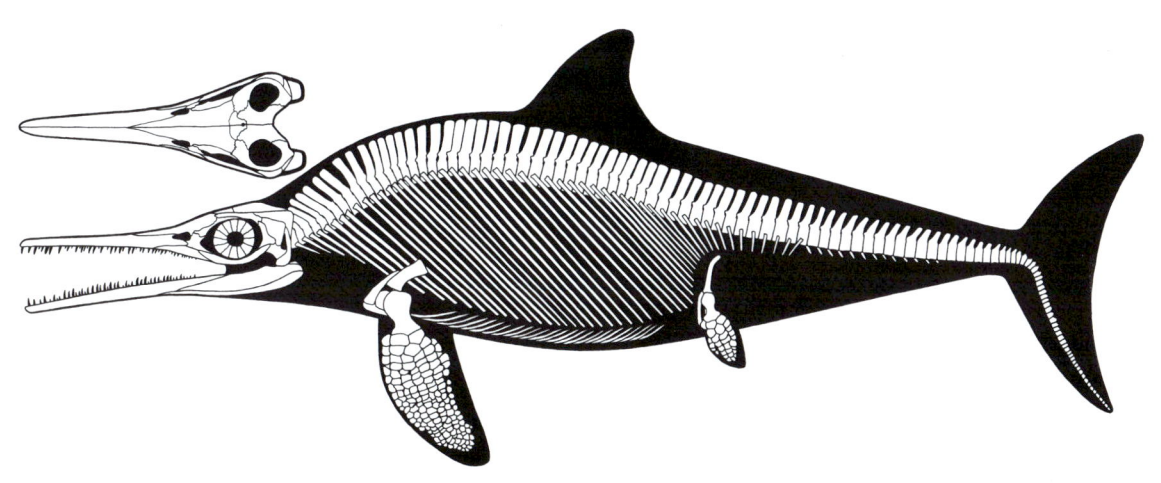

イクチオサウルス・コミュニス
(*Ichthyosaurus communis*)
全長2 m，体重50 kg

化石記録 胎児と見られる個体を含む，数多くの部分的
～完全な頭骨と体骨格．

解剖学的特徴 歯は小さく多数あり，垂直に生えてい
る．肩帯付近の神経棘は長い．

年代 前期ジュラ紀；ヘッタンギアン期前期～シネムー
リアン期前期．

分布と地層 イギリス南部；ブルー・ライアス層中部～
上部．

生息環境 群島の浅瀬．

備考 他のいくつかの種が，本属に分類されるかどうか
は疑問が残る．成体の骨格から外に出つつある小さな胎
児の化石が見つかっており，尾から先に出てきたことが
示されている．エクスカリボサウルス，プレシオサウル
ス，エレトモサウルス，レプトネクテス・テヌイロスト
リス，イクチオサウルス・コミュニス，未命名属・エウ
リケファルスと同所的に生息した．

イクチオサウルス・コニベアリ
(*Ichthyosaurus conybeari*)
全長1.6 m，体重30 kg

化石記録 複数個体分の頭骨と体骨格．

解剖学的特徴 歯は小さく多数あり，垂直に生えている．

年代 前期ジュラ紀；ヘッタンギアン期後期からプリン
スバッキアン期前期．

分布と地層 イギリス南部；ブルー・ライアス層下部～
最上部．

生息環境 群島の浅瀬．

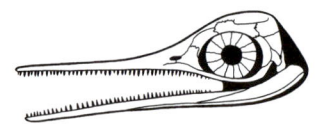

イクチオサウルス・
コニベアリ

イクチオサウルス・アニンガエ
(*Ichthyosaurus anningae*)
成体サイズ不明

化石記録 ほぼ完全な頭骨と体骨格，2個体分の頭骨と
部分的な体骨格．すべて未成熟個体．

解剖学的特徴 歯はかなり大きく頑丈で，数は中程度
で，垂直に生えている．

年代 前期ジュラ紀；プリンスバッキアン期前期．

分布と地層 イギリス南部；チャーマス泥岩層上部．

生息環境 群島の浅瀬．

生態 おそらくやや大型の獲物を好んだと見られる．

備考 レプトネクテス・ソレイと同所的に生息した．

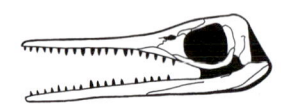

イクチオサウルス・
アニンガエ

イクチオサウルス？・ブレビセプス
(*Ichthyosaurus ? breviceps*)
全長1.6 m，体重30 kg

化石記録 数個体分の完全な頭骨と体骨格．

解剖学的特徴 頭部は短く，かなり上下幅が大きい．吻
部の上下幅はあまり狭くない．目は大きい．歯は頑丈
で，数はあまり多くない．体幹の神経棘は長く，体はコ
ンパクトで高度なマグロ型．前肢は大きい．

イクチオサウルス？・
ブレビセプス

年代　前期ジュラ紀.

分布と地層　イギリス南部；ブルー・ライアス層，未命名の地層.

生息環境　群島の浅瀬.

備考　イクチオサウルスへの帰属は疑わしい.

未命名属・エウリケファルス
(Unnamed genus *eurycephalus*)
全長5m，体重1t

化石記録　頭骨.

解剖学的特徴　頭部は全体にわたってかなり上下幅が大きい．下顎はかなり丈夫．歯はかなり大きく頑丈で，顎の前半分に限られる.

年代　前期ジュラ紀；シネムーリアン期前期.

分布と地層　イギリス南部；ブルー・ライアス層上部.

備考　高さのある吻部，大きな歯などから，一般的に考えられているテムノドントサウルスではなく，イクチオサウルス科の方に近い可能性がある．エクスカリボサウルス，プレシオサウルス，エレトモサウルス，レプトネクテス・テヌイロストリス，イクチオサウルス・コミュンニスと同所的に生息した.

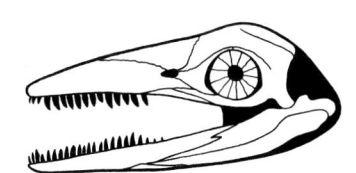

未命名属・
エウリケファルス

マラワニア類（Malawanians）

小型のトゥンノサウルス類で，前期白亜紀の中東に分布した.

マラワニア・アナクロヌス
（*Malawania anachronus*）
全長2m，体重50kg

化石記録　部分的な頭骨と体骨格.

解剖学的特徴　情報不足.

年代　前期白亜紀；オーテリビアン期後期あるいはバレミアン期.

分布と地層　イラク；未命名の地層.

生息環境　大陸の浅瀬.

備考　年代の古いイクチオサウルス科への帰属は疑わしい.

バルクロミア類（Barcromians）

小型～大型のトゥンノサウルス類で，前期ジュラ紀～中生代の終わりまで，汎世界的に分布した.

解剖学的特徴　形態は均一的．骨盤の腹側要素は互いに癒合している.

生息環境　沿岸部の浅瀬～深海.

生態　遊泳能力は良好～極めて高度．小型～中型の魚類を狙う捕食者.

ステノプテリギウス科（Stenopterygids）

中型のバルクロミア類で，前期～中期ジュラ紀のヨーロッパと南アメリカに分布した.

解剖学的特徴　形態は非常に均一的．頭部は大きく，吻部は細長い．眼窩は大きい．歯は，特に成体でなくなるくらいまで減少する．体幹の横幅は上下幅の2/3以下．フリッパーは幅広く，前肢は中程度の大きさで，後肢よりはるかに大きい．遊泳は高速のマグロ型.

生態　遊泳能力は非常に高度～極めて高度．小型の魚類を狙う捕食者.

備考　ネズミザメ科やマグロ，イルカと高度に収斂しており，遊泳速度は海生爬虫類の中でもトップクラス．一部の海域で見つかっていないのは，標本採集が不十分なためだと考えられる.

ステノプテリギウス・クアドリスキッスス
（*Stenopterygius quadriscissus*）
全長3.5m，体重270kg

化石記録　様々な年齢の，数多くの完全な頭骨と体骨格．一部は軟組織を伴う.

解剖学的特徴　吻部はあまり長くない．歯は成体では機能しなくなっている．体は太めで高度なマグロ型．尾鰭の下部はあまり長くない．フリッパーはやや短い.

年代　前期ジュラ紀；トアルシアン期前期.

分布と地層　ドイツ南部；ポシドニア粘板岩層.

生息環境　群島の浅瀬.

備考　本種では，胎児の化石が体の内部で発見されており，胎生であることがわかっている．体の輪郭が良く保存された標本に基づき，骨格と外形の関係性が判明している．色素パターンが保存されていたため，一部の種ではカウンターシェーディングがあったことが知られてい

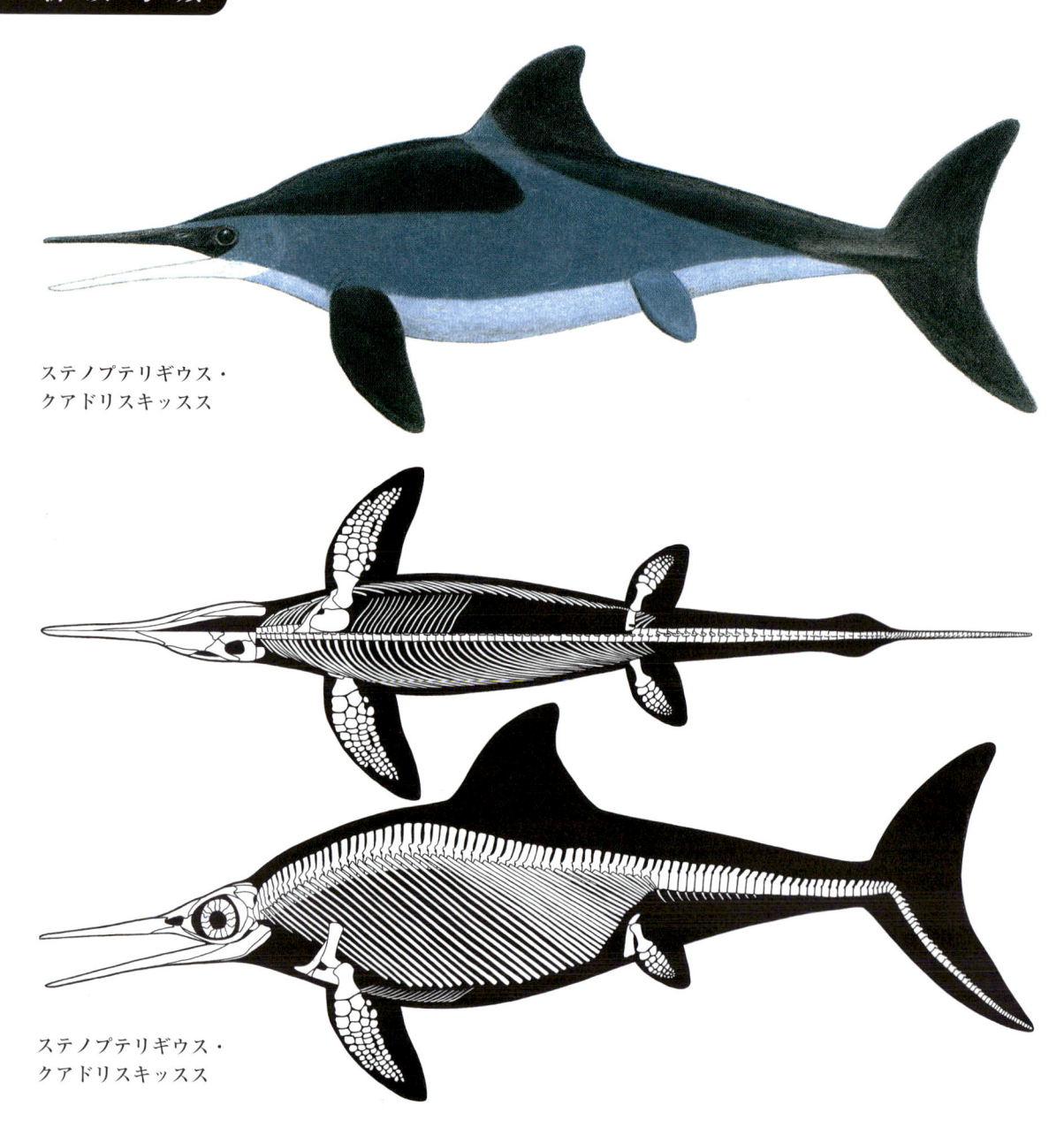

ステノプテリギウス・
クアドリスキッスス

ステノプテリギウス・
クアドリスキッスス

る．後に発見された化石から，より少数派であったトリスキッス種やウニター種とも同所的に生息したしていたことがわかっている．その他，メイヤーアサウルス，ハウフィオサウルス，シーリーオサウルス，ヒドロリオン，ハウフィオプテリクス，未命名属・トリゴノドン，スエボレビアタン，ユーエウリノサウルス，ミストリオサウルス，プラティスクス，マクロスポンディルスと同所的に生息した．

ステノプテリギウス・トリスキッスス
(*Stenopterygius triscissus*)
全長 3.3 m, 体重 210 kg

化石記録 様々な年齢の数多くの完全な頭骨と体骨格．
解剖学的特徴 吻部は長い．成体の歯の減少の程度はまちまち．体は極端に太めではない．尾鰭の下部はあまり長くはならない．フリッパーはやや短い．
年代 前期ジュラ紀；トアルシアン期前期．
分布と地層 ドイツ南部，イギリス南部；ポシドニア粘板岩層，未命名の地層．
生息環境 群島の浅瀬．

ステノプテリギウス・トリスキッスス

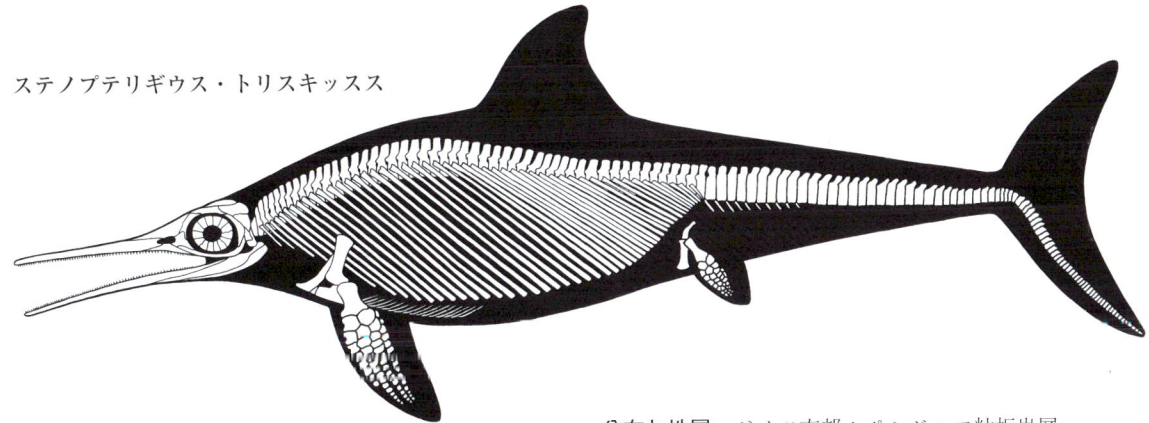

備考 明らかにステノプテリギウス・クアドリスキッススほど早く出現したのではなく、その初期の例の直系の子孫である可能性がある.

ステノプテリギウス・ウニター
(*Stenopterygius uniter*)
全長 3.8 m,体重 310 kg

化石記録 様々な年齢の数多くの完全な頭骨と体骨格.
解剖学的特徴 吻部はあまり長くない.成体の歯の減少の程度はまちまち.体は極端に太くはならない.尾鰭の下部は長い.フリッパーはかなり細長く,先端が鋭い.
年代 前期ジュラ紀;トアルシアン期前期.

分布と地層 ドイツ南部;ポシドニア粘板岩層.
生息環境 群島の浅瀬.
生態 大きな鰭は,本属の中で最も機動性に優れた泳ぎをしていたことを示す.
備考 ステノプテリギウス・トリスキッススほど早くには出現していなかったので,初期の同種およびステノプテリギウス・トリスキッススの直系の子孫である可能性がある.

ステノプテリギウス・アーレニエンシス
(*Stenopterygius aaleniensis*)
全長 3 m,体重 150 kg

化石記録 頭骨および体骨格の大部分.

ステノプテリギウス・ウニター

解剖学的特徴　情報不足.
年代　中期ジュラ紀；アーレニアン期前期.
分布と地層　ドイツ南部；オパリヌス・クレイ層最下部.
生息環境　群島の浅瀬.

チャカイコサウルス・カイイ
（*Chacaicosaurus cayi*）
全長 3.5 m，体重 270 kg

化石記録　頭骨と体骨格の一部.
解剖学的特徴　吻部はとても長く，中程度に頑丈で先細り.
年代　中期ジュラ紀；バッジョシアン期前期.
分布と地層　アルゼンチン南部；ロス・モレス層上部.
生息環境　大陸棚.
備考　マレサウルスやモールサウルスと同所的に生息した.

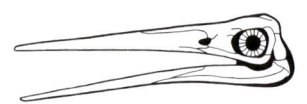

チャカイコサウルス・
カイイ

オフタルモサウルス科 （Ophthalmosaurids）

小型〜大型のバルクロミア類で，中期ジュラ紀〜後期白
亜紀まで，汎世界的に分布した.

解剖学的特徴　前肢要素の敷石状の配列が高度に発達し
ている．遊泳は高性能のアジ型およびマグロ型.
生息環境　沿岸部の浅瀬〜深海.
生態　遊泳能力は良好〜極めて高度．小型〜中型の魚類
を狙う捕食者.

その他のオフタルモサウルス科 （Ophthalmosaurid Miscellanea）

生息環境　開けた大陸棚，極域.

カイルハウイア・ヌイ
（*Keilhauia nui*）
全長 4 m，体重 300 kg

化石記録　部分的な頭骨と体骨格の大部分.
解剖学的特徴　情報不足.
年代　後期ジュラ紀；チトニアン期後期.
分布と地層　スヴァールバル諸島；アガルドフェレット
層上部.
生息環境　極域の開けた大陸棚.
備考　プリオサウルス？・フンケイ，コリンボサウル
ス？・スバールバルエンシス，スピトラサウルス，パル
ベンニア，ヤヌサウルス，クリオプテリギウスと同所的
に生息した.

パルベンニア・ヘイベルゲッティ
（*Palvennia hoybergeti*）
全長 4 m，体重 300 kg

化石記録　完全な頭骨，部分的な頭骨と体骨格.
解剖学的特徴　吻部は長くなく，先端はやや鋭い．歯は
多く，やや小さい.
年代　後期ジュラ紀；チトニアン期後期.
分布と地層　スヴァールバル諸島；アガルドフェレット
層上部.
生息環境　極域の開けた大陸棚.

ヤヌサウルス・ルンディ
(*Janusaurus lundi*)
全長 3 m，体重 135 kg
....
化石記録　部分的な頭骨と体骨格.
解剖学的特徴　歯はとても小さい.
年代　後期ジュラ紀；チトニアン期後期.
分布と地層　スヴァールバル諸島；アガルドフェレット
層上部.
生息環境　極域の開けた大陸棚.

クリオプテリギウス・クリスティアンセナエ
(*Cryopterygius kristiansenae*)
全長 5.3 m，体重 400 kg
....
化石記録　ほぼ完全な頭骨と体骨格.
解剖学的特徴　頭部は大きい. 吻部はかなり長い. 歯は
かなり多く，やや小さい. 体幹はかなり長い. フリッパ
ーはやや小さい. アジ型～マグロ型の遊泳体型.
年代　後期ジュラ紀；チトニアン期後期.
分布と地層　スヴァールバル諸島；アガルドフェレット
層上部.
生息環境　極域の開けた大陸棚.
生態　遊泳能力は普通.

アースロプテリギウス・クリソルム
(*Arthropterygius chrisorum*)
全長 2 m，体重 40 kg
....
化石記録　成体～幼体までの，頭骨と複数個体分の部分
的な体骨格.
解剖学的特徴　吻部はやや短い. 眼窩は大きい. 歯は多
い.
年代　後期ジュラ紀；オックスフォーディアン期あるい
はキンメリッジアン期.
分布と地層　カナダ・ノースウエスト準州北部；リング
ネス層.
生息環境　大陸棚.

未命名属あるいはアースロプテリギウス・タラッソ
ノトゥス
(Unnamed genus or *Arthropterygius*
thalassonotus)
全長 3 m，体重 140 kg
....
化石記録　部分的な頭骨と体骨格の一部.
解剖学的特徴　情報不足.
年代　後期ジュラ紀；チトニアン期後期.
分布と地層　アルゼンチン西部；ヴァカ・ムエルタ層中部.
生息環境　大陸棚.

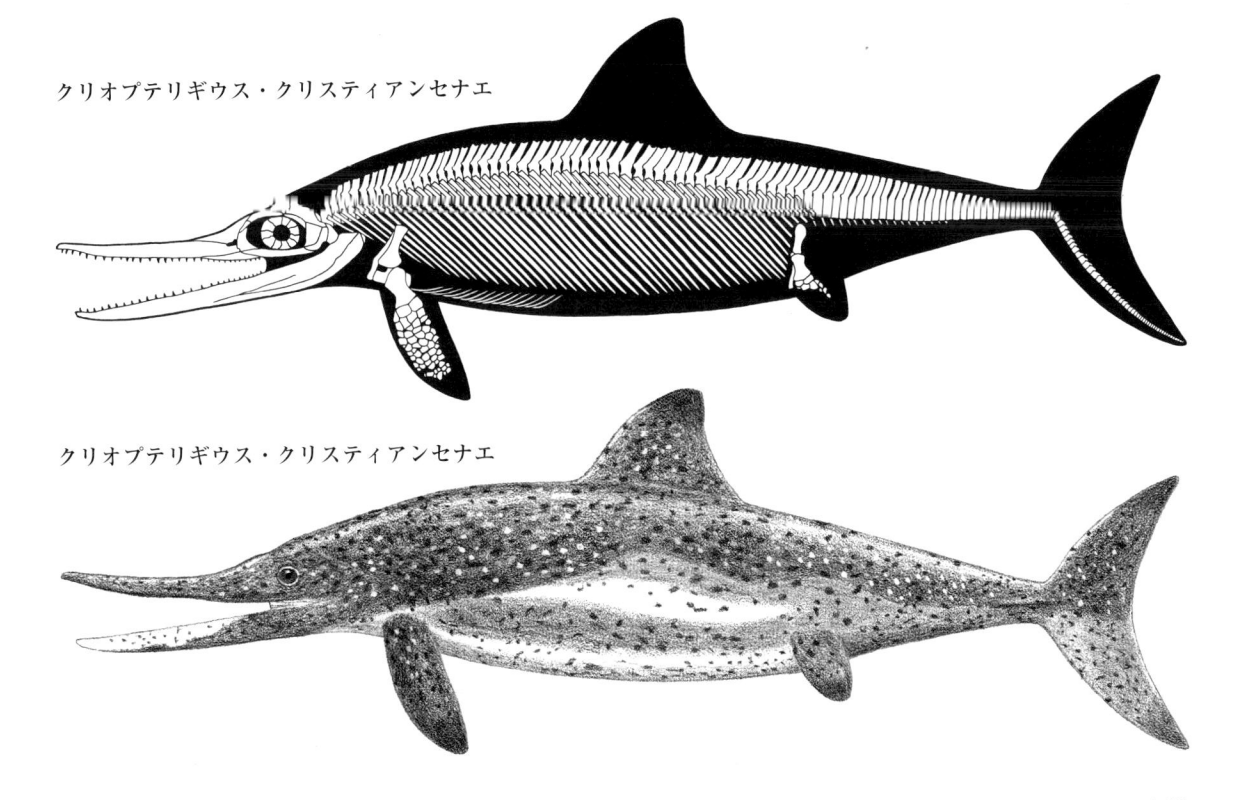

クリオプテリギウス・クリスティアンセナエ

クリオプテリギウス・クリスティアンセナエ

備考 アースロプテリギウスは年代が古く，化石の保存状態も悪く，かつ離れたところから見つかっているため，本種の帰属には疑問が残る．ダコサウルス・アンディニエンシスや未命名属・種，スンパラ？と同所的に生息した．

ジェンガサウルス・ニコシアイ
(*Gengasaurus nicosiai*)
全長 3 m，体重 135 kg

化石記録 分離した頭骨と体骨格の大部分．

解剖学的特徴 情報不足．

年代 後期ジュラ紀；キンメリッジアン期後期またはチトニアン期初期，あるいはその両方．

分布と地層 イタリア中央；未命名の地層．

生息環境 群島の浅瀬．

備考 頭骨の大部分は観察できない．

ナンノプテリギウス亜科
(Nannopterygines)

中型のオフタルモサウルス科で，後期ジュラ紀のヨーロッパに生息し，前期白亜紀まで分布した可能性もある．

解剖学的特徴 頭部はかなり小さい．吻部はやや短く，横幅が狭い．眼窩は大きい．歯は小さく数が多い．体幹はかなり長い．フリッパーはかなり小さい．

生態 機動性はあまり高くない．小型の魚類を狙う捕食者．

備考 魚竜類の中で最も小さな鰭をもっていた．なぜこのように鰭の操縦面と安定面が小さかったのかはわかっていない．断片的な化石は前期白亜紀の地層からも発見されている．一部の海域で見つかっていないのは，標本採集が不十分なためだと考えられる．

ナンノプテリギウス・エンテキオドン
(*Nannopterygius enthekiodon*)
全長 4.2 m，体重 375 kg

化石記録 2個体分の頭骨の大部分と1個体分の体骨格，その他の骨格化石．

解剖学的特徴 アジ型〜マグロ型の中間段階．

年代 後期ジュラ紀；キンメリッジアン期後期あるいはチトニアン期前期．

分布と地層 イギリス南部；キンメリッジ粘土層中部．

生息環境 群島の浅瀬．

生態 遊泳能力は普通．

備考 一連の標本の中には，別種の可能性があるものも含まれている．プリオサウルス・ウェストバリーエンシスやグレンデリウス・モルダックスと同所的に生息した．

タラッソドラコ・エッチェシ
(*Thalassodraco etchesi*)
全長 3.5 m，体重 250 kg

化石記録 頭骨の大部分と部分的な体骨格．

解剖学的特徴 よりマグロ型に近い体型だった可能性がある．

年代 後期ジュラ紀；チトニアン期前期．

分布と地層 イギリス南部；キンメリッジ粘土層中部．

生息環境 群島の浅瀬．

未命名属・サベリュフィエンシス
(Unnamed genus *saveljeviensis*)
全長 5 m，体重 800 kg

化石記録 頭骨の大部分と部分的な体骨格，部分的な頭骨と複数個体分の体骨格，いくつかの幼体個体を含むその他の化石．

解剖学的特徴 よりマグロ型に近い体型だった可能性がある．

ナンノプテリギウス・エンテキオドン

年代　後期ジュラ紀；テトニアン期中期後半〜後期前半.
分布と地層　ロシア南西部；未命名の地層.
生息環境　大陸棚.
備考　ナンノプテリギウス・ヤシコビは本種の幼体の可能性がある. より古い年代に生息したナンノプテリギウスに分類することには大きな問題がある.

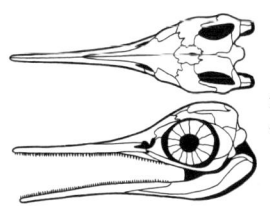

未命名属・
サベリュフィエンシス

オフタルモサウルス亜科
（Ophthalmosaurines）

中型〜大型のオフタルモサウルス科で, 中期ジュラ紀〜前期白亜紀のヨーロッパと南北アメリカに分布した.

解剖学的特徴　頭部は大きく, 吻部は細長い. 眼窩は大きい. 歯は, 特に成体ではなくなるくらいまで減少する. 体の断面はほぼ円形状. フリッパーは幅広く, 前肢は中程度の大きさで, 後肢よりはるかに大きい. 遊泳は高速のマグロ型.
生態　遊泳能力は非常に高度〜極めて高度. 小型の魚類を狙う捕食者.
備考　ネズミザメ科やマグロ, イルカと高度に収斂している. 一部の海域で見つかっていないのは, 標本採集が不十分なためだと考えられる.

オフタルモサウルス・イケニクス
（*Ophthalmosaurus icenicus*）
全長 6 m, 体重 1.5 t

化石記録　数多くの不完全な標本.
解剖学的特徴　歯は顎の前方にだけ生える.
年代　中期ジュラ紀；カロビアン期中期.
分布と地層　イギリス東部；オックスフォード粘土層下部.
生息環境　群島の浅瀬.
備考　他の場所・時代から採集された多数の標本を本種に分類することには大きな問題がある. 成体が全長 6 m に達したかどうかは定かではない. 既知の海生爬虫類において, 直径 0.25 m の目は, 体に対する大きさとしては最大. ペロネウステス, パキコスタサウルス, シモレステス, リオプレウロドン, クリプトクリドゥス, ムラエノサウルス, トリクレイドゥス, ティラノネウステス, スコドゥス, グラシリネウステスと同所的に生息した.

モールサウルス・ペリアルス
（*Mollesaurus periallus*）
全長 5 m, 体重 800 kg

化石記録　部分的な頭骨と体骨格.
解剖学的特徴　情報不足.
年代　中期ジュラ紀；バッジョシアン期前期.
分布と地層　アルゼンチン中部；ロス・モレス層上部.
生息環境　大陸棚.
備考　チャカイコサウルスやマレサウルスと同所的に生息した.

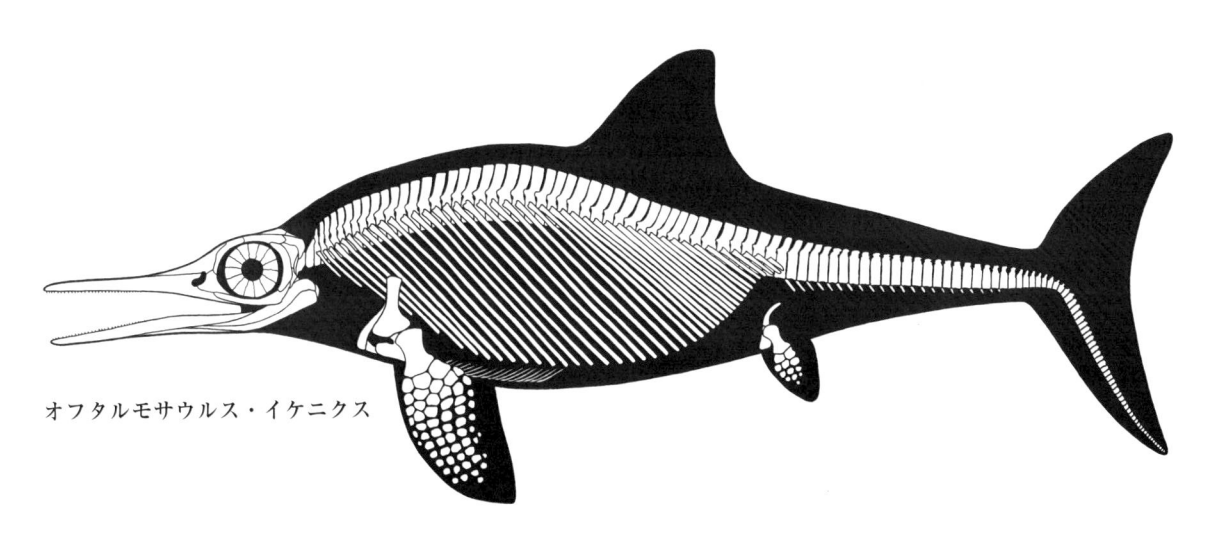

オフタルモサウルス・イケニクス

バプタノドン・ナタンス
(*Baptanodon natans*)
全長 6 m, 体重 1 t

化石記録 頭骨と部分的な体骨格.

解剖学的特徴 成体は歯の機能が失われる.

年代 後期ジュラ紀;オックスフォーディアン期前期.

分布と地層 アメリカ・ワイオミング州;サンダンス層上部.

生息環境 内陸海路.

備考 パントサウルスやタテネクテスと同所的に生息した.

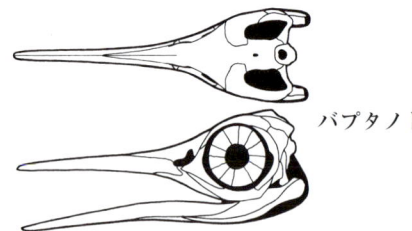

バプタノドン・ナタンス

アカンプトネクテス・デンスス
(*Acamptonectes densus*)
全長 4.5 m, 体重 400 kg

化石記録 板状に潰れた, あるいは壊れた頭骨と部分的な体骨格.

解剖学的特徴 情報不足.

年代 前期白亜紀;オーテリビアン期.

分布と地層 イギリス東部;スピートン粘土層.

生息環境 大陸棚.

備考 プラティプテリギウス亜科に分類されるべきかもしれない.

ムイスカサウルス・カテティ
(*Muiscasaurus catheti*)
成体サイズ不明

化石記録 いずれも幼体の, 頭骨と部分的な体骨格, および部分的な頭骨と体骨格.

解剖学的特徴 歯は顎全体に並び, 小さく, 数が多い.

年代 前期白亜紀;バレミアン期またはアプチアン期.

分布と地層 コロンビア;パジャ層.

生息環境 大陸棚.

備考 おそらくプラティプテリギウス亜科.

プラティプテリギウス亜科
(Platypterygiines)

小型〜大型のオフタルモサウルス科で, 後期ジュラ紀〜前期白亜紀後期まで, 汎世界的に分布した.

解剖学的特徴 体幹はあまりコンパクトではない. 前肢要素の敷石状の配列が他に類を見ないほどに発達. 遊泳は高性能のアジ型.

生息環境 沿岸部の浅瀬〜深海.

生態 遊泳能力は高度〜極めて高度. 小型〜中型の魚類を狙う捕食者.

備考 白亜紀の魚竜類の中では, マグロ型体型のものはまだ見つかっていない. また, 海洋四肢動物の中で, あるいは脊椎動物以外を含めた中でも, もっとも高度に発達した胸鰭をもつ. 最後の魚竜を含む.

スンパラ・アルゼンティナ
(*Sumpalla argentina*)
全長 2.1 m, 体重 30 kg

化石記録 板状に潰れた頭骨と体骨格.

解剖学的特徴 頭部は長い. 吻部はかなり細長い.

年代 後期ジュラ紀;チトニアン期中期あるいは後期.

分布と地層 アルゼンチン西部;ヴァカ・ムエルタ層中部.

生息環境 大陸棚.

備考 アースロプテリギウス?・タラッソノトゥス, ダコサウルス・アンディニエンシス?, 未命名属・種?と同所的に生息した.

グレンデリウス・モルダックス
(*Grendelius mordax*)
全長 5.5 m, 体重 800 kg

化石記録 頭骨と体骨格の一部.

解剖学的特徴 吻部は非常に長く, 頑丈. 歯はかなり大きく, 頑丈.

年代 後期ジュラ紀;キンメリッジアン期後期またはチトニアン期前期, あるいはその両方.

分布と地層 イギリス南部;キンメリッジ粘土層中部.

生息環境 群島の浅瀬.

備考 保存状態の悪い化石から知られるブラキプテリギウス・エクストレムスと同種と考える研究者もいる. プリオサウルス・ウェストバリーエンシス, ナンノプテリギウス・エンテキオドンと同所的に生息した.

グレンデリウス・
モルダックス

グレンデリウス？・アレクシーフィ
(*Grendelius? alekseevi*)
全長 4 m，体重 300 kg

化石記録　部分的な頭骨と体骨格.
解剖学的特徴　情報不足.
年代　後期ジュラ紀；チトニアン期前期.
分布と地層　ロシア西部；未命名の地層.
備考　グレンデリウスへの帰属は疑わしい.

グレンデリウス？・ジュラブリョフィ
(*Grendelius? zhuravlevi*)
全長 3.5 m，体重 200 kg

化石記録　部分的な頭骨と複数個体分の体骨格.
解剖学的特徴　情報不足.
年代　後期ジュラ紀；チトニアン期前期.
分布と地層　ロシア南西部；未命名の地層.
備考　グレンデリウスへの帰属は疑わしい.

ウンドロサウルス・ゴロディシェンシス
(*Undorosaurus gorodischensis*)
全長 4 m，体重 300 kg

化石記録　部分的な頭骨と体骨格.
解剖学的特徴　情報不足.
年代　後期ジュラ紀；チトニアン期中期.
分布と地層　ロシア南部；未命名の地層.
生息環境　大陸棚.

マイアスポンディルス・リンドーイ
(*Maiaspondylus lindoei*)
成体サイズ不明

化石記録　部分的な頭骨と体骨格. その他に幼体化石.
解剖学的特徴　情報不足.
年代　前期白亜紀；アルビアン期前期.
分布と地層　カナダ・ノースウエスト準州南部；ルーン・リバー層上部.
生息環境　大陸棚.

未命名属・カンタブリジエンシス
(Unnamed genus *cantabrigiensis*)
成体サイズ不明

化石記録　未成熟と見られる個体の，頭骨の一部と複数個体分の体骨格.
解剖学的特徴　情報不足.
年代　前期白亜紀；セマニアン期.
分布と地層　イギリス東部；グリーンサンド層.
生息環境　群島の浅瀬.
備考　保存状態の悪い化石から知られる本種が，時代的に古く，地理的に遠く離れたマイアスポンディルスに帰属したり，同じく保存状態の悪いロシア産の化石を同種にしたりする説には，非常に多くの問題点がある.

アイギロサウルス・レプトスポンディルス
(*Aegirosaurus leptospondylus*)
全長 1.6 m，体重 15 kg

化石記録　2，3個体分の頭骨と体骨格. 一部は軟組織を伴う.
解剖学的特徴　頭部は非常に長い. 吻部はとても長く，かなり頑丈. 歯の数と大きさは中程度. 体幹はかなりコンパクト. 三日月状の尾鰭は大きい. 前肢は中程度の大きさ.
年代　後期ジュラ紀；チトニアン期前期.

アイギロサウルス・レプトスポンディルス

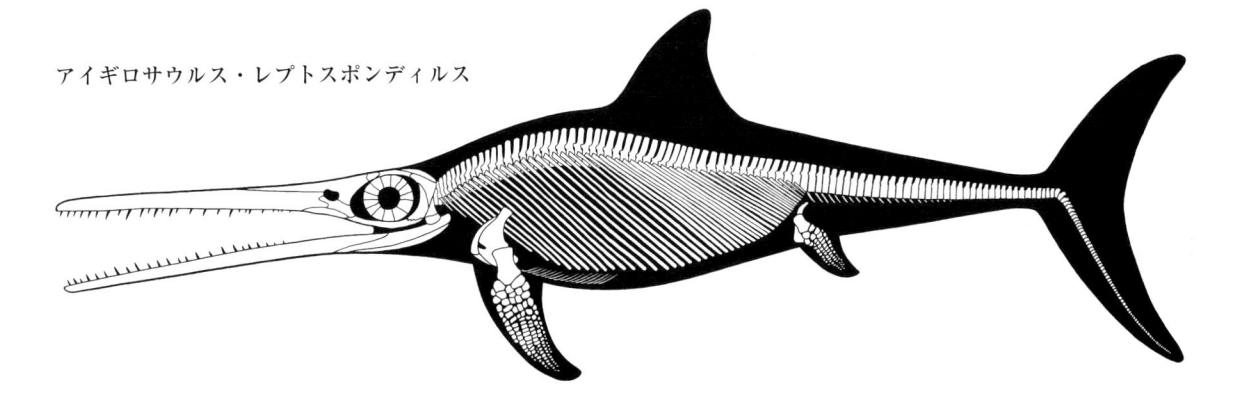

分布と地層　ドイツ南部；アルトミュールタール層（ゾルンホーフェン層）.

生息環境　群島の浅瀬.

スベルトネクテス・インソリトゥス
(*Sveltonectes insolitus*)
全長 3 m, 体重 125 kg

化石記録　頭骨と, 体骨格の大部分.

解剖学的特徴　吻部はかなり頑丈. 歯はかなり多く, やや小さく, 頑丈.

年代　前期白亜紀；バレミアン期後期.

分布と地層　ロシア西部；未命名の地層.

生息環境　大陸棚.

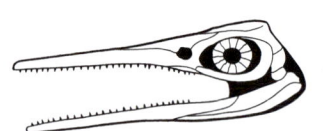

スベルトネクテス・インソリトゥス

キヒティスカ・サーチカルム
(*Kyhylysuka sachicarum*)
全長 5.5 m, 体重 800 kg

化石記録　2個体分の頭骨と部分的な体骨格.

解剖学的特徴　頭部は大きい. 吻部はとても長く, かなり頑丈. 歯は多数あり, 中程度の大きさ. 後方に向かい, 細く刺すための歯から切り裂くための歯, 頑丈の砕く歯へと並ぶ.

年代　後期ジュラ紀；バレミアン期末期またはアプチアン期前期, あるいはその両方.

分布と地層　コロンビア；パジャ層上部.

生息環境　大陸棚.

備考　プラティプテリギウスに分類されることもあるが, それは誤りである. モンクイラサウルスやキャラウェイアサウルスと同所的に生息した.

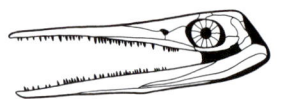

キヒティスカ・サーチカルム

未命名属・ヘルキニクス
(Unnamed genus *hercynicus*)
全長 7 m, 体重 1.5 t

化石記録　2個体分の部分的な頭骨と1個体分の部分的な体骨格.

解剖学的特徴　情報不足.

年代　前期白亜紀；アプチアン期.

分布と地層　ドイツ北部, フランス北西部；未命名の地層.

生息環境　群島の浅瀬.

備考　他の多くの中期白亜紀の魚竜類化石と同様に, プラティプテリギウスに分類されるのが通例だが, プラティプテリギウス・プラティダクティルスの原標本は断片的で, 第2次世界大戦の連合軍の砲撃で破壊されている.

ロンギロストラ・オーストラリスあるいはロングマニ
(*Longirostra australis* or *longmani*)
全長 6 m, 体重 1 t

化石記録　頭骨と体骨格の大部分, およびその他の化石.

解剖学的特徴　頭部は大きい. 吻部はとても長く, かなり頑丈. 歯は多数あり, 中程度の大きさで, 頑丈. 前肢はとても大きく, 9列の骨要素が敷石状に並び, 橈骨と尺骨は他の骨要素よりわずかに大きい.

年代　前期白亜紀；アルビアン期中期～後期.

ロンギロストラ・オーストラリス
あるいはロングマニ

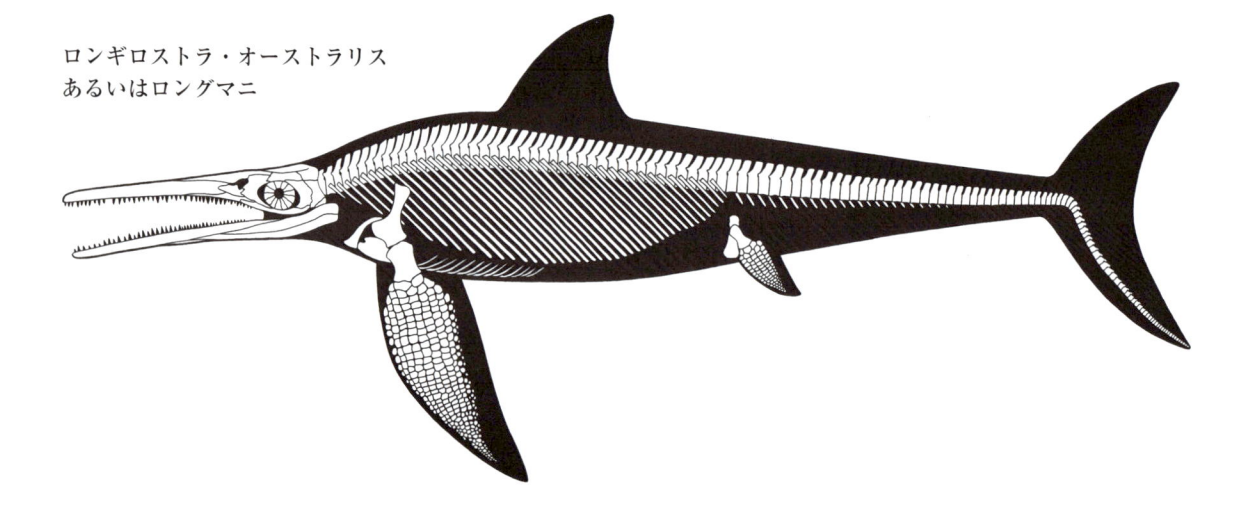

ロンギロストラ・オーストラリス
あるいはロングマニ

分布と地層　オーストラリア北東部；トゥーレブック
層，アラル泥岩層.

生息環境　温帯の浅い海路.

生態　高速性と機敏性を併せもっていた.

備考　すべての標本が同一種であるかどうかは不透明
で，正しい種の定義も不明.通常，プラティプテリギウ
スに分類されるが誤りであるため，ここでは亜属名を適
用する.ある標本の内臓の辺りからエナンティオルニス
亜科に属する小型の海鳥の化石が発見されている？クロ
ノサウルス，エロマンガサウルス，クラトケロネ，ノト
ケロネ，ブーリアケリスと同所的に生息した.

カイプリサウルス・ボナパルテイ
(*Caypullisaurus bonapartei*)
全長 0.9 m，体重 4 kg

化石記録　2個体分の頭骨と1個体分の部分的な体骨格.

解剖学的特徴　吻部は特に長くなく，先端は鋭い.歯は
ない.フリッパーはあまり大きくない.

年代　後期ジュラ紀；チトニアン期前期.

分布と地層　アルゼンチン西部；ヴァカ・ムエルタ層下部.

生息環境　大陸棚.

備考　プリオサウルス？・パタゴニクスやクリコサウル
ス・アラウカネンシスと同所的に生息した.

未命名属・種
(Unnamed genus and species)
全長 1.2 m，体重 8 kg

化石記録　2個体分の頭骨と部分的な体骨格.

解剖学的特徴　吻部はやや長く頑丈，先端は鈍く，歯は
ない.

年代　後期ジュラ紀；チトニアン期後期.

分布と地層　アルゼンチン西部；ヴァカ・ムエルタ層中部.

生息環境　大陸棚.

備考　カイプリサウルスへの帰属は疑わしい.次項の種
と同属である可能性がある.アースロプテリギウス？・
タラッソノトゥス，ダコサウルス・アンディニエンシ
ス，スンパラ？と同所的に生息した.

未命名属・種
(Unnamed genus and species)
全長 1.5 m，体重 15 kg

化石記録　2個体分の頭骨と部分的な体骨格.

解剖学的特徴　吻部はやや長く頑丈，先端は鈍く，歯は
ない.

年代　前期白亜紀；ベリアシアン期後期.

分布と地層　アルゼンチン西部；ヴァカ・ムエルタ層上部.

生息環境　大陸棚.

備考　前項の種と同様.クリコサウルス・プエルコルム

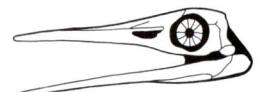

カイプリサウルス・
ボナパルテイ

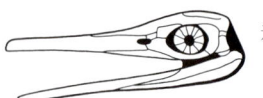

未命名属・種
（チトニアン期）

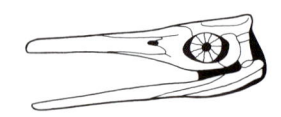

未命名属・種
（ベリアシアン期）

やプラニサウルス・ポテンスと同所的に生息した.

シンビルスキアサウルス・ビリュコフイ
（*Simbirskiasaurus birjukovi*）
全長 3.5 m，体重 200 kg

化石記録　部分的な頭骨.
解剖学的特徴　鼻孔は前後に分かれている.
年代　前期白亜紀；バレミアン期後期.
分布と地層　ロシア西部；未命名の地層.
生息環境　大陸棚.

アサバスカサウルス・ビトゥミネウス
（*Athabascasaurus bitumineus*）
全長 3.5 m，体重 200 kg

化石記録　部分的な頭骨と体骨格.
解剖学的特徴　歯の数は中程度で，やや小さい.
年代　前期白亜紀；アルビアン期初期.
分布と地層　カナダ・アルバータ州；クリアウォーター
層下部.
生息環境　極域の内陸海路.
備考　ニコルサウラスサウルスやワプスカネクテスと同
所的に生息した.

ペルブショフィサウルス・バンノフケンシス
（*Pervushovisaurus bannovkensis*）
全長 4 m，体重 300 kg

化石記録　部分的な頭骨.
解剖学的特徴　吻部はとても長く，かなり頑丈. 歯は多
数あり，やや小さく頑丈で，上下で組み合う.
年代　後期白亜紀；セマニアン期中期.
分布と地層　ロシア南西部；未命名の地層.
生息環境　大陸棚.

テヌイロストリア・アメリカヌス
（*Tenuirostria americanus*）
全長 3 m，体重 125 kg

化石記録　頭骨と部分的な体骨格.
解剖学的特徴　頭部は大きく，吻部はとても長く，かな
り頑丈. 歯は多数あり，中程度の大きさで，頑丈.
年代　後期白亜紀；セマニアン期中期.
分布と地層　アメリカ・ワイオミング州；モウリー頁岩
層上部.
生息環境　内陸海路.
備考　より年代の古いプラティプテリギウスに分類され
がちだが問題があるため，ここでは亜属名を適用する.
知られている中で最も年代の新しい魚竜である.

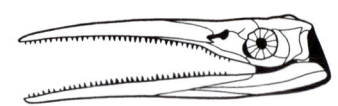

テヌイロストリア・
アメリカヌス

有鱗目（トカゲ類とヘビ類）
（Squamates（Lizards and Snakes））

小型〜超大型の新双弓類で，前期三畳紀〜現代まで，汎
世界的に分布する.

解剖学的特徴　形態は多様. 完全に陸生のものもいれ
ば，完全に海生のものもいる. 通常，平坦な頭蓋天井
に，吻部と側頭領域を繋ぐ，可動性のある横軸の関節を
もつ. 側頭領域の下部には側頭弓がないため，頭骨は通
常，可動性がかなり高くなる. 下顎の筋突起が顕著に発
達. 腹肋はなく，四肢がないものもいる. 2つの側頭窓
は，開口が部分的になったり閉じたりして失われること
が多い. 肋骨は通常，後方に傾く.
生息環境と生態　変化に富み，完全な水生〜完全な陸
生，空中性. また食性は草食特化〜頂点捕食者まで，非
常に多様. 殻の柔らかい卵を生むものもいれば，胎生の
ものもいた. 親は世話をしない.

トカゲ亜目（トカゲ類）（Lacertilians
（Lizards））

小型〜超大型の有鱗目で，後期三畳紀〜現代まで，汎世
界的に分布する.

解剖学的特徴　体幹はそこまで長くならない. 必ず四肢

をもつ.

生息環境と生態　非常に変化に富み，完全な水生〜完全な陸生，空中性. また食性は草食特化〜頂点捕食者まで，非常に多様.

有毒有鱗類（Toxicoferans）

小型〜超大型のトカゲ亜目で，前期白亜紀〜現代まで，汎世界的に分布する.

生息環境　陸上〜海洋まで.
生態　小型〜大型の獲物を狙う捕食者.
備考　このグループは非常に多様であり，本当に成立するかどうか定かではない.

モササウルス上科（海生トカゲ類）（Mosasauroids（Sea Lizards））

小型〜超大型の有毒有鱗類で，後期白亜紀に，汎世界的に分布した.

解剖学的特徴　形態はかなり均一的. 水生傾向が強い. 頭部はかなり大きく，一般的に亜三角形状で，横幅はそれほど狭くも広くもなく，吻部は少なくとも頭骨長の半分近くある. 方形骨は亜円形状の鼓膜が張る窪みへと変化する. 歯は，数は少ないものの決して小さくわけではなく，球根状の歯根をもち，一部は口蓋に生える. 尾鰭は扁平. 肩甲骨は，小さな硬骨性の要素に大きな扇形の軟骨部が付くことで大きく広がる. 鎖骨は縮小している，あるいはなくなる. 四肢は少なくとも関節が退化し，部分的にフリッパーへと変化している. 流体力学的には流線型で，主に蛇行運動で泳ぎ，ウナギ型〜ウナギ型とアジ型の中間段階の遊泳を行う. 鰭は主に安定と舵取りのためのもの.
生息環境　淡水域〜海洋まで及ぶが，定期的に淡水域に行く必要があるため，深海域への進出はほとんど，あるいは全く不可能だったかもしれない.
生態　遊泳能力は良好〜極めて高度. 小型〜中型の魚類

などの獲物を狙う待ち伏せ型および追い込み型の捕食者.
備考　他のトカゲ類やヘビ類との関係性は不明.

アイギアロサウルス科（Aigialosaurids）

小型のモササウルス上科で，後期白亜紀の北アメリカとヨーロッパに分布した.

解剖学的特徴　尾は直線的. 四肢は短く，硬いパドルのような形になっていて，手足に指はあるがあまり長くなっておらず，おそらく水かきを備えていた. ウナギのように，主に蛇行運動で泳ぎ，四肢は主に安定と操縦のためのもので，遊泳時には体に密着させていた.
生息環境　沿岸部および海岸線の汽水域，ラグーン，岩礁，河口.
生態　遊泳能力は良好. 浅瀬で小型〜中型の魚類を狙う待ち伏せ型および追い込み型の捕食者. おそらく砂浜で営巣・繁殖した.
備考　一部の海域で見つかっていないのは，標本採集が不十分なためだと考えられる.

アイギアロサウルス・ダルマティクス（*Aigialosaurus dalmaticus*）
全長1.15 m，体重3 kg

化石記録　2個体分の頭骨および体骨格の大部分.
解剖学的特徴　歯はやや小さく，間隔が広い. 腕と脚は同じくらいの大きさ.
年代　後期白亜紀；セマニアン期後期.
分布と地層　クロアチア；未命名の地層.
生息環境　群島の浅瀬.
備考　オペティオサウルス・ブッキキはおそらく同種. ポントサウルス・レジーネンシスと同じ生息域.

コメンサウルス・カロリ（*Komensaurus carrolli*）
全長1 m，体重2 kg

化石記録　頭骨の一部と体骨格の大部分.

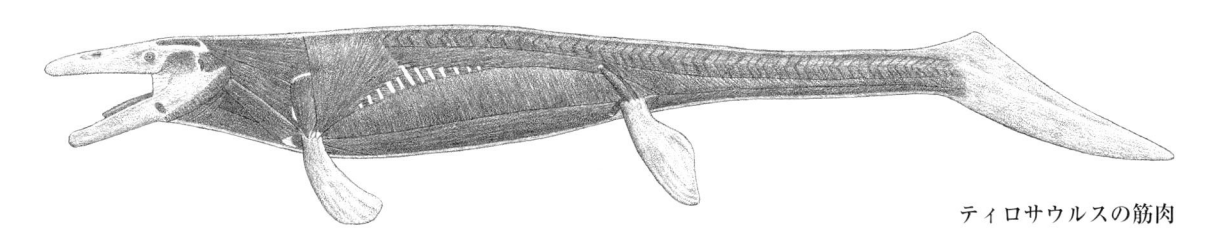

ティロサウルスの筋肉

171

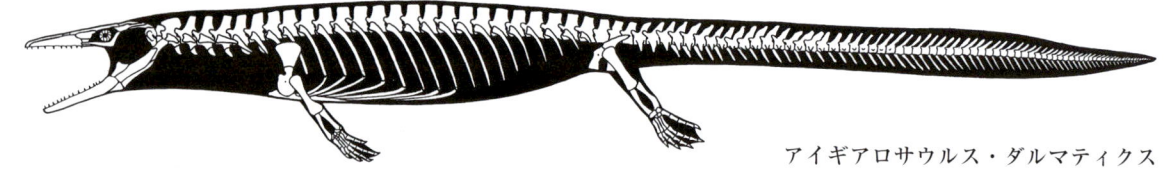

アイギアロサウルス・ダルマティクス

アイギアロサウルス・ダルマティクス

解剖学的特徴　情報不足.

年代　後期白亜紀；セマニアン期後期.

分布と地層　スロベニア；ポヴィル層上部.

生息環境　群島の浅瀬.

備考　アドリオサウルス・スーシ，アドリオサウル
ス？・スクルビネンシス，アドリオサウルス？・ミクロ
ブラキス，アクテオサウルス，エイドロサウルス，メソ
レプトス，カルソサウルスと同所的に生息した.

カルソサウルス・マルケゼッティ
(*Carsosaurus marchesetti*)
全長 1.5 m, 体重 6 kg

化石記録　体骨格の大部分.

解剖学的特徴　情報不足.

年代　後期白亜紀；セマニアン期後期.

分布と地層　スロベニア；ポヴィル層上部.

生息環境　群島の浅瀬.

バイェシージョサウルス・ドンロベルトイ
(*Vallecillosaurus donrobertoi*)
全長 1.3 m, 体重 4.5 kg

化石記録　部分的な体骨格.

解剖学的特徴　情報不足.

年代　後期白亜紀；チューロニアン期前期.

分布と地層　メキシコ北部；アグア・ヌエバ層.

生息環境　大陸の近海.

備考　系統的位置は不明.

ポルトゥナタサウルス・クラムベルガーイ
（*Portunatasaurus krambergeri*）
全長 1 m，体重 2 kg

化石記録　板状に潰れた，頭骨と体骨格の大部分．
解剖学的特徴　指が細長くなり，原始的なフリッパーになっている．
年代　後期白亜紀；セマニアン期あるいはチューロニアン期．
分布と地層　クロアチア；未命名の地層．
生息環境　群島の浅瀬．
備考　系統的位置は不明．

モササウルス科（Mosasaurids）

中型〜超大型のモササウルス上科で，後期白亜紀に，汎世界的に分布した．

解剖学的特徴　舌はおそらく太い．胸部のみ肋骨が長く，腰部のものは短い．尾の後方で屈曲する部分の椎骨は，上尾鰭を伴う．四肢は爪のない完全なフリッパーになっていて，遠位の骨要素の数が増加し，外側の指は他の指と離れている．流体力学的に流線型で，ウナギ型，あるいはウナギ型とアジ型の中間段階の遊泳を行う．鱗は菱型で小さく整然と並び，体全体にわたってその上部にわずかなキールがあり，下面は滑らか．
生息環境　淡水域〜深海まで．
生態　遊泳能力は良好〜極めて高度．大型の最大のアンモノイド類を含む小型〜大型の魚類などの獲物を狙う捕食者．おそらく胎生．

ゴロニョサウルス・ニジェーリエンシス
（*Goronyosaurus nigeriensis*）
全長 5 m，体重 300 kg

化石記録　頭骨の大部分と部分的な体骨格．

解剖学的特徴　吻部は長く，頑丈，ほぼ長方形状．下顎も同様．歯は大きい．
年代　後期白亜紀；マーストリヒチアン期中期．
分布と地層　ナイジェリア；デュカマジェ層．
生息環境　大陸の沿岸．

ラッセロサウルス類（Russellosaurans）

中型〜超大型のモササウルス科で，後期白亜紀に，汎世界的に分布した．

解剖学的特徴　ウナギ型〜ウナギ型とアジ型の中間段階の遊泳を行う．

テチサウルス亜科（Tethysaurines）

中型〜大型のラッセロサウルス類で，後期白亜紀のヨーロッパとアフリカに分布した．

解剖学的特徴　緩やかに下方に屈曲する辺りの尾椎に，やや大きめの上尾鰭を伴う．遊泳はウナギ型．
生息環境　淡水域〜大陸の沿岸部まで．
生態　遊泳能力は非常に良好．小型〜大型の魚類などの獲物を狙う捕食者．

テチサウルス・ノプシャイ
（*Tethysaurus nopscai*）
全長 3 m，体重 70 kg

化石記録　頭骨と部分的な体骨格．
解剖学的特徴　頭部の横幅はとても狭い．吻部はやや繊細な造り．歯は中程度の大きさ．
年代　後期白亜紀；チューロニアン期前期．
分布と地層　モロッコ；未命名の地層．
生息環境　大陸の浅瀬．

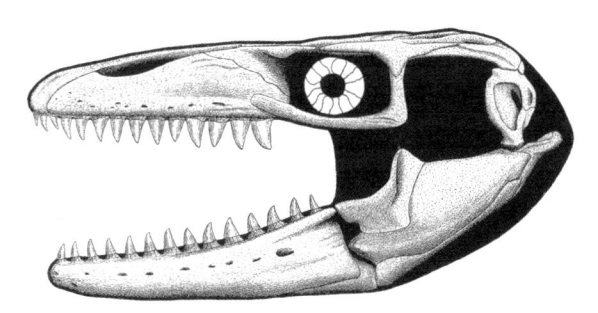

プログナトドン（モササウルス科）

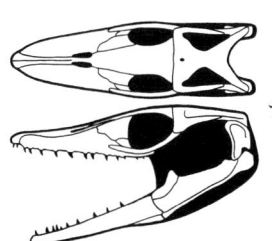

テチサウルス・ノプシャイ

パノニアサウルス・インエクスペクタトゥス（*Pannoniasaurus inexceptatus*）
全長 6 m，体重 550 kg

化石記録　部分的な標本.

解剖学的特徴　頭部は上下幅が多少狭い.

年代　後期白亜紀；サントニアン期.

分布と地層　ハンガリー；チェバーニャ層上部.

生息環境　河川および湖.

生態　扁平な頭部をもち，河川に生息していることから，ワニのような水生生活様式であったことがうかがえる. 陸生動物を捕らえていたかもしれない.

備考　一部のモササウルス類が淡水で生活していたことを示す.

ヤグアラサウルス亜科（Yaguarasaurines）

中型のラッセロサウルス類で，後期白亜紀の南北アメリカに分布した.

解剖学的特徴　緩やかに下方に屈曲する辺りの尾椎に，やや大きめの上尾鰭を伴う. 遊泳はウナギ型.

生息環境　沿岸部.

生態　遊泳能力は非常に良好. 小型～大型の魚類などの獲物を狙う捕食者.

ヤグアラサウルス・コロンビアヌス（*Yaguarasaurus columbianus*）
全長 5 m，体重 300 kg

化石記録　板状に潰れた，頭骨と体骨格の一部.

解剖学的特徴　このグループとしては標準的.

年代　後期白亜紀；チューロニアン期後期.

分布と地層　コロンビア；ホンディタ層またはラ・フロンテラ層.

生息環境　大陸の沿岸.

ラッセロサウルス・コーエニ（*Russellosaurus coheni*）
全長 3 m，体重 70 kg

化石記録　頭骨の大部分.

解剖学的特徴　頭部は上下幅が多少狭い. 歯は大きい.

年代　後期白亜紀；チューロニアン期中期.

分布と地層　アメリカ・テキサス州北東部；アルカディア・パーク層下部.

生息環境　内陸海路，沿岸.

備考　ダラサウルスと同所的に生息した.

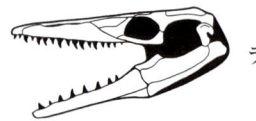

ラッセロサウルス・コーエニ

ティロサウルス亜科（Tylosaurines）

大型～超大型のラッセロサウルス類で，後期白亜紀に，汎世界的に分布した.

解剖学的特徴　頭は大きく，やや上下幅が狭い. 吻部は長く，顎の先端はやや四角く，前方に歯がない. 前肢と後肢は似たような大きさ. 緩やかに下方へと屈曲する辺りの尾椎に，上尾鰭を伴う. 遊泳はウナギ型.

生息環境　沿岸部.

生態　遊泳能力は非常に良好. 小型～大型の魚類などの獲物を狙う捕食者.

ティロサウルス・ネパエオリクス（*Tylosaurus nepaeolicus*）
全長 8.5 m，体重 1.8 t

化石記録　2個体分の成体の部分的な頭骨と体骨格の一部，一部の軟組織.

解剖学的特徴　吻部は上下幅が狭い. 歯は中程度の大きさで，上下が組み合う. 色彩は全体的に暗かったと見られる.

年代　後期白亜紀；コニアシアン期後期～サントニアン期後期？

分布と地層　アメリカ・カンサス州；ニオブララ層下部～上部？

生息環境　最大期から幅・深さ共に減少しつつある内陸海路.

備考　ティロサウルス・カンサセンシスは本種の幼体と見られる. 本種とされた最近の標本の中には未命名種も含まれると見られる. ティロサウルス・プロリゲルの直系の祖先にあたる可能性がある.

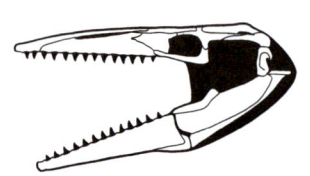

ティロサウルス・ネパエオリクス

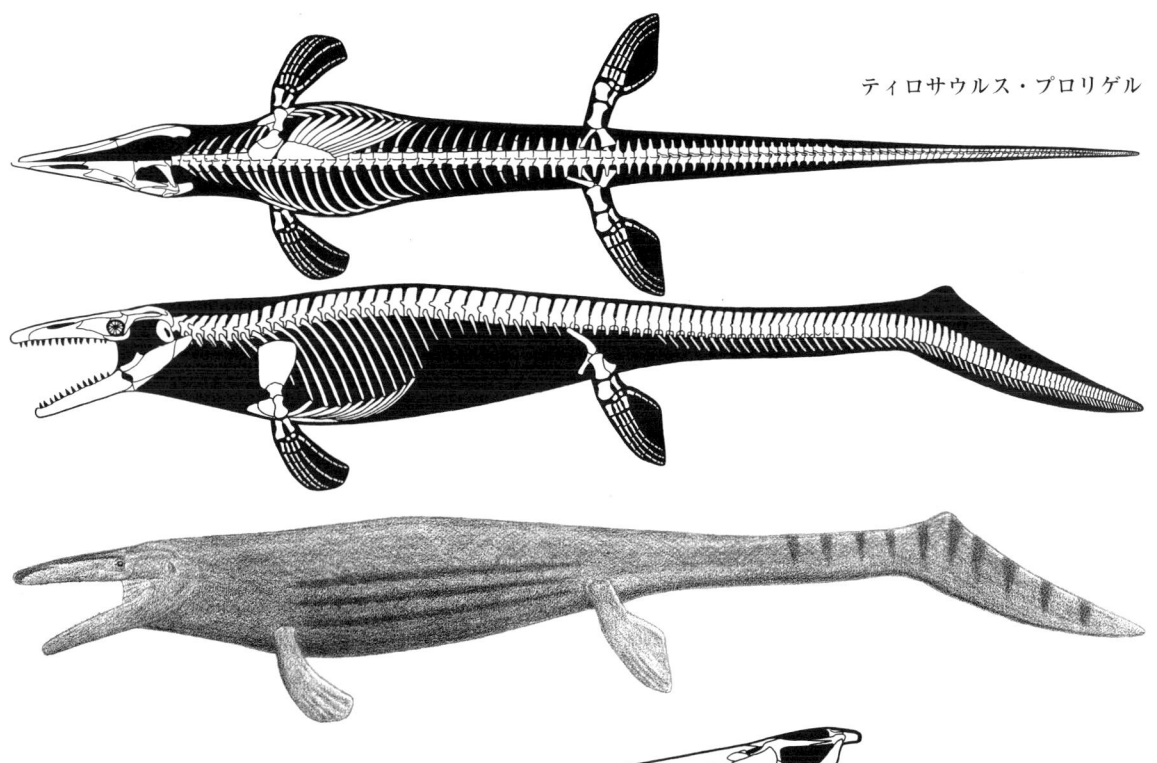

ティロサウルス・プロリゲル

ティロサウルス・プロリゲル
（*Tylosaurus proriger*）
全長 13 m，体重 6.7 t

化石記録　様々な保存状態の，数個体分の頭骨および体
骨格.
解剖学的特徴　吻部は頑丈. 歯は大きい.
年代　後期白亜紀；サントニアン期中期〜カンパニアン
期前期.
分布と地層　アメリカ・カンサス州，カナダ・マニト
バ州；ニオブララ層上部，ピエール頁岩層下部.
生息環境　ますます狭く浅くなった内陸海路.
備考　スティクソサウルス・ブラウニ，エラスモサウル
ス，ドリコリンコプス・ボナーイ，ラトプラテカルプ
ス，グロビデンス？・ダコテンシス，トクソケリス・ラ
ティレミスと同所的に生息した. ティロサウルス・ペン
ビネンシスの直系の祖先にあたる可能性がある.

ティロサウルス・ペンビネンシス
（*Tylosaurus pembinensis*）
全長 12 m，体重 5 t

化石記録　頭骨の大部分と部分的な体骨格.
解剖学的特徴　歯は中程度の大きさで，上下で密に組み
合う.
年代　後期白亜紀；カンパニアン期中期.

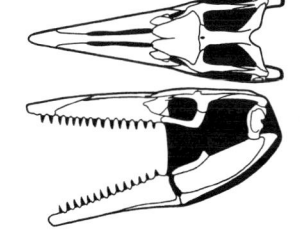

ティロサウルス・
ペンビネンシス

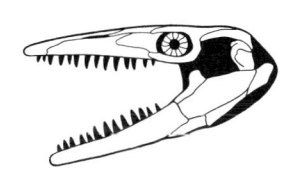

ティロサウルス・
サスカチュワネンシス

分布と地層　カナダ・マニトバ州；ピエール頁岩層中部.
生息環境　かなり狭くなった内陸海路.
備考　プリオプラテカルプス？・プリマエブスと同所的
に生息した. ティロサウルス・サスカチュワネンシスの
直系の祖先にあたる可能性がある.

ティロサウルス・サスカチュワネンシス
（*Tylosaurus saskatchewanensis*）
全長 9 m，体重 2 t

化石記録　頭骨と部分的な体骨格.
解剖学的特徴　歯はとても大きい.
年代　後期白亜紀；カンパニアン期後期.
分布と地層　カナダ・サスカチュワン州；ベアパウ頁岩

ティロサウルス・プロリゲルとドリコリンコプス・ボナーイ

層上部.

生息環境　かなり狭くなった内陸海路.

備考　ナコナネクテス，ターミノナタトル，プリオプラテカプス？・プリマエブスと同所的に生息した. ティロサウルス・バーナードイの直系の祖先にあたる可能性がある.

ティロサウルスあるいはハイノサウルス・バーナードイ
(*Tylosaurus* or *Hainosaurus bernardi*)
全長12 m，体重5 t

化石記録　頭骨の大部分と体骨格の一部.

解剖学的特徴　吻部は上下幅が大きい. 歯は小さい.

年代　後期白亜紀；マーストリヒチアン期前期.

分布と地層　ベルギー；シプリイ・フォスファティック・チョーク層.

生息環境　大陸棚.

備考　プログナトソドン・ソルベヴァイ，フォスフォロサウルス，モササウルス・レモンニエリと同所的に生息した.

ティロサウルスあるいは
ハイノサウルス・バーナードイ

タニファサウルス・オーウェニ
(*Taniwhasaurus oweni*)
全長7 m，体重3 t

化石記録　部分的な頭骨と体骨格.

解剖学的特徴　情報不足.

年代　後期白亜紀；マーストリヒチアン期初期.

分布と地層　ニュージーランド南部；コンウェイ層下部.

生息環境　島の沿岸.

タニファサウルス（あるいはラクマサウルス）・アンタークティクス
(*Taniwhasaurus* (or *Lakumasaurus*) *antarcticus*)
成体サイズ不明

化石記録　幼体と見られる個体の，頭骨の大部分と体骨格の一部.

解剖学的特徴　歯は大きい.

年代　後期白亜紀；カンパニアン期後期.

分布と地層　南極域半島；サンタ・マルタ層.

生息環境　大陸の沿岸および極域.

カイカイフィル・ヘルベイ
(*Kaikaifilu hervei*)
全長10 m，体重3 t

化石記録　部分的な頭骨と体骨格の一部.

解剖学的特徴　情報不足.

年代　後期白亜紀；マーストリヒチアン期後期.

分布と地層　南極域半島；ロペス・デ・ベルダーノ層.

生息環境　大陸の沿岸および極域.

備考　モーターネリアと同所的に生息した.

プリオプラテカルプス亜科
(Plioplatecarpines)

中型のラッセロサウルス類で，後期白亜紀の北アメリカとアフリカに分布した.

解剖学的特徴　頭部は中程度の大きさ. 歯も中程度の大きさ. 尾椎が強く下方に屈曲する辺りで，非常に大きな上尾鰭が発達する. ウナギ型とアジ型の中間段階の遊泳を行う.

生息環境　沿岸部～深海まで.

生態　遊泳能力は非常に良好～極めて高度. 小型～大型の魚類などの獲物を狙う待ち伏せ型および追い込み型（特に後者）の捕食者.

備考　一部の海域で見つかっていないのは，標本採集が不十分なためだと考えられる. モササウルス族とは別に，独自に高速遊泳能力を発達させたと見られる.

アンゴラサウルス・ボカージェイ
(*Angolasaurus bocagei*)
全長4 m，体重200 kg

化石記録　部分的な頭骨.

解剖学的特徴　情報不足.

年代　後期白亜紀；チューロニアン期中期あるいは後期.

分布と地層　アンゴラ；タディ層.

生息環境　大陸棚.

セルマサウルス？・ジョンソニ
(*Selmasaurus? johnsoni*)
成体サイズ不明

化石記録　未成熟と見られる個体の，部分的な頭骨と体骨格.

解剖学的特徴　歯は大きく長く，棘状.

年代　後期白亜紀；サントニアン期前期.

分布と地層　アメリカ・カンサス州；ニオブララ層下部.

生息環境　幅も深さも最大となった内陸海路.

備考　年代の古いセルマサウルスへの分類には疑問が残る.エクテノサウルス,プレシオプラテカルプス,ケロスファルギスと同所的に生息した.

セルマサウルス・ラッセリ
(*Selmasaurus russelli*)
成体サイズ不明

化石記録　未成熟と見られる個体の,頭骨の一部と体骨格.

解剖学的特徴　頭骨はキネシスをもたなかったと見られる.

年代　後期白亜紀；カンパニアン期前期.

分布と地層　アメリカ・アラバマ州；ムーアヴィル・チョーク層下部.

生息環境　大陸棚.

備考　ポリコティルス・ラティピニス,プロトステガと同所に生息した.

ガビアリミムス・アルマグリベンシス
(*Gavialimimus almaghribensis*)
全長5m,体重350kg

化石記録　かなり砕けた,頭骨の大部分.

解剖学的特徴　頭部は長い.吻部は細長い.歯は大きく頑丈で,間隔が広く,数は多くない.

年代　後期白亜紀；マーストリヒチアン期後期.

分布と地層　モロッコ；クーシュⅢ層上部.

生息環境　大陸棚.

エクテノサウルス・クリダストイデス
(*Ectenosaurus clidastoides*)
全長6m,体重600kg

化石記録　板状に潰れた,完全な頭骨と部分的な体骨格,皮膚組織,内臓組織.

解剖学的特徴　頭部は大きく,横幅がかなり狭い.吻部は長い.歯は中程度の大きさ.鱗は小さく,2×3mmほど.

年代　後期白亜紀；サントニアン期前期.

分布と地層　アメリカ・カンサス州,テキサス州；ニオブララ層下部.

生息環境　幅も深さも最大となった内陸海路.

備考　ドイツの博物館にあった原標本は第2次世界大戦中に失われた.セルマサウルス？・ジョンソニ,プレシオプラテカルプス,ケロスファルギスと同所的に生息した.

プレシオプラテカルプス・プラニフロンス
(*Plesioplatecarpus planifrons*)
全長5m,体重350kg

化石記録　保存状態が多様,かつ多くが板状に潰れた,数多くの頭骨および体骨格.

解剖学的特徴　頭部は横幅が広く,吻部はやや短い.

年代　後期白亜紀；コニアシアン期中期～サントニアン期前期.

分布と地層　アメリカ・カンサス州,アラバマ州；ニオブララ層下部,ユータウ層上部.

生息環境　幅も深さも最大となった内陸海路.

備考　セルマサウルス？・ジョンソニ,エクテノサウルス,ケロスファルギスと同所的に生息した.

ラトプラテカルプス・ニコルサエ
(*Latoplatecarpus nichollsae*)
成体サイズ不明

化石記録　完全,あるいはかなり砕けた,2個体分の部分的な頭骨.未成熟と見られる2個体分の部分的な体骨格.

解剖学的特徴　方形骨とその窪みは大きい.歯は大きい.

年代　後期白亜紀；カンパニアン期前期.

分布と地層　カナダ・マニトバ州；ピエール頁岩層下部.

生息環境　ますます狭く浅くなった内陸海路.

備考　ラトプラテカルプス・ウィリストニと同種と見られる.スティクソサウルス・ブラウニ,エラスモサウルス,ドリコリンコプス・ボナーイ,ティロサウルス・プロリゲル,グロビデンス？・ダコテンシス,タクソケリス・ラティメリスと同所的に生息した.

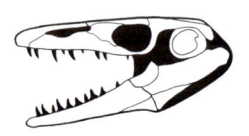
ラトプラテカルプス・ニコルサエ

プラテカルプス・ティンパニクス
(*Platecarpus tympanicus*)
全長5.4m,体重440kg

化石記録　頭骨と,それ以外の数多くの化石.

解剖学的特徴　吻部は長くない.歯は中程度の大きさ.前後のフリッパーは似たような大きさ.鱗はかなり大きく,3.5×4.5mmほど.

年代　後期白亜紀；サントニアン期中期～カンパニアン期初期.

分布と地層　アメリカ・カンサス州；ニオブララ層中部～最上部.

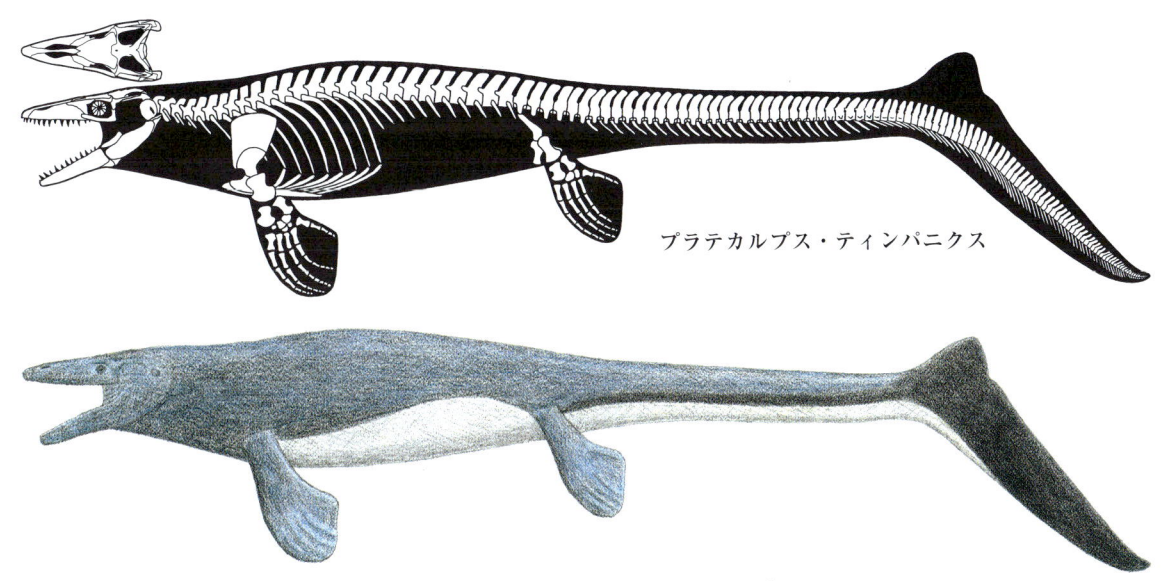

プラテカルプス・ティンパニクス

生息環境　ますます狭く浅くなった内陸海路.

備考　スティクソサウルス・スノウィイ，ポリコティルス・ラティピニス，ドリコリンコプス・オズボーニ，エオナタトル・スタンバーグイ，クリダステス・プロピトン，クテノケリス・ステノポルス，プロトステガ・ギガスと同所的に生息した．プリオプラテカルプス？・プリマエブスの直系の祖先にあたる可能性がある.

プリオプラテカルプス？・プリマエブス
(*Plioplatecarpus? primaevus*)
全長 3.9 m，体重 170 kg

化石記録　ほとんどが未成熟個体の，多くの部分的な頭骨と体骨格.

解剖学的特徴　頭部は短い．眼窩は大きい．前肢は後肢よりはるかに大きい.

年代　後期白亜紀；カンパニアン期前期〜後期あるいはマーストリヒチアン期前期.

分布と地層　アメリカ・ダコタス，カンサス州，カナダ・サスカチュワン州；ピエール頁岩層下部〜中部，ベ

アパウ頁岩層上部.

生息環境　非常に狭くなった内陸海路.

生態　成体の目が大きい場合は深海で生活.

備考　プリオプラテカルプス・ペケンシスと同種かもしれない．ナコナネクテス，ターミノナタトル，ティロサウルス・ペンビネンシス，ティロサウルス・サスカチュワネンシスと同所的に生息した.

プリオプラテカルプス？・ウーゾーイ
(*Plioplatecarpus? houzeaui*)
成体サイズ不明

化石記録　未成熟と見られる個体の，砕けた頭骨と部分的な体骨格，およびその他の化石.

解剖学的特徴　歯はかなり大きい.

年代　後期白亜紀；マーストリヒチアン期中期.

分布と地層　ベルギー；ブラウン・フォスファティック・チョーク層.

生息環境　群島の浅瀬.

生態　深海で生活.

備考　プリオプラテカルプス・マーシュイの直系の祖先にあたる可能性がある.

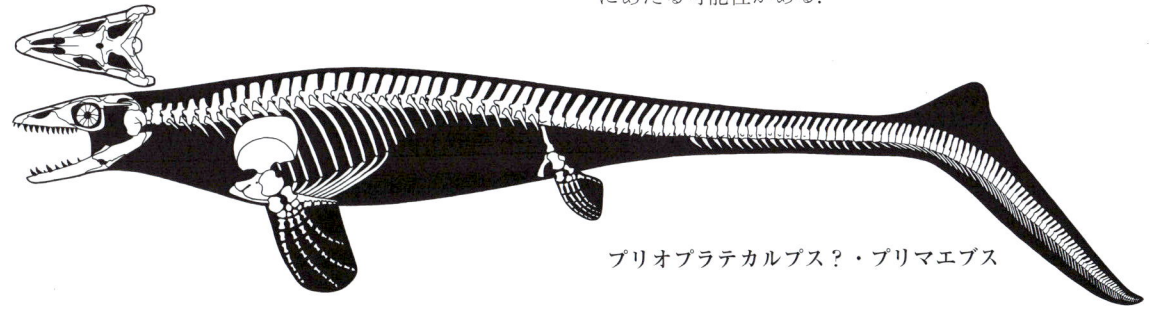

プリオプラテカルプス？・プリマエブス

プリオプラテカルプス・マーシュイ
(*Plioplatecarpus marshi*)
全長 5 m，体重 350 kg

化石記録　部分的な頭骨と複数の部分的な体骨格.

解剖学的特徴　情報不足.

年代　後期白亜紀；マーストリヒチアン期後期.

分布と地層　ベルギー；グルペン層上部.

生息環境　群島の浅瀬.

生態　深海で生活.

備考　プリオプラテカルプス・ウーゾーイの直系の祖先にあたる可能性がある. 既知の他種が本当に同属であるかどうかは不明.

モササウルス類 (Mosasaurans)

小型〜超大型のモササウルス科で, 後期白亜紀に, 汎世界的に分布した.

解剖学的特徴　ウナギ型〜ウナギ型とアジ型の中間段階の遊泳を行う.

ハリサウルス亜科 (Halisaurines)

小型〜中型のモササウルス類で, 後期白亜紀に, 汎世界的に分布した.

解剖学的特徴　頭部はそれほど大きくない. 尾椎の下方への屈曲は中程度で, その辺りで中程度の大きさの上尾鰭が発達する. 遊泳はウナギ型.

生息環境　大陸の沿岸部.

生態　遊泳能力は非常に良好. 小型〜大型の魚類などの獲物を狙う待ち伏せ型および追い込み型（特に後者）の捕食者.

ハリサウルス・プラティスポンディルス
(*Halisaurus platyspondylus*)
全長 4 m，体重 200 kg

化石記録　複数個体分の部分的な頭骨と体骨格.

解剖学的特徴　情報不足.

年代　後期白亜紀；マーストリヒチアン期中期〜後期.

分布と地層　アメリカ・ニュージャージー州, メリーランド州；ニュー・エジプト層, セバーン層.

生息環境　大陸の沿岸.

ハリサウルス・アランブーリ
(*Halisaurus arambourgi*)
全長 5 m，体重 350 kg

化石記録　2 個体分の頭骨と 1 個体分の体骨格の一部.

解剖学的特徴　吻部は長くない. 歯の間隔は広く, 中程度の大きさ.

年代　後期白亜紀；マーストリヒチアン期後期.

分布と地層　モロッコ；未命名の地層.

生息環境　大陸の沿岸.

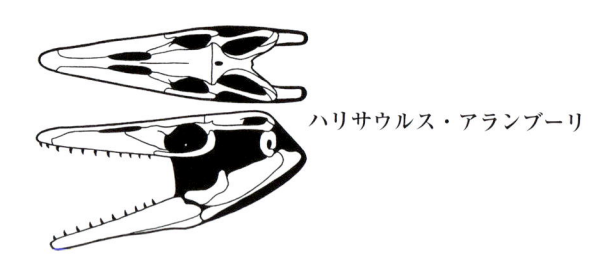

ハリサウルス・アランブーリ

エオナタトル・スタンバーグイ
(*Eonatator sternbergii*)
全長 3.5 m，体重 100 kg

化石記録　部分的な頭骨と, 2 個体分の体骨格の大部分および一部.

解剖学的特徴　頭部はかなり大きく, かなり横幅が狭い. 吻部は細長い. フリッパーは中程度の大きさで, 前後で似たような大きさ.

年代　後期白亜紀；カンパニアン期初期.

分布と地層　アメリカ・カンサス州；ニオブララ層最上部.

生息環境　ますます狭く浅くなった内陸海路.

備考　スティクソサウルス・スノウィイ, ポリコティルス・ラティピンニス, ドリコリンコプス・オズボーニ, プラテカルプス・ティンパニクス, クリダステス・プロピトン, クテノケリス・ステノポルス, プロトステガ・ギガスと同所的に生息した.

エオナタトル？・ケルンシス
(*Eonatator? coellensis*)
全長 2.8 m，体重 50 kg

化石記録　頭骨と, 軟組織を伴う体骨格の大部分.

解剖学的特徴　頭部はかなり大きく, 横幅がかなり狭い. 吻部は長い. フリッパーは中程度の大きさで, 前後で似たような大きさ.

年代　後期白亜紀；カンパニアン期.

分布と地層　コロンビア；リダイト層上部.

生息環境　大陸の沿岸.

フォスフォロサウルス・ポンペテレガンス（*Phosphorosaurus ponpetelegans*）
成体サイズ不明

化石記録　未成熟と見られる個体の，頭骨の大部分と体骨格の一部.

解剖学的特徴　眼窩はやや前方を向いており，両眼の視野が重なっていた可能性がある.

年代　後期白亜紀；マーストリヒチアン期初期.

分布と地層　日本・北海道；函淵（ハコブチ）層.

生息環境　島の沿岸.

フォスフォロサウルス・オルトリービ（*Phosphorosaurus ortliebi*）
成体サイズ不明

化石記録　未成熟と見られる個体の，部分的な頭骨.

解剖学的特徴　情報不足.

年代　後期白亜紀；マーストリヒチアン期前期.

分布と地層　ベルギー；シプリイ・フォスファティック・チョーク層.

生息環境　群島の浅瀬.

備考　ティロサウルスあるいはハイノサウルス・バーナードイ，プログナトドン・ソルベイ，モササウルス・レモニエリと同所的に生息した.

モササウルス亜科（Mosasaurines）

小型〜超大型のモササウルス類で，後期白亜紀に，汎世界的に分布した.

解剖学的特徴　緩やかに下方に屈曲する辺りの尾椎に，やや大きい上尾鰭を伴う. 遊泳はウナギ型.

生息環境　沿岸部.

生態　遊泳能力は非常に良好. 小型〜大型の魚類などの獲物を狙う待ち伏せ型および追い込み型（特に後者）の捕食者.

その他のモササウルス亜科（Mosasaurine Miscellanea）

ダラサウルス・ターナーイ（*Dallasaurus turneri*）
全長 1 m，体重 2 kg

化石記録　部分的な頭骨と 2 個体分の部分的な体骨格.

解剖学的特徴　フリッパーは完全には発達していない.

年代　後期白亜紀；チューロニアン期中期.

分布と地層　アメリカ・テキサス州；アルカディア・パーク頁岩層下部.

生息環境　内陸海路.

備考　より基盤的なモササウルス上科であるかもしれない. ラッセロサウルスと同所的に生息した.

クリダステス族（Clidastinians）

小型〜超大型のモササウルス類で，後期白亜紀に，汎世界的に分布した.

解剖学的特徴　歯は頑丈で，休幹は長い. 尾椎は中程度に下方へと屈曲し，その辺りの椎骨は背が高く，上尾鰭を支える. 屈曲した先の尾椎はやや短い. 遊泳はウナギ型.

生息環境　沿岸部.

生態　遊泳能力は非常に良好. 小型〜大型の魚類などの獲物を狙う待ち伏せ型および追い込み型（特に後者）の捕食者で中には破砕食性のものもいた.

クリダステス・リオドントゥス（*Clidastes liodontus*）
全長 3 m，体重 55 kg

化石記録　数個体分の標本.

解剖学的特徴　頭部は中程度の大きさでかなり横幅が狭い. 歯は中程度の大きさで頑丈. フリッパーは小さく，前肢が後肢より大きい.

年代　後期白亜紀；コニアシアン期後期〜サントニアン

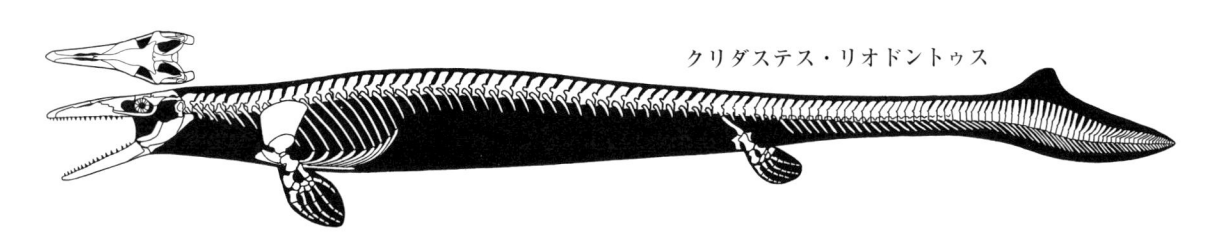

クリダステス・リオドントゥス

クリダステス・リオドントゥス

期後期.

分布と地層　アメリカ・カンサス州，テキサス州；ニオブララ層下部～中部.

生息環境　ますます狭く浅くなった内陸海路.

備考　単一種としては推定されている生息期間が長すぎる．クリダステス・プロピトンの直系の祖先かもしれない.

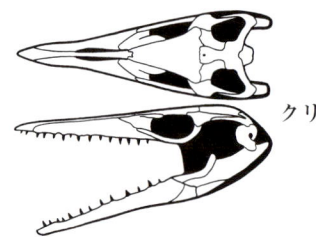

クリダステス・プロピトン

クリダステス・プロピトン
（*Clidastes propython*）
全長 3 m，体重 55 kg

化石記録　数個体分の標本.

解剖学的特徴　頭骨は上下幅が狭い．歯はやや小さく頑丈.

年代　後期白亜紀；サントニアン期中期～カンパニアン期初期.

分布と地層　アメリカ・カンサス州，サウスダコタ州，コロダド州；ニオブララ層中部～最上部.

生息環境　ますます狭く浅くなった内陸海路.

備考　スティクソサウルス・スノウィイ，ポリコティルス・ラティピニス，ドリコリンコプス・オズボーニ，ブラテカルプス・ティンパニクス，エオナタトル・スタンバーグイ，クテノケリス・ステノポルス，プロトステガ・ギガスと同所的に生息した.

プログナトドン？・オーバートンイ
（*Prognathodon ? overtoni*）
全長 8 m，体重 1 t

化石記録　複数個体分の頭骨と体骨格の一部.

解剖学的特徴　頭部は大きく，横幅がかなり広く，重厚．吻部は上下幅が大きい．歯は大きく，頑丈で鈍い．フリッパーの大きさは中程度で，前後で似たような大きさ.

年代　後期白亜紀；カンパニアン期後期.

分布と地層　アメリカ・サウスダコタ州，カナダ・アルバータ州南部；ピエール頁岩層上部，ベアパウ頁岩層下部.

生息環境　非常に狭くなった内陸海路.

生態　硬い殻の獲物を砕くことに特化している.

備考　アルバートネクテス，ドリコリンコプス・ハーシェレンシス，モササウルス？・ミズーリエンシス，アーケロンと同所的に生息した.

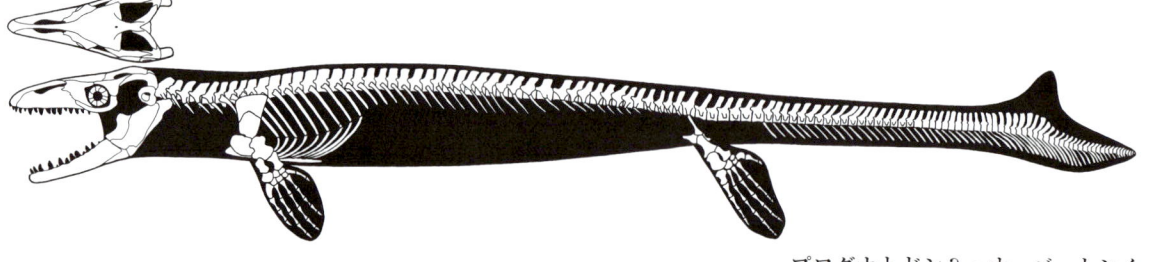

プログナトドン？・オーバートンイ

プログナトドン？・カリイ
(*Prognathodon? currii*)
全長 11 m，体重 2.8 t

化石記録　頭骨と，体骨格の一部．

解剖学的特徴　頭部は大きく，横幅がかなり広く，重厚．吻部は上下幅が大きい．歯は大きく，頑丈で鈍い．

年代　後期白亜紀；カンパニアン期後期．

分布と地層　イスラエル；ミシャシュ層上部．

生息環境　大陸棚．

生態　硬い殻の獲物を砕くことに特化している．

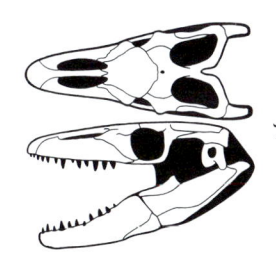

プログナトドン？・カリイ

プログナトドン・ソルベイ
(*Prognathodon solvayi*)
成体サイズ不明

化石記録　成体の部分的な頭骨と，未成熟個体の頭骨および体骨格．

解剖学的特徴　歯は大きい．

年代　後期白亜紀；マーストリヒチアン期前期．

分布と地層　ベルギー；シプリイ・フォスファティック・チョーク層．

生息環境　群島の浅瀬．

生態　硬い殻の獲物を砕くことに特化している．

備考　プログナトドン・ギガンテウスは本種の成体かもしれない．他種のうち一部は別属かもしれない．ティロサウルスあるいはハイノサウルス・バーナードイ，フォスフォロサウルス，モササウルス・レモニエリと同所的に生息した．

テネラサウルス（あるいはプログナトドン？）・ハシミ
(*Tenerasaurus* (or *Prognathodon?*) *hashimi*)
成体サイズ不明

化石記録　未成熟と見られる個体の，頭骨の大部分，およびそれに伴う軟組織．

解剖学的特徴　情報不足．

年代　後期白亜紀；マーストリヒチアン期後期．

分布と地層　ヨルダン；ムワカル石灰岩層上部．

生息環境　大陸棚．

備考　本種がプログナトドンなのか別属なのかは不明．

未命名属・種
(Unnamed genus and species)
全長 5 m，体重 250 kg

化石記録　頭骨の大部分．

解剖学的特徴　頭部はかなり重厚．吻部は上下幅が狭い．歯は中程度の大きさで，頑丈．

年代　後期白亜紀；カンパニアン期あるいはマーストリヒチアン期．

分布と地層　ニュージーランド北部；マウンガタニワ砂岩層．

生息環境　島の沿岸．

備考　プログナトドン・オーバートンイに分類するのは誤り．

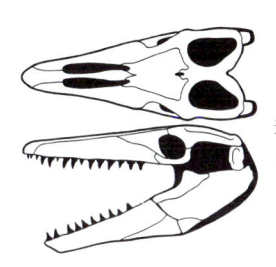

未命名属・種
（マウンガタニワ砂岩層）

グロビデンス・アラバマエンシス
(*Globidens alabamaensis*)
全長 4.5 m，体重 200 kg

化石記録　頭骨の一部と体骨格．

解剖学的特徴　頭骨は重厚．歯は短く，鈍く，後方では大きなコブ状となる．

年代　後期白亜紀；カンパニアン期中期．

分布と地層　アメリカ・アラバマ州；ムーアヴィル・チョーク層上部．

生息環境　大陸棚．

生態　硬い殻の獲物を砕くことに高度に特化している．

備考　トクソケリス・モーアビレンシス，コルソケリス，クテノケリス・アクリス，プリオノケリスと同所的に生息した．

グロビデンス？・ダコテンシス
(*Globidens? dakotensis*)
全長 6 m，体重 450 kg

化石記録　頭骨の大部分．

解剖学的特徴　頭部，特に下顎の横幅がかなり広く重

厚．吻部はやや短い．歯は短く，鈍く，後方では大きな
コブ状となる．

年代 後期白亜紀；カンパニアン期前期．

分布と地層 アメリカ・サウスダコタ州；ピエール頁岩
層下部．

生息環境 ますます狭く浅くなった内陸海路．

生態 硬い殻の獲物を砕くことに高度に特化している．

備考 本種が化石の不完全なグロビデンス・アラバマエ
ンシスと同属であるかどうかは不明．他の場所からの追
加標本とされる化石も，本種かどうか不明．スティクソサ
ウルス・ブラウニ，エラスモサウルス，ドリコリンコプス・
ボナーイ，ティロサウルス・プロリゲル，ラトプラテカ
ルプス，トクソケリス・ラティレミスと同所的に生息した．

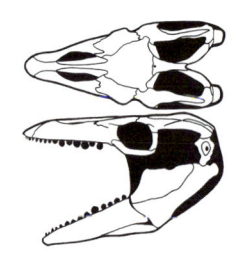

グロビデンス？・ダコテンシス

グロビデンス？・シンプレックス
(*Globidens? simplex*)
全長 5.5 m，体重 350 kg

化石記録 部分的な頭骨とその他の化石．

解剖学的特徴 頭部は重厚．歯は短く，鈍く，特に後方
では大きなコブ状となる．

年代 後期白亜紀；マーストリヒチアン期後期．

分布と地層 アンゴラ；未命名の地層．

生息環境 大陸棚．

生態 硬い殻の獲物を砕くことに高度に特化している．

備考 本種を年代の古いグロビデンスと同属と見なすの
は問題がある．

モササウルス族（Mosasaurinians）

大型〜超大型のモササウルス類で，後期白亜紀に，汎世
界的に分布した．

解剖学的特徴 頭部は中程度の大きさで，歯は鋭い．尾
対は強く下方へと屈曲し，その辺りの尾椎は背が高く，
非常に大きな上尾鰭を伴う．ウナギ型とアジ型の中間段
階の遊泳を行う．

生息環境 沿岸部〜深海まで．

生態 遊泳能力は非常に良好〜高度．小型〜大型の魚類
などの獲物を狙う追い込み型の捕食者．

備考 プリオプラテカルプス亜科とは別に，独自に高速
遊泳能力を発達させたと見られる．

モアナサウルス・マンガホアンガエ
(*Moanasaurus mangahouangae*)
全長 12 m，体重 4 t

化石記録 頭骨の大部分と，頭骨および体骨格の一部．

解剖学的特徴 歯は中程度の大きさ．

年代 後期白亜紀；カンパニアン期またはマーストリヒ
チアン期，あるいはその両方．

分布と地層 ニュージーランド北部；未命名の地層．

生息環境 島の沿岸およびおそらく深海．

備考 リキサウルス・テホエンシスを含むと見られる．

エレミアサウルス・ヘテロドントゥス
(*Eremiasaurus heterodontus*)
全長 5 m，体重 300 kg

化石記録 かなりダメージを受けた，2個体分の頭骨・
体骨格の大部分．

解剖学的特徴 頭部は横幅がかなり広く，吻部は上下幅
がかなり広い．歯は大きく，後方に行くにつれて次第に
鈍くなる．

年代 後期白亜紀；マーストリヒチアン期後期．

分布と地層 モロッコ；未命名の地層．

生息環境 大陸棚．

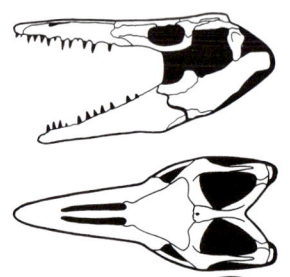

モアナサウルス・マンガホ
アンガエあるいはリキサウ
ルス・テホエンシス

エレミアサウルス・
ヘテロドントゥス

プレシオティロサウルス・クラッシデンス
(*Plesiotylosaurus crassidens*)
全長 6.5 m，体重 700 kg

化石記録 かなりダメージを受けた，頭骨の一部．

解剖学的特徴　頭骨は重厚な造り．歯は小さい．

年代　後期白亜紀；マーストリヒチアン期中期．

分布と地層　アメリカ・カルフォルニア州中央；モレノ層下部．

生息環境　大陸棚．

備考　プロトサウルスと同所的に生息した．

モササウルス？・ミズーリエンシス
(*Mosasaurus? missouriensis*)
全長 6.5 m，体重 700 kg

化石記録　頭骨と部分的な体骨格，およびその他の化石．

解剖学的特徴　頭部は上下幅がやや広く，歯は中程度の大きさ．

年代　後期白亜紀；カンパニアン期後期．

分布と地層　アメリカ・サウスダコタ州，カナダ・アルバータ州；ピエール頁岩層上部，ベアパウ頁岩層中部．

生息環境　非常に狭くなった内陸海路．

備考　プログナトドン？・オーバートンイ，ニコルセミス，アーケロンと同所的に生息した．

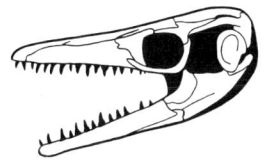

モササウルス？・
ミズーリエンシス

モササウルス？・コノドン
(*Mosasaurus? conodon*)
全長 7 m，体重 900 kg

化石記録　頭骨とその他の部分的な標本．

解剖学的特徴　頭部は横幅がやや広く，上下幅が狭い．歯はかなり大きい．

年代　後期白亜紀；カンパニアン期後期またはマーストリヒチアン期前期，あるいはその両方．

分布と地層　アメリカ・ニュージャージー州，メリーランド州？，アラバマ州？，アーカンソー州？，モンタナ州？，コロダド州？，サウスダコタ州？；ナベシンク層？，セバーン層？，デモポリス・チョーク層？，マールブルック・チョーク層？，ピエール頁岩層上部？，ベアパウ頁岩層下部？

備考　本種がモササウルスに分類されるかどうかは不明．本種の標本は，ニュージャージー州産の保存状態の悪い化石に限られる可能性がある．キモリアサウルスと同所的に生息した．

モササウルス・レモニエリ
(*Mosasaurus lemonnieri*)
全長 12 m，体重 4.5 t

化石記録　幼体〜成体の，複数個体分の頭骨および体骨格．

解剖学的特徴　頭部の上下幅は特に広くない．歯はやや小さい．

年代　後期白亜紀；マーストリヒチアン期前期．

分布と地層　ベルギー；シプリイ・フォスファティック・チョーク層．

生息環境　群島の浅瀬．

備考　ティロサウルスあるいはハイノサウルス・バーナードイ，プログナトドン・ソルベイ，フォスフォロサウルスと同所的に生息した．モササウルス・ホフマニの直系の祖先にあたる可能性がある．

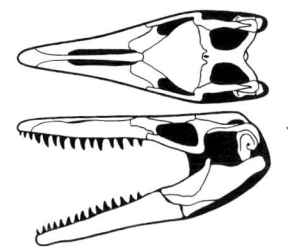

モササウルス？・コノドン

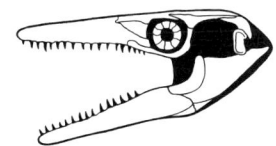

モササウルス・レモニエリ

モササウルス・ホフマニ
(*Mosasaurus hoffmanni*)
全長 13 m，体重 5.5 t

化石記録　複数個体分の頭骨と体骨格化石．

解剖学的特徴　頭部の上下幅は特に広くない．歯は大きい．

年代　後期白亜紀；マーストリヒチアン期後期．

分布と地層　オランダ，その他？；マーストリヒト層，その他？

生息環境　群島の浅瀬．

備考　典型的なモササウルス類．複数の大陸から本種ある

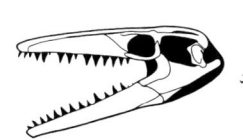

モササウルス・ホフマニ

プロトサウルス・
ベニソニ

プロトサウルス・
ベニソニ

いは本属の標本が報告されているが，特にマーストリヒト期後期を除く年代の化石については分類に問題がある．ロシア産の下顎がこの本種では最大の標本となる可能性がある．

モササウルス？・ボージュイ
(*Mosasaurus ? beaugei*)
全長 8.5 m，体重 1.5 t

化石記録　2個体分の部分的な頭骨，およびその他の化石.
解剖学的特徴　情報不足.
年代　後期白亜紀；マーストリヒチアン期後期.
分布と地層　モロッコ；未命名の地層.
生息環境　大陸棚.
備考　本種がモササウルスに分類されるかどうかは不明.

プロトサウルス・ベニソニ
(*Plotosaurus bennisoni*)
全長 13 m，体重 5.9 t

化石記録　未成熟個体〜成体の，頭骨および体骨格.
解剖学的特徴　頭部はやや高さが低く，やや横幅が広い．歯はかなり多く，中程度の大きさ．胸部はかなり上下幅が大きい．フリッパーはかなり長く，横幅が狭く，前後で似たような大きさ.
年代　後期白亜紀；マーストリヒチアン期中期.
分布と地層　アメリカ・カルフォルニア州中央；モレノ層下部.
生息環境　大陸棚およびおそらく深海.
生態　高速遊泳する追い込み型の捕食者.
備考　プロトサウルス・タッケリは本種の成体である可能性がある．プレシオティロサウルスと同所的に生息した．既知のモササウルス類の中で泳ぎは最速.

オフィディア型類 （Ophidiomorphs）

小型の有毒有鱗類で，後期白亜紀〜現代まで，汎世界的に分布する.

解剖学的特徴　形態はかなり多様．頭部は大きいが，重厚ではない．脊柱は長く，椎骨の数が多く（140以上），椎骨間に追加の関節があるため柔軟性がある．尾の後方は直線的．四肢は少なくともやや退縮しているが，完全なフリッパーにはならない．流体力学的には流線型で，遊泳はウナギ型.
生息環境　沿岸部や海岸線の汽水域，ラグーン，岩礁，河口は，おそらく海水の頂上部の雨水を含め，淡水域に頻繁にアクセスしている.
生態　遊泳能力は良好．浅瀬における小型〜中型の魚類を狙う待ち伏せ型および追い込み型の捕食者．おそらく砂浜で営巣・繁殖した.

ドリコサウルス科 （Dolichosaurids）

小型のオフィディア型類で，後期白亜紀のヨーロッパと中東に分布した.

解剖学的特徴　形態は均一的．頭部は中程度の大きさで亜三角形状．歯は頑丈な造りの亜円錐形状で緩やかに反る．体幹と尾は非常に長く，特に尾は細長い．肋骨は重厚．通常，指が存在する.
生息環境　沿岸部および海岸線の汽水域，ラグーン，岩礁，河口.
生態　遊泳能力は良好．浅瀬における小型の魚類を狙う待ち伏せ型および追い込み型の捕食者．おそらく砂浜で

営巣・繁殖した.

備考　一部の海域で見つかっていないのは，標本採集が不十分なためだと考えられる．ヘビ類に最も近いトカゲ類であり，ヘビ類の起源が水生動物であったことを示す可能性がある．一方，ヘビ類は地中性のトカゲ類から進化したという説もあり，その起源は不明．

ドリコサウルス・ロンギコリス
(*Dolichosaurus longicollis*)
全長 1.5 m，体重 3.5 kg

化石記録　数個体分の部分的な頭骨および体骨格．

解剖学的特徴　頭部は中程度の大きさ．首は長い．

年代　後期白亜紀；セマニアン期前期．

分布と地層　イギリス南東部；チョーク・マール層．

生息環境　島の近海．

備考　コニアサウルスと同所的に生息していたかもしれない．

コニアサウルス・クレッシドゥス
(*Coniasaurus cressidus*)
全長 0.5 m，体重 0.15 kg

化石記録　2，3個体分の部分的な標本

解剖学的特徴　歯は大きく頑丈で，特に後方のものは先端が鈍い．

年代　後期白亜紀；セマニアン期前期あるいは中期．

分布と地層　イギリス南東部；チョーク・マール層．

生息環境　島の近海．

アファニゾクネムス・リバネンシス
(*Aphanisocnemus libanensis*)
全長 0.3 m，体重 0.28 kg

化石記録　頭骨と体骨格．

解剖学的特徴　吻部はやや小さい．下顎の筋突起の高さは中程度．首はやや長い．腕と脚はかなり発達し，下腿の骨は非常に短く横幅が広い．

年代　後期白亜紀；セマニアン期中期．

分布と地層　レバノン；ハケル層あるいはサンニン層．

生息環境　大陸の近海．

ポントサウルス・コーンフーバーイ
(*Pontosaurus kornhuber*)
全長 1 m，体重 1.1 kg

化石記録　頭骨と，板状に潰れた体骨格，およびそれに付随する軟組織．

解剖学的特徴　吻部は尖り，やや小さい．歯は小さく，首はやや長い．腕と脚はかなり発達している．

年代　後期白亜紀；セマニアン期中期．

分布と地層　レバノン；サンニン層．

生息環境　大陸の近海．

備考　頭骨と胴体にトカゲ型の鱗が残っている．エウポドフィスのほか，おそらくアファニゾクネムスとも同所的に生息した．

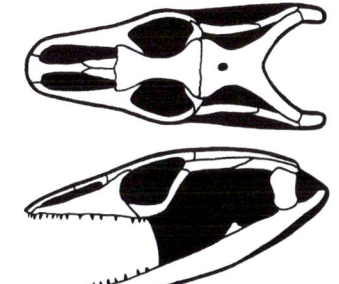

ポントサウルス・コーンフーバーイ

ポントサウルス・レジーネンシス
(*Pontosaurus lesinensis*)
全長 1.2 m，体重 2 kg

化石記録　頭骨と，部分的な体骨格．

解剖学的特徴　吻部は尖っている．下顎の筋突起は短い．歯は小さい．首はやや長い．腕はかなり発達している．

年代　後期白亜紀；セマニアン期後期．

分布と地層　クロアチア；未命名の地層．

生息環境　島の近海．

備考　アイギアロサウルスと同所的に生息した．

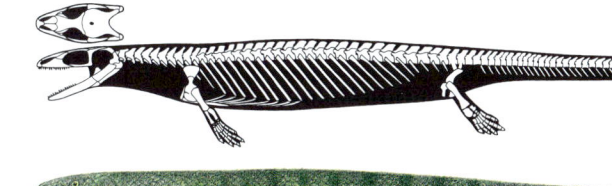

アファニゾクネムス・リバネンシス

アファニゾクネムス・リバネンシス

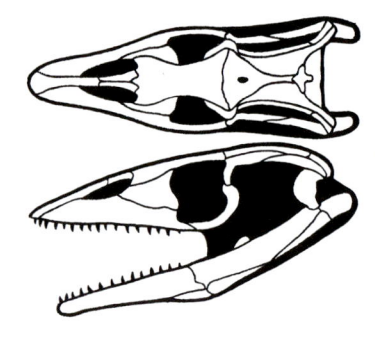

ポントサウルス・
レジーネンシス

アドリオサウルス・スーシ
(*Adriosaurus suessi*)
全長 0.3 m，体重 0.28 kg

化石記録　板状に潰れた，頭骨および体骨格の大部分.
解剖学的特徴　吻部は中間的な大きさ. 腕と脚は小さい.
年代　後期白亜紀；セマニアン期後期.
分布と地層　スロベニア；ポヴィル層上部.
生息環境　島の近海.
備考　本属の他の種は，同一種の種内変異，あるいは別属である可能性がある. アドリオサウルス？・スクルビネンシス，アドリオサウルス？・ミクロブラキス，アクテオサウルス，エイドロサウルス，メソレプトス，コメンサウルス，カルソサウルスと同所的に生息した.

未命名属あるいはアドリオサウルス・スクルビネンシス
(Unnamed genus or *Adriosaurus skrbinensis*)
全長 0.4 m，体重 0.7 kg

化石記録　板状に潰れた，部分的な頭骨と体骨格の大部分.
解剖学的特徴　腕は脚よりかなり短い.
年代　後期白亜紀；セマニアン期後期.
分布と地層　スロベニア；ポヴィル層上部.
生息環境　島の近海.
備考　既知のアドリオサウルスは四肢がもっと大きいため，同属への分類には疑問が残る.

未命名属あるいはアドリオサウルス・ミクロブラキス
(Unnamed genus or *Adriosaurus microbrachis*)
全長 0.5 m，体重 0.15 kg

化石記録　板状に潰れた，体骨格の大部分.
解剖学的特徴　腕は上腕骨の名残だけになり，脚もかなり縮小している.
年代　後期白亜紀；セマニアン期後期.
分布と地層　スロベニア；ポヴィル層上部.
生息環境　大陸の近海.
備考　既知のアドリオサウルス属は四肢がもっと大きい

ため，同属への分類には疑問が残る.

アクテオサウルス・トンマジニイ
(*Acteosaurus tommasinii*)
全長 0.5 m，体重 0.15 kg

化石記録　板状に潰れた，体骨格の大部分.
解剖学的特徴　腕は脚よりかなり短い.
年代　後期白亜紀；セマニアン期後期.
分布と地層　スロベニア；ポヴィル層上部.
生息環境　大陸の近海.

エイドロサウルス・トラウティ
(*Eidolosaurus trauthi*)
成体サイズ不明

化石記録　部分的な化石.
解剖学的特徴　情報不足.
年代　後期白亜紀；セマニアン期後期.
分布と地層　スロベニア；ポヴィル層上部.
生息環境　島の近海.

メソレプトス・ゼンドリーニイ
(*Mesoleptos zendrinii*)
全長 1 m，体重 1 kg

化石記録　2個体分の部分的な体骨格.
解剖学的特徴　首はやや長い.
年代　後期白亜紀；セマニアン期後期.
分布と地層　スロベニア；ポヴィル層上部.
生息環境　島の近海.
備考　パレスチナ産の標本が本種に分類されているが，異なる分類群のものかもしれない.

ジュデアサウルス・チェルノフイ
(*Judeasaurus tchernovi*)
全長 1 m，体重 1.1 kg

化石記録　頭骨の大部分と体骨格の一部.
解剖学的特徴　吻部は大きい. 下顎の筋突起は高い. 歯はかなり大きい.

ジュデアサウルス・
チェルノフイ

年代 後期白亜紀；セマニアン期後期あるいはチューロニアン期前期.

分布と地層 イスラエルあるいはヨルダン川西岸地区；ケファル・シャウル層上部あるいはビナ層.

生息環境 大陸の近海.

オフィディア類（ヘビ類）（Ophidians（Snakes））

小型のオフィディア型類で，後期白亜紀～現代まで，汎世界的に分布する.

解剖学的特徴 形態はかなり均一的. 頭部は小さく，側面から見て亜長方形状で，華奢な造り. 背側側頭弓が不完全なため，キネシスが非常に発達している. 吻部はあまり大きくない. 歯はブレード状で，S字状に曲がり，先端は非常に鋭い. 首は中程度に長く，体幹は非常に細長く，柔軟性に富む. 尾は中程度の長さ，あるいは短く，椎骨は160個以上ある. 四肢は残っていたとしても退縮しており，移動の際には機能しない. 流体力学的に高度な流線型で，遊泳は完全なアジ型.

生息環境 近海の岩礁，岩礁，マングローブ，ラグーン.

生態 遊泳能力は良好. 浅瀬における小型の魚類を狙う待ち伏せ型および追い込み型の捕食者. 卵を海岸に埋めるか，水中で出産した.

シモリオフィス科（ウミヘビ類）（Simoliophiids（Sea Snakes））

小型のオフィディア類で，後期白亜紀のヨーロッパと中東に分布した.

解剖学的特徴 形態は均一的. 水生傾向が強い. 前肢はなく，後肢が残っていたとしても非常に退縮している. 毒をもたない.

備考 一部の海域で見つかっていないのは，標本採集が不十分なためだと考えられる. 海生のドリコサウルス類のようなトカゲ類から進化した原始的なヘビ類，あるいは陸生の祖先から進化し海洋へと進出したヘビ類であると考えられる.

エウポドフィス・デスクワンイ（*Eupodophis descouensi*）
全長 0.9 m，体重 0.7 kg

化石記録 板状に潰れた，頭骨および体骨格.

解剖学的特徴 頭骨は背側から見て亜二角形状. 尾は非常に短い. 足はあるが大幅に退縮している.

年代 後期白亜紀；セマニアン期中期.

分布と地層 レバノン；サンニン層.

生息環境 大陸の近海.

備考 ポントサウルス・コーンフーバーイに加え，おそらくアファニゾクネムスとも同所的に生息した.

ハーシオフィス・テラサンクトゥス（*Haasiophis terrasanctus*）
成体サイズ不明

化石記録 幼体と見られる個体の，板状に潰れた頭骨および体骨格.

解剖学的特徴 頭部は背側から見てほぼ長方形状. 下顎の筋突起は短い. 尾はかなり長い. 足はあるが大幅に退縮している.

年代 後期白亜紀；セマニアン期前期あるいは中期.

分布と地層 ヨルダン川西岸地区；アンミナダヴ層あるいはベトメール層.

生息環境 大陸の近海.

備考 パキラキスと同所的に生息しており，あるいはその幼体であった可能性がある.

パキラキス・プロブレマティクス（*Pachyrhachis problematicus*）
全長 1.9 m，体重 7 kg

化石記録 頭骨と2個体分の体骨格の大部分.

解剖学的特徴 頭部は背側から見てほぼ長方形状. 下顎の筋突起は高い. 尾はおそらく長くない. 足は退化して

パキラキス・プロブレマティクス

パキラキス・プロブレマティクス

なくなっている.

年代　後期白亜紀；セマニアン期前期.

分布と地層　ヨルダン川西岸地区；ベトメール層.

生息環境　大陸の近海.

パキオフィス・ウッドワーディ
(*Pachyophis woodwardi*)
全長 0.6 m，体重 0.2 kg

化石記録　頭骨の一部と完全な体骨格，および板状に潰れた 2 個体分の体骨格.

解剖学的特徴　骨格は重厚．脚は退化してなくなっている.

年代　後期白亜紀；セマニアン期後期.

分布と地層　ボスニア・ヘルツェゴビナ；未命名の地層.

生息環境　島の近海.

備考　メソフィスの成体と同所的に生息しており，あるいはその成体であった可能性がある.

メソフィス・ノプシャイ
(*Mesophis nopscai*)
全長 0.3 m，体重 0.025 kg

化石記録　幼体と見られる個体の，板状に潰れた体骨格の大部分.

解剖学的特徴　骨格は重厚ではない．脚は退化してなくなっている.

年代　後期白亜紀；セマニアン期後期.
分布と地層　ボスニア・ヘルツェゴビナ；未命名の地層.
生息環境　島の近海.

カメ目（カメ類）（Testudines (Turtles)）

小型～超大型の新双弓類で，前期ジュラ紀～現代まで，汎世界的に分布する.

解剖学的特徴　形態は多様. 完全に陸生のものもいれば，完全に海生のものもいた. 頭骨はキネシスをもたない. 鼻孔は2つに分かれず，吻部の前方に位置するものが多い. 吻部は非常に短いものが多い. 眼窩はかなり前方に位置する. 側頭窓は閉じている. 頭頂眼は存在しない. 頭骨後部には一対の深い窪みがあり，正中にある長い板状の稜で区切られている. クチバシがあり，歯はない. 首は短い. 体幹は甲羅に包まれ，ほとんどの肋骨は後方に傾いていない. 尾は短い. 肩帯は甲羅の内側にあり，四肢は横に広がっている.
生息環境　海生～完全陸生.
生態　草食性～雑食性
備考　他の爬虫類との関係性は明確ではない.

ウミガメ上科（ウミガメ類）（Chelonioideans (Sea Turtles)）

小型～超大型のカメ目で，前期白亜紀～現代まで，汎世界的に分布する.

解剖学的特徴　形態はかなり均一的. 頭部はかなり幅広く，背側から見ると亜三角形状. 首は引っ込められな

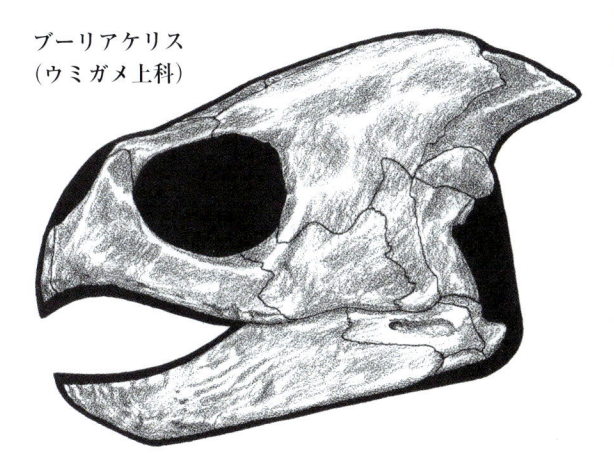

ブーリアケリス
（ウミガメ上科）

い. 胴体は横幅が非常に広く上下幅の狭い甲羅に包まれている. 甲羅は，ドーム状の背側と平らな腹側からなり，全体が骨の板（骨板）で覆われているわけではない. 背側正中に並ぶ骨板（椎板骨）は左右の骨板（肋板骨）と平行に配列している. 肋板骨の遠位部は，縁板骨の内側に形成された空隙によって隔てられている. 不規則な形をした4枚の骨板は互いにゆるく組み合った状態で，腹部の甲羅の一部を形成する. 尾は引っ込められない. 四肢も引っ込められず，第I，II指と時に第I趾には爪があるが，完全にフリッパーになっている. 上腕骨は前方へ伸び，肘から先の部分は横に弧を描くような形. 大きな前肢は後肢よりも著しく長く，水中翼型をしている. 流体力学的に中程度の流線型で，推進力はすべて前肢が担い，後肢は安定と舵取りのために使われる.
生息環境　沿岸部～深海.
生態　遊泳能力は良好. 草食性～雑食性で小魚を捕食し，クラゲなどをよく捕食する. 砂浜に上陸し，前肢の鰭の爪で巣を掘って殻の柔らかい卵を産む. 親は世話をしない.
備考　現時点で複数の系統仮説が示されており，これ以上細分化することができない.

デスマトケリス？・パディジャイ（Desmatochelys? padillai）
全長2 m，体重400 kg

化石記録　4個体分の頭骨と，体骨格の大部分，および2個体分の部分的な体骨格.
解剖学的特徴　頭部は上下幅が広く，吻部は短い. 背甲は左右に大きな空間があり，細い支柱で区切られている. 縁板は横幅が狭い. 前肢は大きい.
年代　前期白亜紀；バレミアン期後期またはアプチアン期後期，あるいはその両方.
分布と地層　コロンビア；パジャ層上部.
生息環境　大陸棚.
備考　既知のデスマトケリスはより新しい時代からしか見つかっていないため，本種を同属に分類するのは問題がある.

デスマトケリス・ロウイ（Desmatochelys lowi）
全長1.9 m，体重250 kg

化石記録　頭骨と，体骨格の大部分.
解剖学的特徴　頭部は上下幅が狭い. 吻部は中程度の大きさ. 甲羅はハート型. 背甲は左右に大きな空間があり，細い支柱で区切られている. 縁板は横幅が狭い. 前肢は大きい.

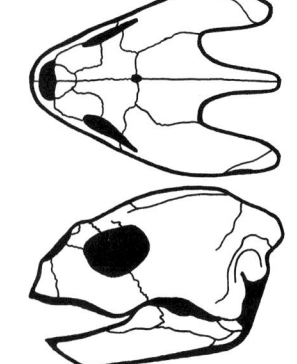

デスマトケリス？・
パディジャイ

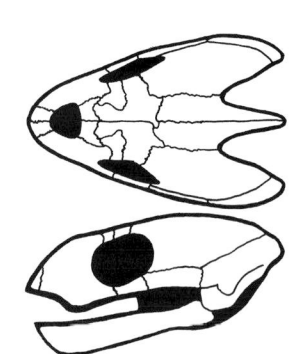

デスマトケリス・ロウイ

年代　後期白亜紀；セマニアン期後期.

分布と地層　アメリカ・ネブラスカ州；グリーンホーン石灰岩層中部.

生息環境　最大期に近い内陸海路.

トクソケリス・ラティレミス
(*Toxochelys latiremis*)
全長 2 m，体重 400 kg

化石記録　複数個体分の頭骨と1個体分の体骨格の大部分.

解剖学的特徴　甲羅はハート型. 背甲の左右の空間は中程度の大きさ.

年代　後期白亜紀；コニアシアン期後期？〜カンパニアン期前期.

分布と地層　アメリカ・ネブラスカ州，サウスダコタ州，カンサス州；ニオブララ層下部〜上部？，ピエール頁岩層下部.

生息環境　ますます狭く浅くなった内陸海路.

備考　単一種としては生息期間が長すぎるため，サントニアン後期またはカンパニアン前期，あるいはその両方を除く化石は別種の可能性がある. スティクソサウルス・ブラウニ，エラスモサウルス，ドリコリンコプス・ボナーイ，ティロサウルス・プロリゲル，ラトプラテカルプス，グロビデンス？・ダコテンシスと同所的に生息した.

トクソケリス・モーアビレンシス
(*Toxochelys moorevillensis*)
全長 2 m，体重 400 kg

化石記録　体骨格の大部分.

解剖学的特徴　甲羅はほぼ円形状. 背甲の左右の空間はとても小さい.

年代　後期白亜紀；カンパニアン期前期.

分布と地層　アメリカ・アラバマ州；ムーアヴィル・チョーク層上部.

生息環境　大陸棚.

備考　グロビデンス・アラバマエンシス，クテノケリス・アクリス，コルソケリス，プリノケリスと同所的に生息した.

メキシケリス・コアウイラエンシス
(*Mexichelys coahuilaensis*)
全長 0.6 m，体重 12 kg

化石記録　数個体分の頭骨と部分的な体骨格.

解剖学的特徴　頭骨はとても横幅が広い. 吻部は短い. 下顎の上下幅は狭い.

年代　後期白亜紀；カンパニアン期後期.

分布と地層　メキシコ北部；セロ・デル・プエブロ層.

生息環境　大陸棚.

メキシケリス・
コアウイラエンシス

ニコルセミス・バイアーイ
(*Nichollsemys baieri*)
成体サイズ不明

化石記録　未成熟と見られる個体の，4個体分の完全あるいは部分的な頭骨.

解剖学的特徴　情報不足.

年代　後期白亜紀；カンパニアン期後期.

分布と地層　アメリカ・モンタナ州；ベアパウ頁岩層中部.

生息環境　非常に狭くなった内陸海路.

備考　プログナトドン？・オーバートンイと同所的に生息した.

クテノケリス・ステノポルス
(*Ctenochelys stenoporus*)
全長 1.3 m，体重 65 kg

化石記録　複数個体分の部分的な頭骨と体骨格の大部分.

解剖学的特徴　甲羅は楕円形状．背甲の左右の空間は大きく，細い支柱で区切られている．縁板は小さい.

年代　後期白亜紀；カンパニアン期初期.

分布と地層　アメリカ・カンサス州；ニオブララ層最上部.

生息環境　ますます狭く浅くなった内陸海路.

備考　スティクソサウルス・スノウィイ，ポリコティルス・ラティピニス，ドリコリンコプス・オズボーニ，プラテカルプス・ティンパニクス，エオナタトル・スタンバーグイ，クリダステス・プロピトン，プロトステガ・ギガスと同所的に生息した.

クテノケリス・アクリス
(*Ctenochelys acris*)
全長 1 m，体重 35 kg

化石記録　いくつかの幼体を含む，複数個体分の部分的な頭骨と体骨格.

解剖学的特徴　頭部は横幅が広く，吻部はとても短い．甲羅はハート型．縁板は中程度の大きさ.

年代　後期白亜紀；カンパニアン期前期.

分布と地層　アメリカ・アラバマ州；ムーアヴィル・チョーク層上部.

生息環境　大陸棚.

備考　グロビデンス・アラバマエンシス，トクソケリス・モーアピレンシス，プリノケリス，コルソケリスと同所的に生息した.

コルソケリス・ハリンチェス
(*Corsochelys halinches*)
全長 1.5 m，体重 120 kg

化石記録　頭骨の一部と体骨格の大部分.

解剖学的特徴　頭部は小さい．甲羅はハート型．背甲の左右の空間は大きく，横幅の狭い支柱で区切られている．縁板は細い.

年代　後期白亜紀；カンパニアン期前期.

分布と地層　アメリカ・アラバマ州；ムーアヴィル・チョーク層上部.

生息環境　大陸棚.

プリノケリス・マトゥティナ
(*Prionochelys matutina*)
全長 0.7 m，体重 15 kg

化石記録　いくつかの幼体を含む，複数個体分の頭骨および体骨格の一部.

解剖学的特徴　頭部は小さい．甲羅はハート型．背甲の左右の空間は大きく，細い支柱で区切られている.

年代　後期白亜紀；カンパニアン期前期.

分布と地層　アメリカ・アラバマ州；ムーアヴィル・チョーク層上部.

生息環境　大陸棚.

アロプレウロン・ホフマニ
(*Allopleuron hofmanni*)
全長 2.3 m，体重 700 kg

化石記録　複数個体分の頭骨と体骨格.

解剖学的特徴　頭部はやや小さく，やや横幅が広い．甲羅はハート型．背甲の左右の空間は大きく，細い支柱で区切られている．縁板は中程度の大きさ．腹甲の甲板は減少している．足は親指側が常に横を向いており，指は短く，それぞれ独立している.

年代　後期白亜紀；マーストリヒチアン期後期.

分布と地層　ベルギー；マーストリヒト層.

アロプレウロン・ホフマニ

生息環境　群島の浅瀬.

備考　同属のより新しい種が新生代に存在することから，本種は K/Pg の大量絶滅を生き延びたと考えられる.

エウクラステス・ウィーランディ
(*Euclastes wielandi*)
成体サイズ不明

化石記録　複数個体分の完全な頭骨と，幼体と見られる 1 個体分の体骨格.

解剖学的特徴　頭部は横幅が広い. 甲羅は楕円形状. 背甲の左右の空間は小さい.

年代　後期白亜紀；マーストリヒチアン期末期および暁新世前期.

分布と地層　アメリカ・ニュージャージー州，メリーランド州；ホーナーズタウン層，ブライトシート層.

生息環境　大陸棚.

備考　本種は K/Pg の大量絶滅を超えて生き残り，新生代には同属の他の種が存在していた.

アリエノケリス・セローミ
(*Alienochelys selloumi*)
全長 2.5 m，体重 800 kg

化石記録　完全な頭骨.

解剖学的特徴　吻部はとても幅広く角ばっているので，背側から見ると頭部はほぼ四角形状. 鼻孔は左右の眼窩の間にある. 側頭領域はかなり長い. 下顎は上下幅がかなり大きい.

年代　後期白亜紀；マーストリヒチアン期末期.

分布と地層　モロッコ；未命名の地層.

生息環境　大陸棚.

メソダーモケリス・ウンドゥラトゥス
(*Mesodermochelys undulatus*)
全長 2 m，体重 400 kg

化石記録　頭骨の一部と 12 個体以上の部分的な体骨格.

解剖学的特徴　甲羅は楕円形状. 背甲の左右の空間はやや小さい. 縁板は大きい.

年代　後期白亜紀；マーストリヒチアン期前期.

分布と地層　日本・北海道；函淵（ハコブチ）層.

生息環境　島の沿岸.

備考　後になって発見された新標本は別種と見られる.

クラトケロネ・バーニーイ
(*Cratochelone berneyi*)
全長 4 ? m，体重 3 ? t

化石記録　体骨格の一部.

解剖学的特徴　情報不足.

年代　前期白亜紀；アルビアン期中期.

分布と地層　オーストラリア北東部；トゥーレブック層.

生息環境　内陸海路.

備考　化石が少ないため断定は難しいが，知られている中で最大のウミガメ類である，後世のアーケロンに匹敵する存在かもしれない. ？クロノサウルス，エロマンガサウルス，ロンギロストラ，ブーリアケリス，そしてより多く存在したノトケロネと同所的に生息した.

ノトケロネ・コスタータ
(*Notochelone costata*)
全長 2 m，体重 400 kg

化石記録　頭骨と複数個体分の部分的な体骨格.

解剖学的特徴　吻部は短い. 側頭領域はかなり長く，頭部は高さがなく，横幅がやや広い. 背甲の左右の空間はやや大きい.

年代　前期白亜紀；アルビアン期中期.

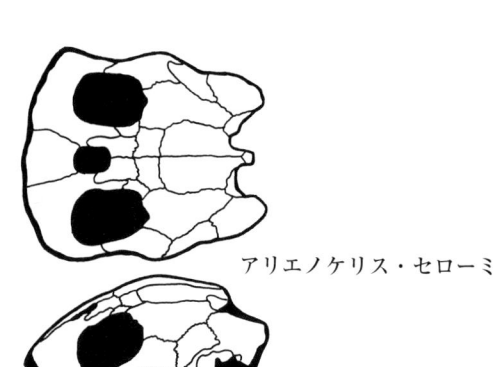

アリエノケリス・セローミ

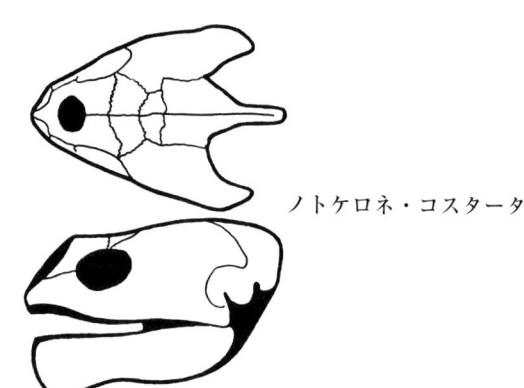

ノトケロネ・コスタータ

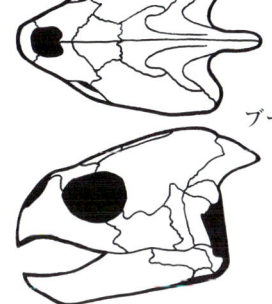

ブーリアケリス・スーターイ

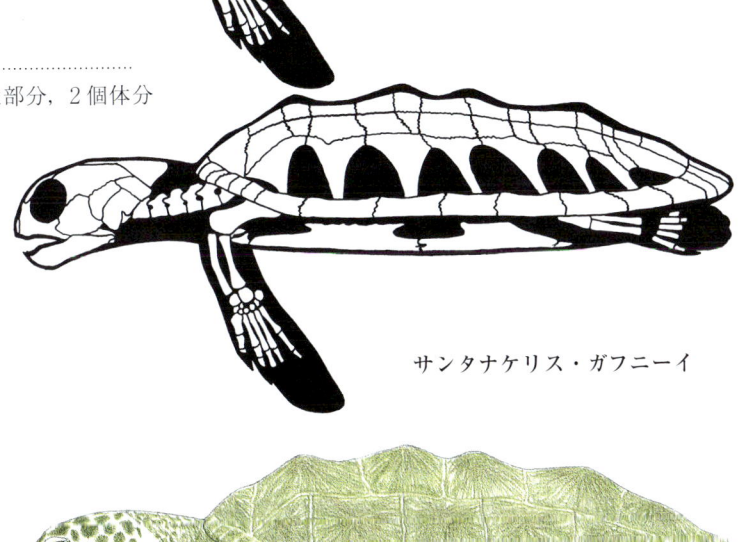

分布と地層　オーストラリア北東部；トゥーレブック層.

生息環境　内陸海路.

ブーリアケリス・スーターイ
（*Bouliachelys suteri*）
全長 0.5 m，体重 5 kg

化石記録　4個体分の頭骨と体骨格の大部分，2個体分の部分的な体骨格.

解剖学的特徴　頭部はやや上下幅が大きく横幅が広い.

年代　前期白亜紀；アルビアン期中期.

分布と地層　オーストラリア北東部；トゥーレブック層.

生息環境　内陸海路.

サンタナケリス・ガフニーイ

サンタナケリス・ガフニーイ
（*Santanachelys gaffneyi*）
全長 0.2 m，体重 0.4 kg

化石記録　頭骨と体骨格.

解剖学的特徴　頭部はやや小さい. 吻部はとても短い. 側頭領域は長い. 甲羅は楕円形状. 側甲の左右の空間は中程度の大きさで，狭い支柱で区切られている. 縁板は狭い. 前肢は中程度の大きさで，手足の指はあまり骨化せず，足指に爪はない.

年代　前期白亜紀；アプチアン期後期またはアルビアン期前期，あるいはその両方.

分布と地層　ブラジル北東部；ロムアルド層.

生息環境　大陸棚.

ケロスファルギス・アドベナ
（*Chelosphargis advena*）
全長 0.6 m，体重 6 kg

化石記録　部分的な頭骨と複数個体分の体骨格.

解剖学的特徴　甲羅はハート型. 背甲の左右の空間は小さい. 縁板は大きい.

年代　後期白亜紀；コニアシアン期後期.

分布と地層　アメリカ・カンサス州；ニオブララ層下部.

生息環境　大陸棚.

備考　セルマサウルス？・ジョンソニ，エクテノサウルス，プレシオプラテカルプスと同所的に生息した.

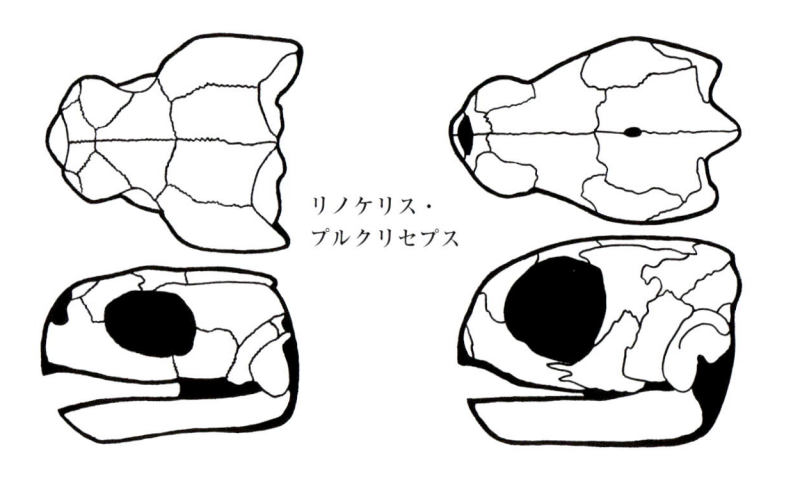

リノケリス・
プルクリセプス

リノケリス・アマベールティ
(*Rhinochelys amaberti*)
成体サイズ不明

化石記録 幼体と見られる複数個体分の頭骨.

解剖学的特徴 頭部は上下幅が大きく, 横幅がかなり広い. 吻部の横幅もかなり広い.

年代 前期白亜紀; アルビアン期後期.

分布と地層 フランス東部; 未命名の地層.

生息環境 群島の浅瀬.

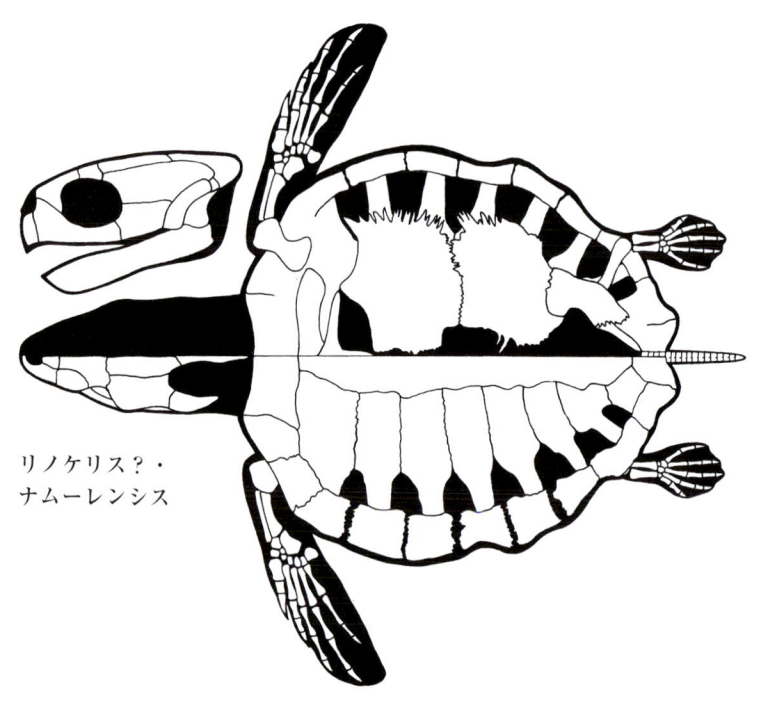

リノケリス？・
ナムーレンシス

リノケリス・プルクリセプス
(*Rhinochelys pulchriceps*)
全長 0.4 m, 体重 3.5 kg

化石記録 2, 3個体分の頭骨.

解剖学的特徴 頭部はかなり上下幅が大きい. 吻部は横幅がかなり広くとても短い.

年代 後期白亜紀; セノマニアン期前期.

分布と地層 イギリス東部; ウェスト・メルベリー・マーリー・チョーク層.

生息環境 群島の浅瀬.

リノケリス？・ナムーレンシス
(*Rhinochelys? nammourensis*)
全長 0.85 m, 体重 35 kg

化石記録 頭骨および体骨格の大部分.

解剖学的特徴 頭部はとても大きい. 吻部は幅広くなく, かなり短い. 側頭領域は長い. 甲羅はハート型. 背甲の左右の空間は小さく, 短く丈夫な支柱で区切られている. 縁板は大きい. 前肢は中程度の大きさ. 後肢は小さく, 爪はない.

年代 後期白亜紀; セノマニアン期中期.

分布と地層 レバノン; 未命名の地層.

生息環境 大陸棚.

プロトステガ・ギガス

プロトステガ・ギガス
(*Protostega gigas*)
全長 2.2 m, 体重 650 kg

化石記録 数多くの保存状態が様々な

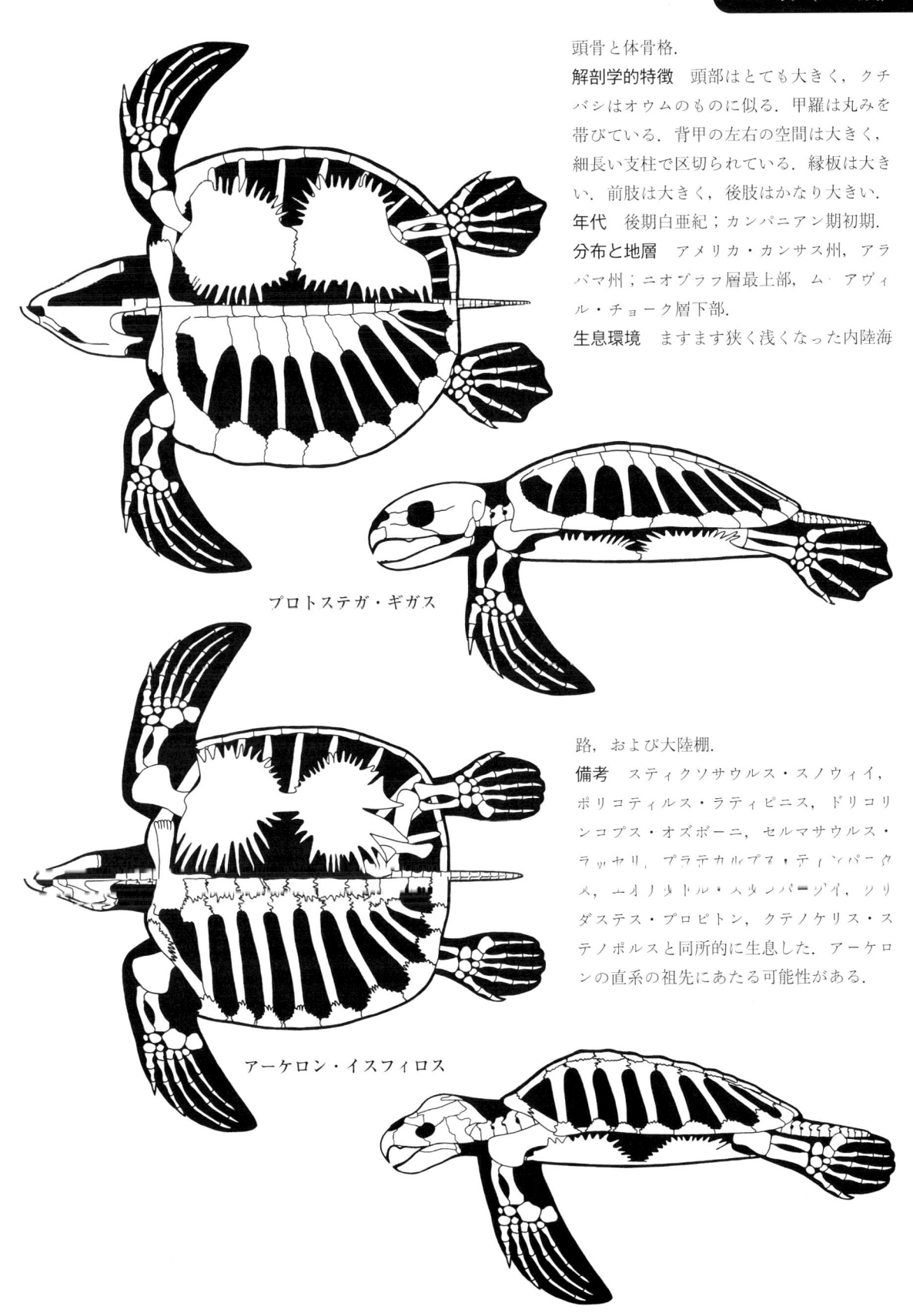

頭骨と体骨格.

解剖学的特徴 頭部はとても大きく，クチバシはオウムのものに似る．甲羅は丸みを帯びている．背甲の左右の空間は大きく，細長い支柱で区切られている．縁板は大きい．前肢は大きく，後肢はかなり大きい.

年代 後期白亜紀；カンパニアン期初期.

分布と地層 アメリカ・カンサス州，アラバマ州；ニオブララ層最上部，ムーアヴィル・チョーク層下部.

生息環境 ますます狭く浅くなった内陸海

プロトステガ・ギガス

路，および大陸棚.

備考 スティクソサウルス・スノウィイ，ポリコティルス・ラティピニス，ドリコリンコプス・オズボーニ，セルマサウルス・ラッセリ，プラテカルプス・ティンパニクス，エイノサトル・スタンバーグイ，ソリダステス・プロピトン，クテノケリス・ステノポルスと同所的に生息した．アーケロンの直系の祖先にあたる可能性がある.

アーケロン・イスフィロス

197

アーケロン・
イスフィロス

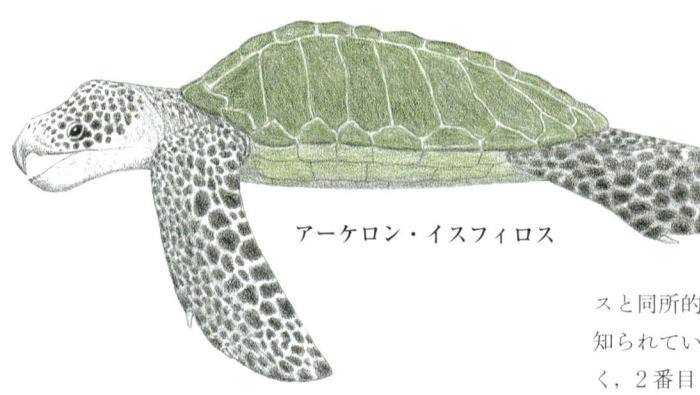

アーケロン・イスフィロス

見られる．発達した鉤状のクチバシは，捕食時や海底を漁る際に加え，種内闘争，死体漁り，捕食者からの防御などにも役立った可能性がある．

備考 プログナトドン？・オーバートンイやモササウルス？・ミズーリエンシスと同所的に生息した．中生代の典型的なウミガメ類．知られている中で最大のウミガメ類だが，より年代が古く，2番目に大きいとされるクラトケロネ・バーニーイは化石が断片的であり，これに匹敵したかもしれない．

アーケロン・イスフィロス
(*Archelon ischyros*)
全長4 m，体重3.2 t

化石記録 様々な保存状態の，5個体分の頭骨および体骨格．
解剖学的特徴 頭部は大きく，クチバシはオウムのものに似る．甲羅はやや四角形状．背甲の左右の空間はとても大きく，細長い支柱で区切られている．縁板は小さい．前肢はとても大きく，後肢もかなり大きい．
年代 後期白亜紀；カンパニアン期後期．
分布と地層 アメリカ・サウスダコタ州，ワイオミング州；ピエール頁岩層上部．
生息環境 非常に狭くなった内陸海路．
生態 大型であることから浅瀬ではなく深海を好んだと

テルリンガケリス・フィシュベッキ
(*Terlinguachelys fischbecki*)
全長2.5 m，体重450 kg

化石記録 部分的な頭骨と体骨格．
解剖学的特徴 頭部の横幅はやや広い．甲羅はやや長い．
年代 後期白亜紀；カンパニアン期中期．
分布と地層 アメリカ・テキサス州；アグハ層中部．
生息環境 内陸海路．

オケペケロン・ブーヤイ
(*Ocepechelon bouyai*)
全長3.5 m，体重2 t

化石記録 頭骨の大部分．

解剖学的特徴　頭部は高さが低く，後方はとても横幅が広い．吻端は筒状で，吻部は長い．鼻孔はかなり上を向き，かなり後方の眼窩の間にある．側頭領域は顎関節よりかなり後方まで拡大している．

年代　後期白亜紀；マーストリヒチアン期末期．

分布と地層　モロッコ；未命名の地層．

生息環境　大陸の浅瀬．

生態　明確な吸引食者．

備考　ゲラファサウラと同所的に生息した．

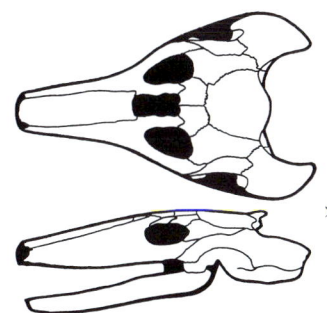

オケペケロン・ブーヤイ

主竜型類（Archosauromorphs）

小型〜超大型の新双弓類で，前期ペルム紀〜現代まで，汎世界的に分布する．

解剖学的特徴　形態は極めて多様．頸肋骨はしばしば互いに重なり合う．

生息環境　非常に変化に富み，完全な水生〜完全な陸生，高度な空中性．また食性は草食特化〜頂点捕食者まで，非常に多様．

備考　現生ワニ類や鳥類（現生恐竜類）を含む．

タニストロフェウス科（Tanystropheids）

小型〜中型の新双弓類で，三畳紀の北半球に分布した．

解剖学的特徴　形態は多様．完全陸生〜水生．頭骨はキネシスをもたない．眼窩はかなり上を向いていて，強膜輪がある．歯は円錐形状で，一部は口蓋にもある．首はやや長いか，それ以上．後方の頸肋は細長く互いに重なる．体幹は非常に長い．指はあまり流線型ではない．水中での推進は主に四肢を用いる．

生息環境　陸域または淡水域，あるいはその両方〜沿岸部の近海．

生態　遊泳能力は貧弱〜普通．一部は胎生のものもいた．

備考　このグループには著しく伸長した首をもつタニストロフェウスが含まれ，その他のメンバーが水生であったかどうかは不明．メトリオリンクス科を除く主竜類で唯一，胎生のグループだったかもしれない．

ディノケファロサウルス・オリエンタリス（*Dinocephalosaurus orientalis*）

全長3m

化石記録　板状に潰れた，頭骨および2個体分の部分的な体骨格，および胎児標本．

解剖学的特徴　頭部はやや長く，吻部が四角く横幅がかなり広いため，背側から見るとほぼ長方形状．大きな鼻孔は吻端のやや後方にある．眼窩はかなり後方にある．側頭領域は大きくない．下顎は上下幅が狭い．上下顎の数本の歯は大きい．主に椎骨が伸長しているため，首が非常に長い．

年代　中期三畳紀；アニシアン期中期．

分布と地層　中国南部；関嶺（グアンリン）層．

生息環境　大陸の近海．

生態　小型の魚類を狙う待ち伏せ型の捕食者．

備考　体重を推定できるほどの化石が発見されていない．アトポデンタトゥスやディアノパキサウルスと同所的に生息した．

主竜形類（Archosauriformes）

小型〜超大型の主竜型類で，後期ペルム紀〜現代まで，汎世界的に分布する．

解剖学的特徴　形態は極めて多様．眼窩の前方に前眼窩窓があり，下顎の中央に下顎骨窓があるが，一方または両方が閉じていることもある．頭頂眼は非常に小さいか，存在しない．歯がある場合は歯槽におさまっている．

生息環境　非常に変化に富み，完全な水生〜完全な陸生，高度な空中性．また食性は草食特化〜頂点捕食者まで，非常に多様．

クルロタルシ類あるいは偽鰐類（Crurotarsi or Pseudosuchians）

小型〜超大型の主竜形類で，前期三畳紀〜現代まで，汎世界的に分布する．

解剖学的特徴　形態は多様．完全陸生〜水生．頭骨はキ

ネシスをもたない．眼窩はかなり上を向いていて，強膜輪がある．歯は円錐形状で，一部は口蓋にもある．首はやや長いか，それ以上．後方の頸肋は細長く，互いに重なる．体幹はかなり長い．指はあまり流線型ではない．水中での推進は主に四肢を用いる．

生息環境 高度な海生〜完全陸生．

生態 草食性〜食物連鎖の頂点．

ワニ形類 （Crocodyliformes）

小型〜超大型の偽鰐類で，後期三畳紀〜現代まで，汎世界的に分布する．

解剖学的特徴 形態は多様．頭部は重厚で，キネシスはなく，多くで上下幅は狭く，頭蓋天井は平坦．鼻孔は吻部の先端にあり，前眼窩窓は縮小または閉じている．側頭窓も縮小または閉じていることが多い．頭骨後方の角にある鱗状骨は頑強．歯根は通常，球根状．口蓋に歯はない．頸肋がある場合は，それぞれの重なりはわずか．腹肋は腹部後方にのみある．肋骨のない腰部がある．鎖骨はない．烏口骨は長い．手根骨は一対になっており，細長い．呼吸器系の一部は肝臓ポンプにより作動する．

生息環境 高度な海生〜完全陸生．

生態 草食性〜食物連鎖の頂点．

中正鰐類 （Mesoeucrocodylians）

小型〜超大型のワニ形類で，前期ジュラ紀〜現代まで，汎世界的に分布する．

解剖学的特徴 形態は非常に多様．二次口蓋が部分的に発達する．骨盤は少なくともやや縮小している．恥骨に可動性があり，肝臓ポンプによる呼吸器系に一部関与する．趾は外側のものほど長くなる．

生息環境 高度な海生〜完全陸生．

生態 草食性〜食物連鎖の頂点．

備考 現生のワニ類が含まれる．

タラットスクス亜目 （Thalattosuchians）

小型〜大型の中正鰐類で，前期ジュラ紀〜前期白亜紀まで，汎世界的に分布した．

解剖学的特徴 形態はやや多様．水生傾向が強い．上側頭窓は大きい．尾の後方部は扁平．前肢は短く，後肢に比べてもかなり縮小している．後肢は水かきを備え，内側の指が最も頑丈．足指は外側のものほど長くなる．流体力学的に中程度の流線型で，遊泳戦略は主に蛇行運動で泳ぐウナギ型．四肢は主に安定と舵取りのために用い，遊泳時には体に密着させていた．

生息環境 淡水域〜おそらく深海まで及んだ．

生態 遊泳能力は普通程度〜非常に良好．小型〜大型の魚類などの獲物を狙う待ち伏せ型または追い込み型，あるいはその両方の捕食者．おそらく砂浜に上陸し繁殖できた．

備考 鼻孔が吻部の先端にあるという特徴が，海洋生物としての進化を阻害したのかもしれない．

ペラゴサウルス （タラットスクス亜目）

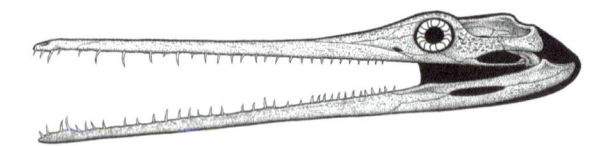

テレオサウルス科 （Teleosaurids）

小型〜大型のタラットスクス亜目で，前期〜後期ジュラ紀まで，東半球に分布した．

解剖学的特徴 形態は均一的．頭部は上下幅が狭く，吻部は長く，先端は側方にやや広がるが，側頭領域に比べてかなり狭い．前眼窩窓は閉じている．下顎は上下幅が狭い．歯は多数あるが大きくはなく，傾いて生えてい

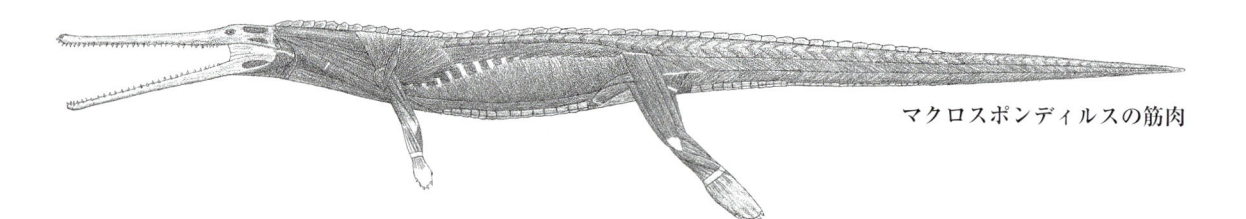

マクロスポンディルスの筋肉

る．尾の後方部は直線的．手は非常に小さく，流体力学的に優れた形態ではない．頭部，体幹，尾の大部分の正中背側に，平行に並んだ装甲板がある．腹部後方と尾の前半部の正中背側には，装甲板が複数列をなして並んでいる．

生息環境 沿岸部の淡水域〜おそらく深海まで及んだ．

生態 遊泳能力は普通程度．小型〜中型の魚類などの獲物を狙う待ち伏せ型および追い込み型の捕食者．

備考 かつて多くの種がステネオサウルスに含まれたが，現在では複数の新属に分けられている．

プラギオフタルモスクス・グラシリロストリス
(*Plagiophthalmosuchus gracilirostris*)
全長 3 m，体重 60 kg

化石記録 板状に潰れた，頭骨と体骨格．

解剖学的特徴 頭部は長く，吻部はとても細長い．後頭部はかなり短い．歯は非常に多く細長い．

年代 前期ジュラ紀；トアルシアン期前期．

分布と地層 イギリス北東部，ルクセンブルク；ウィットビー泥岩層下部，未命名の地層．

生息環境 群島の浅瀬．

生態 小型の獲物を好んだ．

備考 ロマレオサウルス，ハウフィオサウルス，エウリノサウルス，ミストリオサウルス，マクロスポンディルスと同所的に生息した．

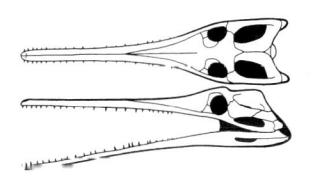

プラギオフタルモスクス・グラシリロストリス

ミクテロスクス・ナストゥス
(*Mycterosuchus nasutus*)
全長 5 m，体重 250 kg

化石記録 複数個体分の部分的〜完全な頭骨，および板状に潰れた体骨格．

解剖学的特徴 吻部はとても細長い．後頭部はかなり短い．歯はとても多く小さい．

年代 前期ジュラ紀；カロビアン期中期後半．

分布と地層 イギリス中央；オックスフォード粘土層上部．

生息環境 群島の浅瀬．

生態 小型の獲物を好んだ．

アエオロドン・プリスクス
(*Aeolodon priscus*)
全長 3.5 m，体重 90 kg

化石記録 板状に潰れた，2個体分の完全な頭骨および体骨格．

解剖学的特徴 頭部は長く，吻部はとても細長い．後頭部はかなり短い．歯はとても多く小さい．

年代 後期ジュラ紀；チトニアン期前期．

分布と地層 ドイツ南部，フランス南東部；メルンスハイム層，未命名の地層．

生息環境 群島の浅瀬．

生態 小型の獲物を好んだ．

備考 ゲオサウルス・ギガンテウス，ダコサウルス・マキシムス，クリコサウルス・エレガンス，ラケオサウルスと同所的に生息した．

バティスクス・メガリヌス
(*Bathysuchus megarhinus*)
全長 4 m，体重 140 kg

化石記録 2個体分の頭骨の一部．

解剖学的特徴 吻部はとても細長く，先端が横に広がっている．

年代 後期ジュラ紀；キンメリッジアン期後期．

分布と地層 イギリス南部，フランス南西部；キンメリッジ粘土層下部，アンコルメ層群．

生息環境 群島の浅瀬．

生態 小型の獲物を好んだ．

備考 プリオサウルス・ブラキデイルス，コリンボサウルス・メガデリウス，トルボネウステス，プレシオスクス，ネオステネオサウルス，レミースクスと同所的に生息した．

ミストリオサウルス・ローリヤールイ
(*Mystriosaurus laurillardi*)
全長 4 m，体重 140 kg

化石記録 頭骨の大部分と部分的な頭骨．

解剖学的特徴 吻部は細長く，頑丈．歯は中程度の大きさでかなり頑丈．

年代 前期ジュラ紀；トアルシアン期前期．

分布と地層 ドイツ南部，イギリス北東部；ポシドニア粘板岩層，ウィットビー泥岩層下部．

生息環境 群島の浅瀬．

備考 メイヤーアサウルス，ロマレオサウルス，ハウフィオサウルス，シーリーオサウルス，ヒドロリオン，ハ

ウフィオプテリクス，未命名属・トリゴノドン，スエボレビアタン，エウリノサウルス，ステノプテリギウス，プラギオフタルモスクス，マクロスポンディルス，プラティスクスと同所的に生息した．

プラティスクス・ムルティスクロビクラトゥス
(*Platysuchus multiscrobiculatus*)
全長 2.75 m，体重 45 kg

化石記録　板状に潰れた頭骨および体骨格．

解剖学的特徴　頭部は長く，吻部はとても細長い．後頭部はかなり短い．歯はとても多く細長い．

年代　前期ジュラ紀；トアルシアン期前期．

分布と地層　ドイツ南部；ポシドニア粘板岩層．

生息環境　群島の浅瀬．

生態　小型の獲物を好んだ．

テレオサウルス・カドメンシス
(*Teleosaurus cadomensis*)
全長 3 m，体重 60 kg

化石記録　数個体分の標本．

解剖学的特徴　吻部は非常に細長く，後頭部はかなり短い．歯は非常に多く，細長い．

年代　中期ジュラ紀；バトニアン期．

分布と地層　フランス北部；未命名の地層．

生息環境　群島の浅瀬．

生態　小型の獲物を好んだ．

備考　原標本の多くは第2次世界大戦の連合国軍の爆撃により破壊された．テレオサウルス・ゲオフロイはおそらく本種に含まれる．

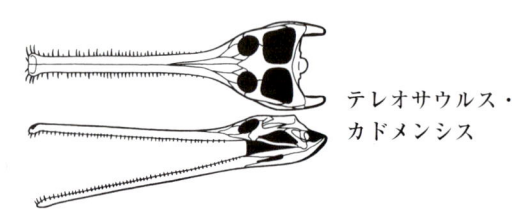

テレオサウルス・
カドメンシス

インドシノスクス・ポタモシアメンシス
(*Indosinosuchus potamosiamensis*)
全長 4 m，体重 140 kg

化石記録　複数個体分の部分的〜完全な頭骨．

解剖学的特徴　吻部は中程度に長く，後頭部も同じくらい長い．歯はやや多く，中程度の大きさで，かなり頑丈．

年代　後期ジュラ紀；チトニアン期？

分布と地層　タイ；プー・クラドゥン層下部．

生息環境　沿岸の淡水流路．

備考　インドシノスクス・カラシネンシスは本種に含まれる可能性がある．ウミワニ類の一部が淡水域に進出していたことを示す．年代についてははっきりしていない．

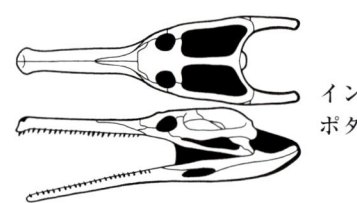

インドシノスクス・
ポタモシアメンシス

未命名属・種
(Unnamed genus and species)
全長 4 m，体重 140 kg

化石記録　板状に潰れた，頭骨の大部分．

解剖学的特徴　吻部はとても細長く，後頭部はかなり短い．歯は非常に多く小さい．

年代　前期ジュラ紀；トアルシアン期．

分布と地層　中国中央；自流井（ズーリュージン）層．

生息環境　沿岸の浅瀬．

備考　化石の保存状態が悪く，以前はペイペスクス・テレオリヌスとされていたが，別物である．ピシャノプリオサウルス・ヤンギと同所的に生息した．

マキモサウルス科（Machimosaurids）

小型〜大型のタラットスクス亜目で，前期ジュラ紀〜前期白亜紀まで，東半球に分布した．

解剖学的特徴　形態は均一的．頭部は上下幅が狭い．吻部は長く，先端は側方にやや広がるが，側頭領域に比べてかなり狭い．前眼窩窓は閉じている．下顎は上下幅が狭い．歯は多数あるが大きくはなく，傾いて生えている．尾の後方部は直線的．手は非常に小さく，流体力学的に優れた形態ではない．頸部，体幹，尾の大部分の正中背側に，平行に並んだ装甲板がある．腹部後方と尾の前半部の正中背側には，装甲板が複数列をなして並んでいる．

生息環境　沿岸部の淡水域〜おそらく深海まで及んだ．

生態　遊泳能力は普通程度．小型〜中型の魚類などの獲物を狙う待ち伏せ型および追い込み型の捕食者．

備考　かつて多くの種がステネオサウルスに含まれたが，現在では複数の新属に分けられている．

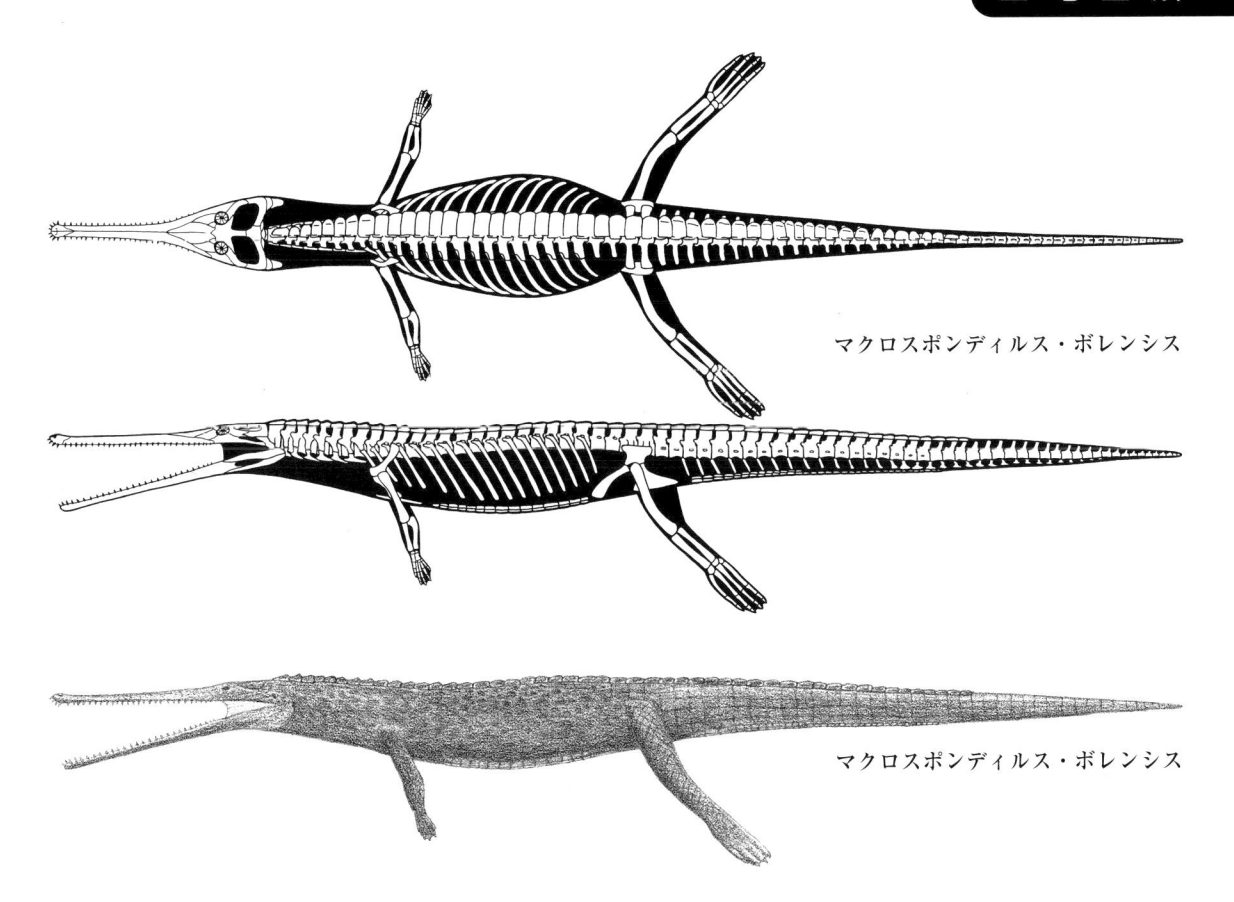

マクロスポンディルス・ボレンシス

マクロスポンディルス・ボレンシス

マクロスポンディルス・ボレンシス
（*Macrospondylus bollensis*）
全長 5 m，体重 250 kg

化石記録　数多くの頭骨と体骨格．完全なものが多い．
解剖学的特徴　頭部は長く，吻部はとても細長い．後頭部はかなり短い．歯は非常に多く，やや細長い．
年代　前期ジュラ紀；トアルシアン期前期．
分布と地層　ドイツ南部，ルクセンブルク，イギリス北東部；ポシドニア頁岩層，ウィットビー泥岩層下部．
生息環境　群島の浅瀬．
生態　小型の獲物を好んだ．
備考　メイヤーアサウルス，ロマレオサウルス，ハウフィオサウルス，シーリーオサウルス，ヒドロリオン，ハウフィオプテリクス，未命名属・トリゴノドン，スエボレビアタン，エウリノサウルス，ステノプテリギウス，プラギオフタルモスクス，ミストリオサウルス，プラティスクスと同所的に生息した．典型的なウミワニ類で，長らくステネオサウルスに分類されていた．

クロベスワーダメレデオー・ステファニ
（*Clovesuurdameredeor stephani*）
全長 5 m，体重 250 kg

化石記録　部分的な頭骨．
解剖学的特徴　情報不足．
年代　中期ジュラ紀；バトニアン期．
分布と地層　イギリス南部；コーンブラッシュ層．
生息環境　群島の浅瀬．
生態　小型の獲物を好んだ．

セルドシーネアン・メジストリンクス
（*Seldsienean megistorhynchus*）
全長 8 m，体重 1 t

化石記録　複数個体分の部分的な頭骨．
解剖学的特徴　吻部はとても細長く，先端は横に広がっている．
年代　中期ジュラ紀；バトニアン期．
分布と地層　イギリス南部，フランス；コーンブラッシュ層，未命名の地層．
生息環境　群島の浅瀬．
生態　小型の獲物を好んだ．

203

デロンシャンイナ・ラルテティ
(*Deslongchampsina larteti*)
全長 3 m，体重 60 kg

化石記録 数個体分の部分的～完全な頭骨.

解剖学的特徴 吻部はとても細長い. 後頭部はかなり短い. 歯はやや多く, かなり大きく細長い.

年代 中期ジュラ紀；バトニアン期後期.

分布と地層 イギリス中央；コーンブラッシュ層.

生息環境 群島の浅瀬.

生態 小型の獲物を好んだ.

備考 ウブリディオスクスと同所的に生息した.

カリトメノスクス・リーズイ
(*Charitomenosuchus leedsi*)
全長 3 m，体重 60 kg

化石記録 板状に潰れた, 1個体分の部分的～完全な頭骨.

解剖学的特徴 吻部は非常に細長い. 後頭部はかなり短い. 歯は非常に多く, 細長い.

年代 中期ジュラ紀；カロビアン期中期.

分布と地層 イギリス南部, フランス北部；オックスフォード粘土層中部, マールヌ・ド・ディーヴ層.

生息環境 群島の浅瀬.

生態 小型の獲物を好んだ.

備考 ネオステネオサウルス, レミースクス, タラットスクスと同所的に生息した.

プロエクソコケファロス・ヘベルティ
(*Proexochokefalos heberti*)
全長 5.5 m，体重 600 kg

化石記録 頭骨.

解剖学的特徴 吻部はやや長く, 後頭部もほぼ同じくらい長い. 歯は顎の前半部に限られ, 数はやや多く, 小さく, かなり丈夫な造り.

年代 中期ジュラ紀；カロビアン期後期.

分布と地層 フランス北西部；マールヌ・ド・ディーヴ層.

生息環境 群島の浅瀬.

備考 カリトメノスクスと同所的に生息した.

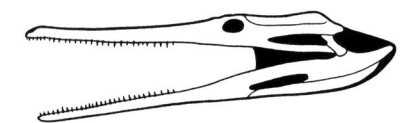

プロエクソコケファロス・ヘベルティ

プロエクソコケファロス・ブシャールディ
(*Proexochokefalos bouchardi*)
全長 5 m，体重 250 kg

化石記録 頭骨の大部分.

解剖学的特徴 吻部はやや長く, 後頭部もほぼ同じくらい長い. 歯は顎の前半部に限られ, 数はやや多く, 小さく, かなり丈夫な造り.

年代 後期ジュラ紀；キンメリッジアン期.

分布と地層 フランス北西部；ロイシェネッテ層.

生息環境 群島の浅瀬.

ネオステネオサウルス・エドワーズイ
(*Neosteneosaurus edwardsi*)
全長 5 m，体重 250 kg

化石記録 部分的～完全な化石.

解剖学的特徴 吻部は細長い.

年代 中期ジュラ紀；カロビアン期中期.

分布と地層 イギリス南部, フランス北部；オックスフォード粘土層中部, アンコルメ層群.

生息環境 群島の浅瀬.

生態 小型の獲物を好んだ.

備考 バティスクス, レミースクス, カリトメノスクスと同所的に生息した.

アンドリアナボアイ・バローニ
(*Andrianavoay baroni*)
全長 5 m，体重 250 kg

化石記録 部分的な頭骨.

解剖学的特徴 吻部は細長い.

年代 中期ジュラ紀；バトニアン期.

分布と地層 マダガスカル；不確実.

生息環境 群島の浅瀬.

生態 小型の獲物を好んだ.

レミースクス・オブトゥシデンス
(*Lemmysuchus obtusidens*)
全長 5 m，体重 250 kg

化石記録 数個体分の, 部分的～完全なものまでの標本.

解剖学的特徴 吻部はやや長く, 後頭部もほぼ同じくらい長い.

年代 中期ジュラ紀；カロビアン期中期.

分布と地層 イギリス東部, フランス北西部；オックスフォード粘土層中部, アンコルメ層群.

生息環境 群島の浅瀬.

備考 バティスクス，ネオステネオサウルス，カリトメノスクスと同所的に生息した．

ウブリディオスクス・ブティリエリ
(*Yvridiosuchus boutilieri*)
全長 4 m，体重 140 kg

化石記録 2個体分の部分的な頭骨．

解剖学的特徴 吻部は細長く頑丈．後頭部もほぼ同じくらい細長く，高さは低い．歯はやや多く，中程度の大きさで，かなり頑丈．

年代 中期ジュラ紀；バトニアン期後期．

分布と地層 イギリス中央，フランス北部；コーンブラッシュ層，未命名の地層．

生息環境 群島の浅瀬．

生態 小型の獲物を好んだ．

備考 デロンシャンイナと同所的に生息した．

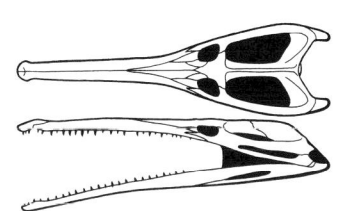

ウブリディオスクス・ブティリエリ

未命名属・ビュフェトーイ
(Unnamed genus *buffetauti*)
全長 5 m，体重 350 kg

化石記録 2個体分の頭骨と部分的な体骨格．

解剖学的特徴 吻部は長く，頑丈．側頭領域はとても長く，横幅が広い．歯は中程度の大きさ．

年代 後期ジュラ紀；キンメリッジアン期前期．

分布と地層 ドイツ南部および北部，フランス北部；ラクノサマーガル層，ランゲンベルグ層，コギュリエ石灰岩層．

生息環境 群島の浅瀬．

生態 より大型の獲物を好んだ．

備考 模式属および模式種であるマキモサウルス・フギイは保存状態の悪い標本に基づいているので，本種がマ

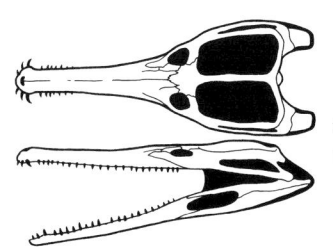

未命名属・ビュフェトーイ

キモサウルスに分類されるかどうかは疑わしい．

未命名属・モサエ
(Unnamed genus *mosae*)
全長 5 m，体重 350 kg

化石記録 2個体分の大部分の頭骨と体骨格．

解剖学的特徴 吻部は長く，頑丈．側頭領域はとても長く，横幅が広い．歯は中程度の大きさ．

年代 前期ジュラ紀；キンメリッジアン期末期またはチトニアン期初期，あるいはその両方．

分布と地層 フランス東部；未命名の地層，アルジル・ド・シャティヨン層．

生息環境 群島の浅瀬．

生態 より大型の獲物を好んだ．

備考 模式属および模式種であるマキモサウルス・フギイは保存状態の悪い標本に基づいているので，本種がマキモサウルスに分類されるかどうかは疑わしい．ある標本は第2次世界大戦の連合国軍による砲撃で破壊されてしまった．

未命名属・レックス
(Unnamed genus *rex*)
全長 7.5 m，体重 1 t

化石記録 板状に潰れた，部分的な頭骨と体骨格の一部．

解剖学的特徴 吻部は頑丈．側頭領域はとても長く，横幅が広い．

年代 前期白亜紀；オーテリビアン期後期またはバレミアン期前期，あるいはその両方．

分布と地層 チュニジア；ドゥイレ層下部．

生息環境 大陸の浅瀬．

生態 より大型の獲物を好んだ．

備考 元々，だいぶ昔にいたマキモサウルスに分類されていたが，それには非常に問題があった．テレオサウルス類が前期白亜紀まで生き延びていたことを示す存在．

メトリオリンクス上科
(Metriorhynchoids)

小型〜大型のタラットスクス亜目で，前期ジュラ紀〜前期白亜紀まで，ヨーロッパと南北アメリカに分布した．

解剖学的特徴 眼窩はより側方を向いている．装甲版は少なくともやや減少している．

生息環境 沿岸部の浅瀬〜おそらく深海まで及んだ．

生態 遊泳能力は良好〜非常に良好．小型〜大型の魚類

などの獲物を狙う追い込み型または待ち伏せ型，あるいはその両方の捕食者.

備考　一部の海域で見つかっていないのは，標本採集が不十分なためだと考えられる.

ペラゴサウルス科（Pelagosaurids）

中型～大型のメトリオリンクス上科で，前期～後期ジュラ紀まで，ヨーロッパに分布した.

解剖学的特徴　形態は均一的. 頭部は上下幅が狭い. 吻部は長く，先端はやや側方に広がり，側頭領域よりかなり幅狭い. 前眼窩窓は閉じている. 下顎は上下幅が狭い. 歯はあまり大きくなく，数が多い. 尾の後方部は直線的. 手は非常に小さく，流体力学的に優れた形態ではない. 頸部，体幹，尾の大部分の正中背側に，平行に並んだ装甲板があり，腹部後方と尾の前半部分の正中背側には，2列の装甲板が並んでいる.

生息環境　沿岸部.

生態　遊泳能力は良好. 小型～中型の魚類などの獲物を狙う待ち伏せ型および追い込み型の捕食者.

備考　一部の海域で見つかっていないのは，標本採集が不十分なためだと考えられる.

ペラゴサウルス・ティプス
（*Pelagosaurus typus*）
全長 3 m，体重 60 kg

化石記録　いくつかほぼ完全なものを含む，数多くの標本.

解剖学的特徴　頭部はとても長く，吻部は非常に細長い. 後頭部はかなり短い. 歯の数はやや多く細長い. 尾はやや長い.

年代　前期ジュラ紀；トアルシアン期.

分布と地層　イギリス南部，フランス北部；上部ライアス層下部.

生息環境　群島の浅瀬.

生態　小型の獲物を好んだ.

マジャーロスクス・フィトシ
（*Magyarosuchus fitosi*）
全長 4.5 m，体重 200 kg

化石記録　部分的な化石.

解剖学的特徴　情報不足.

年代　後期ジュラ紀；チトニアン期後期.

分布と地層　ハンガリー；キスゲレッセ・マール層.

生息環境　群島の浅瀬.

テレイドサウルス・カルバドシイ
（*Teleidosaurus calvadosii*）
全長 3 m，体重 70 kg

化石記録　頭骨とその他の化石.

解剖学的特徴　吻部はやや細長く，頑丈. 歯の数はやや多く，短く，頑丈.

年代　中期ジュラ紀；バトニアン期中期.

分布と地層　フランス北部；カーン石灰岩層.

生息環境　群島の浅瀬.

備考　第2次世界大戦の連合国軍の砲撃により破壊された化石もある.

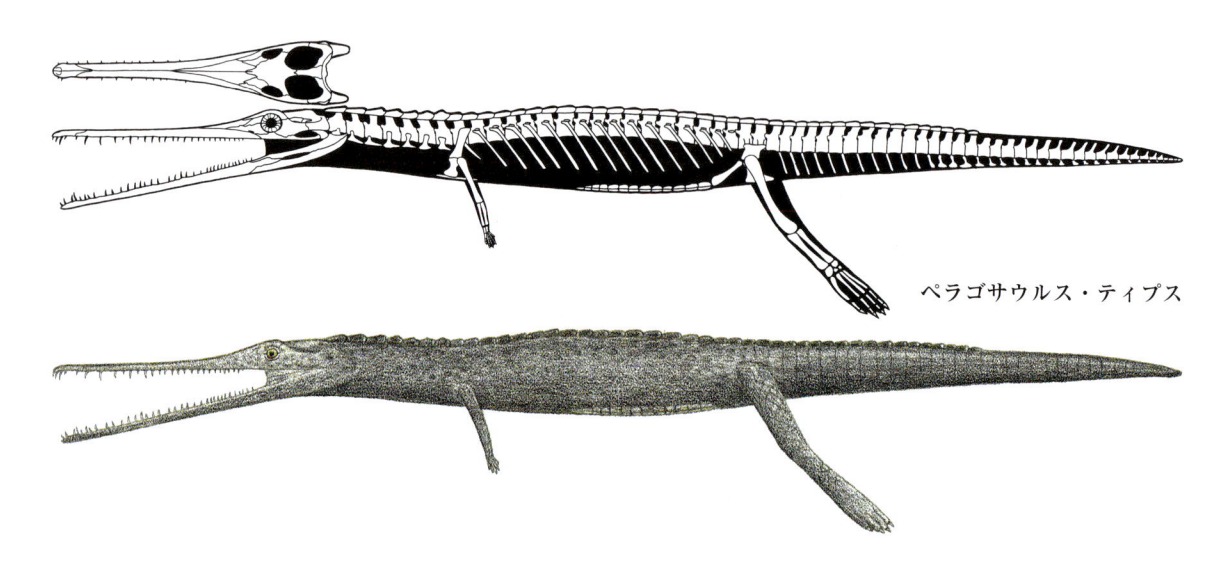

ペラゴサウルス・ティプス

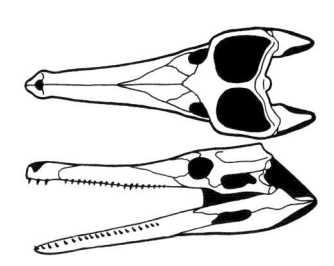

テレイドサウルス・
カルバドシイ

エオネウステス・ゴードリーイ
（*Eoneustes gaudryi*）
全長 3 m，体重 70 kg

化石記録 部分的な頭骨と体骨格.
解剖学的特徴 情報不足.
年代 中期ジュラ紀；バッジョシアン期後期～バトニアン期中期.
分布と地層 フランス北部；上部ライアス層.
生息環境 群島の浅瀬.
備考 エオネウステス・バソニクスを含むかもしれない. 第2次世界大戦の連合国軍による砲撃で破壊された化石もある.

ゾーンエイト・ナルゴルム
（*Zoneait nargorum*）
全長 5 m，体重 350 kg

化石記録 数個体分の部分的な頭骨と体骨格の一部.
解剖学的特徴 このグループとしては標準的.
年代 中期ジュラ紀；アレーニアン期末期またはバッジョシアン期初期，あるいはその両方.
分布と地層 アメリカ・オレゴン州；スノーシュー層下部.
生息環境 群島の浅瀬.

メトリオリンクス科（Metriorhynchids）

小型～大型のメトリオリンクス上科で，後期ジュラ紀～前期白亜紀まで，汎世界的に分布した[3].

解剖学的特徴 形態はかなり均一的. 眼窩は大きく，横を向いている. 尾の後方部は下方に大きく屈曲し，その部分の椎骨は背が高く，半三日月状の尾鰭の上半分を構成する，軟組織性の大きな上尾鰭を支える. 四肢は小さなフリッパーになっている. 骨盤は退縮している. 装甲板はない.
生息環境 沿岸部の浅瀬～おそらく深海まで及んだ.
生態 遊泳能力は非常に良好. 小型～大型の魚類などの獲物を狙う待ち伏せ型および追い込み型（特に後者）の捕食者.

ゲオサウルス亜科（Geosaurines）

小型～大型のメトリオリンクス科で，中期ジュラ紀に，ヨーロッパと南アメリカに分布した.

解剖学的特徴 吻部はそれほど長くはない. 前眼窩窓は閉じている.
生息環境 沿岸部の浅瀬～おそらく深海まで及んだ.
生態 小型～大型の魚類などの獲物を狙う捕食者.
備考 一部の海域で見つかっていないのは，標本採集が不十分なためだと考えられる.

プラニサウルス・カサミケライ
（*Purranisaurus casamiquelai*）
全長 3 m，体重 80 kg

化石記録 部分的～完全な2個体分の頭骨.
解剖学的特徴 歯は顎の前方のみに限られ，かなり大きく頑丈.
年代 中期ジュラ紀；カロビアン期中期.
分布と地層 チリ北部；未命名の地層.
生息環境 群島の浅瀬.
備考 プラニサウルス・ウェステルマンニはおそらく本種に含まれる.

プラニサウルス・ポテンス
（*Purranisaurus potens*）
全長 2.5 m，体重 50 kg

化石記録 頭骨の大部分.
解剖学的特徴 歯は大きくない.
年代 後期ジュラ紀または前期白亜紀，あるいはその両方；チトニアン期後期またはベリアシアン期前期，あるいはその両方.
分布と地層 アルゼンチン中央；ヴァカ・ムエルタ層上部.
生息環境 大陸棚.

---

[3]（訳注） メトリオリンクス上科は「ヨーロッパと南北アメリカに分布した」とあるが，それに内包される分類群であるメトリオリンクス科の分布域が汎世界的というのは矛盾している.

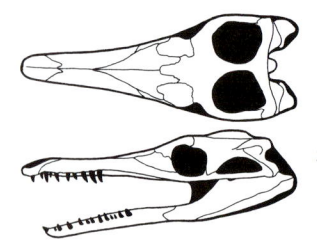

プラニサウルス・
ポテンス

備考 クリコサウルス・プエルコルムと同所的に生息した.

ネプトゥニドラコ・アンモニティクス
(*Neptunidraco ammoniticus*)
全長 2.5 m, 体重 50 kg

化石記録 部分的な頭骨と体骨格の一部.

解剖学的特徴 情報不足.

年代 中期ジュラ紀;バッジョシアン期後期またはバトニアン期初期,あるいはその両方.

分布と地層 イタリア北部;ロッソ・アンモニティコ・ヴェロネーゼ層下部.

生息環境 群島の浅瀬.

トルボネウステス・カーペンターイ
(*Torvoneustes carpenteri*)
全長 4.5 m, 体重 275 kg

化石記録 2個体分の部分的な頭骨.

解剖学的特徴 吻部は長くない. 歯はかなり大きい.

年代 後期ジュラ紀;キンメリッジアン期後期.

分布と地層 イギリス南部;キンメリッジ粘土層下部.

生息環境 群島の浅瀬.

備考 本種にはトルボネウステス・コリファエウスが含まれる可能性がある. プリオサウルス・ブラキデイルス,コリンボサウルス・メガデリウス,バティスクス,プレシオスクスと同所的に生息した.

ティラノネウステス・リトロデクティコス
(*Tyrannoneustes lythrodectikos*)
全長 2.5 m, 体重 50 kg

化石記録 部分的な頭骨と体骨格の化石.

解剖学的特徴 歯は頑丈.

年代 中期ジュラ紀;カロビアン期中期.

分布と地層 イギリス南部;オックスフォード粘土層下部.

生息環境 群島の浅瀬.

備考 ペロネウステス,パキコスタサウルス,シモレステス,リオプレウロドン,クリプトクリドゥス,ムラエノサウルス,トリクレイドゥス,オフタルモサウルス,

スコドゥス,グラシリネウステスと同所的に生息した.

ゲオサウルス・ギガンテウス
(*Geosaurus giganteus*)
全長 3 m, 体重 80 kg

化石記録 板状に潰れた,4個体分の頭骨.

解剖学的特徴 吻部は長くない. 歯は大きく,上下で組み合う.

年代 後期ジュラ紀;チトニアン期前期後半.

分布と地層 ドイツ南部;メルンスハイム層.

生息環境 群島の浅瀬.

備考 本種にはゲオサウルス・グランディスが含まれる可能性がある. アエオロドン,ダコサウルス・マキシムス,ラケオサウルス,クリコオサウルス・エレガンスと同所的に生息した.

スコドゥス・ブラキリンクス
(*Suchodus brachyrhynchus*)
全長 3 m, 体重 80 kg

化石記録 板状に潰れた,頭骨の大部分.

解剖学的特徴 吻部は長くない.

年代 中期ジュラ紀;カロビアン期中期.

分布と地層 イギリス南部;オックスフォード粘土層下部.

生息環境 群島の浅瀬.

備考 ペロネウステス,パキコスタサウルス,シモレステス,リオプレウロドン,クリプトクリドゥス,ムラエノサウルス,トリクレイドゥス,オフタルモサウルス,ティラノネウステス,グラシリネウステスと同所的に生息した.

プレシオスクス・マンセリイ
(*Plesiosuchus manselii*)
全長 7 m, 体重 1 t

化石記録 部分的な頭骨.

解剖学的特徴 吻部は長くない.

年代 後期ジュラ紀;キンメリッジアン期後期.

分布と地層 イギリス南部;キンメリッジ粘土層下部.

生息環境 群島の浅瀬.

備考 プリオサウルス・ブラキデイルス,コリンボサウルス・メガデリウス,バティスクス,トルボネウステスと同所的に生息した.

ダコサウルス亜科 (Dakosaurines)

中型のメトリオリンクス科で,中期~後期ジュラ紀に,

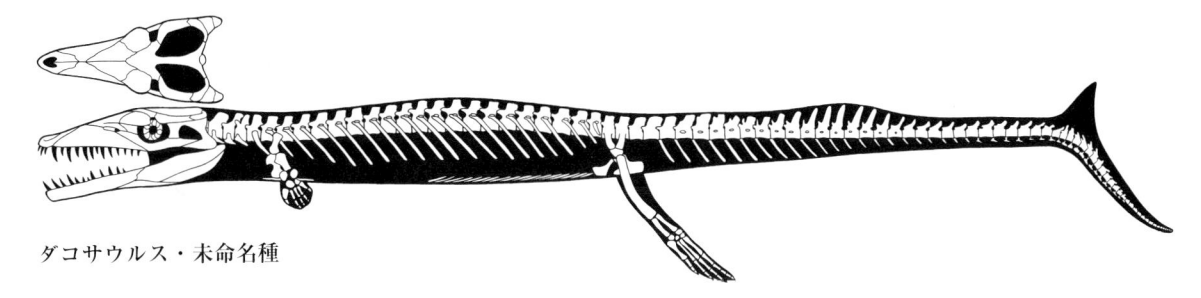

ダコサウルス・未命名種

ヨーロッパと南アメリカに分布した.

解剖学的特徴　頭部は全体にわたって上下幅が広く, 横幅はやや広い. 前眼窩窓は小さく, 眼窩の背側縁は眼に陰を落とす. 歯の数はやや多く, かなり大きい. 体幹は上下幅が狭い. フリッパーは亜円形状で, 爪をもたない.

生息環境　沿岸部の浅瀬～おそらく深海まで及んだ.

生態　小型～特に大型の魚類などの獲物を狙う追い込み型の捕食者.

備考　一部の海域で見つかっていないのは, 標本採集が不十分なためだと考えられる.

ダコサウルス・未命名種
(*Dakosaurus* unnamed species)
全長 4 m, 体重 140 kg

化石記録　完全な頭骨と体骨格.

解剖学的特徴　頭部はとても大きく, 亜三角形状.

年代　後期ジュラ紀；キンメリッジアン期後期.

分布と地層　ドイツ南部；トーレアイト層.

生息環境　群島の浅瀬.

備考　ダコサウルス・マキシムスの直系の祖先にあたる可能性がある.

ダコサウルス・マキシムス
(*Dakosaurus maximus*)
全長 4.5 m, 体重 200 kg

化石記録　部分的～完全な頭骨と1個体分の体骨格.

解剖学的特徴　頭部はとても大きく, 亜三角形状.

年代　後期ジュラ紀；チトニアン期前期後半.

分布と地層　ドイツ南部；メルンスハイム層.

生息環境　群島の浅瀬.

備考　アエオロドン, ゲオサウルス・ギガンテウス, ラケオサウルス, クリコサウルス・エレガンスと同所的に生息した.

ダコサウルス・アンディニエンシス
(*Dakosaurus andiniensis*)
全長 5 m, 体重 275 kg

化石記録　部分的～完全な頭骨, および1個体分の体骨格の一部.

解剖学的特徴　外側と背側から見た頭部はより長方形状. 歯は比較的に頑丈. 下顎は上下幅が比較的に大きい.

年代　後期ジュラ紀；チトニアン期後期.

分布と地層　アルゼンチン中央；ヴァカ・ムエルタ層中部.

生息環境　大陸棚.

備考　アースロプテリギウス？・タラッソノトゥス, 未命名属・種？, スンパラ？と同所的に生息した.

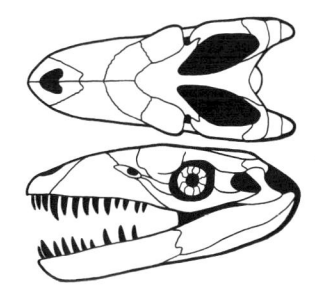

ダコサウルス・
アンディニエンシス

メトリオリンクス亜科 (Metriorhynchines)

中型のメトリオリンクス科で, 中期～後期ジュラ紀に, ヨーロッパに分布した.

解剖学的特徴　吻部は非常に長く, 横幅がかなり狭い. 前眼窩窓は閉じている. 下顎は上下幅が狭い. 歯は中程度の大きさで頑丈. 前肢には爪がある.

生息環境　沿岸部.

生態　小型～中型の魚類を狙う捕食者.

備考　かつて多くの種がメトリオリンクスに含まれたが, 現在では複数の新属に分けられている. 一部の海域で見つかっていないのは, 標本採集が不十分なためだと考えられる.

タラットスクス・
スペルキリオスス

タラットスクス・スペルキリオスス

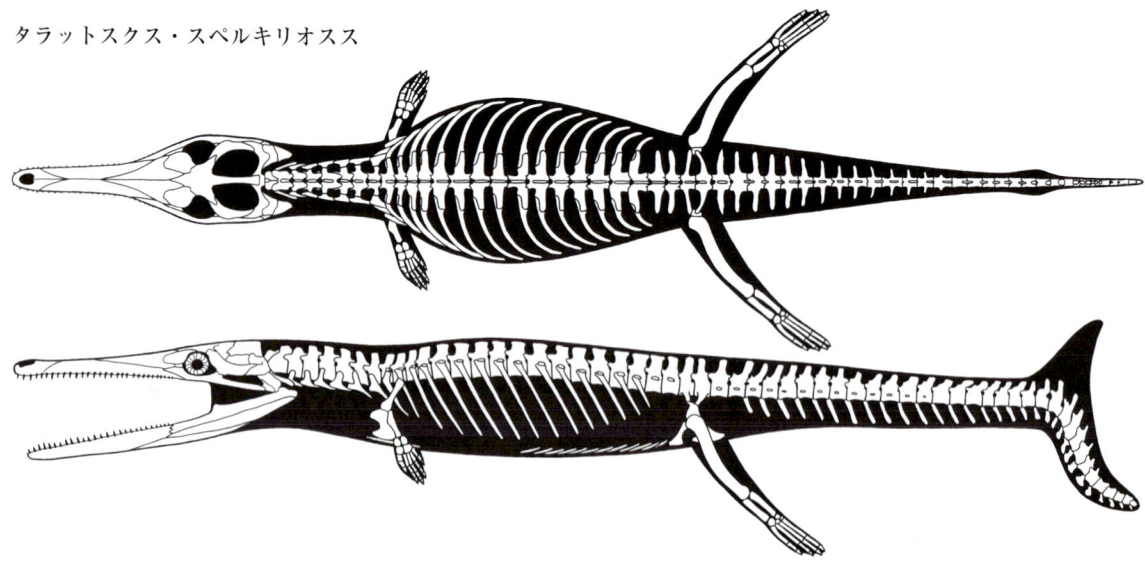

タラットスクス・スペルキリオスス
(*Thalattosuchus superciliosus*)
全長 3 m, 体重 115 kg

化石記録　頭骨と体骨格の化石.
解剖学的特徴　下顎の筋突起が顕著. 歯の数はとても多い.
年代　中期ジュラ紀；カロビアン期後期.
分布と地層　フランス北部；マールヌ・ド・ディーヴ層.
生息環境　群島の浅瀬.
備考　メトリオリンクス・モレリを含む可能性がある. プロエクソコケファロスと同所的に生息した.

マレディクトスクス・リクラエンシス
(*Maledictosuchus riclaensis*)
全長 4 m, 体重 275 kg

化石記録　頭骨の大部分と体骨格の一部.
解剖学的特徴　歯の数はそこまで多くならない.
年代　中期ジュラ紀；カロビアン期中期.
分布と地層　スペイン北東部；アグレダ層.
生息環境　大陸棚.

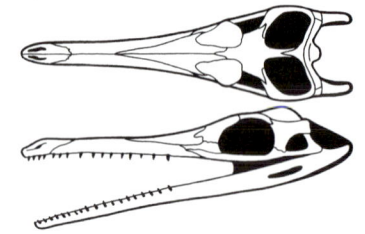

マレディクトスクス
・リクラエンシス

グラシリネウステス・リーズイ
(*Gracilineustes leedsi*)
全長 4 m, 体重 140 kg

化石記録　板状に潰れた, 部分的〜完全な頭骨, および 1 個体分の体骨格の一部.
解剖学的特徴　このグループとしては標準的.
年代　中期ジュラ紀；カロビアン期中期.
分布と地層　イギリス南部；オックスフォード粘土層下部.
生息環境　群島の浅瀬.
備考　ペロネウステス, パキコスタサウルス, シモレステス, リオプレウロドン, クリプトクリドゥス, ムラエノサウルス, トリクレイドゥス, オフタルモサウルス, ティラノネウステス, スコドゥスと同所的に生息した.

タラットスクス・スペルキリオスス

ラケオサウルス亜科 （Rhacheosaurines）

小型のメトリオリンクス科で，中期〜前期白亜紀に，ヨーロッパと南アメリカに分布した．

解剖学的特徴　吻部は長く，横幅はかなり狭い．前眼窩窓は閉じている．下顎は上下幅が狭い．歯の数はやや多い．前肢には爪がない．
生息環境　沿岸部．
生態　小型〜中型の魚類を狙う捕食者．
備考　一部の海域で見つかっていないのは，標本採集が不十分なためだと考えられる．

ラケオサウルス・グラシリス
（*Rhacheosaurus gracilis*）
全長 1.5 m，体重 10 kg

化石記録　2，3個体分の頭骨と，1個体分の体骨格．
解剖学的特徴　歯はやや小さい．
年代　中期ジュラ紀；チトニアン期前期後半．
分布と地層　ドイツ南部；メルンスハイム層．
生息環境　群島の浅瀬．
備考　アエオロドン，ゲオサウルス・ギガンテウス，ダコサウルス・マキシマムス，クリコサウルス・エレガンスと同所的に生息した．

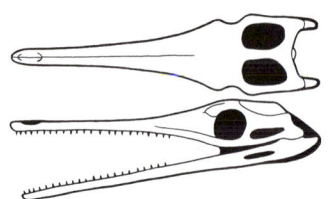

ラケオサウルス・グラシリス

クリコサウルス・バンベルゲンシス
（*Cricosaurus bambergensis*）
全長 1.6 m，体重 12 kg

化石記録　板状に潰れた，頭骨と体骨格．
解剖学的特徴　歯はかなり大きい．
年代　後期ジュラ紀；キンメリッジアン期後期前半．
分布と地層　ドイツ南部；トーレアイト層下部．
生息環境　群島の浅瀬．
備考　次項のドイツ産の1種の直系の祖先にあたる可能性がある．

クリコサウルス・アルベルスドエルフェリ
（*Cricosaurus albersdoerferi*）
全長 2.1 m，体重 28 kg

化石記録　頭骨と体骨格．
解剖学的特徴　歯はやや大きい．体幹はそれほど細くない．尾と尾鰭の下部はそれほど長くない．
年代　後期ジュラ紀；キンメリッジアン期後期．
分布と地層　ドイツ南部；トーレアイト層上部．
生息環境　群島の浅瀬．
備考　本種とクリコサウルス・スエビクスは同じ時期・同じ地域に生息していたが，化石が同じ場所で一緒に発見されたことはない．

クリコサウルス・スエビクス
（*Cricosaurus suevicus*）
全長 2 m，体重 22 kg

化石記録　頭骨と体骨格．
解剖学的特徴　歯はやや小さい．体幹は細長い．尾と尾

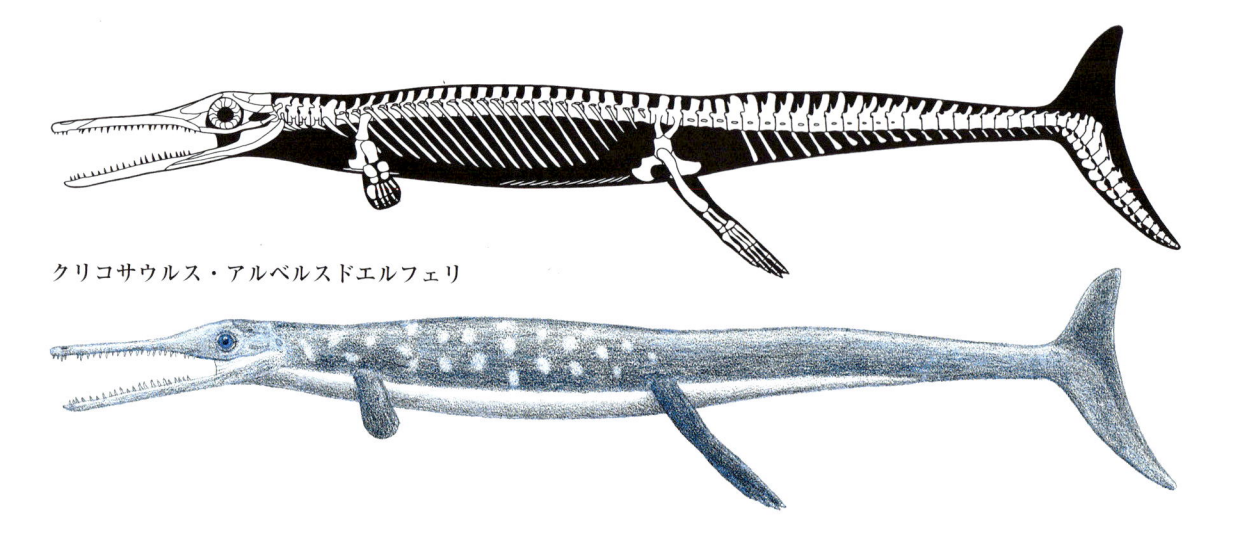

クリコサウルス・アルベルスドエルフェリ

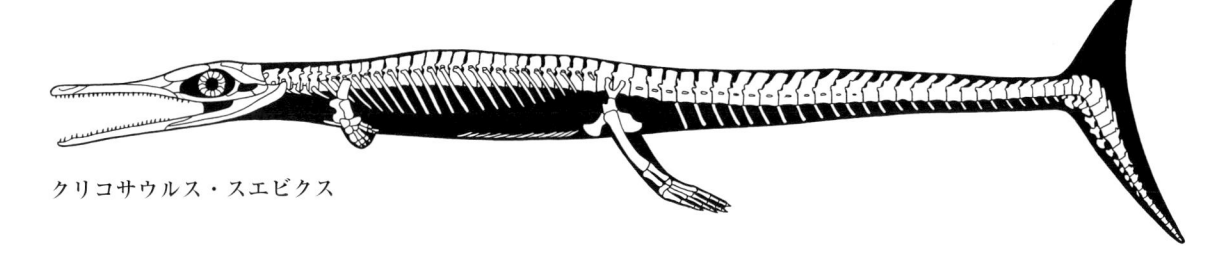

クリコサウルス・スエビクス

鰭の下部はかなり長い.

年代 後期ジュラ紀;キンメリッジアン期後期.

分布と地層 ドイツ南部;ヌスプリンゲン層.

生息環境 群島の浅瀬.

クリコサウルス・エレガンス
(*Cricosaurus elegans*)
全長 3 m, 体重 80 kg

化石記録 頭骨の大部分と, 部分的な頭骨.

解剖学的特徴 歯はかなり大きい.

年代 後期ジュラ紀;チトニアン期前期後半.

分布と地層 ドイツ南部;メルンスハイム層.

生息環境 群島の浅瀬.

備考 クリコサウルス・ラウフートイは本種の成体である可能性がある. アエオロドン・プリスクス, ゲオサウルス・ギガンテウス, ダコサウルス・マキシマムス, ラケオサウルスと同所的に生息した.

クリコサウルス・アラウカネンシス
(*Cricosaurus araucanensis*)
全長 3 m, 体重 80 kg

化石記録 複数個体分の頭骨, 部分的な頭骨と体骨格.

解剖学的特徴 吻部は長い. 歯はかなり大きい.

年代 後期ジュラ紀;チトニアン期前期.

分布と地層 アルゼンチン西部;ヴァカ・ムエルタ層下部.

生息環境 大陸の浅瀬.

備考 本種にはクリコサウルス・リトグラフィクスが含まれる可能性がある. プリオサウルス?・パタゴニクスやカイプリサウルスと同所的に生息した.

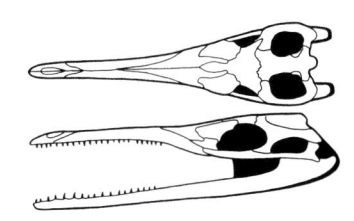

クリコサウルス・
アラウカネンシス

クリコサウルス・ビグナウディ
(*Cricosaurus vignaudi*)
全長 3 m, 体重 80 kg

化石記録 頭骨の大部分と体骨格の一部.

解剖学的特徴 情報不足.

年代 後期ジュラ紀;チトニアン期中期.

分布と地層 メキシコ東部から中央;ピミエンタ層上部.

生息環境 大陸の浅瀬.

クリコサウルス?・プエルコルム
(*Cricosaurus ? puelchorum*)
全長 1.5 m, 体重 10 kg

化石記録 部分的な頭骨.

解剖学的特徴 歯はかなり大きい.

年代 前期白亜紀;ベリアシアン期前期.

分布と地層 アルゼンチン西部;ヴァカ・ムエルタ層上部.

生息環境 大陸棚.

備考 本来, クリコサウルスの生息年代はより古く, 分類も保存状態の悪い標本に基づいているため, 同属への分類は疑わしい. プラニサウルス・ポテンスと同所的に生息した.

エナリオスクス・シュローダーイ
(*Enaliosuchus schroederi*)
全長 1.5 m, 体重 10 kg

化石記録 頭骨の大部分と体骨格の一部.

解剖学的特徴 歯はかなり大きい.

年代 前期白亜紀;バランギニアン期前期.

分布と地層 ドイツ南部;シュタットハーゲン層.

生息環境 群島の浅瀬.

備考 ラゲナネクテスやエナリオスクスと同所的に生息した.

索　引

海竜・分類群

太字は見出しになっているページを示す.

索　　　引

索　　引

索　　引

D

索　　引

生物（海竜を除く）・分類群

索　　引

地層

索　　引

索　引

[監訳者・訳者紹介]

東 洋一（あずま よういち）
福井県立大学 名誉教授・福井県立恐竜博物館 名誉顧問（元福井県立大学恐竜学研究所長・元福井県立恐竜博物館 特別館長）.
1949 年 広島県生まれ.
福井大学教育学部卒. 博士（理学）（東京大学）.
中国科学院古脊椎動物・古人類研究所, 中国地質科学院地質研究所, 中国浙江自然博物館, 中国自貢恐竜博物館, 中国河南省地質博物館の客員研究員など.
　専門は北陸一帯に分布する手取層群の恐竜骨格化石や足跡化石の研究. 最近は, 福井県勝山市で発掘された小型獣脚類を研究する傍ら, 中国やタイの恐竜化石調査を行っている.
翻訳箇所：海竜事典（年代, 分布と地層, 生息環境）

今井 拓哉（いまい たくや）
福井県立大学 恐竜学研究所 准教授・福井県立恐竜博物館 研究員.
1987 年 東京都生まれ.
金沢大学大学院自然科学研究科博士課程修了. 博士（理学）（金沢大学）.
　専門は恐竜など古脊椎動物やその卵, また, 化石の形成過程（タフォノミー）. 現在は, 主に福井県から産出する前期白亜紀の卵殻化石や, 鳥類化石について研究を行う. また, 福井県勝山市の恐竜発掘現場における, 脊椎動物化石の堆積, 形成過程を調査している.
翻訳箇所：序文・海竜概説（発見と研究史 - 絶滅, 巨大化 - 海生爬虫類が生き残っていたら）

河部 壮一郎（かわべ そういちろう）
福井県立大学 恐竜学研究所 准教授・福井県立恐竜博物館 研究員.
1985 年 愛媛県生まれ.
東京大学大学院理学系研究科博士課程修了. 博士（理学）（東京大学）.
　専門は脊椎動物の古神経学, および比較形態学. 特に, 鳥類を含む恐竜や哺乳類の脳や内耳形態の幾何学的解析を行っている.
翻訳箇所：海竜事典（学名, サイズ, 化石記録, 解剖学的特徴）

柴田 正輝（しばた まさてる）
福井県立大学 恐竜学研究所 教授・福井県立恐竜博物館 主任研究員.
1975 年 兵庫県生まれ.
広島大学大学院理学研究科博士過程前期修了. 博士（理学）（東北大学）.
　専門は古脊椎動物学, 特に恐竜類. 福井県勝山市の発掘現場から産出した鳥脚類を中心に研究を進めている. また, タイや中国で発見されたイグアノドン類の分類学的研究や, 福井県の恐竜と同じ時代（前期白亜紀）の東アジアにおける恐竜類の分布やその変遷について調査を続けている.
翻訳箇所：海竜事典（生態, 備考）

服部 創紀（はっとり そうき）
福井県立大学 恐竜学研究所 助教・福井県立恐竜博物館 研究員.
1988 年 長野県生まれ.
東京大学大学院理学系研究科博士課程満期退学. 博士（理学）（東京大学）.
　専門は恐竜を中心とした主竜類の比較解剖学. 福井県勝山市やタイで発見された獣脚類化石の分類学的研究や,

獣脚類の後肢の形態や機能の進化史を明らかにする研究を行っている.

翻訳箇所：海竜概説（海生爬虫類時代の後‐活動性，中生代の海生爬虫類の管理，保全，消費‐グループおよび種の解説について）

グレゴリー・ポール海竜事典

原題：*The Princeton Field Guide to Mesozoic Sea Reptiles*

2024 年 12 月 25 日　初版 1 刷発行

原著者	Gregory S. Paul
監訳者	東 洋一・服部創紀　©2024
訳　者	東 洋一・今井拓哉
	河部壮一郎・柴田正輝
	服部創紀
発行者	南條光章
発行所	**共立出版株式会社**

東京都文京区小日向 4-6-19
電話　03-3947-2511（代表）
郵便番号　112-0006
振替口座　00110-2-57035
www.kyoritsu-pub.co.jp

印　刷	精興社
製　本	加藤製本

検印廃止
NDC 457.87
ISBN 978-4-320-04742-6

一般社団法人
自然科学書協会
会員

Printed in Japan

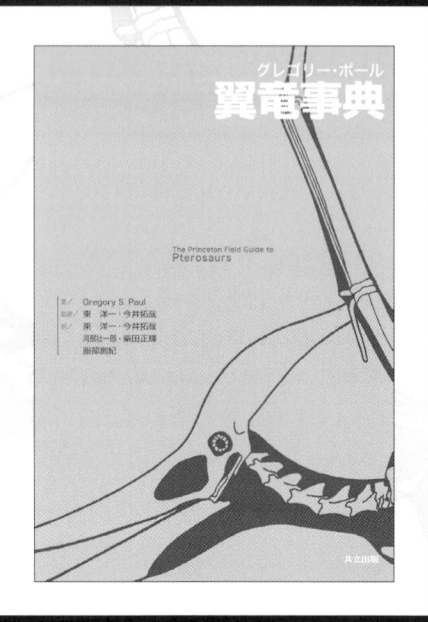